Die technische Mechanik des Maschineningenieurs

mit besonderer Berücksichtigung
der Anwendungen

Von

Dipl.-Ing. P. Stephan
Regierungs-Baumeister, Professor

Zweiter Band
Die Statik der Maschinenteile

Mit 276 Textfiguren

Springer-Verlag Berlin Heidelberg GmbH

ISBN 978-3-662-01871-2   ISBN 978-3-662-02166-8 (eBook)
DOI 10.1007/978-3-662-02166-8

Vorwort.

Der vorliegende Band läßt vielleicht deutlicher als der erste das Ziel erkennen, das der Verfasser vor Augen hatte: Es sollte nicht bloß eine möglichst knappe Darlegung der Grundgesetze der technischen Mechanik gegeben, sondern vor allen Dingen ihre Anwendung auf die einschlägigen Fälle der maschinentechnischen Praxis gezeigt werden.

Das Buch enthält deshalb die Erfahrungszahlen, die zur Zeit vorliegen, in größerer Vollständigkeit als die meisten Hand- und Nachschlagebücher. Man kann den Beispielrechnungen entnehmen, daß die jetzt vorliegenden Zahlenwerte fast immer genügen — am wenigsten vielleicht im letzten Abschnitt —, um sichere Vorausberechnungen zu gestatten. Die Übereinstimmung mit den angezogenen Versuchsergebnissen ist jedenfalls keine gemachte, sondern ergibt sich von selbst aus den anderen Versuchen entstammenden Ausgangswerten.

Wenn auch eine gewisse Vollständigkeit bei der Behandlung des Stoffes angestrebt wurde, so war es natürlich doch unmöglich, sie restlos durchzuführen. Es war auch nicht beabsichtigt, etwa ein Rezeptbuch zu schaffen, das für jeden in der Praxis einmal vorkommenden Fall sofort die Lösung in einem fertig vorgerechneten Beispiel liefert. Wohl aber soll es die Anleitung bieten, auch andere ähnliche oder weitergehende Probleme zu lösen; zu dem Zweck sind die Hinweise auf einschlägige Arbeiten gegeben worden.

Im bewußten Gegensatz zu der gebräuchlichen Darstellung hat der Verfasser den Wirkungsgrad der Getriebe auf rein statischem Wege erklärt und berechnet. Man entgeht dadurch mit Sicherheit einer zu gänzlich verfehlten Ergebnissen führenden mißverständlichen Auffassung der Arbeitsgleichung. Wohin die letztere führen kann, lehrt eine vor einigen Jahren in einer anerkannt guten technischen Zeitschrift veröffentlichte Berechnung des Beispiels 113. Es wird darin zahlenmäßig nachgewiesen, daß, wenn in das Getriebe auf der einen Seite 6 PS eingeleitet werden, auf der anderen Seite 3,3 PS herauskommen und im Getriebe selbst 96,4 PS wirken, und das, nachdem das Perpetuum mobile bereits 70 bzw. 65 Jahre vorher durch Mayer und Helmholtz erledigt worden ist. Diese eigenartige Rechnung wird in mehreren Zuschriften von anderen Seiten noch ausdrücklich als richtig anerkannt! Der Hinweis dürfte wohl ohne weiteres die Zweckmäßigkeit des vom Verfasser gewählten Weges beglaubigen, der im übrigen genau so einfach ist wie die übliche Arbeitsgleichung.

Altona, im Juni 1921.

P. Stephan.

Inhaltsverzeichnis.

Die Statik der Maschinenteile.

Nachdem im ersten Bande die allgemeinen Sätze über die Zusammensetzung und Zerlegung von Kräften und Drehmomenten sowie über das Gleichgewicht auseinandergesetzt worden sind, sollen sie im vorliegenden Bande auf die am häufigsten vorkommenden Maschinenteile angewendet werden.

In erster Linie werden aus den Lehren des ersten Bandes die folgenden Sätze benutzt werden:

Überall, wo Berührung eines Körpers durch einen anderen stattfindet, treten Kraftwirkungen auf, die senkrecht zur Berührungsfläche gerichtet sind.

Einzelkräfte, gemessen in kg oder t, suchen eine geradlinige Verschiebung hervorzurufen oder zu verhindern. Drehmomente, gemessen in mkg oder mt, suchen eine Drehbewegung hervorzurufen oder zu verhindern.

Zwei Kräfte sind im Gleichgewicht, wenn sie in dieselbe Wirkungslinie fallen, gleich groß sind, aber entgegengesetzte Richtung haben.

Drei Kräfte sind im Gleichgewicht, wenn ihre Wirkungslinien in derselben Ebene liegen und durch denselben Punkt gehen und sie nach Größe und Richtung hintereinander abgetragen ein geschlossenes Dreieck bilden.

Beliebig viele in derselben Ebene wirkende Kräfte sind im Gleichgewicht, wenn

die Summe ihrer wagerechten Seitenkräfte Null ergibt,

die Summe ihrer senkrechten Seitenkräfte Null ergibt,

die Summe aller Drehmomente in bezug auf denselben Punkt Null ergibt.

1. Der Hebel.

Ein Hebel ist ein fester, um eine Achse drehbarer Körper, der zum Angriff verschiedener Kräfte eingerichtet ist, die im allgemeinen in derselben Ebene wirken.

Je nach der F o r m unterscheidet man gerade Hebel nach Fig. 1 und 2, gekrümmte Hebel etwa gemäß Fig. 3, Winkelhebel nach Fig. 4. Der gerade Hebel heißt einarmig, wenn alle Kräfte auf derselben Seite der Drehachse angreifen (Fig. 1), dagegen zweiarmig, wenn sich die Drehachse zwischen den Kräften befindet (Fig. 2).

Auf`das Verhältnis der eigentlichen Hebelkräfte P zueinander hat
die Form des Hebels keinerlei Einfluß. Höchstens ist ein gekrümmter
Hebel insofern vorteilhafter, als er den zweckmäßigsten Angriff einer
menschlichen Kraft erleichtern kann, wie z. B. die Fig. 3 andeutet.

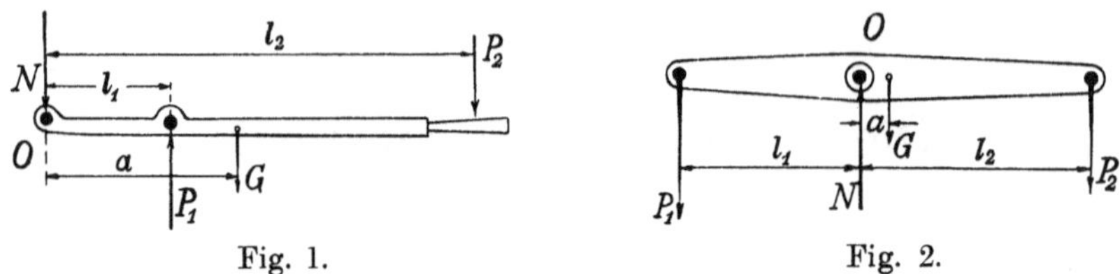

Fig. 1.   Fig. 2.

Ein Hebel, bei dem die angreifenden Kräfte in zwei verschiedenen,
zueinander parallelen Ebenen wirken, ist die in Fig. 5 dargestellte
Schwinge, die bei Dampfmaschinen-Schiebersteuerungen Anwendung
findet[1]).

Auf den Hebel, dessen Eigengewicht G im Abstande a von der Drehachse O angreift, wirken ferner die ebenfalls lotrechten Kräfte P_1 und P_2

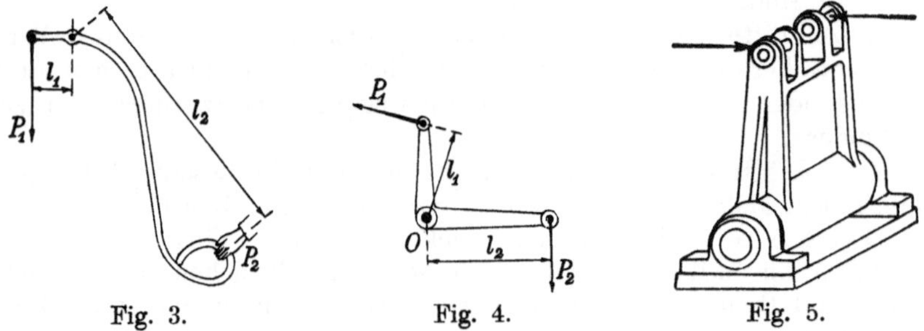

Fig. 3.   Fig. 4.   Fig. 5.

in den Entfernungen l_1 und l_2 von der Drehachse ein. Man erhält
dann aus der Gleichgewichtsbedingung für die Drehmomente in bezug
auf die Drehachse O (Fig. 1 und 2):

$$+ P_2 \cdot l_2 - P_1 \cdot l_1 + G \cdot a = 0 . \tag{1}$$

Im Fall des einarmigen Hebels ist, da l_1 von der Drehachse aus
dieselbe Richtung hat wie l_2, P_1 negativ, also entgegengesetzt zu P_2
gerichtet. Im Fall des zweiarmigen Hebels ist l_1 negativ, also P_1 gleich-
gerichtet mit P_2.

Da G im Verhältnis zu den P im allgemeinen klein ist, so kann es
häufig außer acht gelassen werden, und die Gleichung (1) geht über in

$$P_1 \cdot l_1 = P_2 \cdot l_2 \tag{2a}$$

oder

$$\frac{P_1}{P_2} = \frac{l_2}{l_1} . \tag{2b}$$

____

[1]) Z. B. H a e d e r, Die Dampfmaschine. 1. Aufl. 1890.

Die **Kräfte** am Hebel verhalten sich umgekehrt wie die Hebelarme[2]).

Der Satz gilt auch noch, wenn der Hebel sich aus der in den Fig. 1 und 2 gezeichneten Regelstellung um einen beliebigen Winkel α gedreht hat (Fig. 6). Denn werden die Kräfte P in ihre Seitenkräfte senkrecht und parallel zu den Hebellängen l zerlegt, so lautet die Momentengleichung in bezug auf die Drehachse O

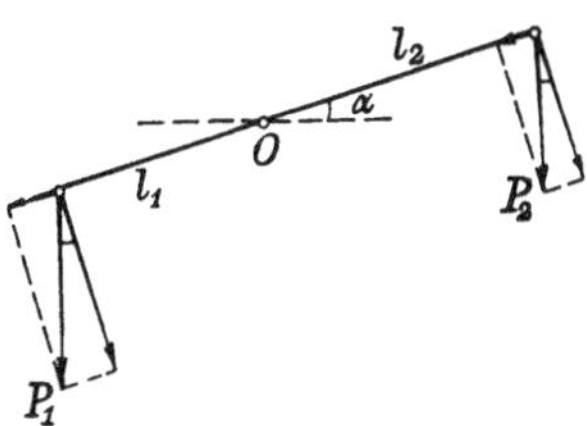

Fig. 6.

$$P_1 \cdot \cos\alpha \cdot l_1 = P_2 \cdot \cos\alpha \cdot l_2,$$

die nach Hebung von $\cos\alpha$ wieder in die Gleichung (2a) übergeht.

Für den wagerechten Hebel unter lotrechten Kräften P und G ist der Achsdruck

beim einarmigen Hebel: $\qquad N = P_1 + P_2 + G,$ $\qquad\qquad$ (3a)
beim zweiarmigen Hebel: $\quad -N = -\,P_1 + P_2 + G,$ $\qquad\qquad$ (3b)

also da P_1 meist wesentlich größer ist als P_2, im allgemeinen negativ.

Der einarmige Hebel ist anzuwenden, wenn die beiden Hebelkräfte P entgegengesetzte Richtung haben müssen; er hat einen verhältnismäßig kleinen Achsdruck N. Der zweiarmige Hebel findet Anwendung bei gleichgerichteten Hebelkräften; sein Achsdruck ist verhältnismäßig groß. Der Achsdruck bleibt unverändert, wie auch der Hebel ausschwingt, solange die Kräfte P die lotrechte Richtung beibehalten.

Beispiel 1. Eine Handdruckpumpe, deren Kolben $d = 5$ cm Durchmesser hat, werde durch einen einarmigen Hebel betrieben, an dem die Kolbenstange in $l_1 = 8$ cm Entfernung von der Drehachse angreift. Die Länge l_2 des Hebels ist zu ermitteln unter der Bedingung, daß der Arbeiter nicht mit mehr als $P_2 = 20$ kg drücken soll, wenn der Gegendruck des Wassers $p = 9$ bzw. 16 kg/cm² beträgt.

Das Hebelgewicht kann hier vernachlässigt werden. Somit gilt Gleichung (2a) in der Form

$$\frac{\pi}{4} \cdot d^2 \cdot p \cdot l_1 = P_2 \cdot l_2,$$

also mit dem zuerst angegebenen Zahlenwert von p

$$l_2 = \frac{1}{20} \cdot \frac{\pi}{4} \cdot 5^2 \cdot 9 \cdot 8 \,\backsim\, 71 \text{ cm}.$$

Für $p = 16$ at erhält man hiernach

$$l_2 = 71 \cdot \frac{16}{9} \,\backsim\, 126 \text{ cm}.$$

Beispiel 2. Das Sicherheitsventil eines Dampfkessels für $p = 12$ at Überdruck habe den größten zulässigen Durchmesser $d = 7,95$ cm[3]), es greife an dem Belastungshebel im Abstand $l_1 = 10$ cm an. Zu berechnen ist die Größe des erforderlichen Belastungsgewichtes P_2, das im Abstand $l_2 = 64$ cm an der

---

[2]) **Leonardo da Vinci,** 1499.
[3]) Die allgemeinen polizeilichen Bestimmungen über die Anlegung von Landdampfkesseln von 1908 schreiben als größten Ventildruck 600 kg vor.

4 Der Hebel.

Hebeldrehachse angebracht wird, wenn noch das Hebelgewicht $G = 1{,}25$ kg den Abstand $a = 32$ cm von der Drehachse hat, ferner der Auflagerdruck N des Hebels (Fig. 7).

Die Gleichung (1) ergibt

$$P_2 = \frac{1}{l_2} \cdot \left(\frac{\pi}{4} \cdot d^2 \cdot p \cdot l_1 - G \cdot a \right) = \frac{\pi}{4} \cdot 7{,}95^2 \cdot 12 \cdot \frac{10}{64} - 1{,}25 \cdot \frac{32}{64}$$

$$= 93{,}07 - 0{,}63 \sim 92{,}4 \text{ kg.}$$

Gleichung (5) liefert

$$N = 595{,}7 - 92{,}4 - 1{,}25 \sim 502 \text{ kg.}$$

Die spätere Auswiegung des fertiggestellten Ventils ergebe das Hebelgewicht $G = 1{,}22$ kg, das Belastungsgewicht $P_2 = 93{,}38$ kg, den Abstand $a = 31{,}4$ cm (durch Auswiegen auf einer Messerschneide bestimmt). Dann ist das Belastungsgewicht anzubringen im Abstand

$$l_2 = \frac{1}{93{,}38} \cdot \left(595{,}7 \cdot 10 - 1{,}22 \cdot 31{,}4 \right) = \frac{5918{,}4}{93{,}38} = 63{,}4 \text{ cm.}$$

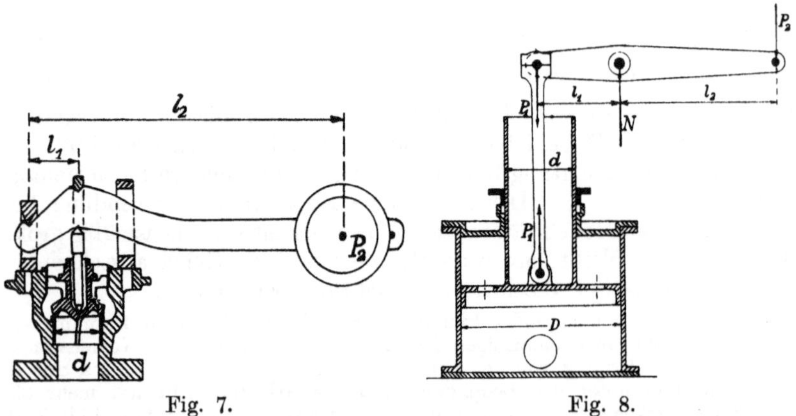

Fig. 7.   Fig. 8.

Beispiel 3. Eine Kondensatorpumpe nach Fig. 8 habe den Kolbendurchmesser $D = 55$ cm, der Kolben wiege mit dem darüberstehenden Wasser und der Schubstange $G_1 = 380$ kg. Die Schubstange greift an einem zweiarmigen Hebel von den Längen $l_1 = 45$ cm und $l_2 = 75$ cm an. Anzugeben ist die größte Druckkraft P_2, die an dem Hebel ausgeübt werden muß, wenn der Kondensatordruck $p_1 = 0{,}1$ at beträgt.

Es ist

$$P_1 = \frac{\pi}{4} \cdot D^2 \cdot p_1 , \tag{4}$$

also nach Formel (1)

$$P_2 = \left(\frac{\pi}{4} \cdot D^2 \cdot p_1 + G_1 \right) \cdot \frac{l_1}{l_2} = \left(\frac{\pi}{4} \cdot 55^2 \cdot 0{,}1 + 380 \right) \cdot \frac{45}{75} \sim 370 \text{ kg.}$$

Die Kraft ist etwas zu klein berechnet, weil zu dem Gewicht noch Reibungswiderstände und Massendrücke treten.

Derselbe Hebel kann auch abwechselnd als einarmiger und zweiarmiger Verwendung finden.

Beispiel 4. Zu bestimmen ist der Dampfdruck, mit dem die Dampfmaschine der Schwungradandrehvorrichtung nach Fig. 9 arbeiten muß, wenn der Klinkendruck $P_1 = 3500$ kg betragen soll. Es ist der Kolbendurchmesser $D = 15$ cm, der Kolbenstangendurchmesser $d = 4$ cm, die Hebellänge $l_1 = 26$ cm, $l_2 = 45$ cm. Bei abwärts gehendem Kolben gilt Gleichung (2a) in der Form

$$\frac{\pi}{4} \cdot D^2 \cdot p \cdot l_2 = P_1 \cdot l_1,$$

also

$$p = \frac{P_1}{\frac{\pi}{4} \cdot D^2} \cdot \frac{l_1}{l_2} = \frac{3500 \cdot 26}{\frac{\pi}{4} \cdot 15^2 \cdot 45} = 11,5 \text{ at.}$$

Bei aufwärts gehendem Kolben ist P_1 um den Winkel α schräg gerichtet, und zwar ist tg $\alpha = 0,475$, also $\cos \alpha = \dfrac{1}{\sqrt{1 + 0,475^2}}$. Die Klinke erfährt somit die Belastung $\dfrac{P_1}{\cos \alpha} = 3500 \cdot \sqrt{1,2255} \sim 3880$ kg. Die Gleichung (2a) lautet in dem Fall

$$\frac{\pi}{4} \cdot (D^2 - d^2) \cdot p \cdot l_2 = P_1 \cdot l_1,$$

woraus folgt

$$p = \frac{3500}{\frac{\pi}{4} \cdot (15^2 - 4^2)} \cdot \frac{26}{45} = 12,3 \text{ at.}$$

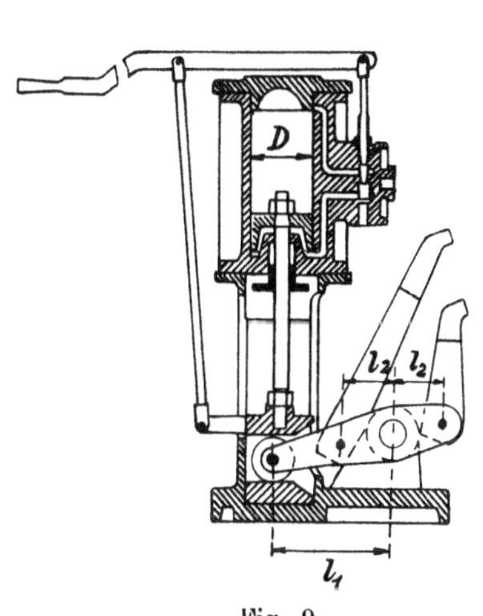

Fig. 9.

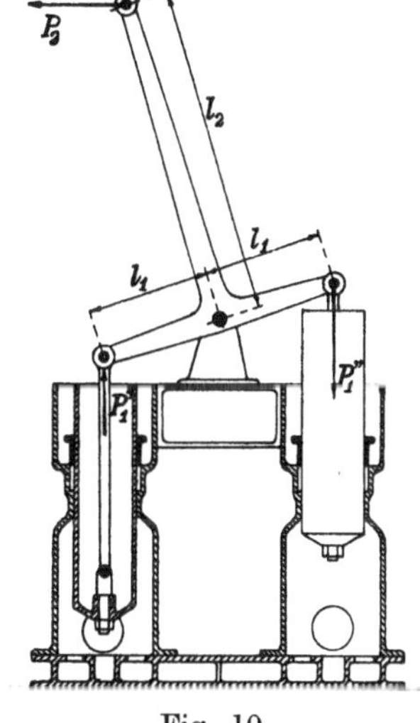

Fig. 10.

Der Mittelwert beträgt somit

$$p = \frac{11,5 + 12,3}{2} \sim 12 \text{ at.}$$

Sind die auf den Hebel einwirkenden Kräfte nicht alle parallel, so sind die zur Kraftrichtung senkrecht stehenden Längen l als Hebelarme einzusetzen, denn das Drehmoment ist stets das Produkt aus der Kraft und dem zu ihr senkrecht stehenden Abstand von der Drehachse.

Beispiel 5. Der niedergehende Kolben der doppeltwirkenden Kondensatorpumpe nach Fig. 10 übt die Gegenkraft $P_1' = 70$ kg aus, der aufwärtsgehende die Gegenkraft $P_1'' = 680$ kg.   Die Hebellängen seien $l_1 = 45$ cm, $l_2 = 120$ cm. Anzugeben ist die Kraft P_2.

Man kann hier ohne wesentlichen Fehler annehmen, daß die drei Kräfte in allen Stellungen den gleichen Winkel mit dem Hebel bilden.   Dann ist nach Gleichung (2b)

$$P_2 = \frac{l_1}{l_2} \cdot (P_1' + P_2') = \frac{45}{120} \cdot (70 + 680) \backsim 280 \text{ kg.}$$

Beispiel 6. Auf den Winkelhebel nach Fig. 11, dessen Kraftangriffszapfen nur zur besseren Aufnahme der Kräfte noch durch eine Schließe verbunden sind, wirke die Kraft $P_1 = 450$ kg in wagerechter Richtung am Hebelarm $l_1 = 42$ cm. Anzugeben ist die Kraft P_2, deren Hebelarm $l_2 = 120$ cm beträgt.

Man erhält sofort aus Gleichung (2b)

$$P_2 = P_1 \cdot \frac{l_1}{l_2} = 450 \cdot \frac{42}{120} = 157{,}8 \text{ kg.}$$

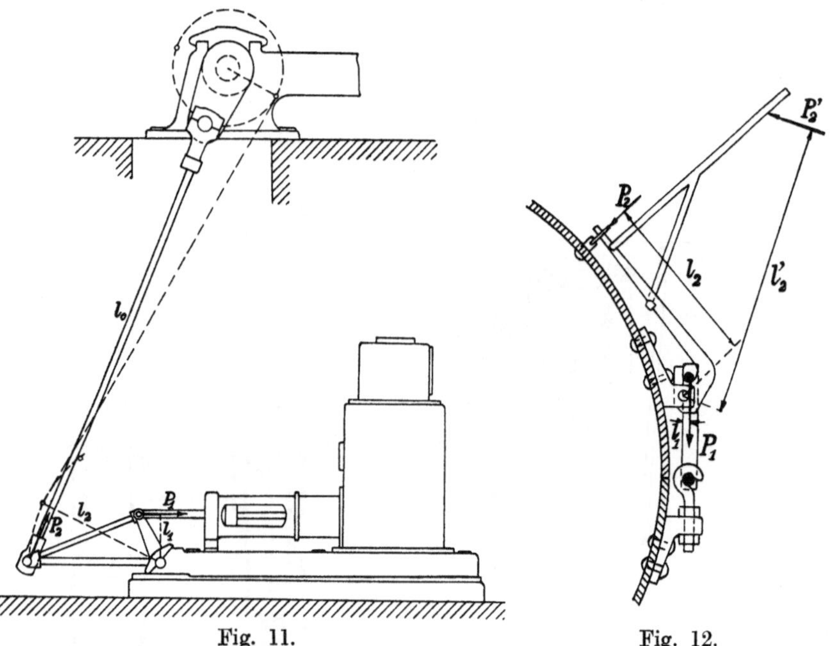

Fig. 11.   Fig. 12.

Diese Rechnung gilt für die Mittellage des Winkelhebels.   In den äußersten Lagen ist $l_1 = 39$ cm und $l_2 = 112$ cm, so daß sich ergibt

$$P_2 = 450 \cdot \frac{39}{112} = 156{,}7 \text{ kg.}$$

Selbstverständlich ist zur zweckmäßigen Ausnutzung des Hebels die Schubstange l_0 so anzuordnen, daß in den äußersten Lagen des Winkelhebels ihr Winkel gegen den Hebelarm l_2 um den gleichen Betrag von einem Rechten abweicht, was der Fall ist, wenn er in der einen Mittellage gerade einen Rechten beträgt[4]).

Man bemerkt, daß wenn die Kraft durch den Hebel verringert wird, der Ausschlag sich in demselben Verhältnis vergrößert und umgekehrt.

---

[4]) Herbst, D. p. J. 1908.

Es gibt Hebel, die überhaupt keine festliegende Drehachse haben, wie z. B. die Kulissen der Dampfmaschinen-Schiebersteurungen oder die Wälzhebel der Dampfmaschinenventile. Die Wälzhebel verwendet man gewöhnlich, wenn für die Einleitung der Bewegung eine große Kraft erforderlich ist, für die Vollendung aber eine große Geschwindigkeit verlangt wird. Auch die gewöhnlichen Handhebel aus Eisen sind Wälzhebel, deren kleiner Hebelarm bei der Einleitung der Bewegung nur etwa 2 bis 2,5 cm lang ist und der sich beim Niederdrücken des langen Hebelarmes bis auf 5 ÷ 7 cm vergrößert. Unter Umständen ist auch einmal die Drehachse fest, aber die Last wälzt sich dann auf dem Hebel (Fig. 12).

Beispiel 7. Eine aus zwei Hälften bestehende lange Reinigungstrommel soll durch den Handhebel nach Fig. 12[5]) so verschlossen werden, daß in der Fuge von $\delta = 1{,}5$ cm Stärke ein mittlerer Anpressungsdruck von $p = 9$ at herrscht. Die Hebelverbindung ist in Abständen von $a = 100$ cm angebracht; die Hebelarme sind $l_1 = 1$ cm, $l_2 = 30$ cm, $l_2' = 55$ cm. Anzugeben ist die am Hebel l_2 erforderliche Kraft P_2.

Im geschlossenen Zustande gilt $P_1 = a \cdot \delta \cdot p$. Damit ergibt sich nach Formel (2a)

$$P_2 = P_1 \cdot \frac{l_1}{l_2} = \frac{100 \cdot 1{,}5 \cdot 9 \cdot 1}{30} = 45 \text{ kg},$$

und die beim Einlegen von dem Arbeiter an dem aufgesetzten Hebel aufzuwendende Kraft beträgt

$$P_2' = P_1 \cdot \frac{l_1}{l_2} = 45 \cdot \frac{30}{55} = 24{,}6 \text{ kg}.$$

Beispiel 8. Anzugeben ist der größte Ausschlag des von einer Stephenson-Kulisse gesteuerten Dampfschiebers bei Hebung oder Senkung der Kulisse um den Betrag f (Fig. 13).

Gezeichnet ist die Stellung des Schiebers, bei der sich die Hauptkurbel R der Maschine in der Totlage befindet. Auf der Hauptwelle sitzen die beiden

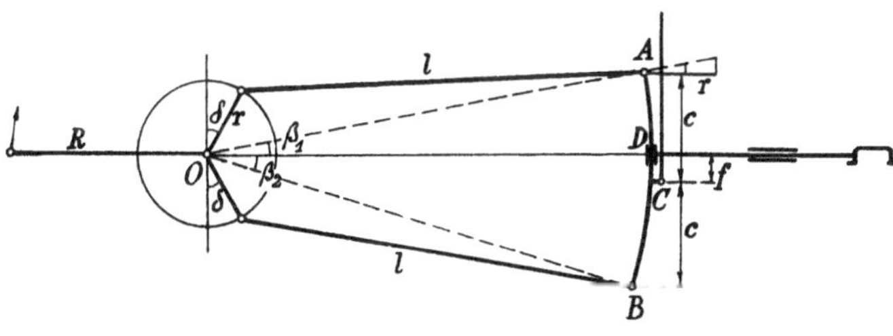

Fig. 13.

Exzenter mit der kleinen Exzentrizität r, die gegen die Hauptkurbel um die Winkel $90 + \delta$ in der Vorwärts- bzw. Rückwärtsdrehrichtung versetzt sind. Das Vorwärtsexzenter greift bei den offenen Exzenterstangen l am oberen Kulissenende A an, das Rückwärtsexzenter am unteren Ende B. Die Kulisse, die sich bei der Verstellung durch den Stein D verschiebt, ist in ihrer Mitte C pendelnd aufgehängt.

Man entnimmt der Fig. 13, daß das am Punkte A angreifende Exzenter um den Winkel $\delta + \beta_1$ zurückgeschoben werden muß, damit die Kurbel r ihre Mittel-

<hr>

[5]) Frederking, Hanomag-Nachrichten 1919.

lage in bezug auf die Treibrichtung OA erhält. Da nun der Ausschlag in Richtung der Hauptachse OD r ist, so beträgt er in Richtung der geneigten Achse $OA \dfrac{r}{\cos \beta_1}$. Das heißt, der Punkt A bewegt sich so, als wenn er von einem Exzenter mit dem Halbmesser $\dfrac{r}{\cos \beta_1}$ angetrieben wird, das unter dem Winkel $90 + \delta + \beta_1$ gegen die Hauptkurbel R in der Drehrichtung versetzt ist. Das Entsprechende gilt für den Antrieb des Punktes B.

Wird jetzt der Punkt B einmal als fest angesehen, so verschiebt sich der Punkt D unter der Einwirkung des Vorwärtsexzenters um den Betrag

$$a = \frac{r}{\cos \beta_1} \cdot \frac{c + f}{2c}, \tag{5}$$

und wenn jetzt A vorübergehend als fest angesehen wird, so verschiebt sich D unter der Einwirkung des Rückwärtsexzenters um

$$b = \frac{r}{\cos \beta_2} \cdot \frac{c - f}{2c}. \tag{6}$$

In der Richtung der Mittelachse, in der sich der Stein D allein verschieben kann, erhält man hieraus die in Fig. 14 eingetragenen Verschiebungen, die sich so addieren, als ob sie hervorgerufen würden von einem Mittelexzenter r_0, das aus den beiden a und b nach dem Satz vom Verschiebungsdreieck (entsprechend dem vom Kräftedreieck, s. Bd. III) erhalten wird.

Man ersieht aus Fig. 13, daß bei ganz gesenkter Kulisse nur das Vorwärtsexzenter r unter dem Voreilwinkel δ den Stein beeinflußt und bei ganz gehobener nur das Rückwärtsexzenter. Wird die Rechnung und Konstruktion für verschiedene Kulissenstellungen durchgeführt, so ergibt sich, daß die Endpunkte des Mittelexzenters auf einer Kurve $A'D'C'B'$ liegen, und daß der von der Stephenson-Kulisse angetriebene Schieber sich bei der Verlegung der Kulisse aus der Vorwärts- bzw. Rückwärtsstellung in die mittlere Nullstellung um den Betrag s verschiebt.

Sind die Exzenterstangen nicht offen, wie in Fig. 13, sondern gekreuzt, so greift das Vorwärtsexzenter am unteren Kulissenpunkt B an. Für den Schub in Richtung der Achse OB ist jetzt das obere Exzenter um den Betrag $\delta - \beta_1$ zurückzuziehen, damit es seine Mittellage einnimmt. Der Punkt B wird also so angetrieben, als wenn er von einem Exzenter $\dfrac{r}{\cos \beta_1}$ mit dem Voreilungswinkel $\delta - \beta_1$ bewegt würde. Das Ergebnis ist, daß sich die Kurve $A'B'$ der Fig. 14 mit dem Ausschlag s umgekehrt an die Sehne $A'B'$ anlegt.

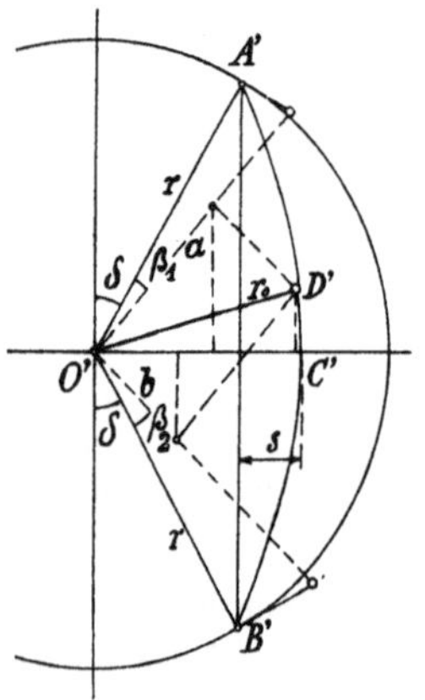

Fig. 14.

Beispiel 9. Das Einlaßventil einer Dampfmaschine nach Fig. 15 vom größten Hub $s = 24$ mm habe die Abmessungen $h = 165$ mm,

$$d_1 = 200, \quad d_2 = 199, \quad d_0 = 38, \quad d_3 = 16 \text{ mm},$$
$$b_1 = 3, \quad b_2 = 3, \quad b_0 = 6, \quad b = 8 \text{ ,, .}$$

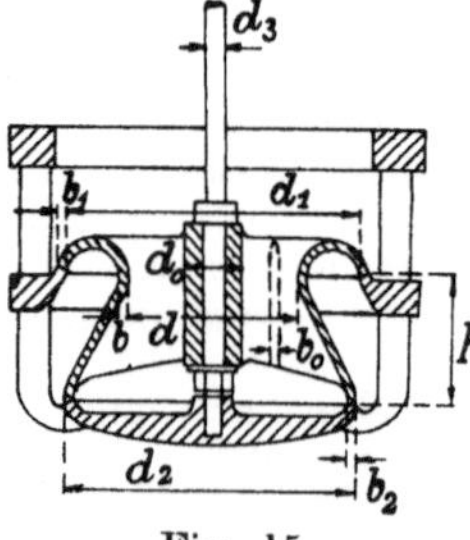

Fig. 15.

Anzugeben ist die Kraft, die beim Anheben erforderlich ist, wenn der Dampfdruck $p = 12$ at beträgt.

Das Ventil ist entlastet bis auf den schmalen Ring vom äußeren Durchmesser $d_1 + 2\,b_1 = 20{,}6$ cm und vom inneren Durchmesser $d_2 - 2\,b_2 = 19{,}3$ cm. Demnach ist die Kraft

$$P = \frac{\pi}{4} \cdot (20{,}6 + 19{,}3) \cdot (20{,}6 - 19{,}3) \cdot 12 = 489 \text{ kg}.$$

Hierzu tritt noch die Spindelreibung mit $P' = 16$ kg. Sowie das Ventil angehoben ist, ist nur noch die Spindelreibung zu überwinden.

Bei den Wälzhebeln[6]) sind zwei Ausführungen zu unterscheiden, Hebel mit beweglichem Hubpunkt nach Fig. 16 und solche mit festem Hubpunkt nach Fig. 17. Der Angriffspunkt der Exzenterstange heißt der Treibpunkt. Damit die Bewegung des Ventils stoßfrei eingeleitet und beendet wird, muß im Augenblick seines Hubbeginnes bzw. Niedersetzens die Hebelübersetzung ganz oder wenigstens nahezu Null sein, da ja die Bewegung des Treibpunktes in diesen Augenblicken eine ganz bestimmte endliche ist, die sich aus dem Steurungsmechanismus ergibt.

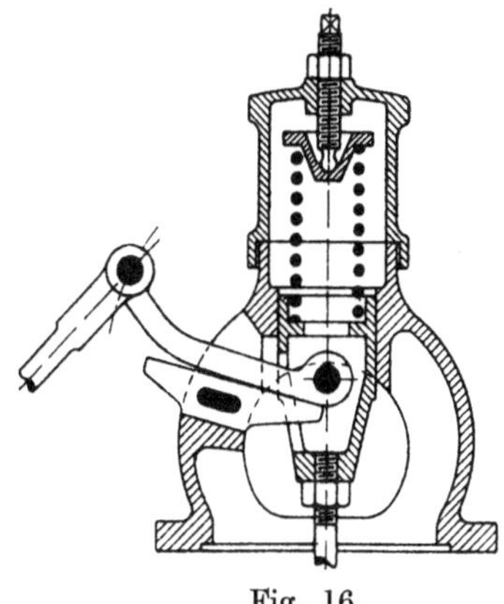

Fig. 16.

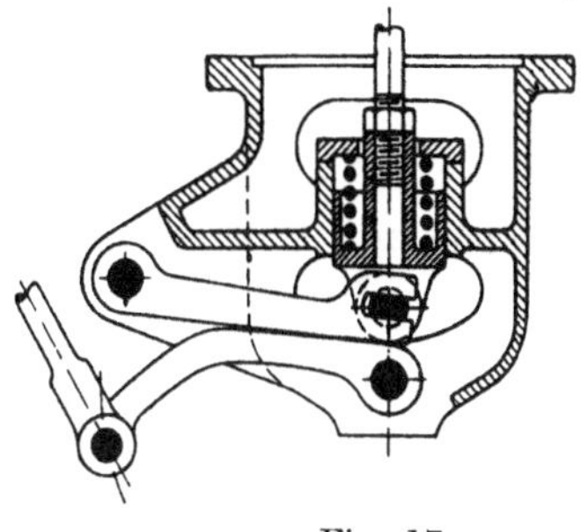

Fig. 17.

In Fig. 18 seien A der bewegliche Hubpunkt, B der Treibpunkt des Wälzhebels, C der Berührungspunkt des Hebels mit der Wälzbahn, O_1 bzw. O_2 die Krümmungsmittelpunkte der Berührungsstelle von Hebel und Wälzbahn, die mit C auf derselben Berührungsnormale liegen müssen. Bewegt sich A auf der Lotrechten um ein sehr kleines Stück nach A', so bleibt vorläufig noch der Abstand der Krümmungsmittelpunkte $\overline{O_1 O_2}$ unverändert und, da die Wälzbahn festliegt, muß sich O_1 auf einem Kreisbogen um O_2 nach O_1' bewegen derart, daß $\overline{A'O_1'} = \overline{AO_1}$ ist. Damit erhält man den neuen Treibpunkt B' aus der Bedingung, daß das Dreieck $A'O_1'B' \cong AO_1B$ sein muß, weil der Hebel ja starr ist.

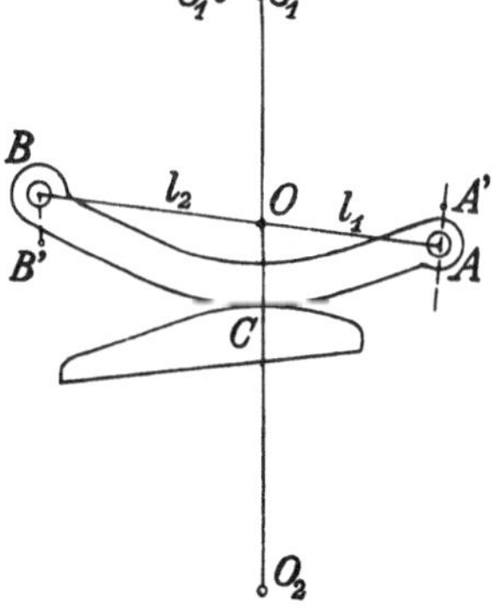

Fig. 18.

Zieht man $\overline{AO}$ senkrecht zu $\overline{AA'}$, so ist Punkt O der augenblickliche Drehpunkt des ganzen Hebels, da er auf einer Senkrechten zur Bahn AA' und ebenso auf einer Senkrechten zur Rolltangente gelegen ist. Das Hebelver-

---

[6]) Holzer, Z. d. V. d. I. 1908.

hältnis ist dann $l_1 : l_2$. Damit das Übersetzungsverhältnis 0 wird, muß in dem betreffenden Augenblick der Berührungspunkt C auf der Hubgeraden AA' liegen. Die Bewegung geht nur dann rein wälzend ohne Gleiten vor sich, wenn an jeder Stelle O und C zusammenfallen. Aus beiden Bedingungen folgt sofort noch, daß im Anfangspunkt der Bewegung die Wälzkurve senkrecht zur Geradführung AA' verlaufen muß, wenn die Anfangsbewegung ganz stoßlos erfolgen soll, was praktisch nicht ausführbar ist, wie z. B. die Fig. 16 erkennen läßt. Man muß, damit kleine Ungenauigkeiten der Einstellung der Steurung ohne Einfluß auf den sicheren Ventilschluß sind, die Berührung schon vorher aufhören lassen.

Als Wälzbahn wird der einfachen und sicheren Herstellung wegen fast stets eine Gerade angenommen, die so geneigt sein muß, daß ihre Normale im jeweiligen Berührungspunkt durch den Schnittpunkt der Exzenterstange mit der Ventilachse geht oder ihm wenigstens nahe kommt, da sich sonst eine größere Seitenkraft ergibt, die die Ventilspindel gegen ihre Führung drückt. Die Vorschrift folgt ohne weiteres aus dem Satz für das Gleichgewicht von drei Kräften.

Beispiel 10. Gegeben seien in Fig. 19 die gleichen Verschiebungen des Kolbens der Dampfmaschine entsprechenden Hubpunkte A des Ventils, ausgehend vom festgelegten Anfangspunkt A_0, ebenso die Reihe B der Treibpunkte ausgehend vom festgelegten Anfangspunkt B_0 als Schnittpunkte des aus A geschlagenen Kreises vom Halbmesser A_0B_0 mit den Senkrechten zur Exzenterstangenrichtung. Gegeben ist ferner die gerade Wälzbahn A_0C. Anzugeben ist die Wälzkurve des Hebels.

Man schlägt aus A den Kreis, der A_0C berührt, ebenso aus B, und schlägt dieselben Kreisbögen von A_0 bzw. B_0 aus, zieht

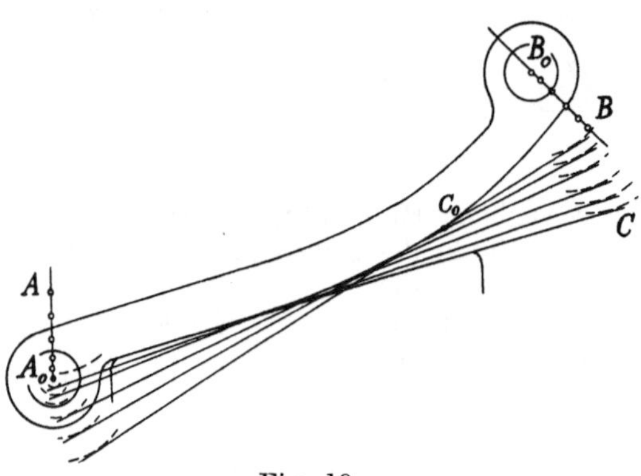

Fig. 19.

darauf ihre gemeinsame Tangente, die die in die Anfangslage zum Hebel zurückgedrehte Wälzbahn darstellt. Wird diese Konstruktion mehrfach wiederholt, so hüllen die zurückgedrehten Wälzbahnen die Wälzkurve des Hebels ein.

Da die durch A gezogene Senkrechte zu A_0A nicht durch den Berührungspunkt C_0 geht, so tritt ein gewisses Gleiten des Hebels auf der Bahn ein. Man gestattet das meistens, weil sonst die Treibpunkte der Wälzbahn ziemlich naherücken und, wie eine entsprechende Aufzeichnung lehrt, die Wälzkurve dann wesentlich kürzer ausfällt.

Bei den Wälzhebeln mit festen Endpunkten nach Fig. 20 ist A wieder der Hubpunkt, B der Treibpunkt; C_1 und C_2 sind die festen Punkte, O_1 und O_2 die Krümmungsmittelpunkte der Wälzkurven. Da sämtliche Hebelpunkte Kreisbögen um C_1 bzw. C_2 beschreiben, so muß die Verbindung mit der Ventilspindel bei A lose sein. Der augenblickliche

Drehpunkt für die Bewegung der Zentrale $\overline{O_1 O_2}$ ist der Schnittpunkt O der Geraden $O_1 C_1$ und $O_2 C_2$. Zieht man noch $C_1 F \parallel C_2 O$ und die Verbindungslinie $C_1 C_2$, und dreht sich nun der erste Hebel um den kleinen Betrag $\boldsymbol{d}\varphi_1$ und der zweite entsprechend um $\boldsymbol{d}\varphi_2$, so daß $\boldsymbol{d}\varphi_1 : \boldsymbol{d}\varphi_2$ das Übersetzungsverhältnis in dem Augenblick darstellt, so gilt

$$\frac{\overline{C_1 O_1} \cdot \boldsymbol{d}\varphi_1}{\overline{C_2 O_2} \cdot \boldsymbol{d}\varphi_2} = \frac{\overline{OO_1}}{\overline{OO_2}} = \frac{\overline{C_1 O_1}}{\overline{C_1 F}}$$

ferner

$$\frac{\overline{C_1 F_1}}{\overline{C_1 E}} = \frac{\overline{C_2 O_2}}{\overline{C_2 E}} \,,$$

also

$$\frac{\overline{C_1 O_1} \cdot \boldsymbol{d}\varphi_1}{\overline{C_2 O_2} \cdot \boldsymbol{d}\varphi_2} = \frac{\overline{C_1 O_1}}{\overline{C_2 O_2}} \cdot \frac{\overline{C_2 E}}{\overline{C_1 E}}$$

oder

$$\frac{\boldsymbol{d}\varphi_1}{\boldsymbol{d}\varphi_2} = \frac{\overline{C_2 E}}{\overline{C_1 E}} \,.$$

Das heißt: die Berührungssenkrechte $O_1 O_2$ teilt die Zentrale $C_1 C_2$ im umgekehrten Verhältnis der augenblicklichen Übersetzung. Das

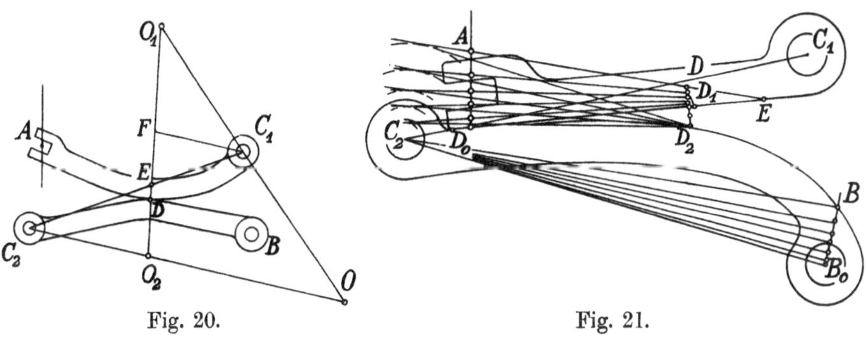

Fig. 20.   Fig. 21.

Übersetzungsverhältnis kann also nur Null werden, wenn die Berührungssenkrechte durch den festen Drehpunkt des treibenden Hebels geht. Damit kein Gleiten stattfindet, muß der augenblickliche Berührungspunkt D in die Zentrale $C_1 C_2$ fallen, denn nur auf der Zentrale stimmen die Bewegungsrichtungen beider Hebel überein, wie es im gleitfreien Berührungspunkt nötig ist. Auch hier wird der einfachen und sicheren Herstellung wegen der eine Hebel mit gerader Wälzkurve ausgeführt.

Beispiel 11. Gegeben seien in Fig. 21 die gleichen Verschiebungen des Kolbens der Dampfmaschine entsprechenden Hubpunkte A des Ventils, die festen Drehpunkte C_1 und C_2, sowie die Punktreihe B der Lagen des Treibpunktes auf der Exzenterstange. Zu bestimmen ist die Wälzkurve des zweiten Hebels.

Man wählt den Anfangsberührungspunkt D_0 so dicht an der Hebelachse, wie es die Konstruktion des Auges zuläßt, und legt den Endberührungspunkt D so fest, daß das Endübersetzungsverhältnis den besonderen, gerade verlangten Wert erhält; beide Punkte müssen auf oder wenigstens dicht bei der Zentrale liegen. Die zugehörigen Anfangslagen D_1 bzw. D_2 des letzteren Punktes auf den beiden Hebeln ergeben sich aus ihren vorgeschriebenen Winkelausschlägen.

Die Verbindungslinie $D_0 D_1$ ist die gerade Begrenzungslinie des oberen Hebels. Schlägt man nun aus C_2 einen die Linie ADE berührenden Kreis und legt daran von D_2 aus eine Tangente, so tangiert diese den zweiten Hebel im Berührungspunkt. Die Durchführung derselben Konstruktion für weitere Zwischenpunkte ergibt schließlich den dargestellten Hebel. Je größer die Krümmung des Hebels wird, desto kürzer wird die Wälzkurve, und zwar ist dabei die Größe des Antriebsexzenters maßgebend.

Wird verlangt, daß der Hebel bequem zu handhaben ist und leicht von einem Ort zum anderen bewegt werden kann, so bildet man ihn als Doppelhebel aus, indem zwei gleiche Hebel an demselben Drehzapfen befestigt werden, wie z. B. bei der Zange und der Schere. Soll eine größere Ausladung bzw. Greifweite erzielt werden, so wird jeder der beiden gleichen Hebel an einem besonderen Zapfen eines Zwischenstückes angebracht, wie z. B. bei der Blockzange nach Fig. 22 oder der Steinzange nach Fig. 47.

Sehr häufig erscheinen die Doppelhebel als Kniehebel: An demselben Zapfen greifen drei Hebel an, von denen gewöhnlich zwei einander gleich sind und mit dem dritten in jeder Lage gleiche Winkel α einschließen. Sind die

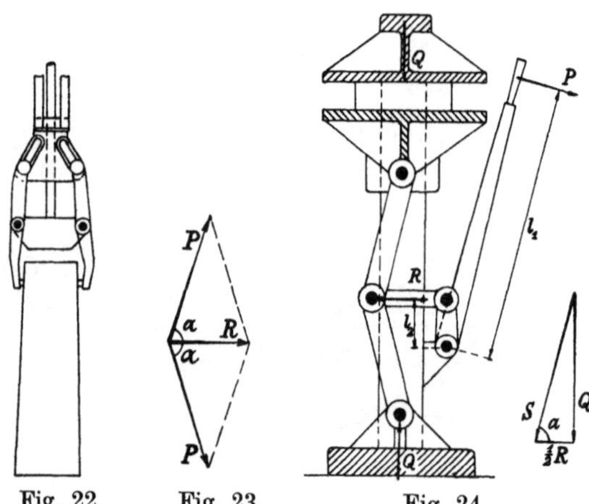

Fig. 22.   Fig. 23.   Fig. 24.

in den Richtungen der beiden gleichen Hebel wirkenden Kräfte P und die im dritten angreifende Kraft R, so ergibt die Fig. 23

$$R = 2 \cdot P \cdot \cos \alpha$$

bzw.

$$P = \frac{R}{2 \cdot \cos \alpha}. \tag{7}$$

Beispiel 12. Für die Buchbinderpresse nach Fig. 24, die auf einem Fußgestell zwei Führungssäulen trägt, an denen sich der untere Tisch auf und ab verschiebt, während sich das gepreßte Stück gegen die obere Deckplatte legt, ist die erzeugte Druckkraft Q anzugeben, wenn die Zugkraft $P = 15$ kg beträgt und das Hebelverhältnis $\dfrac{l_1}{l_2} = \dfrac{75}{10}$.

Die Verbindung der Formeln (2) und (7) ergibt

$$R = P \cdot \frac{l_1}{l_2} = 2 \cdot S \cdot \cos \alpha,$$

und wie das zugehörige Kräftedreieck zeigt, ist

$$S = \frac{Q}{\sin \alpha},$$

mithin

$$Q = \frac{P}{2} \cdot \frac{l_1}{l_2} \cdot \operatorname{tg} \alpha . \tag{8}$$

Hieraus folgt die Zusammenstellung:

$\alpha =$	55°	65°	75°	80°	85°	88°
$\operatorname{tg} \alpha =$	1,428	2,145	3,732	5,671	11,430	28,636
$Q =$	80,3	120,6	209,9	319,0	642,8	1610,8 kg.

Man erkennt, daß die Anordnung nur für Winkel von mehr als 70° vorteilhaft ist, daß sie aber bei Winkeln, die in der Nähe von 90° liegen, sehr bedeutende Druckkräfte liefert, wie die Fig. 25 zeichnerisch darstellt.

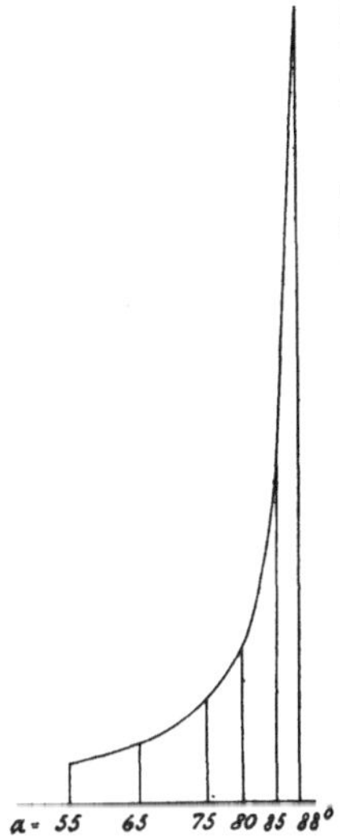

Beispiel 13. Bei dem Steinbrecher nach Fig. 26 beträgt der Winkel α bei der gezeichneten Mittelstellung des Einstellkeiles zwischen 74° und 88°. Bei großen Stücken ist die hier in die Brechbacke gelegte Hebelübersetzung etwa $\frac{1}{2}$, bei kleinen etwa 1. Anzugeben ist die größte auf die Schubstange kommende Zugkraft P für die Brechkraft $Q = 100$ t.

Die plattenförmigen Kniehebel aus Gußeisen sind so gebaut, daß sie bei einer Erhöhung des Brechdruckes um $\frac{1}{3}$ brechen. Man erhält hiernach bei $\alpha = 88°$ mit den Bezeichnungen der Fig. 26 als Bruchkraft

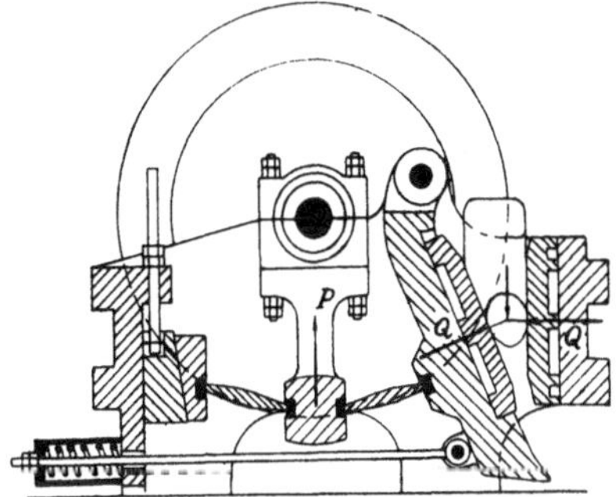

Fig. 25.

Fig. 26.

$$S = \frac{\frac{4}{3} \cdot Q \cdot \frac{l_1}{l_2}}{\sin \alpha} = \frac{133,3 \cdot 1}{0,9994} \backsim 134 \text{ t.}$$

Die Schubstangenkraft wird nach Formel (8)

$$P = 2 Q \cdot \frac{l_2}{l_1} \cdot \operatorname{cotg} \alpha = 2 \cdot 100 \cdot 1 \cdot 0,0349 \backsim 7 \text{ t.}$$

Wenn die Kniehebel in die Strecklage kommen, genügt eine verhältnismäßig kleine Schubstangenkraft P, um eine sehr bedeutende Druckkraft Q zu erzielen, falls nicht die elastische Nachgiebigkeit der Hebel die Kraftwirkung herabsetzt (vgl. Bd. IV). Da die Hebel beim Überschreiten der Strecklage wieder auseinandergehen, so bleibt man zur Sicherheit stets etwas unter der Strecklage. Nur im Fall der Reibungskupplung von Dohmen-Leblanc (Fig. 65) werden die federnd ausgebildeten Kniehebel absichtlich durch die Strecklage durchgedrückt, um eine vollkommene Sicherheit gegen unbeabsichtigtes Lösen zu haben.

Beispiel 14. Auf den Honeschen Einseilgreifer vom Fassungsvermögen $Q = 1,5$ m³ Kohle $= 1250$ kg nach Fig. 27, dessen Gewicht G sich zusammensetzt aus $G_1 = 900$ kg des inneren Schiebers, $G_2 = 200$ kg beider Schaufeln,

$G_3 = 1140$ kg des festen Obergestelles, wirkt durch Vermittlung eines Flaschenzuges auf den inneren Schaufeldrehzapfen das $\ddot{u}_1 = 3{,}56$fache des gesamten Seilzuges S, auf den äußeren Lenkerdrehzapfen jeder Schaufel das $\dfrac{\ddot{u}_2}{2} = 1{,}38$fache

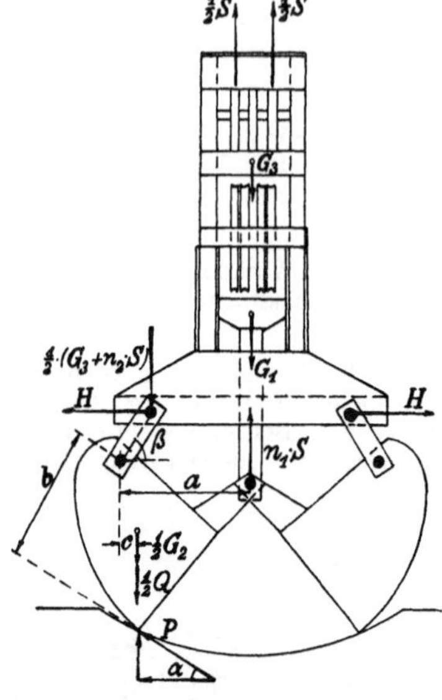

Fig. 27.

des Seilzuges S. Anzugeben ist die Greifkraft P, die erforderliche Größe des Seilzuges S in Abhängigkeit von dem Winkel α, sowie die zugehörige Beanspruchung H des Greiferquerhauptes.

Für jede Greiferstellung und entsprechende Belastung Q' muß gemäß der ersten Gleichgewichtsbedingung für den ganzen Greifer gelten:

$$S + 2 \cdot P \cdot \sin\alpha = G + Q' . \qquad (9)$$

Ferner besteht in bezug auf den äußeren Drehzapfen jeder Schaufel die Momentengleichung

$$P \cdot b = \tfrac{1}{2} \cdot (\ddot{u}_1 \cdot S - G_1) \cdot a - \tfrac{1}{2} \cdot (G_2 + Q') \cdot c,$$

also $\qquad\qquad\qquad\qquad\qquad\qquad\qquad$ (9 a)

$$P = \frac{1}{2} \cdot (\ddot{u}_1 \cdot S - G_1) \cdot \frac{a}{b} - \frac{1}{2} (G_2 + Q') \cdot \frac{c}{b} .$$

Wird dieser Ausdruck in die erste Gleichung eingesetzt, so ergibt sich nach Auflösung der Klammern[7])

$$S \cdot \left(1 + \frac{a}{b} \cdot \ddot{u}_1 \cdot \sin\alpha\right) = G_1 \cdot \left(1 + \frac{a}{b} \cdot \sin\alpha\right) + G_2 \cdot \left(1 + \frac{a}{b} \cdot \sin\alpha\right)$$

$$+ G_3 + Q' \cdot \left(1 + \frac{c}{b} \cdot \sin\alpha\right)$$

oder $\qquad S = \dfrac{G + Q'}{1 + \dfrac{a}{b} \cdot \ddot{u}_1 \cdot \sin\alpha} + \dfrac{G_1 \cdot \dfrac{a}{b} + (G_2 + Q') \cdot \dfrac{c}{b}}{\dfrac{1}{\sin\alpha} + \dfrac{a}{b} \cdot \ddot{u}_1} .$ $\qquad$ (10)

Aus der zweiten Gleichgewichtsbedingung für die Schaufeln folgt

$$H = P \cdot \cos\alpha + \tfrac{1}{2} \cdot (G_3 + \ddot{u}_2 \cdot S) \cdot \cos\beta . \qquad (11)$$

Angestellte Versuche[7]) ergaben für feine und mittlere Kohlen ziemlich unvermittelt ineinander übergehend die Winkel α der Zusammenstellung, und die Aufzeichnung des Greifers für die verschiedenen Stellungen lieferte die beigesetzten Werte von β, a, b, c. Gemessen wurde ferner noch die gegriffene Menge Q. Gleichung (10) ergibt dann den Seilzug S und darauf Gleichung (9 a) die Greifbzw. Schließkraft P, endlich Gleichung (11) die wagerechte, auf das Querhaupt wirkende Kraft H.

Seilzug und Schließkraft unterscheiden sich demnach nicht wesentlich voneinander. Ein mit geringem Gewicht G arbeitender Greifer muß gemäß Gleichung (9) kleinen Seilzug S haben, was durch die Vergrößerung von $\dfrac{a}{b} \cdot \ddot{u}_1$ erreicht wird.

---

[7]) Pfahl, Z. d. V. d. I. 1912.

α	56°	40°		26°		16°	0°	0°
β	77°		62½°		54°		50½°	73½°
cos β	0,2250		0,4618		0,5878		0,6361	0,2840
cos α	0,5592	0,7660		0,8988		0,9613	1,0	1,0
sin α	0,8290	0,6428		0,4384		0,2756	0	0
a	62		69,5		73,5		74,5	64 cm
b	92	94		102	96, 102		103, 104	95 „
c	−18,5		−10,5		−2,5		+7	+42 .,
$\frac{a}{b}$	0,6740	0,7395	0,6815	0,7658	0,7205		0,720	0,6738
$\frac{c}{b}$	−0,0201	−0,0112	−0,1030		−0,0260	−0,0245	+0,0680 +0,0673	+0,4422
Q	0		0		0		400	1250 kg
	750	832	1085	1020	1313	1555	2640	3490 kg
	176	158	149	137	133	112	0	0 „
S	926	990	1234	1157	1446	1667	2640	3490 kg
P	809	972	1245	1237	1535	1779	2994	3561 .,
	452	744	954	1112	1381	1710	2994	3561 „
	272	578	657	810	921	1421	1522	704 „
H	724	1322	1611	1922	2302	3122	4516	4265 kg

Die Hebelanordnung des Greifers in Fig. 27 wird als umgekehrter Kniehebel bezeichnet, weil die Zugkraft den überstumpfen Winkel der beiden Kniehebel halbiert. Das mechanische Kennzeichen der Knie-

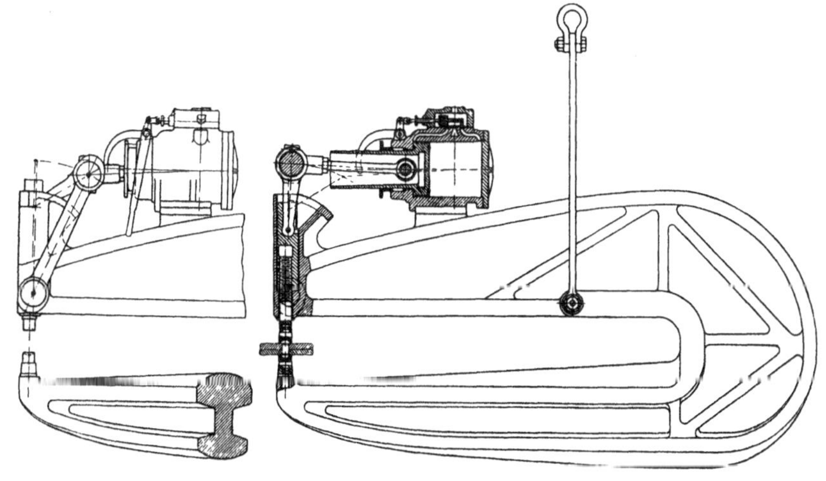

Fig. 28.

hebel ist, daß am Ende der Bewegung, beim eigentlichen Kniehebel nach der Strecklage, beim umgekehrten nach der Klapplage hin, die von ihnen ausgeübte Kraft ganz erheblich ansteigt (Fig. 25). Man bezeichnet deshalb oft jede beliebige Hebelverbindung, die dasselbe leistet, als Kniehebelverbindung.

Beispiel 15. Anzugeben ist der Preßdruck, der von der Güldnerschen Niet-maschine nach Fig. 28 [8]) ausgeübt wird, wenn der Zylinderdurchmesser $d = 30,5\,\text{cm}$ beträgt und der Preßluftüberdruck $p = 7$ at, und zwar für verschiedene Stellungen des Kolbens vom Hub $s = 29$ cm.

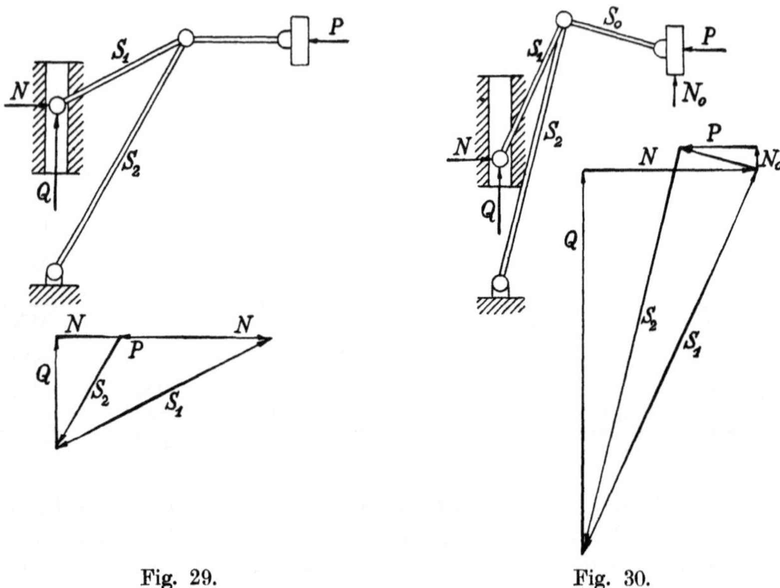

Fig. 29.   Fig. 30.

Die Hebelverbindung ist in Fig. 29 für die Anfangsstellung besonders herausgezeichnet, in Fig. 30 für die Endlage. Darunter sind die zugehörigen Kräfte-

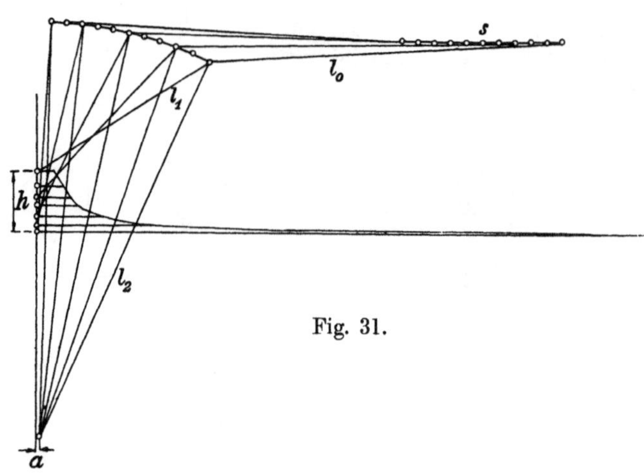

Fig. 31.

---

[8]) Schlesinger, Z. d. V. d. I. 1907.

dreiecke gesetzt, das der Fig. 30 im halben Maßstab des der Fig. 29. In Fig. 31 sind 10 verschiedene Lagen der Hebelverbindung zusammengezeichnet und zwar für die Kolbenstangenlänge $l_0 = 64$ cm, die Druckstangenlänge $l_1 = 36$ cm, die Zugstangenlänge $l_2 = 72$ cm, die Exzentrizität $a = 0{,}8$ cm, die den Stempelhub $h = 10{,}8$ cm ergeben. Die entsprechenden Preßkräfte Q enthält die folgende Zusammenstellung, deren Werte in Fig. 31 eingetragen sind.

$\frac{s}{10} =$	0	1	2	3	4	5	6	7	8	9	10
$Q =$	4,8	7,25	9,35	12,0	15,5	19,63	25,0	31,25	42,80	73,75	166,5 t.

2. Die Hebelwagen.

Eine wichtige Anwendung des Hebels bilden die Hebelwagen. Die verbreitetste ist die gleicharmige Hebelwage nach Fig. 32. Ihre wagerechte Drehachse O wird zur Verminderung der Reibung durch zwei Stahlschneiden gebildet, die auf zwei mit dem Gestell verbundenen Pfannen lagern. In gleichem Abstand l von der Drehachse befinden sich bei A und B ebenfalls Schneiden, an denen die beiden Wageschalen von gleichem Gewicht hängen, und zwar liegen die drei Schneiden AOB in derselben Ebene. Der Wagebalken trägt noch einen Zeiger von der Länge r, der bei wagerechter Lage des ersteren auf dem Nullpunkt einer gleichmäßigen Teilung steht.

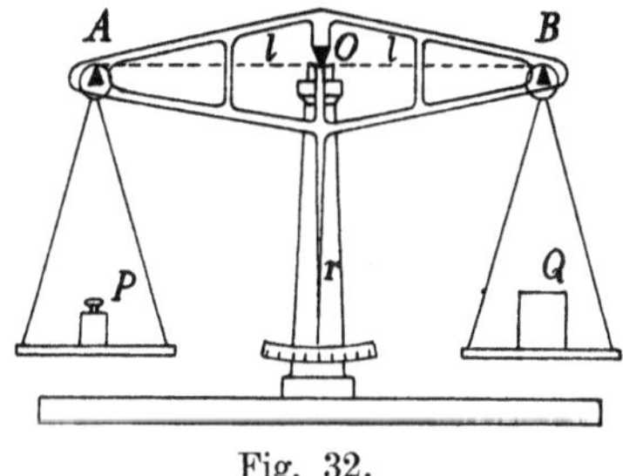

Fig. 32.

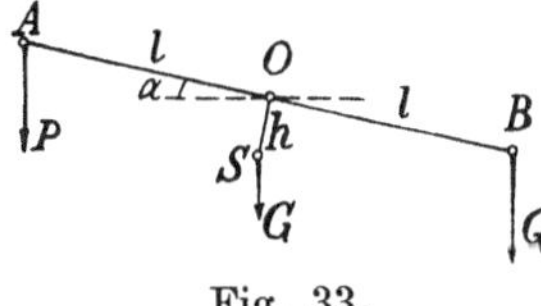

Fig. 33.

Damit nun diese Lage eine stabile Gleichgewichtslage des Wagebalkens ist, muß nach Band I Absatz 14 sein Schwerpunkt S unterhalb der Unterstützung O liegen. Fiele S mit O zusammen, so wäre der Wagebalken ja in jeder Lage im unentschiedenen Gleichgewicht und die Wage also unbrauchbar. Daran ändert sich nichts, wenn die gleich schweren Schalen und gleiche Gewichte beiderseits frei beweglich angehängt werden.

Ist dagegen die Last Q um ein geringes Übergewicht Q' größer als das auf der anderen Schale stehende Vergleichsgewicht P, so dreht sich der Balken etwas nach der Seite von Q. Dabei tritt nun das um die Strecke h unter O angreifende Eigengewicht G des Balkens auf die andere Seite und unterstützt so das dort angebrachte Gewicht P mit seinem Moment derart, daß nach einem bestimmten Ausschlag um den Winkel α wieder Gleichgewicht besteht (Fig. 33). Die Momentengleichung hierfür lautet:

$$Q \cdot l \cdot \cos\alpha = P \cdot l \cdot \cos\alpha + G \cdot h \cdot \sin\alpha$$

oder, da $Q - P = Q'$ ist,

$$Q' = G \cdot \frac{h}{l} \cdot \operatorname{tg}\alpha. \tag{12}$$

Für eine bestimmte Wage sind die Größen G, h und l unveränderlich, wenn man davon absieht, daß die Strecke h durch ein Schraubgewicht etwas verstellt werden kann. Die Tangente des Ausschlagwinkels nimmt zwischen $\alpha = 0°$ und $90°$ alle Werte zwischen 0 und ∞ an, so daß man scheinbar jede beliebige Überlast Q' ohne Anwendung von Vergleichgewichten nur durch den Ausschlagwinkel messen kann.

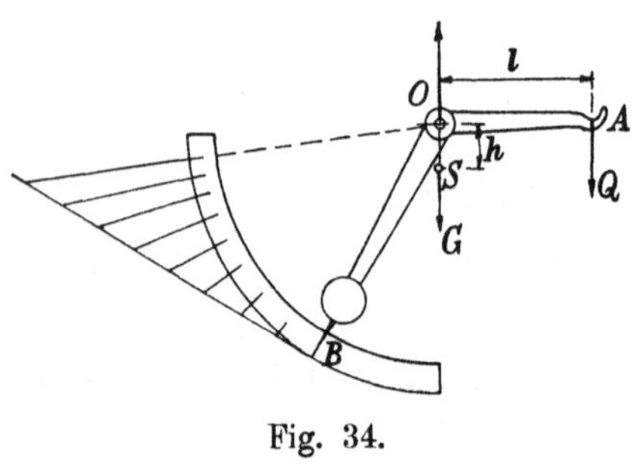

Fig. 34.

Man macht hiervon Gebrauch bei den Garn- und Briefwagen nach Fig. 34. Die gezeichnete Stellung ist die Gleichgewichtslage der unbelasteten Wage, in der der Schwerpunkt S des Wagebalkens um die Strecke h senkrecht unter der Drehachse O liegt. Wird jetzt in den Haken bei A eine Last Q eingehängt, so nimmt die Wage eine neue, um den Winkel α gegen die erste geneigte Lage an, und zwar wird

$$Q \cdot l \cdot \cos\alpha = G \cdot h \cdot \sin\alpha$$

oder

$$Q = G \cdot \frac{h}{l} \cdot \operatorname{tg}\alpha \tag{12a}$$

Ist der Ausschlag für das Gewicht $Q = 10\,\text{g}$ errechnet, so ermittelt sich nach Gleichung (12 a) die weitere Teilung, indem man auf der Senkrechten zu OB, der Tangente an diesen Arm, dieselbe Länge gleichmäßig aufträgt und von den Teilpunkten die Strahlen nach O zieht (Fig. 34). Man bemerkt, daß sich die Teilstriche auf dem Meßbogen bei größerer Belastung immer näher kommen, weshalb die Anwendbarkeit der Wage nur auf Ausschläge bis zu etwa $40°$ beschränkt bleibt. Man verdoppelt den Meßbereich dadurch, daß man in der Anfangslage den Hebelarm l um etwa $40°$ nach oben gegen die Wagerechte neigt, während natürlich der Schwerpunkt S des Winkelhebels lotrecht unter der Aufhängeachse O liegen muß. Dann kann dieselbe Teilung von dem Punkt 0 der Fig. 34 nach rechts unten nochmals aufgetragen werden. Der Abstand der einzelnen Teilstriche ist also bei der halben Belastung dieser Wage am größten.

Beispiel 16. Eine Materialprüfmaschine für die Höchstbelastung $Q = 3000\,\text{kg}$ habe den größten Ausschlag $\alpha = 24°$. Ihr kleiner Hebelarm von der Länge l $= 0{,}75$ cm sei im Ruhezustand um $\frac{\alpha}{2}$ gegen die Wagerechte nach oben geneigt und bei der Höchstbelastung um den gleichen Winkel nach unten. Der lange

Hebelarm habe das Eigengewicht $G_0 = 11,5$ kg, dessen Schwerpunkt im Abstande $h_0 = 54$ cm von der Drehachse angreift; im Abstande $h = 100$ cm wird das Hauptgewicht G angebracht, dessen Größe bestimmt werden soll.

Es gilt dann für die Mittelstellung

$$\frac{Q}{2} \cdot l = (G \cdot h + G_0 \cdot h_0) \cdot \sin\frac{\alpha}{2} . \tag{13}$$

Hieraus folgt

$$G = \frac{Q}{2\sin\frac{\alpha}{2}} \cdot \frac{l}{h} - G_0 \cdot \frac{h_0}{h} = \frac{1500 \cdot 0,75}{0,2079 \cdot 100} - 11,5 \cdot \frac{54}{100},$$

mithin

$$G = 54,11 - 6,21 = 47,9 \text{ kg}.$$

Beispiel 17. Für einen Wagenbalken nach Fig. 32 seien folgende Abmessungen ermittelt: $G = 1,508$ kg, $h = 1,50$ cm, $l = 25,1$ cm, Entfernung der unteren Teilung von der Drehachse $r = 30$ cm. Anzugeben ist der Abstand des Teilstriches vom Nullpunkt, der einem Übergewicht $Q' = 10$ g entspricht.

Man erhält aus Gleichung (12)

$$\operatorname{tg}\alpha = \frac{Q'}{G} \cdot \frac{l}{h} = \frac{0,010}{1,508} \cdot \frac{25,1}{1,50} = 0,111 .$$

Für den Zweck der Rechnung kann genau genug an Stelle des kleinen Bogens α seine Tangente gesetzt werden. Damit ergibt sich die gesuchte Länge

$$x = r \cdot \alpha \sim 30 \cdot 0,111 \sim 3,33 \text{ cm}.$$

Beispiel 18. Zu berechnen ist die Belastung Q' der Wage des Beispiels 17, die für eine Höchstbelastung von 20,5 kg, einschließlich der Schalen von je 0,25 kg Gewicht, gebaut ist, bei welcher der Zeiger noch einen Ausschlag von $x = 1$ mm angibt.

Aus der Gleichung (12) folgt mit $x \sim r \cdot \operatorname{tg}\alpha$ und den obigen Zahlenwerten

$$Q' = G \cdot \frac{h}{l} \cdot \frac{x}{r} = 1508 \cdot \frac{1,50}{25,1} \cdot \frac{0,1}{30} = 0,3 \text{ g}.$$

Es ist also das Verhältnis

$$e = \frac{Q'}{Q} = \frac{0,3}{20\,500} = \frac{1}{68\,333} .$$

Man bezeichnet das Verhältnis der Zusatzlast Q', die noch einen deutlichen Ausschlag x an der Zeigerspitze gibt[9]), zur Belastung Q der Wage als ihre Empfindlichkeit:

$$e = \frac{Q'}{Q} = \frac{G}{Q} \cdot \frac{h}{l} \cdot \frac{x}{r} . \tag{14}$$

Sie entspricht unmittelbar dem Gewicht des Wagebalkens, seinem Schwerpunktsabstand von der Drehachse und dem gewählten Ausschlag x, der im gewöhnlichen Leben rund 1 mm beträgt, bei feinen Wagen in der Hand eines sorgfältigen Beobachters rund 0,2 mm ausmacht; sie ist umgekehrt entsprechend der betreffenden Belastung, der Länge des Wagebalkens und des Zeigers. Sie wird unter sonst gleichen Verhältnissen am kleinsten für die Höchstbelastung der Wage, jedoch

---

[9]) Lawaczek, D. p. J. 1906.

ist das nicht mehr bemerkte Fehlgewicht Q' bei jeder Belastung einer richtig zeigenden Wage das gleiche.

Beispiel 19. Bei einer Präzisionswage sei das Gewicht des Wagebalkens $G = 273$ g, die Höchstbelastung einschließlich des Schalengewichtes von je 25 g $Q = 550$ g, der Schwerpunktsabstand von der Drehachse $h = 0,15$ cm, die Länge der Wagebalken $l = 12,5$ cm, die Zeigerlänge $r = 19,5$ cm und der deutlich wahrnehmbare Ausschlag $x = 0,2$ mm. Anzugeben ist ihre Empfindlichkeit e für die Höchstbelastung.

Es ist nach Formel (14)

$$e = \frac{273 \cdot 0,15 \cdot 0,02}{550 \cdot 12,5 \cdot 19,5} = \frac{1}{163\,700}\,.$$

Während für eine Krämerwage $e = 60\,000$ genügt, ist dieser Wert hier nicht ausreichend. Er kann dadurch verbessert werden, daß der Wagebalken statt aus Messing aus Duralumin hergestellt wird, was sein Gewicht im Verhältnis $\dfrac{2,85}{8,57}$ verringert. Dadurch sinkt die Empfindlichkeit auf

$$e' = \frac{1}{492\,400}\,.$$

Das Zusatzgewicht Q', das bei Vollbelastung der Wage noch den Ausschlag $x = 0,2$ mm ergibt, beträgt dann

$$Q' = Q \cdot e = \frac{550}{492\,400} \backsim 1,12 \text{ mg}\,,$$

ist also noch immer ziemlich groß. Es kann durch Verkleinerung von h auf 0,05 cm auf den dritten Teil heruntergebracht werden. Eine weitere Verringerung liefert die Beobachtung der Zeigerspitze mit einer Lupe.

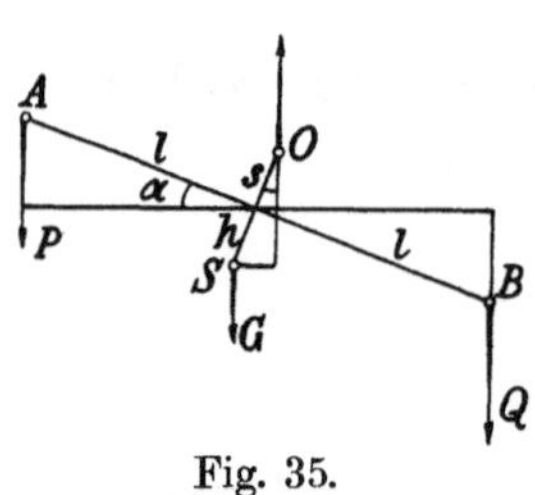

Fig. 35.

Es ist noch zu erörtern, warum die drei Drehachsen A, O, B der Fig. 32 in derselben Ebene liegen müssen. Befindet sich die Drehachse O um die Strecke s über der Mitte des Balkens $AB = 2\,l$ (Fig. 35) und ist die Wage in B um das kleine Übergewicht $Q' = Q - P$ mehr belastet, so lautet die Gleichgewichtsbedingung für die Drehmomente in bezug auf die Drehachse O bei der geneigten Lage des Balkens

$$Q \cdot (l \cdot \cos\alpha - s \cdot \sin\alpha) = G \cdot (h + s) \cdot \sin\alpha + P \cdot (l \cdot \cos\alpha + s \cdot \sin\alpha)\,.$$

Hieraus folgt mit $Q = P + Q'$

$$Q' \cdot l \cdot \cos\alpha = +Q' \cdot s \cdot \sin\alpha + G \cdot (h + s) \cdot \sin\alpha + 2 \cdot P \cdot s \cdot \sin\alpha\,,$$

also

$$\operatorname{tg}\alpha = \frac{Q' \cdot l}{(Q' + G + 2\,P) \cdot s + G \cdot h}\,. \tag{15}$$

Der Klammerausdruck im Nenner stellt das Gesamtgewicht dar, das an dem Wagebalken angreift. Der Ausschlag und damit die Empfindlichkeit hängt also bei fehlerhafter Bauart der Wage von der Gesamtbelastung ab und wird um so kleiner, je größer der Fehler s ist. Innerhalb der jeweiligen Empfindlichkeitsgrenze sind die Angaben der Wage aber richtig.

Beispiel 20. Für die Wagen der Beispiele 17 und 18 bzw. 19 werde die Empfindlichkeit bei voller Höchstbelastung, der halben Last und $\frac{1}{10}$ der Vollast berechnet, wenn im ersteren Fall $s = 0,6$ beträgt und im zweiten $s = 0,09$ mm.

Man erhält aus Gleichung (15), wenn in dem Klammerausdruck des Nenners das kleine Q' gegenüber den großen Werten $G + 2P$ vernachlässigt wird:

$$e = \frac{G \cdot h + (G + 2Q) \cdot s}{Q \cdot l} \cdot \frac{x}{r},$$

also für die Krämerwage

$$e_1 = \frac{1,508 \cdot 1,5 + 42,508 \cdot 0,06}{20,5 \cdot 25,1} \cdot \frac{0,1}{30} = \frac{1}{32\,080},$$

$$e_2 = \frac{1,508 \cdot 1,5 + 22,508 \cdot 0,06}{10,5 \cdot 25,1} \cdot \frac{0,1}{30} = \frac{1}{20\,850},$$

$$e_3 = \frac{1,508 \cdot 1,5 + 2,208 \cdot 0,06}{0,7 \cdot 25,1} \cdot \frac{0,1}{30} = \frac{1}{2200}.$$

Die Wage gibt immer noch einen Unterschied an von

$$Q_1' = \frac{20\,500}{32\,080} = 0,64 \text{ g},$$

bzw.

$$Q_2' = \frac{10\,500}{20\,850} \sim 0,50 \text{ g},$$

bzw.

$$Q_3' = \frac{700}{2200} \sim 0,32 \text{ g}.$$

Für die Chemikerwage mit Duraluminbalken ist

$$e_1 = \frac{90,8 \cdot 0,15 + 1190,8 \cdot 0,09}{550 \cdot 12,5} \cdot \frac{0,02}{19,5} = \frac{1}{55\,500},$$

$$e_2 = \frac{90,8 \cdot 0,15 + 690,8 \cdot 0,09}{300 \cdot 12,5} \cdot \frac{0,02}{19,5} = \frac{1}{50\,860},$$

$$e_3 = \frac{90,8 \cdot 0,15 + 195,8 \cdot 0,09}{55 \cdot 12,5} \cdot \frac{0,02}{19,5} = \frac{1}{21\,460}.$$

Hierbei ist $Q_3' = \dfrac{55\,000}{21\,450} = 2,56$ mg der kleinste Gewichtsunterschied, den die Wage bei $\frac{1}{10}$ Belastung noch mit Sicherheit angibt; er steigt bei Vollbelastung auf $Q_1' = \dfrac{550\,000}{55\,500} = 9,92$ mg. Freilich ist der Fehler s hier so groß angenommen worden, wie er nur ausnahmsweise vorkommen kann.

Die Angaben der Wage werden falsch, wenn die Schalen nicht genau gleiches Gewicht haben oder die Hebellängen verschieden sind. Der Fehler wird beseitigt, wenn man die Wägung zweimal vornimmt, und zwar bei der zweiten Wägung die Last mit den Gewichten vertauscht.

Sind die Gewichte der Schalen verschieden, aber die Hebellängen gleich, so erhält man, wenn der Zeiger der Wage auf Null einspielt, bei der ersten Wägung $Q = P_1$ und nach Vertauschung von Gewichten und Last $Q = P_2$. Durch Addition beider Gleichungen folgt

$$Q = \tfrac{1}{2} \cdot (P_1 + P_2), \tag{16}$$

das wahre Gewicht ist gleich dem arithmetischen Mittel der beiden Angaben.

Sind auch die Hebellängen verschieden (Fig. 36), so erhält man bei der ersten Wägung die Momentengleichung $Q \cdot l_1 = P_1 \cdot l_2$ und bei der zweiten $Q \cdot l_2 = P_2 \cdot l_1$. Aus der Multiplikation beider ergibt sich

$$Q = \sqrt{P_1 \cdot P_2}, \tag{17}$$

das wahre Gewicht ist gleich dem geometrischen Mittel beider Angaben.

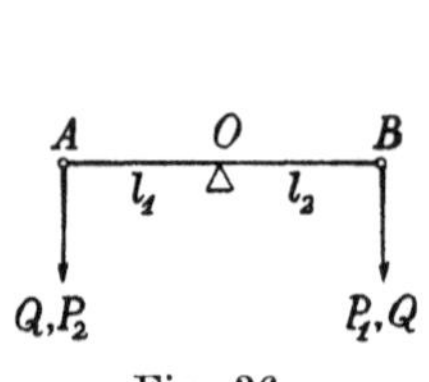

Fig. 36.

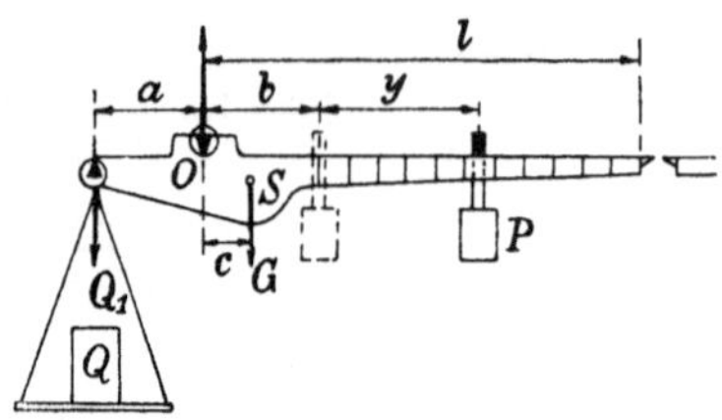

Fig. 37.

Beispiel 21. Infolge des Unterschiedes der Wageschalengewichte um 60 g ergibt eine Wage das Gewicht einer Last Q bei der ersten Wägung zu 0,970 kg und bei der zweiten nach Vertauschung von Last und Gewicht zu 1,030 kg.

Das wahre Gewicht beträgt dann nach Formel (16)

$$Q = \tfrac{1}{2} \cdot (0,970 + 1,030) = 1,000 \text{ kg}.$$

Wenn es nicht sicher ist, daß der Fehler von den Wageschalen herrührt, so ist nach Formel (17) anzusetzen

$$Q = \sqrt{0,970 \cdot 1,030} = \sqrt{0,9991} = 0,99955 \text{ kg}.$$

Bei kleinen Abweichungen, wie sie bei Wagen nur vorkommen können, ist das geometrische Mittel gleich dem arithmetischen.

Häufige Anwendung findet die Laufgewichtswage, die aus einem ungleicharmigen Hebel besteht, auf dessen längeren Arm ein Gewicht P so verschoben wird, daß der Wagebalken unter der Einwirkung einer bestimmten Last Q wagerecht steht (Fig. 37). Auch hier müssen die drei Schneiden in derselben Ebene liegen, damit sich die Empfindlichkeit nicht ändert. Der Schwerpunkt S des Wagebalkens ist aber gewöhnlich um eine Strecke c von der Unterstützungsschneide nach dem längeren Arm hin verschoben.

Ist Q_1 das Gewicht der Wageschale, so besteht bei unbelasteter Wage die Momentengleichung

$$Q_1 \cdot a = P \cdot b + G \cdot c$$

und, wenn die Last Q aufgebracht ist, nach der Verschiebung des Laufgewichtes um die Strecke y

$$(Q_1 + Q) \cdot a = P \cdot (b + y) + G \cdot c.$$

Durch Substraktion folgt hieraus

$$Q = \frac{P}{a} \cdot y. \tag{18}$$

Das Gewicht der Last entspricht dem Abstand y des Laufgewichtes vom Anfangspunkt der Teilung und ist unabhängig vom Gewicht des Wagebalkens.

Beispiel 22. Bei einer Laufgewichtswage, deren kurzer Hebelarm $a = 4{,}03$ cm beträgt, soll 1 cm der Teilung $\tfrac{1}{2}$ kg entsprechen. Zu bestimmen ist die Größe des Laufgewichtes.

Man erhält sogleich aus Formel (18)

$$P = \frac{Q \cdot a}{y} = \frac{0{,}5 \cdot 4{,}03}{1} = 2{,}015 \text{ kg.}$$

Bei dieser Wage sei ferner

$$G = 2{,}927 \text{ kg}, \quad Q_1 = 6{,}472 \text{ kg}, \quad c = 5{,}82 \text{ cm,}$$

das letztere Maß wird nach den Angaben in Beispiel 2 bestimmt. Dann ist der ersten Momentengleichung, die zur Formel (18) führte, der Abstand von der Aufhängeschneide bis zum Beginn der Teilung zu entnehmen:

$$b = \frac{Q_1}{P} \cdot a - \frac{G}{P} \cdot c = \frac{6{,}472}{2{,}015} \cdot 4{,}03 - \frac{2{,}927}{2{,}015} \cdot 5{,}82 = 4{,}49 \text{ cm.}$$

Bei den Laufgewichtswagen kann der noch mit Sicherheit bemerkte Ausschlag am freien Ende gegenüber einer feststehenden Schneide je nach der Sorgfalt, die darauf verwendet wird, zu $x = 2$ bis $0{,}5$ mm angesetzt werden. Die Wage stellt sich dabei um den kleinen Winkel α schräg, und es gilt dann bei dem kleinen Übergewicht $\pm Q'$ und der Unsicherheit $\pm y'$ der Einstellung des Laufgewichtes

$$(Q_1 + Q \pm Q') \cdot a \cdot \cos\alpha + G \cdot (c \cdot \cos\alpha \mp h \cdot \sin\alpha) + P \cdot (b + y \mp y') \cdot \cos\alpha.$$

Nun ist

$$P \cdot b = Q_1 \cdot a - G \cdot c,$$
$$P \cdot y = Q \cdot a \quad \text{und} \quad P \cdot y' = Q' \cdot a,$$
$$\operatorname{tg}\alpha = \frac{x}{l}.$$

Damit ergibt sich die Ungenauigkeit der Wage [10]

$$e_o = G \cdot h \cdot \frac{x}{l}$$

und somit die Empfindlichkeit als

$$e = \frac{e_o}{a \cdot (Q + Q_1)} = \frac{G}{Q + Q_1} \cdot \frac{h}{a} \cdot \frac{x}{l}. \tag{19}$$

Beispiel 23. An der Laufgewichtswage des Beispiels 22 sei noch aufgemessen $h = 1{,}54$ cm, $l = 108{,}5$ cm. Anzugeben ist ihre Empfindlichkeit für die Höchstbelastung $Q = 50$ kg, die halbe Vollast $Q = 25$ kg und die Belastung $Q = 1$ kg mit $x = 2$ mm.

Man erhält aus Formel (19)

$$e_1 = \frac{2{,}927}{56{,}472} \cdot \frac{1{,}54}{4{,}03} \cdot \frac{0{,}2}{108{,}2} = \frac{1}{27\,380},$$

$$e_2 = \frac{1}{15\,250},$$

$$e_3 = \frac{1}{3620}.$$

Man bemerkt, daß eine gute Empfindlichkeit nur erzielt werden kann, wenn das Hebelgewicht G klein gehalten wird und sein Schwerpunkt nur wenig unterhalb der Drehachse liegt.

---

[10] Herre, Z. d. V. d. I. 1917.

Das Übergewicht, das nicht mehr bemerkt wird, ist dann

$$Q' = (Q + Q_1) \cdot e$$

$$Q' = \frac{56\,472}{27\,380} = \frac{31\,472}{15\,250} = \frac{7472}{3622} \sim 2 \text{ g.}$$

Für die Beurteilung der richtigen Wage, bei der die drei Schneiden in derselben Ebene liegen, genügt also die Angabe einer Empfindlichkeit (vgl. S. 21), und naturgemäß wird die bei der Höchstbelastung zutreffende angegeben.

Für große Lasten ist die unmittelbare Gewichtsvergleichung nicht angängig, man benutzt dann vielfach die Brückenwage, deren Schema die Fig. 38 zeigt[11]). Die Last Q, die auf der Platte der Wage liegt, übt auf die beiden Stützschneiden den Druck N aus und ruft in der zugehörigen Hängestange die Spannkraft S_1 hervor. Man erhält

$$N = Q \cdot \frac{x}{l} \qquad \text{und} \qquad S_1 = Q \cdot \frac{l-x}{l}.$$

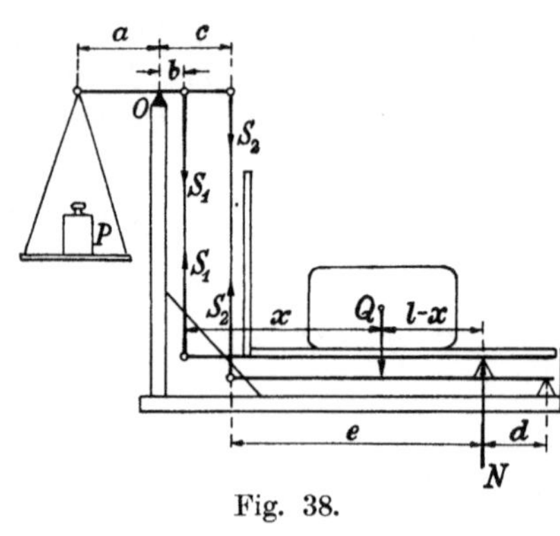

Fig. 38.

Die Kraft N drückt auf den unteren Tragbalken und wird zum größeren Teil durch das benachbarte Schneidenpaar aufgenommen, der andere Teil verursacht in der zweiten Hängestange die Zugkraft

$$S_2 = N \cdot \frac{d}{e+d} = Q \cdot \frac{x}{l} \cdot \frac{d}{e+d}.$$

Der obere Wagebalken wird durch das Gewicht P im Gleichgewicht gehalten. Das Schalengewicht wird dazu benutzt, die Gewichte der Wageplatte, Zugstangen usw. auszugleichen, so daß die unbelastete Wage genau einspielt.

Die Momentengleichung für die Stützachse O des Wagebalkens lautet

$$P \cdot a = S_1 \cdot b + S_2 \cdot c = Q \cdot \frac{l-x}{l} \cdot b + Q \cdot \frac{x}{l} \cdot \frac{d}{e+d} \cdot c.$$

Daraus folgt

$$P \cdot a = Q \cdot b - Q \cdot \frac{x}{l} \cdot \left(b - \frac{d}{e+d} \cdot c \right).$$

Damit nun die Lage der Last auf der Platte keinen Einfluß hat, muß das zweite Glied, in dem die Länge x vorkommt, verschwinden. Es muß also die Bedingung erfüllt sein:

$$\frac{b}{c} = \frac{d}{e+d}, \tag{20}$$

der untere Tragbalken muß in demselben Verhältnis geteilt sein wie die Lastseite des oberen Wagebalkens.

Dann ist
$$P \cdot a = Q \cdot b$$

---

[11]) Quintenz 1821.

und für $a = 10\,b$:
$$10\,P = Q\,,$$
weshalb die Bauart auch Dezimalwage heißt.

Für den Wagebalken gelten naturgemäß die oben entwickelten Bedingungen.

Beispiel 24. An einer Dezimalwage sei $e = 65{,}2$ cm, $d = 12{,}1$ cm, $a = 15{,}0$ cm. Anzugeben ist die Größe von b und c (Fig. 38).

Man hat sofort
$$b = \frac{1}{10}\,a = 1{,}50 \text{ cm.}$$

Damit liefert die Gleichung (20)
$$c = \frac{b\,(e + d)}{d} = \frac{1{,}50 \cdot 77{,}3}{12{,}1} = 9{,}50 \text{ cm.}$$

Zentesimalwagen für Fuhrwerke u. dgl. bestehen meistens aus mehreren Hebelsystemen, die im Verhältnis 1 : 10 geteilt sind, wie z. B.

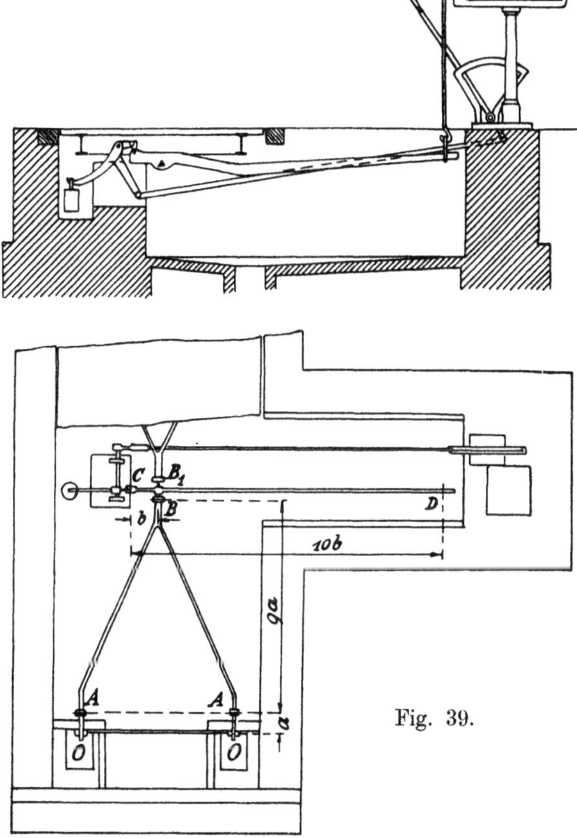

Fig. 39.

die Fig. 39 zeigt. Die Hebel a und a_1 ruhen auf dem Fundament mit den Schneiden O und O_1, die Fahrbahn ist darauf an den Stellen A

und A_1 aufgebracht. Sie übertragen $^1/_{10}$ der ganzen Last in den Schneiden B und B_1 auf einen zweiten, ebenfalls im Verhältnis 1 : 10 geteilten Hebel, dessen ruhende Schneide C an der Entlastungsvorrichtung aufgehängt ist. Von der Endschneide D aus greift eine Zugstange an dem Laufgewichtsbalken an.

Um die Empfindlichkeit der aus mehreren Hebeln mit Zugstangen zusammengesetzten Wagen zu bestimmen, werde von dem Schema der Fig. 40 ausgegangen. Vorausgesetzt werde, daß die Hebel wagerecht und die Zugstangen sowie die Wirkungslinien der Lasten lotrecht verlaufen, daß ferner an jedem Hebel die Schneiden in derselben Ebene liegen. Wird die Last Q einschließlich des Tafelgewichtes Q_1 um eine kleine Überlast Q' vermehrt, so stellen sich die Hebel um die kleinen

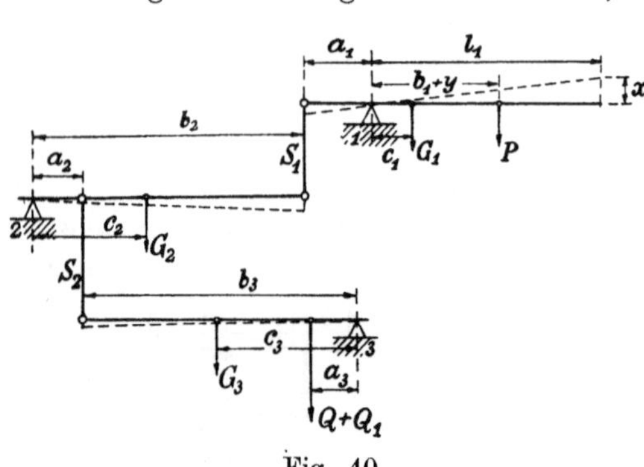

Fig. 40.

Winkel α_1, α_2, α_3 schräg, und es gilt, wenn G_1, G_2, G_3 die Gewichte der drei Hebel einschließlich der Stangengewichte bedeuten, die von den festen Schneiden in wagerechter Richtung um die Strecken c_1, c_2, c_3 entfernt sind und in lotrechter um die Strecken h_1, h_2, h_3, für den

Hebel 3:
$$(Q_1 + Q + Q') \cdot a_3 \cdot \cos \alpha_3 = S_2' \cdot b_3 \cdot \cos \alpha_3 - G_3 \cdot c_3 \cdot \cos \alpha_3 + G_3 \cdot h_3 \cdot \sin \alpha_3 \,,$$
Hebel 2:
$$S_2' \, a_2 \cdot \cos \alpha_2 = S_1' \cdot b_2 \cdot \cos \alpha_2 - G_2 \cdot c_2 \cdot \cos \alpha_2 + G_2 \cdot h_2 \cdot \sin \alpha_2 \,,$$
Hebel 1:
$$S_1' \cdot a_1 \cdot \cos \alpha_1 = P \cdot (b_1 + y) \cdot \cos \alpha_1 + G_1 \cdot c_1 \cdot \cos \alpha_1 - G_1 \cdot h_1 \cdot \sin \alpha_1 \,.$$
Hieraus folgt
$$S_1' = P \cdot \frac{b_1 + y}{a_1} + G_1 \cdot \frac{c_1}{a_1} - G_1 \cdot \frac{h_1}{a_1} \cdot \operatorname{tg} \alpha_1 \,,$$
$$S_2' = S_1' \cdot \frac{a_2}{b_2} - G_2 \cdot \frac{c_2}{b_2} + G_2 \cdot \frac{h_2}{b_2} \cdot \operatorname{tg} \alpha_2 \,.$$

Werden diese Werte in die erste Gleichung eingesetzt, so ergibt sich

$$Q + Q_1 + Q' = P \cdot \frac{b_1 + y}{a_1} \cdot \frac{b_2}{a_2} \cdot \frac{b_3}{a_3} + G_1 \cdot \frac{c_1}{a_1} \cdot \frac{b_2}{a_2} \cdot \frac{b_3}{a_3} + G_3 \cdot \frac{h_3}{a_3} \cdot \operatorname{tg} \alpha_3$$

$$- G_1 \cdot \frac{h_1}{a_1} \cdot \frac{b_2}{a_2} \cdot \frac{b_3}{a_3} \cdot \operatorname{tg} \alpha_1 - G_2 \cdot \frac{c_2}{a_2} \cdot \frac{b_3}{a_3} + G_2 \cdot \frac{h_2}{a_2} \cdot \frac{b_3}{a_3} \cdot \operatorname{tg} \alpha_2 - G_3 \cdot \frac{c_3}{a_3} \,.$$

Nun ist wieder $\operatorname{tg}\alpha_1=\dfrac{x}{l}$, ferner liefert die Fig. 40

$$a_1\cdot\sin\alpha_1=b_2\cdot\sin\alpha_2,$$
$$a_2\cdot\sin\alpha_2=b_3\cdot\sin\alpha_3,$$

also für sehr kleine Winkel α, wie sie praktisch nur vorkommen, wo $\sin\alpha\sim\operatorname{tg}\alpha$ ist,

$$\operatorname{tg}\alpha_2=\operatorname{tg}\alpha_1\cdot\frac{a_1}{b_2}=\frac{x}{l}\cdot\frac{a_1}{b_2},$$

$$\operatorname{tg}\alpha_3=\operatorname{tg}\alpha_2\cdot\frac{a_2}{b_3}=\frac{x}{l}\cdot\frac{a_1}{b_2}\cdot\frac{a_2}{b_3}.$$

Für die wagerechte Hebellage gilt entsprechend

$$Q+Q_1=P\cdot\frac{b_1+y}{a_1}\cdot\frac{b_2}{a_2}\cdot\frac{b_3}{a_3}+G_1\cdot\frac{c_1}{a_1}\cdot\frac{b_2}{a_2}\cdot\frac{b_3}{a_3}-G_2\cdot\frac{c_2}{a_2}\cdot\frac{b_3}{a_3}-G_3\cdot\frac{c_3}{a_3}\quad(21)$$

Wird diese Gleichung von der obigen abgezogen, so folgt

$$Q'=-G_1\cdot\frac{h_1}{a_1}\cdot\frac{b_2}{a_2}\cdot\frac{b_3}{a_3}\cdot\frac{x}{l}+G_2\cdot\frac{h_2}{a_2}\cdot\frac{b_3}{a_3}\cdot\frac{a_1}{b_2}\cdot\frac{x}{l}+G_3\cdot\frac{h_3}{a_3}\cdot\frac{a_1}{b_2}\cdot\frac{a_2}{b_3}\cdot\frac{x}{l}$$

und damit die Empfindlichkeit[12]

$$e=\frac{Q'}{Q+Q_1}=\frac{x}{l}\cdot\frac{1}{a_3(Q+Q_1)}\cdot\left(-G_3\cdot h_3\cdot\frac{a_1}{b_2}\cdot\frac{a_2}{b_3}\right.$$
$$\left.-G_2\cdot h_2\cdot\frac{a_1}{b_2}\cdot\frac{b_3}{a_2}+G_1\cdot h_1\cdot\frac{b_2}{a_2}\cdot\frac{b_3}{a_1}\right).\quad(22)$$

Beispiel 25. Die Fig. 40 gibt das Schema der in Fig. 39 gezeichneten Wage wieder, nur ist der Hebel 3 doppelt vorhanden. Es sei

$$
\begin{array}{lll}
Q=5000\ \text{kg} & Q_1=550\ \text{kg} & l=90\ \text{cm}\\
G_1=\quad28,5\ ,, & G_2=48\quad,, & G_3=\quad2\cdot52\ \text{kg}\\
a_1=\quad6\ \text{cm} & a_2=28\ \text{cm} & a_3=20\ \text{cm}\\
b_1=\quad12\quad,, & b_2=280\quad,, & b_3=200\quad,,\\
h_1=\quad0,5\ ,, & h_2=\quad4,5\ ,, & h_3=\quad2,5\ ,,\\
c_1=\quad2,5\ ,, & c_2=125\quad,, & c_3=95\quad,,
\end{array}
$$

Anzugeben ist die Empfindlichkeit, wenn $x=0,2$ cm angesetzt wird.

Man erhält aus Formel (22)

$$e=\frac{0,2}{90}\cdot\frac{1}{20\cdot5550}\left(-2\cdot52\cdot\frac{2,5\cdot6\cdot28}{280\cdot200}-48\cdot\frac{4,5\cdot6\cdot200}{28\cdot280}+28,5\cdot\frac{0,5\cdot280\cdot200}{6\cdot28}\right)$$

$$-\frac{1}{49\,950\,000}\cdot\left(-\frac{78}{1000}-31,02+4750\right)-\frac{1}{10\,585}$$

Man bemerkt, daß der Hebel 1 von überragendem Einfluß auf die Empfindlichkeit ist.

---

[12] Den selten vorkommenden Fall, daß die Zugstangen und Wirkungslinien der Lasten beliebige Winkel mit den Hebeln bilden und gleichzeitig die Schneidenbedingung nicht erfüllt ist, behandelt Schönemann, Denkschriften der Akademie der Wissenschaften in Wien, 1853, und danach Brauer-Lawaczek, Die Konstruktion der Wagen, 1906.

Der kleinste Gewichtsunterschied, der gemessen wird, ist mithin

$$Q' = (Q + Q_1) \cdot e = \frac{5550}{10\,585} = 0,53 \text{ kg.}$$

3. Die Reibung.

Ein fester Körper werde von der Kraft Q mit seiner ebenen Grundfläche F senkrecht auf eine gleichfalls ebene feste Auflagerfläche aufgedrückt, die auf den Körper mit der Gegenkraft $N = Q$ zurückwirkt

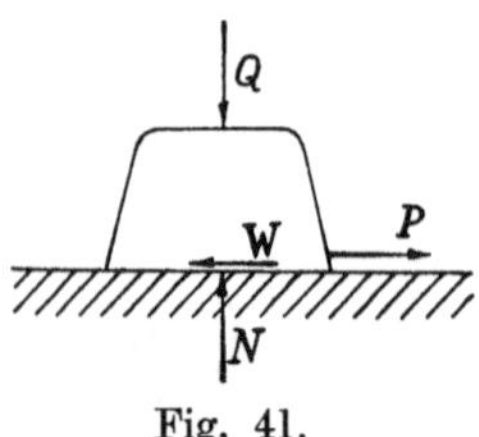

Fig. 41.

(Fig. 41). Außerdem stehe der Körper noch unter dem Einfluß einer parallel zur Fläche F wirkenden Kraft P. Da keine Gegenkraft zu P vorhanden ist, so müßte schon eine ganz geringe Kraft P genügen, um den Körper zu bewegen bzw. die Bewegung, die er etwa schon besitzt, in Richtung von P zu vergrößern. Die landläufige Erfahrung lehrt aber, daß P eine bestimmte, oft recht bedeutende Größe haben muß, ehe Bewegung eintritt oder die vorhandene Bewegung eine Änderung erfährt. In der Fläche F wirkt demnach zwischen beiden Körpern eine gewisse Kraft W, die als Reibungswiderstand bezeichnet wird [13]).

Der auftretende Reibungswiderstand erklärt sich dadurch, daß sich kleine oder auch größere Unebenheiten der sich berührenden, nie ganz starren Flächen mehr oder weniger ineinander drücken und so die Bewegung hindern [14]). Auch scheinbar ganz glatt geschliffene Flächen erweisen sich bei genauer Untersuchung noch immer als etwas rauh. Der Grad der Rauhigkeit und damit der Reibungswiderstand ist natürlich von der Art der betreffenden Körper abhängig. Stahl und Bronze lassen sich viel besser glätten als etwa Gußeisen, die Metalle durchweg besser als die Hölzer und diese wieder besser als Steine, wenn von dem Auftragen besonders gut glättender Überzüge, wie etwa Politur, abgesehen wird.

Der Reibungswiderstand zwischen ungeschmierten Flächen ist, außer bei ganz geringen Flächendrucken $p = \dfrac{N}{F}$, wo er etwas ansteigt [15]), unabhängig vom Flächendruck und allein von der Druckkraft N abhängig [16]):

$$W = \mu \cdot N . \tag{23}$$

Er ist auch innerhalb weiter Grenzen nahezu unabhängig von der Geschwindigkeit v, mit der sich die beiden Berührungsflächen gegeneinander bewegen [17]).

---

[13]) Leonardo da Vinci.
[14]) De la Hire, 1699. — Leslie, Account of experiments and instruments, 1817.
[15]) Bonte, Z. d. V. d. I. 1915.
[16]) Amontons, Mém. de l'Acad. des Sciences, Paris 1699. — Coulomb, Mém. de Math. et de Phys. 1785. — Klein, Z. d. V. d. I. 1903.
[17]) Parant, Mém. de l'Acad. des Sciences, Paris 1700. — Coulomb, a. a. O.

Geschwindigkeit ist bei gleichförmiger Bewegung, die hier allein in Frage kommt, der Quotient aus dem in einer bestimmten Zeit zurückgelegten Weg s zu der dazu gebrauchten Zeit t:

$$v = \frac{s}{t} \text{ m/sk} . \tag{24}$$

Dreht sich eine Welle vom Durchmesser d in der Minute n mal um, so wird ihre Umfangsgeschwindigkeit

$$v = \frac{\pi \cdot d}{\frac{60}{n}} = \frac{\pi \cdot d \cdot n}{60} . \tag{25}$$

Allerdings sinkt die **Reibungsziffer** μ bei rauhen Metallen mit steigender Geschwindigkeit [18]).

Für gußeiserne Bremsklötze auf stählernen Radreifen hat sich ergeben[19])

$$\mu = \mu_0 \cdot \frac{1 + 0{,}0312 \cdot v}{1 + 0{,}167 \cdot v} ,$$

worin einzusetzen ist für

        1: trockene Reibungsflächen $\mu_0 = 0{,}45$,
        2: etwas feuchte   ,, $\mu_0 = 0{,}30$,
        3: nasse   ,, $\mu_0 = 0{,}25$.

Den Verlauf der Reibungsziffer μ in Abhängigkeit von der Geschwindigkeit v zeigen die drei Kurven a_1, a_2, a_3 der Fig. 42. Als Kurve b ist die entsprechende

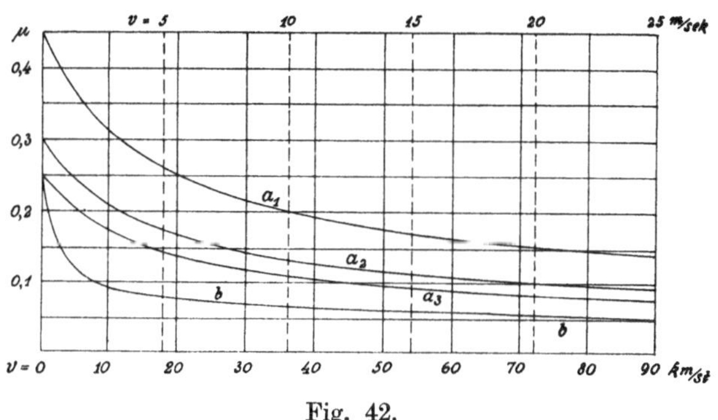

Fig. 42.

Abhängigkeit für stählerne Radreifen auf Stahlschienen mit $\mu_0 = 0{,}24$ eingetragen[20]).

Flußeisen mit Walzhaut[21]) hat in Vernietungen, also bei der Gleitgeschwindigkeit 0, die Reibungsziffer $\mu = 0{,}50$, wenn die Vernietung einschnittig ist; bei zweischnittigen Vernietungen ist $\mu = 0{,}35$.

Neuere Untersuchungen an trockenen, gasfreien, gut geglätteten Metallflächen[22]) lehren, daß die Reibungsziffer im Gegensatz zu Fig. 42 und den meisten

---

[18]) Galton.
[19]) Wichert, Z. d. B. 1894.
[20]) Wöhler, Zeitung des Vereins deutscher Eisenbahnverw. 1867. — Galton nach „Hütte".
[21]) Nach Bach, Z. d. V. d. J. 1892.
[22]) Ecole des Ponts et Chausées, Révue générale des Chemins de fer 1910; Jacob, Ann. d. Phys. 1912; bestätigt durch Jahn, Z. d. V. d. I. 1918.

Erfahrungen der Technik sich bei der Geschwindigkeit 0 dem Wert 0 sehr stark
nähert. Immerhin lassen fast alle Fälle der technischen Praxis bei nicht zu
glatten und bei geschmierten Flächen eine recht erhebliche Vergrößerung der
Reibungsziffer μ_0 der Ruhe gegenüber derjenigen der Bewegung erkennen[23].
Auch die im allgemeinen gut beglaubigte Formel (23) wird durch neuere theoretische Untersuchungen angezweifelt[24]; sie wird durch eine andere ersetzt, die
bei $N = \infty$ den Reibungswiderstand 0 ergibt. Für die technische Praxis ist auch
diese Abänderung, außer bei Fettschmierung (S. 32), bedeutungslos.

Für bearbeitete Metallflächen gelten folgende Zahlen:

$$\begin{aligned}
&\text{ziemlich rauh, ungeschmiert (Gußeisen)[25]} \quad . \; . \quad \text{i. M. } \mu = 0{,}22\,, \\
&\text{einigermaßen glatt bearbeitet (Flußeisen, Stahl)[26]} \; . \; . \; \mu = 0{,}16\,, \\
&\text{mit Wasser benetzt, nur eben gefettet[27]} \; . \; . \; . \; . \; . \; . \; \mu = 0{,}14\,, \\
&\text{wenig gefettet[26 b]} \; . \; . \; . \; . \; . \; . \; . \; . \; . \; . \; . \; . \; \mu = 0{,}12\,, \\
&\text{glatt bearbeitet und geölt[15]} \; . \; . \; . \; . \; . \; . \; . \; . \; . \; \mu = 0{,}10\,, \\
&\text{ganz glatt geschliffen und sorgfältig geschmiert[28]} \; . \; . \; \mu = 0{,}02 \div 0{,}016\,.
\end{aligned}$$

Die Art der Metalle hat nur sehr geringen Einfluß auf die Reibungsziffer. Dagegen ist der Verschleiß sehr groß, wenn Flußeisen auf Flußeisen oder Stahl
läuft; ein Bronze- oder Gußeisenfutter verringert ihn ganz wesentlich[29].

Für Bronze und Pockholz auf Pockholz[30] ist

$$\begin{aligned}
\text{gut gefettet} \quad &\mu = 0{,}06\,, \\
\text{in Wasser} \quad &\mu = 0{,}10\,.
\end{aligned}$$

In Stopfbüchsen ist je nach der Fettung[30] bei

$$\begin{aligned}
\text{Baumwolle oder Hanf} \quad &\mu = 0{,}06 \div 0{,}11\,, \\
\text{weichem Leder} \quad &\mu = 0{,}03 \div 0{,}07\,, \\
\text{hartem Leder} \quad &\mu = 0{,}10 \div 0{,}13\,.
\end{aligned}$$

Für Holz auf Eisen, wenn die Holzfasern in der Reibungsfläche
parallel zur Bewegungsrichtung liegen, gilt die Zusammenstellung[31],
deren Zahlen allerdings nur an einem kleinen Bremsenmodell gewonnen
sind. Sie schwanken zwischen den über und unter dem Mittelwert
angegebenen Zahlen.

Die wesentlich kleineren Zahlen an dem unbearbeiteten Walzeisen und ihr
starkes Schwanken erklären sich dadurch, daß der Holzklotz von den Unebenheiten der sich darunter wegbewegenden Scheibe teilweise zurückgestoßen wird
und so die Anlage der Flächen für einen Augenblick verloren geht.

---

[23] Amontons, a. a. O.; des Cannes, Traité des forces mouvantes, 1722;
Bonte, Z. d. V. d. I. 1915.

[24] Painlevé, C. R. 1895; Wellstein, Z. f. Math. u. Phys. 1913.

[25] Föppl, Z. d. B. 1901.

[26] z. B. Bachmann, Z. d. B. 1905; v. Hanffstengel, Z. d. V. d. I. 1913;
Stephan, Uhlands prakt. Masch.-Konstr. 1919.

[27] Morin, Nouvelles expériences sur le frottement, 1833/35; Stribeck,
Z. d. V. d. I. 1902.

[28] Schlesinger, Z. d. V. d. I. 1910.

[29] z. B. Treuheit, Stahl u. Eisen 1919.

[30] Hütte.

[31] Klein, Z. d. V. d. I. 1903.

Bremsscheibe		Holzbremse (lufttrocken)				
aus	Zustand	Eiche	Ulme	Buche	Pappel	Weide
Gußeisen, sauber bearbeitet	ganz trocken	0,30 0,31 0,32	0,36 0,37 0,39	0,36 0,37 0,38	0,39 0,40 0,41	0,41 0,47 0,50
	nur sauber abgewischt	0,29 0,30 0,31	0,32 0,36 0,38	0,28 0,29 0,30	0,34 0,35 0,37	0,43 0,46 0,48
Flußeisen, sauber bearbeitet	ganz trocken	0,38 0,40 0,42	0,47 0,49 0,51	0,52 0,54 0,55	0,56 0,60 0,62	0,58 0,60 0,62
	nur sauber abgewischt	0,48 0,51 0,54	0,57 0,60 0,64	0,51 0,54 0,56	0,52 0,65 0,73	0,41 0,47 0,50
	Holzklotz mit Öl getränkt	0,41 0,50 0,59	0,31 0,41 0,42	0,28 0,35 0,41	0,49 0,63 0,74	0,33 0,38 0,45
Flußeisen, unbearbeitet	sauber abgewischt	0,38 0,47 0,56	0,09 0,14 0,17	0,24 0,39 0,49	0,15 0,18 0,25	0,13 0,14 0,15
	wenig geölt	0,12 0,15 0,28	0,14 0,21 0,29	0,16 0,23 0,34	0,17 0,23 0,35	0,15 0,17 0,21
	Klotz mit Öl getränkt	0,12 0,13 0,15	0,11 0,12 0,14	0,10 0,12 0,14	0,11 0,11 0,12	0,13 0,15 0,16

Bei Schleifsteinen ist gefunden worden.[30]):

Sandstein		Gußeisen	Stahl	Flußeisen
Stein grobkörnig, naß	frisch geschärft stumpf gelaufen	0,21 0,24	0,29 0,29	0,41 0,46
Stein feinkörnig, naß	?	0,72	0,94	1,0

Für Schlitten gilt[30]):

Holzkufen auf glatter Holzbahn, ungeschmiert . . . . $\mu = 0,38$,
,,   ,,   ,,   ,, , mit Seife geschmiert $\mu = 0,15$,
,,   ,,   ,,   ,, , ,, Talg ,, $\mu = 0,07$,
,,   ,, Schnee und Eis . . . . $\mu = 0,035$,
Eisenkufen ,,   ,,   ,,   ,, ... $\mu = 0,02$.

Für bautechnische Anwendungen ist anzunehmen[30]):

Eichenholz auf Eichenholz . . . . $\mu = 0,48$,
(Fasern parallel zueinander und zur Bewegungsrichtung) $\mu_0 = 0,62$,
Glatt bearbeitete Steine oder Ziegel auf Ziegelmauerwerk $\mu_0 = 0,53$,
Steine und Kies auf Holz . . . . $\mu_0 = 0,46$,
,,   ,,   ,,   ,, unbearbeitetem Walzeisen . . . . $\mu_0 = 0,42$,
Mauerwerk auf Beton . . . . $\mu_0 = 0,76$,
,, und rohe Steine auf gewachsenem Boden
bei trockenem und hartem Tonboden[32]) . . . . . $\mu_0 = 0,65$,
,, feuchtem Tonboden . . . . $\mu_0 = 0,60$,
,, nassem, lettigem Boden . . . . . sinkend bis $\mu_0 = 0,30$.

<hr>

[32]) v. Müllenhoff, Z. d. V. d. I. 1919.

Wird Fett als Schmiermittel dazwischen gegeben, so hat der Flächendruck auf die Größe der Reibungsziffer ziemlich erheblichen Einfluß, und zwar nimmt sie ab, wenn der Flächendruck steigt[25]).

Flächendruck at	100	200	300	400	500	600
Paraffin . . μ	0,0062	0,0051	0,0036	0,0027	0,0026	0,0025
Talg . . . „	0,0150	0,0075	0,0064	0,0048	0,0046	0,0039
Stearin . . „	0,0220	0,0130	0,0100	0,0075	0,0060	0,0050
Staufferfett „	0,171	0,162	0,148	—	—	—

Beispiel 26. Eine Triebwerkswelle von $d = 6$ cm Durchmesser soll das Drehmoment $M = 5184$ cmkg übertragen, sie werde gekuppelt durch eine Schalenkupplung nach Fig. 43 mit $i = 6$ Schrauben. Anzugeben ist die auf eine Schraube entfallende Spannkraft P bei $\mathfrak{S} = \frac{4}{3}$facher Sicherheit.

Von den i Schrauben wird auf jeden Wellenstumpf die Druckkraft $\frac{i}{2} \cdot P$ ausgeübt. Zwischen jeder Schale und der Welle besteht also die Reibungskraft $\mu \cdot \frac{i}{2} \cdot P$. Beide bilden ein Kräftepaar vom Drehmoment $M_r = \mu \cdot \frac{i}{2} P \cdot d$, worin am sichersten $\mu = \frac{1}{2} \cdot (0,22 + 0,16) = 0,19$ eingesetzt wird.

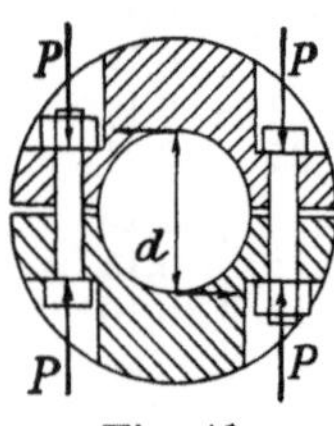

Fig. 43.

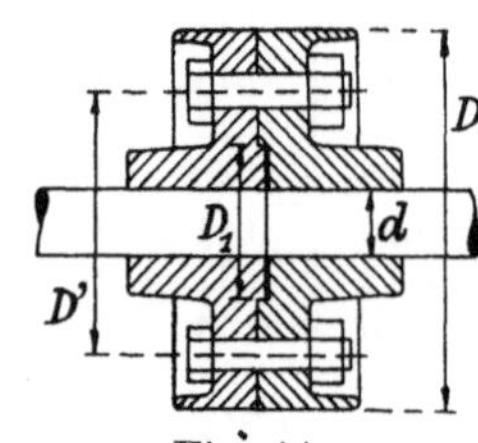

Fig. 44.

Da nun die Bedingung ist $M_r = \mathfrak{S} \cdot M$, so folgt

$$P = \frac{2 \cdot \mathfrak{S} \cdot M}{\mu \cdot i \cdot d}$$

$$= \frac{2 \cdot 1,33 \cdot 5184}{0,19 \cdot 6 \cdot 6} = 2020 \text{ kg.}$$

Beispiel 27. Für eine Scheibenkupplung nach Fig. 44 für eine Welle von $d = 12$ cm Durchmesser, die ein Drehmoment von 41 470 cmkg überträgt, ist die Kraft P zu ermitteln, mit der jede der $i = 6$ Schrauben angezogen werden muß, wenn $\mathfrak{S} = \frac{4}{3}$fache Sicherheit gegen Gleiten verlangt wird.

Gegeben sei $D = 41$ cm, $D_1 = 15$ cm, $D' = 28$ cm, $\mu = 0,22$ bei ziemlich rauhen Flächen.

Aus der Bedingung

$$\tfrac{1}{2} \cdot i \cdot \mu \cdot P \cdot D' = \mathfrak{S} \cdot M$$

folgt

$$P = \frac{2 \cdot \mathfrak{S} \cdot M}{i \cdot \mu \cdot D'} = \frac{2 \cdot 1,33 \cdot 41470}{6 \cdot 0,22 \cdot 28} = 2990 \text{ kg.}$$

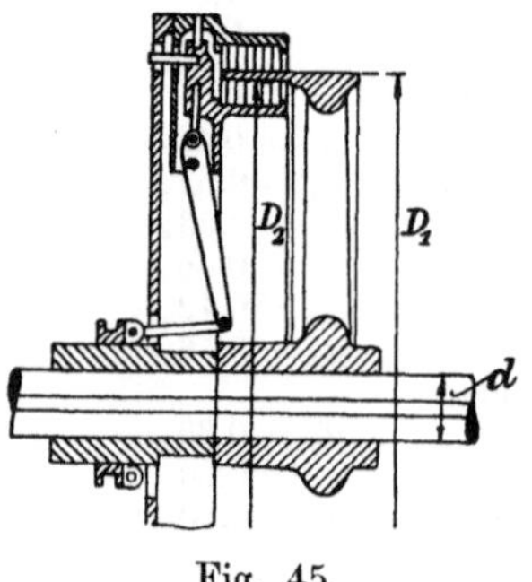

Fig. 45.

Beispiel 28. Eine Hillsche Reibungskupplung nach Fig. 45 für eine Welle von $d = 9$ cm Durchmesser hat als äußeren Durchmesser des gußeisernen Reibkranzes $D_1 = 74,5$ cm, als inneren Durchmesser $D_2 = 71,3$ cm. Anzugeben ist die Kraft Q, mit der die beiden hölzernen Reibkissen jedes der $i = 4$ Kupplungsarme anzupressen sind, damit das Drehmoment $M = 17\,500$ cmkg mit $\mathfrak{S} = \frac{4}{3}$facher Sicherheit übertragen wird.

Als Material der Reibkissen wird Eichenholz gewählt, weil die Reibungsziffer $\mu = 0,31$ sich nur auf 0,30 verringert, wenn das Holz etwas ölig geworden ist (S. 31). Es gilt nun

$$\mathfrak{S} \cdot M = \frac{i}{2} \cdot \mu \cdot Q \cdot (D_1 + D_2),$$

woraus folgt

$$Q = \frac{2 \cdot \mathfrak{S} \cdot M}{i \cdot \mu \cdot (D_1 + D_2)} = \frac{2 \cdot 1{,}33 \cdot 17\,500}{4 \cdot 0{,}31 \cdot 145{,}8} = 258 \text{ kg.}$$

Beispiel 29. Anzugeben ist die größtmögliche Zugkraft P einer $^3/_4$ gekuppelten Güterzuglokomotive von $Q = 52$ t Dienstgewicht, von dem $G = 41{,}8$ t auf die drei Kuppelachsen kommen, beim Anfahren, bei 3, 10, 17 m/sk Fahrtgeschwindigkeit.

Die Lokomotivräder können nur dann rollen, wenn die Reibung zwischen den Rädern und Schienen größer ist als der Widerstand des zu ziehenden Zuges. Es ist also

$$P = \mu \cdot G,$$

und man entnimmt der Fig. 42 für

$$
\begin{array}{llll}
v = 0 \text{ m/sk} & \mu = 0{,}24, & \text{also} \quad P = 10 \ \text{t} \\
3 \ \text{,,} & 0{,}09 & \text{,,} \qquad 3{,}76 \ \text{t} \\
10 \ \text{,,} & 0{,}07 & \text{,,} \qquad 2{,}9 \ \ \text{t} \\
17 \ \text{,,} & 0{,}06 & \text{,,} \qquad 2{,}5 \ \ \text{t .}
\end{array}
$$

Das gilt auf ebener Strecke bei trockenen Schienen.

Auf geneigter Strecke, etwa $\operatorname{tg}\alpha = \dfrac{25}{1000}$, der größten in Preußen für Hauptbahnen zulässigen Neigung, ist nach Fig. 46 der Druck zwischen Schiene und Rad $N = G \cdot \cos\alpha$, ferner ist eine nach oben gerichtete Kraft $P_0 = G \cdot \sin\alpha$ erforderlich, um das Gleichgewicht zu erhalten. Es ist demnach anzusetzen

$$P + P_0 = \mu \cdot N$$

oder

$$P = G \cdot \cos\alpha \, (\mu - \operatorname{tg}\alpha) . \qquad (24)$$

Hieraus folgt für

$$
\begin{array}{lll}
v = 0 \text{ m/sk} & P = 9{,}0 \ \text{t} \\
3 \ \text{,,} & 2{,}72 \ \text{t} \\
10 \ \text{,,} & 1{,}88 \ \text{t} \\
17 \ \text{,,} & 1{,}46 \ \text{t .}
\end{array}
$$

Auf feuchten Schienen, wie z. B. in Tunneln, ist $\mu_0 \backsim 0{,}19$ [33]).

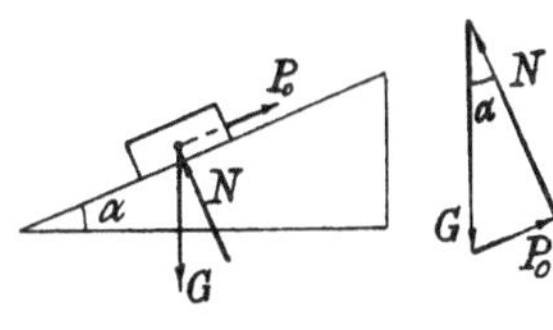

Fig. 46.

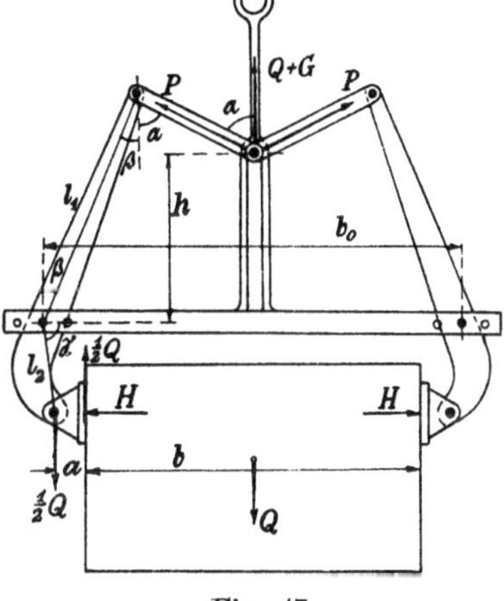

Fig. 47.

Beispiel 30. Zu bestimmen ist die größte Breite b eines Steines, wenn die Steinzange nach Fig. 47 ihn noch mit $\mathfrak{S} = 2$facher Sicherheit fassen soll. Es sei

$$
\begin{array}{llll}
l_1 = 56 \text{ cm,} & l_2 = 21 \text{ cm,} & l_0 = 32 \text{ cm,} & \gamma = 138°, \\
a = 6{,}5 \text{ cm,} & h = 37 \text{ cm,} & b_0 = 102 \text{ cm.}
\end{array}
$$

Man entnimmt der Fig. 47 die folgenden Zusammenhänge:

a) $l_1 \cdot \cos\beta - l_0 \cdot \cos\alpha = h$,

b) $l_1 \cdot \sin\beta + l_0 \cdot \sin\alpha = \tfrac{1}{2} \cdot b_0$,

c) $\tfrac{1}{2} \cdot b_0 - l_2 \cdot \sin(\pi - \beta - \gamma) = \tfrac{1}{2} b + a$,

---

[33]) Sanzin, Z. d. V. d. I. 1910.

d) $P_1 \cdot l_1 \cdot \cos\left(\alpha + \beta - \dfrac{\pi}{2}\right) = H \cdot l_2 \cdot \cos(\pi - \beta - \gamma) + \dfrac{1}{2} Q \cdot l_2 \cdot \sin(\pi - \beta - \gamma)$,

e) $H \cdot \mu = \tfrac{1}{2} \cdot Q \cdot \mathfrak{S}$,

dazu kommt nach Formel (7) und Fig. 23

f) $Q + G = 2 \cdot P \cdot \cos\alpha$.

Nun lautet Gleichung d) mit Benutzung von e) und f):

$$\frac{1}{2} \cdot (Q + G) \cdot l_1 \cdot \frac{\sin(\alpha + \beta)}{\sin\alpha} = - \frac{1}{2} \cdot Q \cdot \frac{\mathfrak{S}}{\mu} \cdot l_2 \cdot \cos(\beta + \gamma) + \frac{1}{2} \cdot Q \cdot l_2 \cdot \sin(\beta + \gamma)$$

oder, wenn das Zangengewicht gegenüber dem großen Steingewicht der Einfachheit halber vernachlässigt wird, mit Hinzuziehung von Gleichung c)

$$l_1 \cdot \left(\cos\beta + \frac{\sin\beta}{\operatorname{tg}\alpha}\right) = - \frac{\mathfrak{S}}{\mu} \cdot l_2 \cdot (\cos\beta \cdot \cos\gamma - \sin\beta \cdot \sin\gamma) + \frac{1}{2} \cdot b_0 - \frac{1}{2} \cdot b - a.$$

Wird jetzt aus den Gleichungen a) und b) entnommen

$$\frac{1}{\operatorname{tg}\alpha} = - \frac{h - l_1 \cdot \cos\beta}{\tfrac{1}{2} \cdot b_0 - l_1 \cdot \sin\beta},$$

so folgt schließlich

$$b = b_0 - 2a - 2l_1 \cdot \left(\cos\beta - \sin\beta \cdot \frac{b_0 - 2 \cdot l_1 \cdot \sin\beta}{2h - 2 \cdot l_1 \cdot \cos\beta}\right)$$

$$- \frac{2}{\mu_0} \cdot \mathfrak{S} \cdot l_2 \cdot (\cos\beta \cdot \cos\gamma - \sin\beta \cdot \sin\gamma). \tag{25}$$

Der kleinste Winkel β, der vorkommt, ist der gezeichnete 25°, wo der gemeinsame Zapfen der Kniehebel gerade gegen das Ende der Führung stößt. Dem entspricht die kleinste Steinbreite

$$b = 102 - 2 \cdot 6,5 - 2 \cdot 56 \cdot \left(0,9063 - 0,4226 \cdot \frac{102 - 2 \cdot 56 \cdot 0,4226}{2 \cdot 37 - 2 \cdot 56 \cdot 0,9063}\right)$$

$$- \frac{2}{0,42} \cdot 2 \cdot 21 \cdot (-0,9063 \cdot 0,7431 - 0,4226 \cdot 0,6691),$$

mithin $b = 75$ cm, wie die Zeichnung darstellt. Also in der höchsten Stellung des Kniehebelzapfens besteht gerade doppelte Sicherheit.

Die größtmögliche Steinbreite $b = 98$ cm wird erhalten für $h = 5$ cm, wofür die Aufzeichnung $\beta = 50°$ ergibt. In dem Fall liefert die Formel (25)

$$98 = 102 - 2 \cdot 6,5 - 2 \cdot 56 \cdot \left(0,6428 - 0,7660 \cdot \frac{102 - 2 \cdot 56 \cdot 0,7660}{2 \cdot 5 - 2 \cdot 56 \cdot 0,6428}\right)$$

$$- \frac{\mathfrak{S}}{0,42} \cdot 2 \cdot 21 \cdot (-0,6428 \cdot 0,7341 - 0,7660 \cdot 0,6691),$$

woraus folgt $\mathfrak{S} = 1,05$, was bei weitem zu klein ist.

Wird verlangt, daß die Sicherheit mindestens $\mathfrak{S} = \tfrac{4}{3}$ ist, so führt die Aufzeichnung für mehrere Winkel β und die Untersuchung, bei welchem β die Formel (25) erfüllt ist, am einfachsten zum Ziel. Probeweise werde angesetzt $\beta = 40°$; die Aufzeichnung des Schemas liefert dann $h = 21,5$ cm und $b = 86,5$ cm. Die Gleichung, die erfüllt sein muß, lautet dann

$$86,5 = 102 - 2 \cdot 6,5 - 2 \cdot 56 \cdot \left(0,7660 - 0,6428 \cdot \frac{102 - 2 \cdot 56 \cdot 0,6428}{2 \cdot 21,5 - 2 \cdot 56 \cdot 0,7660}\right)$$

$$- \frac{1,333}{0,42} \cdot 2 \cdot 21 \cdot (-0,7660 \cdot 0,7431 - 0,6428 \cdot 0,6691) = 86,0.$$

Man erkennt, daß diese Steinzange den Nachteil hat, nicht ohne Umstellung für wechselnde Steinbreiten brauchbar zu sein; mit ausreichender Sicherheit werden ja nur Steine zwischen 75 und 86 cm Breite gegriffen. Dagegen ist sie bei Lasten mit gleichbleibenden Abmessungen sehr zweckmäßig.

Goniometrische Formeln. In den Winkel α der Fig. 48 werde die Strecke $\overline{AB} = 1$ eingetragen, die bei B mit dem einen Schenkel des Winkels α den Winkel β bildet. Fällt man jetzt von A das Lot auf diesen Winkelschenkel nach C und von B das Lot auf den anderen Schenkel, ferner noch die anderen Senkrechten der Fig. 48, so ergeben sich die an die einzelnen Strecken angeschriebenen Beziehungen[34]), also

$$\sin(\alpha + \beta) = \sin\alpha \cdot \cos\beta + \cos\alpha \cdot \sin\beta \, ,$$

$$\cos(\alpha + \beta) = \cos\alpha \cdot \cos\beta - \sin\alpha \cdot \sin\beta \, .$$

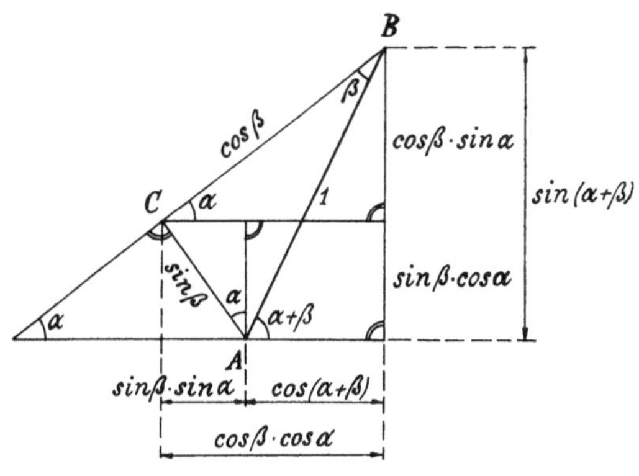

Fig. 48.

Nimmt man in beiden Formeln β negativ und setzt nach Bd. I S. 28

$$\sin(-\beta) = -\sin(+\beta) \qquad \text{und} \qquad \cos(-\beta) = +\cos(+\beta),$$

so gehen sie über in

$$\sin(\alpha - \beta) = \sin\alpha \cdot \cos\beta - \cos\alpha \cdot \sin\beta \, ,$$

$$\cos(\alpha - \beta) = \cos\alpha \cdot \cos\beta + \sin\alpha \cdot \sin\beta \, .$$

Addiert man die erste und dritte dieser Gleichungen sowie die zweite und vierte, so folgt

$$\sin(\alpha + \beta) + \sin(\alpha - \beta) = 2 \cdot \sin\alpha \cdot \cos\beta \, ,$$

$$\cos(\alpha + \beta) + \cos(\alpha - \beta) = 2 \cdot \cos\alpha \cdot \cos\beta \, .$$

Setzt man jetzt $\beta = \alpha$, so ergibt sich

$$\sin 2\alpha = 2 \cdot \sin\alpha \cdot \cos\alpha \, ,$$

$$\cos 2\alpha = 2 \cdot \cos^2\alpha - 1$$

Setzt man andererseits $\alpha + \beta = \gamma$ und $\alpha - \beta = \delta$, so erhält man

$$\sin\gamma + \sin\delta = 2 \cdot \sin\frac{\gamma + \delta}{2} \cdot \cos\frac{\gamma - \delta}{2} \, ,$$

$$\cos\gamma + \cos\delta = 2 \cdot \cos\frac{\gamma + \delta}{2} \cdot \cos\frac{\gamma - \delta}{2} \, .$$

----

[34]) Dieckmann, Z. f. gewerbl. Unterr. 1917.

Werden die beiden ersten Gleichungen durcheinander dividiert und ferner auf der rechten Seite der so entstandenen Gleichung jedes Glied durch $\cos\alpha \cdot \cos\beta$, so folgt

$$\operatorname{tg}(\alpha + \beta) = \frac{\operatorname{tg}\alpha + \operatorname{tg}\beta}{1 - \operatorname{tg}\alpha \cdot \operatorname{tg}\beta}$$

und hieraus mit $\beta = \alpha$

$$\operatorname{tg} 2\alpha = \frac{2 \cdot \operatorname{tg}\alpha}{1 - \operatorname{tg}^2\alpha} \cdot$$

Ebenso erhält man durch Division der dritten und vierten Gleichung

$$\operatorname{tg}(\alpha - \beta) = \frac{\operatorname{tg}\alpha - \operatorname{tg}\beta}{1 + \operatorname{tg}\alpha \cdot \operatorname{tg}\beta} \cdot$$

Weitere Beziehungen der Art lassen sich leicht in entsprechender Weise bilden.

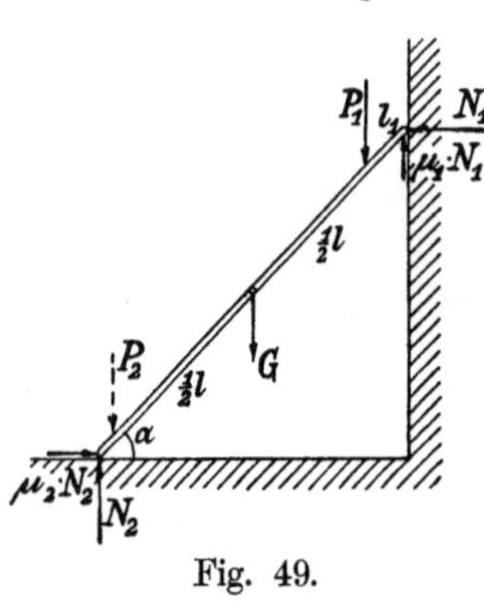

Fig. 49.

Beispiel 31. Eine Leiter vom Gewicht $G = 25$ kg und der Länge $l = 3{,}2$ m werde im Abstande $l_1 = 0{,}3$ m vom oberen Ende belastet durch die Last $P = 75$ kg. Sie lehne mit der Kraft N_1 gegen eine gemauerte Wand und stütze sich mit der Kraft N_2 gegen einen Holzfußboden. Anzugeben sind die Stützdrücke N_1 und N_2 und der äußerste Winkel α (Fig. 49).

Die Fig. 49 zeigt sofort, daß die Leiter abgleitet, wenn der Winkel α zu klein wird, und die in dem Fall wirkenden, die Bewegung hindernden Reibungskräfte sind in die Figur eingetragen.

Die Gleichgewichtsbedingungen ergeben, wenn für die Momentengleichung der untere Stützpunkt als Drehachse gewählt wird,

$$+ P_1 + G - N_2 - \mu_1 \cdot N_1 = 0,$$
$$+ \mu_2 \cdot N_2 - N_1 = 0,$$
$$+ G \cdot \tfrac{1}{2} \cdot l \cdot \cos\alpha + P_1 \cdot (l - l_1) \cdot \cos\alpha - \mu_1 \cdot N_1 \cdot l \cdot \cos\alpha - N_1 \cdot l \cdot \sin\alpha = 0.$$

Wird die zweite Gleichung mit μ_1 erweitert und von der ersten abgezogen, so fällt $\mu_1 \cdot N_1$ heraus und man erhält

$$N_2 = \frac{P_1 + G}{1 + \mu_1 \cdot \mu_2} \cdot$$

Damit liefert die zweite Gleichung

$$N_1 = \frac{\mu_2}{1 + \mu_1 \cdot \mu_2} \cdot (P_1 + G) \cdot$$

Beide Werte sind in die dritte durch $\cos\alpha$ dividierte Gleichung einzusetzen, und es folgt

$$\operatorname{tg}\alpha = \frac{1 + \mu_1 \cdot \mu_2}{\mu_2} \cdot \left(1 - \frac{P_1 \cdot l_1 + \tfrac{1}{2} G \cdot l}{(P_1 + G) \cdot l}\right) - \mu_1 \cdot$$

Nun ist $\mu_1 = 0{,}46$ und $\mu_2 = 0{,}62$, also

$$N_2 = \frac{75 + 25}{1 + 0{,}46 \cdot 0{,}62} = 77{,}8 \text{ kg},$$

$$N_1 = 77{,}8 \cdot 0{,}62 = 48{,}3 \text{ kg},$$

$$\operatorname{tg}\alpha = \frac{1{,}285}{0{,}62} \cdot \left(1 - \frac{75 \cdot 0{,}3 + \tfrac{1}{2} \cdot 25 \cdot 3{,}2}{100 \cdot 3{,}2}\right) - 0{,}46 = 1{,}21,$$

mithin $\alpha \backsim 50\tfrac{1}{2}°$.

Die Verhältnisse werden erheblich verbessert, wenn etwa noch eine Last $P_2 = 50$ kg im Abstande $l_2 = 10$ cm vom unteren Ende aufgebracht wird. In die Gleichung für $\operatorname{tg}\alpha$ ist dann noch hinzuzufügen zu P_1 der Betrag P_2 und zu $P_1 \cdot l_1$ der Betrag $P_2 \cdot (l - l_2)$, so daß man erhält

$$\operatorname{tg}\alpha = \frac{1{,}285}{0{,}62} \cdot \left(1 - \frac{50 \cdot 3{,}1 + 75 \cdot 0{,}3 + \frac{1}{2} \cdot 25 \cdot 3{,}2}{150 \cdot 3{,}2}\right) - 0{,}46 = 0{,}68 \,;$$

mithin $\alpha \sim 34°$.

Beispiel 32. Welche Kraft P ist erforderlich, um das Drehmoment $M = 10$ mkg durch eine Klotzbremse nach Fig. 50 abzubremsen, wenn gegeben ist der Durchmesser der gußeisernen Bremsscheibe $2\,r = 60$ cm, die Höhe des Bremsklotzes aus Buchenholz $h = 30$ cm, die Hebellänge des Bremshebels $l = 120$ cm bzw. $a = 30$ cm. Ferner ist anzugeben der zweckmäßigste Abstand c des Bremshebels von der Radachse.

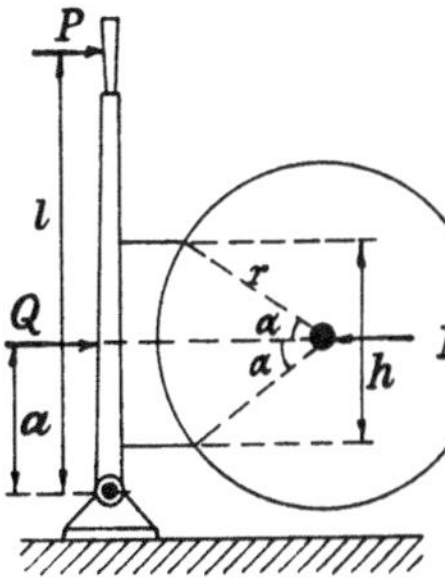

Der Klotz von der Breite b legt sich nicht überall mit gleichem Flächendruck p an die Scheibe, sondern in der Mitte mit dem größten Druck p_{max} und von dort nach beiden Seiten mit abnehmendem, unter dem Winkel φ gegen die Mittelachse geneig-

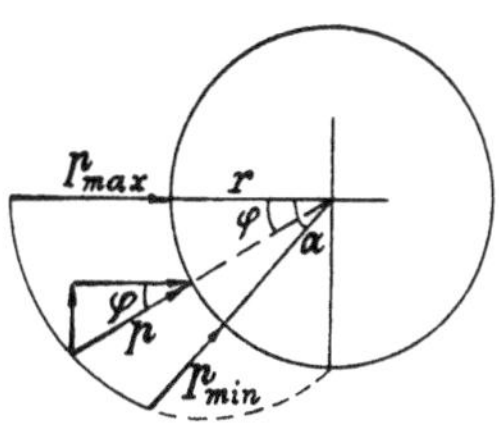

Fig. 50.

Fig. 51.

tem p derart, daß bei einem Klotz von der Höhe $h = 2\,r$ an den Enden, also für $\varphi = 90°$ $p = 0$ sein würde (Fig. 51). Als einfachstes Druckverteilungsgesetz ist hiernach

$$p = p_{max} \cdot \cos\varphi$$

anzusetzen.

Für das zu dem Winkel $d\varphi$ gehörige Scheibenelement gilt damit die Momentengleichung

$$2 \cdot \int_0^\alpha (b \cdot r \cdot d\varphi) \cdot (p \cdot \mu) \cdot r = M$$

oder

$$2 \cdot b \cdot r^2 \cdot \mu \cdot p_{max} \cdot \int_0^\alpha \cos\varphi \cdot d\varphi = M \,.$$

Hieraus folgt durch Integration (Bd. I, S. 106)

$$M = 2 \cdot \mu \cdot b \cdot r^2 \cdot p_{max} \cdot \sin\alpha \qquad (26)$$

Entsprechend ist für die wagerechten Kräfte

$$Q = 2 \cdot \int_0^\alpha (b \cdot r \cdot d\varphi) \cdot (p \cdot \cos\varphi) = 2 \cdot b \cdot r \cdot p_{max} \cdot \int_0^\alpha \cos^2\varphi \cdot d\varphi$$

Zur Lösung des Integrals wird geschrieben

$$\int \cos^2\varphi \cdot d\varphi = \int \cos\varphi \cdot (\cos\varphi \, d\varphi) = \int \cos\varphi \cdot d\sin\varphi \,.$$

Durch Anwendung der teilweisen Integration (Bd. I, S. 105) erhält man hieraus

$$\int \cos\varphi \cdot d\sin\varphi = \cos\varphi \cdot \sin\varphi - \int \sin\varphi \cdot d\cos\varphi \,.$$

Nun ist

$$-\int \sin\varphi \cdot d\cos\varphi = -\int \sin\varphi \cdot (-\sin\varphi \cdot d\varphi) = +\int \sin^2\varphi \cdot d\varphi$$
$$= \int (1 - \cos^2\varphi) \cdot d\varphi = \int d\varphi - \int \cos^2\varphi \cdot d\varphi \,.$$

Damit wird schließlich

$$\int \cos^2 \varphi \cdot d\varphi = \tfrac{1}{2} \cdot (\tfrac{1}{2} \cdot \sin 2\varphi + \text{arc}\,\varphi) + C. \qquad (27)$$

Somit ist

$$Q = b \cdot r \cdot p_{\max} : (\text{arc}\,\alpha + \tfrac{1}{2} \cdot \sin 2\alpha) \qquad (28)$$

Durch Division der Gleichungen (26) und (28) folgt

$$Q = \frac{M}{\mu \cdot r} \cdot \frac{2 \cdot \text{arc}\,\alpha + \sin 2\alpha}{4 \cdot \sin \alpha} = \frac{M}{\mu \cdot r} \cdot \zeta. \qquad (29)$$

Für ζ gilt die folgende Zusammenstellung [35]), deren Verlauf die Fig. 52 darstellt.

$\alpha =$	10	20	30	40	50	60°
$\dfrac{h}{2r} = \sin \alpha =$	0,1737	0,3420	0,5000	0,6428	0,7660	0,8660
$\zeta =$	0,995	0,980	0,957	0,926	0,891	0,854

Bei den gegebenen Zahlenwerten ist

$$\frac{h}{2r} = 0{,}50\,, \quad \text{also} \quad \zeta = 0{,}957; \quad \text{ferner ist} \quad \mu = 0{,}29\,.$$

Damit wird bei $\mathfrak{S} = \tfrac{4}{3}$facher Sicherheit gegen zufällige Herabsetzung der Reibungsziffer

$$P = \mathfrak{S} \cdot Q \cdot \frac{a}{l} = \frac{\mathfrak{S} \cdot M}{\mu \cdot r} \cdot \zeta \cdot \frac{a}{l} = \frac{4 \cdot 10 \cdot 0{,}957 \cdot 0{,}30}{3 \cdot 0{,}29 \cdot 0{,}30 \cdot 1{,}20} \sim 37 \text{ kg.}$$

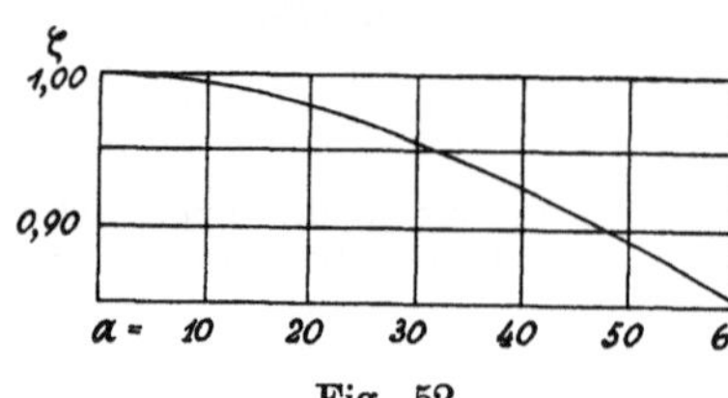

Fig. 52.

Infolge der Wölbung des Bremsklotzes greift die Reibungskraft μQ in einem gewissen Abstand r_0 von der Drehachse der Bremsscheibe an, und es gilt natürlich

$$\mu \cdot Q \cdot r_0 = M.$$

Setzt man hierin den Wert von Q aus Gleichung (29) ein, so folgt

$$r_0 = \frac{r}{\zeta}. \qquad (30)$$

Am vorteilhaftesten wird nun die Reibungskraft von dem Bremshebel aufgenommen, wenn man $c = r_0$ macht. Mit den gegebenen Zahlenwerten ist

$$c = \frac{0{,}30}{0{,}957} = 0{,}314 \text{ m.}$$

Hervorzuheben ist, daß die Formel für P nur bei der durch $c = r_0$ bestimmten Anordnung gilt. Praktische Anforderungen an die Stärke des Bremsklotzes zwingen jedoch oft dazu, hiervon abzugehen. Ferner führt man die Anordnung gewöhnlich doppelt aus, um den Achsdruck Q aufzuheben. Man gelangt so zu der Ausführung der Fig. 53. Hierin ist

G_1 das Gewicht, das die Bremse stets schließt,

G_2 das Gewicht des Ankers des Lüftmagneten, der die Bremse löst,

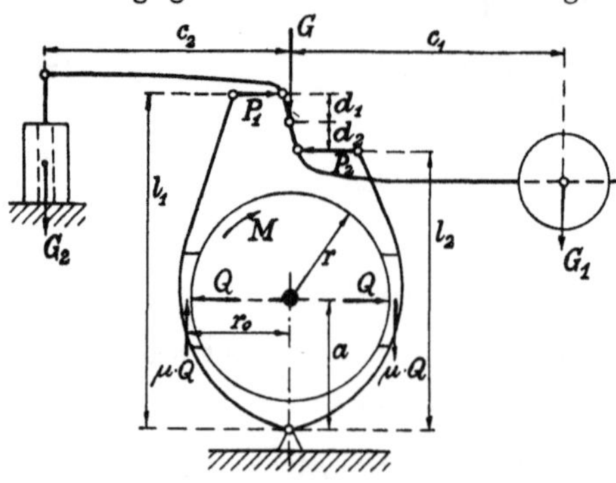

Fig. 53.

[35]) Bengel, D. p. J. 1920.

G das Gewicht des oberen Hebels, das hier unmittelbar auf die Drehachse wirkend angenommen wird.

Es gilt dann für den Hebel von der Länge l_1

$$+ P_1 \cdot l_1 - Q \cdot a + \mu \cdot Q \cdot r_0 = 0$$

und für den Hebel von der Länge l_2

$$- P_2 \cdot l_2 + Q \cdot a + \mu \cdot Q \cdot r_0 = 0 \,.$$

Setzt man hierin gemäß den Formeln (29) und (30) ein

$$Q = \frac{M}{\mu \cdot r} \cdot \frac{\zeta}{2} \quad \text{und} \quad r_0 = \frac{r}{\zeta} \,,$$

so wird bei $\mathfrak{S}$ facher Sicherheit gegen zufällige Verringerung von μ

$$P_1 = \frac{M}{2 \cdot l_1} \cdot \left(\frac{\mathfrak{S} \cdot \zeta}{\mu} \cdot \frac{a}{r} - 1 \right),$$

$$P_2 = \frac{M}{2 \cdot l_2} \cdot \left(\frac{\mathfrak{S} \cdot \zeta}{\mu} \cdot \frac{a}{r} + 1 \right). \tag{31}$$

Man bemerkt, daß auch bei gleicher Hebellänge l die Kräfte P verschieden groß ausfallen.

Für den oberen Hebel ist dann mit umgekehrter Richtung der Kräfte P

$$G_1 \cdot c_1 - G_2 \cdot c_2 + G \cdot 0 - P_1 \cdot d_1 - P_2 \cdot d_2 = 0 \,.$$

Führt man beide l und d gleich aus, so folgt

$$G_1 \cdot c_1 - G_2 \cdot c_2 = M \cdot \frac{d}{2} \cdot \frac{a}{r} \cdot \frac{\mathfrak{S} \cdot \zeta}{\mu} \,. \tag{32}$$

Beispiel 33. Anzugeben ist der größte Bremsdruck P, der auf das Rad eines dreiachsigen Personenwagens vom Leergewicht $Q = 16{,}6$ t ausgeübt werden darf, damit die Räder nicht festgebremst werden.

Bezeichnet

i die Anzahl der Räder des Eisenbahnwagens,

μ_1 die Reibungsziffer zwischen den Bremsklötzen und dem Rad,

μ_2 die Reibungsziffer zwischen der Schiene und dem Rad,

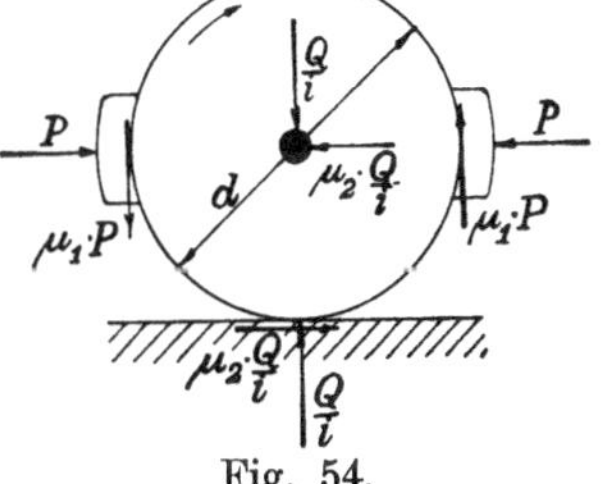

Fig. 54.

so liefert die Gleichgewichtsbedingung für die Drehmomente gemäß Fig. 54, wenn der Berichtigungsfaktor ζ bei den verhältnismäßig kurzen Bremsklötzen als belanglos vernachlässigt wird,

$$\mu_1 \cdot P \cdot d = \mu_2 \cdot \frac{Q}{i} \cdot \frac{d}{2} \,,$$

also

$$\frac{P}{Q} \cdot i = \frac{\mu_2}{2 \cdot \mu_1} \,.$$

Bei trockenem Wetter, wofür die Kurven von Wichert und Galton in Fig. 42 allein vergleichbar sind, gilt dann die Zusammenstellung:

$v =$	20	15	10	6	3	2	1	0 m/sk
$\mu_1 =$	0,169	0,189	0,221	0,266	0,327	0,358	0,398	0,450
$\mu_2 =$	0,059	0,064	0,066	0,073	0,092	0,109	0,135	0,240
$\dfrac{P}{Q} \cdot i =$	0,175	0,169	0,149	0,137	0,141	0,152	0,157	0,267

Mithin ist für die Angaben der Aufgabe

$$P = \frac{16,6 \cdot 0,175}{6} = 4,84 \, t$$

zu Beginn der Bremsung. Der Druck muß im weiteren Verlauf heruntergehen auf $P = 3,79$ t und kann zuletzt steigen auf 7,39 t. Da bei den gebräuchlichsten Luftdruckbremssystemen eine Verringerung des erstmaligen. Bremsdruckes nicht angängig ist, muß von Anfang an mit höchstens $P = 3,8$ t Bremsdruck gearbeitet werden, der nur zuletzt gesteigert wird.

Beispiel 34. Der Flachschieber einer Sattdampflokomotive, die mit Dampf von $p = 12$ at Überdruck arbeitet, sei 360 mm breit und 240 mm lang. Anzugeben ist die erforderliche Antriebskraft P.

Die größte Druckkraft, mit der der Schieber auf seinen Spiegel gepreßt wird, ist

$$Q = F \cdot p = 36 \cdot 24 \cdot 12 = 10\,370 \, \text{kg.}$$

Bei reichlicher Schmierung mit Öl ist $\mu = 0,10$, also

$$P = \mu \cdot Q = 0,10 \cdot 10\,370 = 1037 \, \text{kg.}$$

Wird dem Öl etwas Flockengraphit zugesetzt, so sinkt bei großer Ölersparnis die Reibungsziffer auf $\mu = 0,08$. Damit wird

$$P = 0,08 \cdot 10\,370 = 830 \, \text{kg.}$$

Bei mangelhafter Schmierung steigt die Reibungsziffer auf $\mu = 0,12$. In dem Fall ist

$$P = 0,12 \cdot 10\,370 = 1245 \, \text{kg.}$$

Fällt die Schmierung einmal gänzlich aus, so ist $\mu = 0,16$, also

$$P = 0,16 \cdot 10\,370 = 1660 \, \text{kg.}$$

Für diesen Wert zuzüglich der Stopfbüchsenreibung ist jedenfalls das Triebwerk zu berechnen.

Für die Abnutzung der Schieberreibungsfläche ist zu beachten, daß wegen der Öffnungen im Schieberspiegel der Auflagerdruck rund das 1,75fache des Dampfdruckes ist [36]).

Die mittlere Kolbenkraft der Maschine ist bei $D = 45$ cm Zylinderdurchmesser und $p_m \sim 3,6$ at mittlerem Dampfdruck

$$P_1 = \frac{\pi}{4} \cdot D^2 \cdot 0,98 \cdot p_m = \frac{\pi}{4} \cdot 45^2 \cdot 0,98 \cdot 3,6 = 5600 \, \text{kg,}$$

worin der Faktor 0,98 die Verringerung der Fläche durch die Kolbenstange berücksichtigt.

Hat nun der Kolben den Hub $s_1 = 60$ cm und der Schieber den Hub $s = 10$ cm, so ist die auf den gleichen Hub umgerechnete Schieberreibungskraft $P \cdot \dfrac{s}{s_1}$ und damit ergibt sich das Verhältnis der durch die Schieberreibung bewirkten Belastung der Maschine zu ihrer Gesamtkraft

$$x = \frac{P \cdot s}{P_1 \cdot s_1} = \frac{1037 \cdot 10}{5600 \cdot 60} = 0,031 \, .$$

Beispiel 35. Für einen Dampfkolben vom Durchmesser $D = 45$ cm einer Einzylinder-Dampfmaschine ist der mittlere Reibungswiderstand W zu bestimmen, wenn die zwei gußeisernen Dichtungsringe die Höhe $h = 3,0$ cm und die Stärke $s = 1,5$ cm haben (Fig. 55).

---

[36]) Wagner, Z. d. V. d. I. 1899.

Die federnden Kolbenringe legen sich mit einem Flächendruck p_0 an die Zylinderwand, der im Durchschnitt 0,5 at beträgt. Der mittlere Dampfdruck ist bei der Nennleistung $p_m = 3{,}0$ at (in Lokomotivzylindern 3,6 at), bei der Höchstleistung 4,5 at. Der mittlere Gegendruck beim Ausschub in den Kondensator beträgt $p = 0{,}2$ at, bei Auspuff in die Luft entsprechend 1,2 at.

Dann ist die von den beiden Kolbenringen bei unbenutzter Maschine auf die Wandung ausgeübte Druckkraft $P_0 = 2 \cdot \pi \cdot D \cdot h \cdot p_0$. Der mittlere Überdruck auf der einen Kolbenseite ist $p_1 = p_m + p_2$, der mindestens zu $^3/_4$ durch den Schlitz des Ringes zwischen Kolben und Ring tritt, so daß sich dieser mit der Kraft anlegt

$$P_1 = \pi \cdot (D - 2\,s) \cdot h \cdot \tfrac{3}{4} \cdot (p_m + p_2).$$

Entsprechend ist die vom Dichtungsring der Gegenseite auf die Wand ausgeübte Kraft

$$P_2 = \pi \cdot (D - 2\,s) \cdot h \cdot \tfrac{3}{4} \cdot p_2.$$

Die Reibungsziffer der glatten Flächen[37]) beträgt bei geringer Schmierung $\mu = 0{,}12$ und geht bei guter Schmierung mit Zusatz von Graphitemulsion herunter auf $\mu = 0{,}08$. Als guter Mittelwert ist anzusehen $\mu = 0{,}10$.

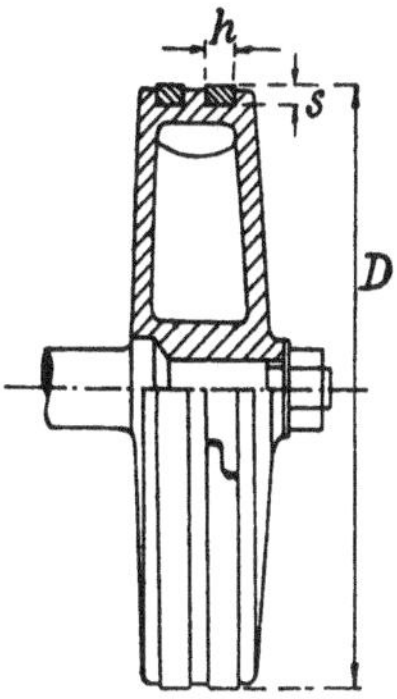

Fig. 55.

Damit erhält man den Reibungswiderstand

$$W = \mu \cdot \pi \cdot D \cdot h \cdot \frac{3}{2} \cdot \left[\frac{4}{3}\,p_0 + \frac{1}{2}\,p_m + p_2 - \frac{s}{D} \cdot (p_m + 2\,p_2) \right], \qquad (33)$$

also mit den obigen Zahlenwerten für die Auspuffmaschine
bei der Nennleistung

$$W = 0{,}10 \cdot 1{,}5 \cdot \pi \cdot 45 \cdot 3 \cdot \left[\frac{4}{3} \cdot 0{,}5 + \frac{1}{2} \cdot 3{,}0 + 1{,}2 - \frac{1{,}5}{45} \cdot (3{,}0 + 2 \cdot 1{,}2) \right]$$

$$= 63{,}6 \cdot (0{,}67 + 1{,}5 + 1{,}2 - 0{,}18) = 203\ \text{kg},$$

bei der Höchstleistung

$$W = 63{,}6 \cdot (0{,}67 + 2{,}25 + 1{,}2 - 0{,}23) = 248\ \text{kg},$$

für die Kondensationsmaschine
bei der Nennleistung

$$W = 63{,}6 \cdot (0{,}67 + 1{,}5 + 0{,}2 - 0{,}11) = 144\ \text{kg},$$

bei der Höchstleistung

$$W = 63{,}6 \cdot (0{,}67 + 2{,}25 + 0{,}2 - 0{,}16) = 185\ \text{kg}.$$

Für eine liegende Dampfmaschine kommt noch der Einfluß des Gewichtes des Kolbens und der halben Kolbenstange hinzu mit $G \sim 100$ kg, so daß sich W erhöht um $0{,}10 \cdot 100 = 10$ kg.

Die mittlere Treibkraft des Kolbens ist nach Bd. I, S. 7 mit $p_m = 3$ at bei der

$$\text{Nennleistung} \qquad P = \frac{\pi}{4} \cdot D^2 \cdot 0{,}98 \cdot p_m = 4670\ \text{kg},$$

$$\text{Höchstleistung} \qquad P = 1{,}5 \cdot 4670 = 7020\ \text{kg}.$$

Die Kolbenreibung verzehrt also von der Treibkraft in der Auspuffmaschine

$$\text{bei Nennleistung} \qquad \frac{203}{4670} = 0{,}0435\,,$$

$$\text{bei Höchstleistung} \qquad \frac{248}{7020} = 0{,}0353\,,$$

----

[37]) Gemessen von Haedicke, Z. d. V. d. I. 1906.

42   Die Reibung.

Kondensationsmaschine

$$\text{bei Nennleistung} \qquad \frac{144}{4670} = 0,0308\,,$$

$$\text{bei Höchstleistung} \qquad \frac{185}{7020} = 0,0264\,.$$

Bei der Gasmaschine sind während des Treibhubes je nach dem Höchstdruck der Verpuffung 3 bis 5 Kolbenringe zur Dichtung nötig. Man kann überschlägig ansetzen, wenn der mittlere Druck des Treibhubes p_m ist, für

$$\text{Ring:} \qquad 1 \qquad 2 \qquad 3 \qquad 4 \qquad \text{letzten}$$

$$\frac{p}{p_m} = \quad 1 \quad \tfrac{1}{2} \quad \tfrac{1}{4} \quad \tfrac{1}{8} \qquad p \sim 0,5 \text{ at}\,,$$

wozu noch jedesmal $p_0 \sim 0,5$ at tritt.

Beispiel 36. Für eine Einzylinder-Dampfmaschine ist die Stopfbüchsenreibung der Kolbenstange vom Durchmesser $d = 9$ cm zu bestimmen, wenn $d_1 = 13$ cm und $h = 12$ cm beträgt (Fig. 56).

Sobald die Stopfbüchse etwas eingelaufen ist, legt sich die elastische Packung mit etwa $p_0 = 0,5 - 1,0$ at an die Stange an. Dazu tritt der durch die Grundbüchse zuströmende mittlere Dampfdruck $p_1 = 3,0$ at bei Nennleistung der Maschine, der schon vor dem Ende der Packung durch ihren gleichmäßigen Widerstand auf Null abgenommen hat, so daß ungünstig gerechnet auf die ganze Höhe h der mittlere Druck $\tfrac{1}{2}p_1$ kommt.

Es gilt somit

$$W = \pi \cdot d_1 \cdot h \cdot (p_0 + \tfrac{1}{2} \cdot p_1)\mu \tag{34}$$

und mit den gegebenen Zahlenwerten bei guter Ausführung, also $\mu \sim 0,07$:

$$W = \pi \cdot 13 \cdot 12 \cdot (1 + \tfrac{1}{2} \cdot 3) \cdot 0,07 = 86 \text{ kg}.$$

Bei Lokomotiven, wo die Kolbenstange verstaubt, erhöht die sonst zu vernachlässigende Reibung in der Stopfbüchsenbrille das Ergebnis auf das 1,5fache.

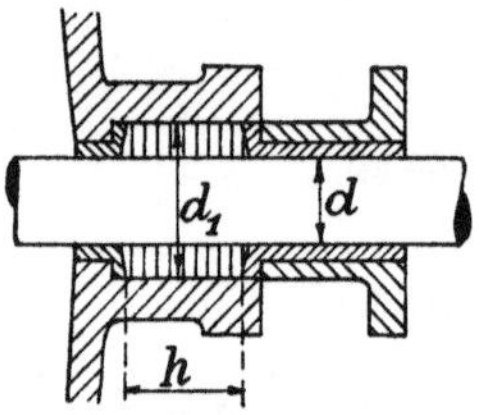

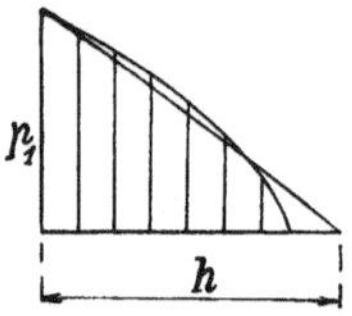

Wird dieselbe Rechnung wie in Beispiel 35 durchgeführt, so ergibt sich, daß die Stopfbüchse von der mittleren Dampfkraft verbraucht bei der

$$\text{Nennleistung} \qquad \frac{86}{4670} \sim 0,018\,,$$

$$\text{Höchstleistung} \qquad \frac{111}{7020} \sim 0,016\,.$$

Fig. 56.   Fig. 57.

Daß in der Stopfbüchse der Dampfdruck entsprechend dem Abstand von der Grundbüchse geradlinig abnimmt, ist eine für die Rechnung bequeme Annahme. Zuerst dürfte der Druck langsamer und erst am Ende rascher fallen, etwa derart, daß der nach gleichen Abständen erreichte Spannungsabfall um so größer wird, je kleiner die zugehörige Spannung ist (Fig. 57). Wie man sieht, ist der Unterschied im allgemeinen unerheblich, wenn man die ganze Packungslänge h in Rechnung stellt, von der zur Sicherheit ein kurzes Stückchen unausgenutzt bleiben sollte.

Beispiel 37. Bei einer Ventilspindel eines Dampfmaschinenventils sei $d = 16$ mm, $d_1 = 36$ mm, $h = 30$ mm, $p = 10$ at. Anzugeben ist der Reibungswiderstand für $\mu = 0,08$.

Man erhält wieder aus Gleichung (34)

$$W = \pi \cdot 3,6 \cdot 3,0 \cdot (1 + \tfrac{1}{2} \cdot 10) \cdot 0,08 \sim 16 \text{ kg}.$$

Beispiel 38. Zu berechnen ist der mittlere Reibungswiderstand des Kreuzkopfes einer Einzylinder-Dampfmaschine vom Zylinderdurchmesser $D = 45$ cm, die mit 9 at Eintrittsdampfspannung arbeitet, und dem Kondensatorgegendruck 0,1 at.

Nach Bd. I, S. 36 ist der mittlere Kreuzkopfdruck $N_m = \dfrac{\pi}{4} \cdot D^2 \cdot 0{,}52$ bei der Nennleistung der Maschine und bei der Höchstleistung das 1,54fache hiervon. Bei guter Schmierung ist anzusetzen $\mu = 0{,}08$.

Damit folgt bei der

$$\text{Nennleistung} \quad W = 0{,}08 \cdot \frac{\pi}{4} \cdot 45^2 \cdot 0{,}52 = 66 \text{ kg,}$$

$$\text{Höchstleistung } W = 1{,}54 \cdot 66 = 102 \text{ kg.}$$

Der Reibungsverlust beträgt also im Verhältnis zur Kolbenkraft bei der

$$\text{Nennleistung} \quad \frac{66}{4670} = 0{,}0141 ,$$

$$\text{Höchstleistung} \quad \frac{102}{7020} = 0{,}0145 .$$

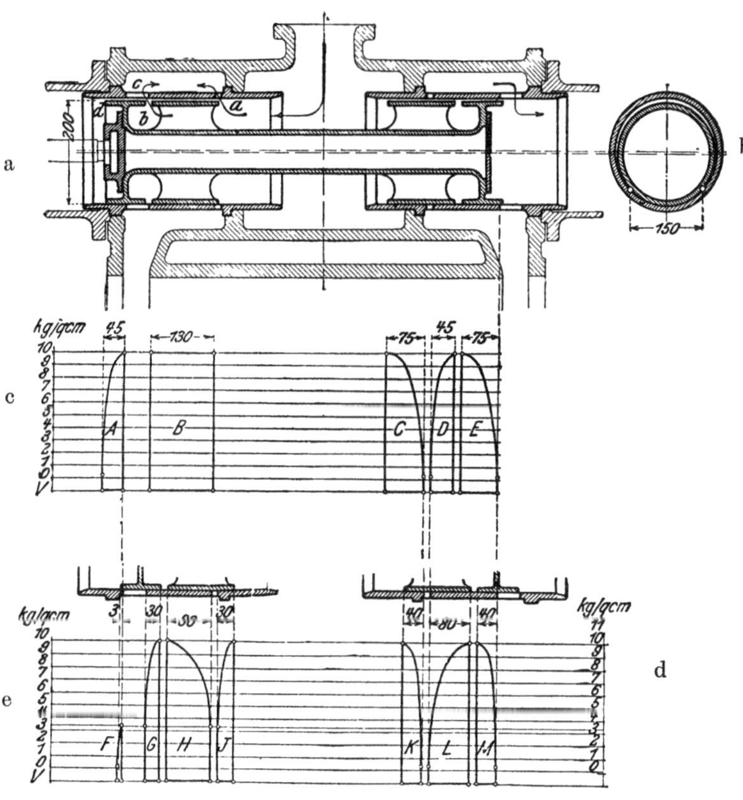

Fig. 58.

Beispiel 39. Anzugeben ist der Reibungswiderstand eines Lokomotivkolbenschiebers für überhitzten Dampf von $p = 10$ at Überdruck ohne Dichtungsringe gemäß Fig. 58a[38]).

[38]) Becher, Z. d. V. d. I. 1913.

Der eingeschliffene Schieber nutzt sich im Betriebe sehr schnell derart ein-
seitig ab, wie es die Fig. 58 b übertrieben darstellt. Man kann im Mittel annehmen, daß er etwa mit $^3/_4$ seines Durchmessers D anliegt. Bei Beginn der Dampf-
einströmung hat er die gezeichnete Stellung, und den Druckabfall in den Dich-
tungsflächen enthält die Fig. 58 c, die nach den Angaben zu Fig. 57 gezeichnet
ist. Den danach bestimmten mittleren Druck sowie die mit $\mu = 0{,}07$ berechnete
Reibungskraft $W = \tfrac{3}{4} \cdot D \cdot b \cdot p_m \cdot \mu$ enthält die folgende Zusammenstellung.

Breite	a	b	c	d	e
	4,5	13,0	7,5	4,5	7,5 cm
$p_m =$	9,4	10,9	9,0	9,4	9,0 at
$W' =$	44,4	148,9	70,8	44,4	70,8 $\curvearrowright$ 379 kg.

Bei Beginn der Kompression bzw. Vorausströmung hat der Schieber die in
Fig. 58 d gezeichnete Stellung. Es ist dann entsprechend gemäß Fig. 58 e

Breite	f	g	h	i	k	l	m
	0,3	3,0	9,0	3,0	4,0	8,0	4,0 cm
$p_m =$	10,9	9,4	9,0	9,4	9,4	9,0	9,4 at
$W'' =$	34	89,6	85,0	29,6	39,5	80,8	39,5 $\curvearrowright$ 307 kg.

Dazu tritt noch der Einfluß des Schiebergewichtes $G \curvearrowright 70$ kg mit

$$W''' = \mu \cdot G \curvearrowright 5 \text{ kg.}$$

Der mittlere Schieberreibungswiderstand kommt dem Mittel aus W' und W''
zuzüglich W''' nahe:

$$W = \tfrac{1}{2}(379 + 307) + 5 = 348 \text{ kg.}$$

Um diese Reibung, den damit verbundenen Verschleiß und die daraus entstehenden Undichtigkeiten zu vermeiden, werden solche Schieber zweckmäßig
von der Schieberstange getragen und durch federnde Ringe gedichtet[38]).

Beispiel 40. Die beiden um $\alpha = 27°$ gegen die Wagerechte geneigten Spann-
seile eines Drahtseilbahnschutznetzes sind durch je zwei Anker mit einem Funda-
mentblock aus Beton verbunden. Die größte
Spannkraft in jedem Seil beträgt 8,40 t. Welche
Abmessungen erhält das Fundament, wenn guter
Tonboden bzw. lettiger Moorboden vorausgesetzt
wird, bei $\mathfrak{S} = 1{,}2$facher Sicherheit?

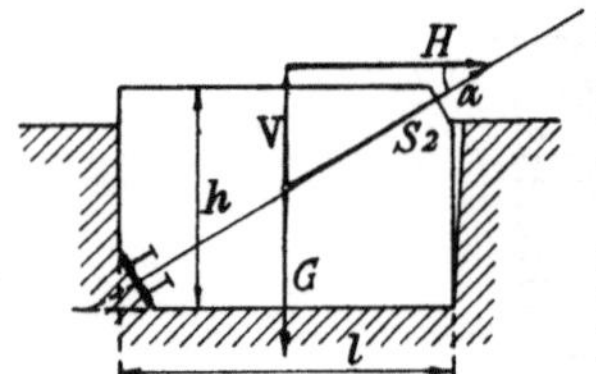

Fig. 59.

Die Spannkräfte S ergeben bei der Zerlegung
nach Fig. 59 die lotrechte Seitenkraft $V = 2 \cdot S \cdot \sin \alpha$
und die wagerechte Seitenkraft $H = 2 \cdot S \cdot \cos \alpha$.
Es ist nun anzusetzen

$$H = \left(\frac{G}{\mathfrak{S}} - V \right) \cdot \mu_0$$

worin $G = b \cdot h \cdot l \cdot \gamma$ das Blockgewicht darstellt. Hieraus folgt mit den vorstehenden Werten für H und V

$$b \cdot h \cdot l = \frac{2 \cdot \mathfrak{S}}{\gamma} \cdot S \left(\frac{\cos \alpha}{\mu_0} + \sin \alpha \right), \tag{35}$$

also mit $\gamma = 2{,}3$ t/m³ und $\mu_0 = 0{,}60$ bzw. 0,30

$$b \cdot h \cdot l = \frac{2 \cdot 1{,}2}{2{,}3} \cdot 8{,}40 \cdot \left(\frac{0{,}891}{0{,}60} + 0{,}454 \right) = 17{,}0 \text{ m}^3$$

bzw.

$$b \cdot h \cdot l = 8{,}77 \cdot (2{,}970 + 0{,}454) = 29{,}8 \text{ m}^3.$$

Wählt man im ersteren Fall

$$h = 2{,}0 \text{ m,} \qquad b = 2{,}6 \text{ m,}$$

so wird

$$l = 3{,}27 \text{ m;}$$

wählt man im zweiten Fall
$$h = 2{,}5 \text{ m}, \qquad b = 3{,}2 \text{ m},$$
so wird
$$l = 3{,}73 \text{ m}.$$

Beispiel 41. Das Tragseil einer Drahtseilbahn liege auf einer Stütze mit der Kraft $V = 1{,}77$ t auf, die Spannkraft auf der einen Seite der Stütze habe die wagerechte Seitenkraft $H = 18{,}0$ t. Anzugeben ist die Größe der wagerechten Seitenkraft der Spannkraft auf der anderen Seite der Stütze.

Der Stützdruck V liefert die Reibungskraft
$$H_r = \mu \cdot V \,.$$

Man kann nun annehmen, daß das Seil in der etwas größeren Rille des gekrümmten Auflagerschuhes nur auf einer Breite von etwa $b = 3$ mm und auf einer Länge von etwa $l = 60$ cm anliegt. Dann ist der Flächendruck

$$p = \frac{V}{l \cdot b} = \frac{1770}{60 \cdot 0{,}3} \sim 100 \text{ at.}$$

Bei Schmierung mit Talg ist demnach gemäß S. 32 $\mu = 0{,}015$ und damit
$$H_r = 0{,}015 \cdot 1770 \sim 27 \text{ kg.}$$

Bei Schmierung mit Staufferfett ist $\mu \sim 0{,}17$, also
$$H_r = 0{,}17 \cdot 1770 \sim 300 \text{ kg.}$$

Nur bei Schmierung mit dem richtigen Fett ist die Reibung der Seile im Auflagerschuh zu vernachlässigen.

Beispiel 42. Beim ersten Bau der äußeren Maximiliansbrücke in München von $2 \cdot 44{,}0$ m Spannweite, die als Steinbrücke mit 3 Gelenken (Bd. I, S. 21) ausgeführt wurde, erhielt jeder Kämpfer und der Scheitel 33 Gelenke nach Fig. 60 statt nach Bd. I, S. 126, die vor dem Einsetzen mit Stearin geschmiert wurden, um das Rosten zu verhindern. Als der Kämpferdruck für jedes Gelenk in radialer Richtung $N_r = 117{,}80$ t und senkrecht dazu $N_t = 3{,}544$ t auf der einen Seite bzw. $N_r = 116{,}19$ t und $N_t = 2{,}476$ t auf der anderen Seite betrug, rutschte die größtenteils fertige Brücke langsam von den viel zu flachen und unrichtig geneigten Gelenken ab[39]).

Aus der Gleichung $\mu \cdot N_r \leqq N_t$ ergibt sich die Reibungsziffer

$$\mu = \frac{2{,}476}{116{,}19} = 0{,}0213$$

bzw.

$$\frac{3{,}544}{117{,}80} = 0{,}0301$$

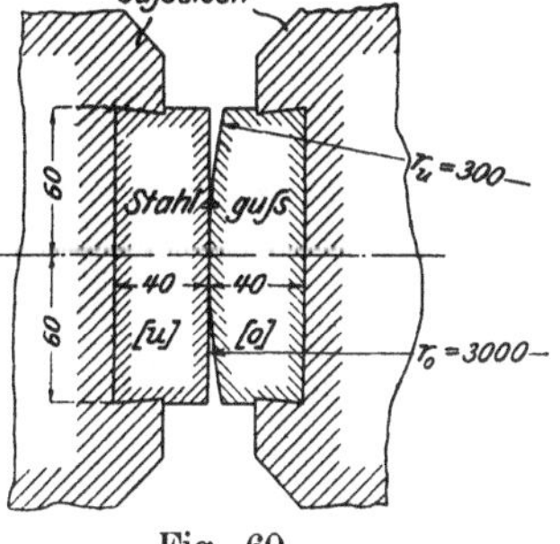

Fig. 60.

für die unbearbeiteten, aber mit Stearin geschmierten Stahlgußflächen.

Glatte Flächen, die bei 55 cm Länge und etwa 4 cm Anlagebreite ungefähr 500 at Flächendruck bekommen hätten, haben sogar nur die Reibungsziffer 0,0060 (S. 32). Die berechnete Reibungsziffer ist dort, wo allein die innere Reibung der an den Mantelflächen haftenden Schmierschicht überwunden wird, häufig gemessen worden[40]).

Beispiel 43. In einem Aufzug vom Eigengewicht $G = 400$ kg befinde sich die Nutzlast $Q = 225$ kg um die Strecke $a = 20$ cm außerhalb der Mitte. Anzugeben ist der Gleitwiderstand bei dem Abstand $b = 1{,}4$ m der Führungsbacken.

---

[39]) Dietz, Z. d. V. d. I. 1904.
[40]) Z. B. Mabery, J. of the American Soc. of Mech. Eng. 1910; Schlesinger, Z. d. V. d. I. 1910.

Aus der Momentengleichung (Fig. 61) $N \cdot b = Q \cdot a$ folgt

$$N = Q \cdot \frac{a}{b},$$

also der Führungswiderstand

$$W = 2 \cdot \mu \cdot N = 2 \cdot \mu \cdot Q \cdot \frac{a}{b}$$

oder mit $\mu = 0{,}12$ für wenig glatte, mäßig gefettete Flächen

$$W = 2 \cdot 0{,}12 \cdot 225 \cdot \frac{20}{140} = 7{,}7 \text{ kg}.$$

Bei Schachtförderanlagen, wo die Spurlatten nicht immer genau genug liegen und der Ausschlag der Lasten größer werden kann, ist erfahrungsgemäß [41])

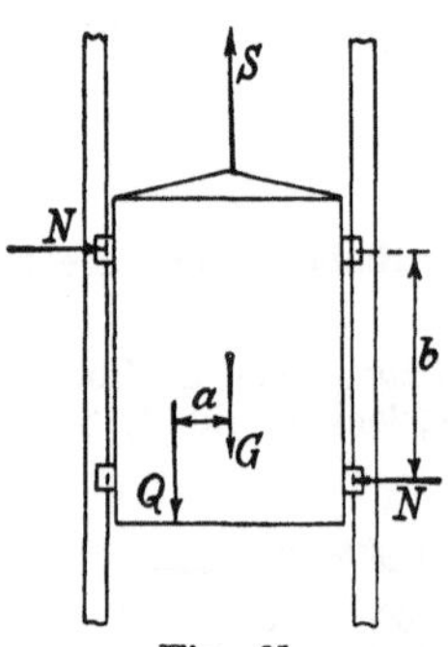

Fig. 61.

$$W = 0{,}012 \cdot Q, \qquad (36)$$

worin Q die gesamte Belastung angibt, die auf der betreffenden Seite des Schachtes hängt. Dazu tritt noch der wesentlich größere Luftwiderstand des Fahrkorbes

$$W_L = 4 \cdot F \cdot v^{1{,}275}, \qquad (37)$$

worin F die Bodenfläche des Fahrkorbes in m² angibt und v die größte Fahrtgeschwindigkeit in m/sk.

Beispiel 44. Für einen Dampfkesselmantel von dem inneren Durchmesser $D =$

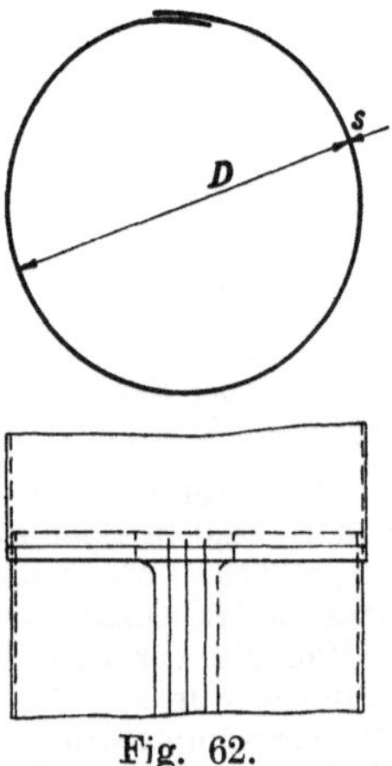

Fig. 62.

2,40 m und der Blechstärke $s = 2{,}2$ cm, der den Überdruck $p = 10$ at aufnehmen soll, ist die Längs- und Quervernietung zu bestimmen.

Die Vernietungen werden meistens als Überlappungsnietungen nach Fig. 62 ausgeführt. Man wählt in dem Fall die Nietstärke [30])

$$d = \sqrt{5 \cdot s} - 0{,}4 = \sqrt{5 \cdot 2{,}2} - 0{,}4 = 2{,}9 \text{ cm}.$$

Die durch die Nieten zwischen den Blechen hervorgerufene Reibungskraft beträgt bei sorgsamer Herstellung und guter Verstemmung für 1 cm² Nietquerschnitt mindestens $w = 1000$ kg [42]) (genauere Angaben s. Bd. IV).

Bei der Längsnaht von der beliebigen Länge l ist die vom Dampfdruck p ausgeübte Kraft $P = D \cdot l \cdot p$, von der die eine Hälfte vom vollen Blech, die andere Hälfte von der Vernietung aufgenommen wird. Sind i Niete in j Reihen hintereinander vorhanden, so gilt bei der Sicherheit $\mathfrak{S}$ gegen Gleiten

$$\mathfrak{S} \cdot \frac{P}{2} = i \cdot \frac{\pi}{4} \cdot d^2 \cdot w.$$

Durch Verbinden beider Gleichungen erhält man sofort

$$i = \frac{\mathfrak{S} \cdot D \cdot l \cdot p}{2 \cdot \dfrac{\pi}{4} \cdot d^2 \cdot w}.$$

[41]) Havlicek, Österr. Z. f. d. Berg- u. Hüttenwesen 1910.
[42]) Versuche von Bach, Z. d. V. d. I. 1892/94/95, 1912.

Bezeichnet jetzt τ den Abstand zweier Nieten einer Reihe, die Nietteilung, so gilt ja $l = \dfrac{i}{j} \cdot \tau$ und somit

$$\tau = \frac{\pi}{2} \cdot j \cdot \frac{d^2}{D} \cdot \frac{w}{p \cdot \mathfrak{S}}, \tag{38}$$

also mit den obigen Zahlenwerten und $\mathfrak{S} = 1{,}5$ bei dreireihiger Längsnaht

$$\tau = \frac{\pi \cdot 3 \cdot 2{,}9^2 \cdot 1000}{2 \cdot 240 \cdot 10 \cdot 1{,}5} = 11 \text{ cm}.$$

Bei der Quernaht ist die auf die Böden wirkende Trennungskraft

$$P' = \frac{\pi}{4} \cdot D^2 \cdot p,$$

und für i' Niete gilt

$$\mathfrak{S} \cdot P' = i' \cdot \frac{\pi}{4} \cdot d^2 \cdot w.$$

Hier werden die Niete gewöhnlich in einer Reihe angeordnet, und man erhält aus $\pi \cdot D = i' \cdot \tau'$

$$\tau' = \frac{\pi \cdot d^2 \cdot w}{D \cdot p \cdot \mathfrak{S}}, \tag{39}$$

also mit den obigen Zahlenwerten

$$\tau' = \frac{\pi \cdot 2{,}9^2 \cdot 1000}{240 \cdot 10 \cdot 1{,}5} = 7{,}3 \text{ cm}.$$

Zweckmäßig setzt man die Niete etwas näher zusammen, damit sie gut dicht halten:

$$\tau' = 2{,}4\,d = 7{,}0 \text{ cm},$$

so daß die Sicherheit beträgt

$$\mathfrak{S}' = \frac{7{,}3}{7{,}0} = 1{,}56 .$$

Oft rechnet man nur bei der zweireihigen Nietung mit der Sicherheit 1,5 und erhöht sie bei der dreireihigen um 10 v. H., um die ungleichmäßige Verteilung der Kraft über die einzelnen Nietreihen zu berücksichtigen. Bei der einreihigen geht man dann mit der Sicherheit um 5 v. H. herunter[43]).

Bei Laschennietungen wird die Nietstärke gewöhnlich etwas kleiner gewählt: $d = \sqrt{5 \cdot s} - 0{,}6$ cm. Die Kraft beträgt in dem Fall mindestens 1700 kg für 1 cm² Nietquerschnitt[43]).

Wird ein prismatischer Körper, etwa die Führungsfläche des Tisches einer Hobelmaschine, mit der Kraft Q in eine Keilnute vom Spitzenwinkel $2\,\delta = 110^\circ$ gepreßt (Fig. 63), so müssen die beiden Gegendrücke der Seitenflächen, die aus Symmetriegründen gleich sind, der Kraft Q das Gleichgewicht halten. Es folgt somit aus dem Kräftedreieck der Fig. 63 $N = \dfrac{Q}{2 \cdot \sin \delta}.$ Der Bewegung senkrecht zur Zeichenebene wirkt nun an jeder Seitenfläche der

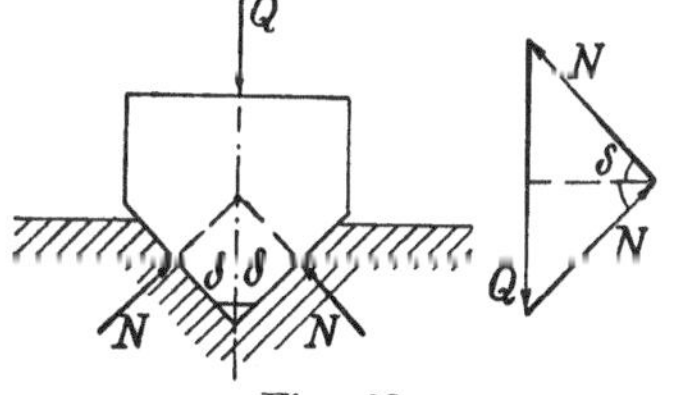

Fig. 63.

Reibungswiderstand $\mu \cdot N$ entgegen. Also ist der Gesamtwiderstand

$$W = 2 \cdot \mu \cdot N = \frac{\mu}{\sin \delta} \cdot Q \tag{40}$$

---

[43]) Bach, Die Maschinenelemente, 1907.

Auf einer zu Q senkrechten Führungsfläche wäre der Widerstand $W = \mu \cdot Q$. Die Keilnute vergrößert also die Reibungsziffer auf

$$\mu' = \frac{\mu}{\sin \delta}.$$

Dieselben Verhältnisse gelten für die Supportführungen von Drehbänken u. dgl. nach Fig. 64.

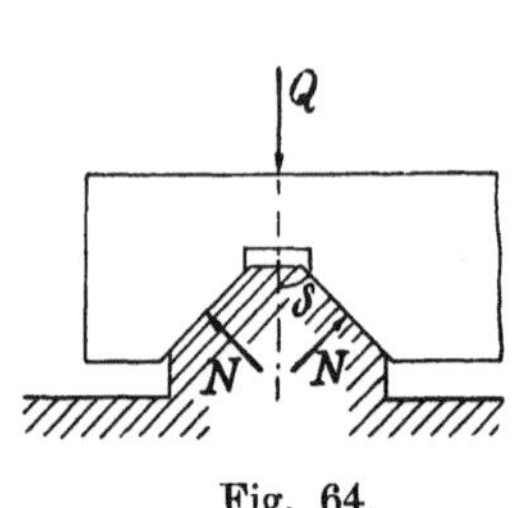

Fig. 64.

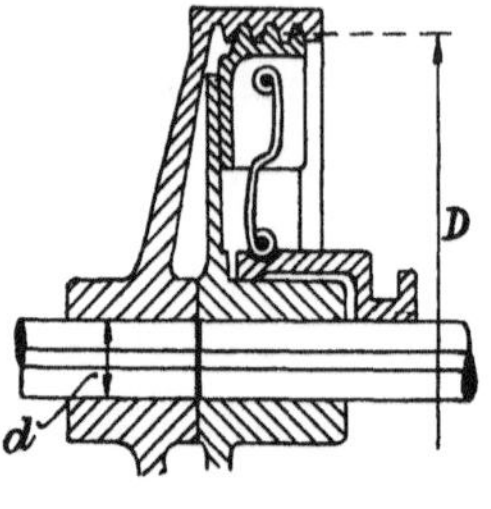

Fig. 65.

Beispiel 45. Bei der Reibungskupplung von Dohmen-Leblanc (Fig. 65) werden $i = 4$ Schieber, die in Führungen der auf dem Ende der einen Welle befestigten Scheibe gleiten, mit dem Spitzenwinkel $2\,\delta = 40°$ durch federnde Kniehebel in die Rillen des auf dem zweiten Wellenende sitzenden Gehäuses gedrückt. Anzugeben ist die Kraft Q, die auf einen Schieber auszuüben ist, für eine Welle von $d = 70$ mm Durchmesser, die ein Drehmoment $M = 8230$ cmkg überträgt, bei $D = 78$ cm mittlerem Rillendurchmesser, wenn mit $\mathfrak{S} = \tfrac{4}{3}$ facher Sicherheit gerechnet wird.

Nach den Angaben von Beispiel 26 gilt mit Formel (40)

$$\frac{i}{2} \cdot Q \cdot \frac{\mu}{\sin \delta} \cdot D = \mathfrak{S} \cdot M,$$

worin für die sich glattschleifenden trockenen Anlageflächen $\mu = 0{,}16$ zu setzen ist. Man erhält so

$$Q = \frac{2\,\mathfrak{S} \cdot M \cdot \sin \delta}{D \cdot i \cdot \mu} = \frac{2 \cdot 1{,}33 \cdot 8230 \cdot 0{,}3420}{78 \cdot 4 \cdot 0{,}16} \backsim 150 \text{ kg.}$$

Werden die beiden in der Berührungsfläche F auf den bewegten Körper wirkenden Kräfte N und W zu einer Mittelkraft vereinigt, so bildet sie mit N den Reibungswinkel[44]) ϱ, und man erhält aus der Fig. 66:

$$\operatorname{tg} \varrho = \frac{W}{N} = \frac{\mu \cdot N}{N} = \mu. \tag{41}$$

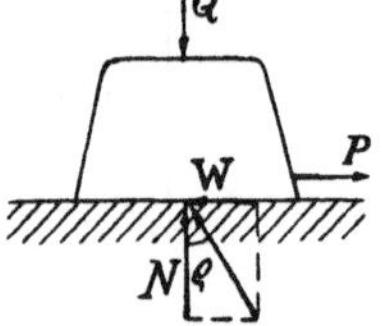

Fig. 66.

Beispiel 46. Es sind die äußersten Gleichgewichtslagen eines Holzbalkens vom Gewicht G und der Länge l zu bestimmen, der zwischen zwei unter den Winkeln $\alpha = 40°$, $\beta = 30°$ gegen die Wagerechte geneigten Ebenen aus Beton liegt (Fig. 67).

Der einfacheren Rechnung wegen werde zuerst von der Reibung trotz der hohen Reibungsziffer $\mu_0 = 0{,}46$ abgesehen. Dann sind die Kräfte N_1 und N_2

---

[44]) Parant, Mem. de l'Acad. roy. des Sciences, Paris 1704.

senkrecht zu den betreffenden Ebenen gerichtet und, da sonst nur noch das in der Balkenmitte angreifende Gewicht G vorhanden ist, so müssen sich die drei Kräfte im Gleichgewichtsfall in einem Punkt O schneiden, so daß hiermit die vereinfachte Aufgabe durch Probieren gelöst werden kann.

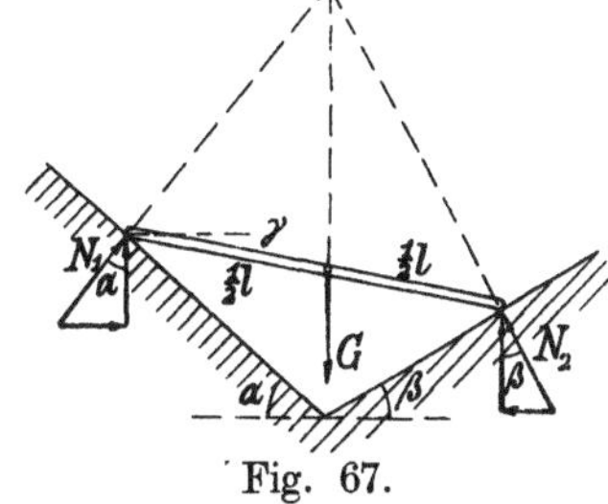

Hat der Balken dabei die Neigung γ gegen die Wagerechte, so gilt rechnerisch

$$\text{a)} \quad + N_1 \cdot \sin\alpha - N_2 \cdot \sin\beta = 0$$

$$\text{b)} \quad + G - N_1 \cdot \cos\alpha - N_2 \cdot \cos\beta = 0$$

$$\text{c)} \quad + N_1 \cdot l \cdot \sin\left(\frac{\pi}{2} - \alpha + \gamma\right)$$
$$- G \cdot \tfrac{1}{2} l \cdot \cos\gamma = 0 .$$

Fig. 67.

Wird die Gleichung a) mit $\cos\alpha$ und die Gleichung b) mit $\sin\alpha$ erweitert, so erhält man durch Subtraktion beider

$$N_2 \cdot (\sin\alpha \cdot \cos\beta + \cos\alpha \cdot \sin\beta) = G \cdot \sin\alpha ,$$

also nach S. 35

$$N_2 = G \cdot \frac{\sin\alpha}{\sin(\alpha + \beta)} .$$

Ebenso ergibt sich nach Erweiterung mit $\cos\beta$ bzw. $\sin\beta$ durch Addition

$$N_1 = G \cdot \frac{\sin\beta}{\sin(\alpha + \beta)} .$$

Wird dieser Wert in die Gleichung c) eingesetzt und der Winkel $\dfrac{\pi}{2} - \alpha + \gamma$ zerlegt in $\dfrac{\pi}{2} - \alpha$ und γ, so ist

$$G \cdot \frac{\sin\beta}{\sin(\alpha + \beta)} \cdot \left[\sin\left(\frac{\pi}{2} - \alpha\right) \cdot \cos\gamma + \cos\left(\frac{\pi}{2} - \alpha\right) \cdot \sin\gamma\right] = \frac{1}{2} \cdot G \cdot \cos\gamma$$

oder nach Division durch $\tfrac{1}{2} G \cdot \cos\gamma$

$$\frac{2\sin\beta}{\sin(\alpha + \beta)} \cdot (\cos\alpha + \sin\alpha \cdot \mathrm{tg}\gamma) = 1 .$$

Hieraus folgt schließlich

$$\mathrm{tg}\gamma = \frac{\sin\alpha \cos\beta + \cos\alpha \sin\beta - 2\sin\beta \cdot \cos\alpha}{2\sin\beta \cos\alpha} = \tfrac{1}{2}(\cotg\beta - \cotg\alpha) .$$

Wird die Reibung berücksichtigt, so sind zwei Fälle zu unterscheiden: Die um den Reibungswinkel ϱ gegen die N geneigten Gegenkräfte W_1 bzw. W_2 sind im Sinne der Bewegung entweder beide nach rechts oder beide nach links gegen die N geneigt (Fig. 68), sie schneiden sich dann in O_1 bzw. O_2, und durch diese Punkte muß jetzt das Schwerpunktslot gehen. Der Erfolg ist derselbe, als wenn α um ϱ vergrößert bzw. verkleinert und β um ϱ verkleinert bzw. vergrößert wäre. Man erhält so ohne Rechnung, die das allgemein gültige Ergebnis nur bestätigt,

$$\mathrm{tg}\gamma = \tfrac{1}{2} \cdot [\cotg(\beta \mp \varrho) - \cotg(\alpha \pm \varrho)] .$$

Solange G in der Mitte von l vereinigt gedacht werden kann, haben die Größen von G und l keinen Einfluß auf das Ergebnis.

Für die Zahlenrechnung bestimmt man aus Gleichung (41) $\mathrm{tg}\varrho = \mu_0 = 0{,}46$, $\varrho = 24°\,43'$ und erhält dann

$$\mathrm{tg}\gamma_2 = \tfrac{1}{2} \cdot (\cotg 54°\,43' - \cotg 15°\,17') ,$$

$$\mathrm{tg}\gamma_1 = \tfrac{1}{2} \cdot (\cotg 5°\,17' - \cotg 64°\,43')$$

oder

$$\operatorname{tg}\gamma_2 = \tfrac{1}{2}\cdot(0{,}7076 - 3{,}6597) = -1{,}476\,,$$

$$\operatorname{tg}\gamma_1 = \tfrac{1}{2}\cdot(10{,}8164 - 0{,}4723) = +5{,}172\,,$$

also

$$\gamma_2 \sim -56°\,, \qquad \gamma_1 \sim +79°\,.$$

Bei dem großen Reibungswinkel ist der Balken in jeder möglichen Lage noch mit großer Sicherheit im Gleichgewicht, wie die Fig. 68 ohne weiteres erkennen läßt. Anders liegt die Sache, wenn μ_0 klein ist.

Wird ein Körper, der sich mit der Kraft N auf eine Unterlage legt, durch eine Zugschnur, in die eine Schraubenfeder eingeschaltet ist, mit einer Kraft P_1 gezogen, so tritt Bewegung mit einer gewissen Geschwindigkeit v_1 ein, sobald $P_1 \gtrless \mu \cdot N$ ist, und die Feder zeigt eine ziemlich bedeutende Verlängerung, die als Maß von P_1 angesehen werden kann.

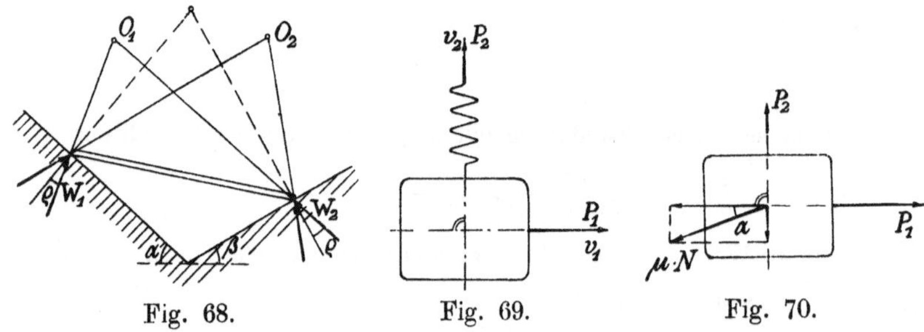

Fig. 68.   Fig. 69.   Fig. 70.

Der Körper werde jetzt an einer zweiten Zugschnur ohne Feder mit der so ermittelten Kraft P_1 gezogen und dann gleichzeitig, senkrecht dazu mit eingeschalteter Feder durch eine zweite Kraft P_2 (Fig. 69). Man bemerkt nun, daß die Feder sich nur wenig dehnt, selbst wenn die Geschwindigkeit v_2 der zweiten Bewegung eine verhältnismäßig große ist[45]): Der nach einer Richtung bewegte Körper, in der er einen bestimmten, unter Umständen ziemlich hohen Reibungswiderstand findet, ist während der Bewegung in der dazu senkrechten Richtung im ersten Augenblick nahezu reibungslos.

Wirken P_1 und P_2 gleichzeitig längere Zeit auf den Körper ein, so stellt sich bald der Reibungswiderstand $\mu \cdot N$ entgegengesetzt zur Richtung der Mittelkraft von P_1 und P_2 ein (Fig. 70), und es ist[46])

$$\operatorname{tg}\alpha = \frac{P_2}{P_1} \gtrless \frac{v_2}{v_1}\,,$$

also

$$P_1 = \mu \cdot N \cdot \cos\alpha = \mu \cdot N \cdot \frac{1}{\sqrt{1 + \operatorname{tg}^2\alpha}}$$

[45]) Meyer, beschrieben von Mies, D. p. J. 1913.
[46]) Camerer, Z. d. V. d. I. 1899.

oder

$$P_1 = \frac{\mu \cdot N}{\sqrt{1 + \left(\dfrac{v_2}{v_1}\right)^2}}, \qquad (42)$$

vorausgesetzt, daß die Reibungsziffer zwischen dem Körper und der Unterlage nach jeder Richtung hin denselben Wert hat.

Beispiel 47. Der Tauchkolben einer Prüfmaschine für Indikatorfedern habe den Durchmesser $d = 30$ cm; er werde abgedichtet durch einen Lederstulp von $h = 1$ cm Höhe. Dann ist bei $p = 5$ at Überdruck der Reibungswiderstand des Kolbens

$$\mu \cdot N = \pi \cdot d \cdot h \cdot p \cdot \mu = \pi \cdot 3{,}0 \cdot 1 \cdot 5 \cdot 0{,}04 = 1{,}89 \text{ kg}$$

und der Kolben bewegt sich in seiner Achsenrichtung etwa mit $v_1 = 0{,}1$ cm/sk Geschwindigkeit.

Wird er dabei aber mit einer Umfangsgeschwindigkeit $v_2 = 10$ cm/sk um seine Achse gedreht, so ist nach Formel (42) der Bewegungswiderstand nur noch

$$P_1 = \frac{1{,}89}{\sqrt{1 + \left(\dfrac{10}{0{,}1}\right)^2}} = \frac{1{,}89}{\sqrt{10001}} = \frac{1{,}89}{100} = 0{,}019 \text{ kg},$$

also verschwindend gering im Verhältnis zu den bewegten Gewichten.

Beispiel 48. Ein gebremster Kraftwagen rutscht auf einer geneigten, schlüpfrigen Straße mit einer Geschwindigkeit von etwa $\frac{1}{2}$ m/sk herunter. Im unbelasteten Zustande liegt der Schwerpunkt des ganzen Wagens so weit nach vorn, daß die Vorderräder am stärksten belastet sind, und der Wagen rutscht mit den Vorderrädern voran. Im vollbeladenen Zustand liegt aber der Schwerpunkt des Ganzen näher an den Hinterrädern, und der Wagen befindet sich dann im labilen Gleichgewicht. Er hat das Bestreben, sich so zu drehen, daß der Schwerpunkt die tiefste Lage annimmt, und dieser Drehung wirkt an den Rädern nur eine ganz geringe Reibungskraft in seitlicher Richtung entgegen, so daß sich der Wagen querstellt und schließlich ganz herumdreht.

Beispiel 49. Anzugeben ist die Sicherheit gegen Entgleisen des Tisches einer Hobelmaschine mit Keilnutenführung ($2\delta = 110°$), wenn das Gewicht des Tisches und des Arbeitsstückes $G_1 + G_2 = 1950$ kg beträgt und der von der Rückseite des Stichels unter dem Winkel $\alpha = 45°$ gegen die Lotrechte auf das Arbeitsstück ausgeübte Druck $Q = 1900$ kg.

Für die Rechnung genügt es, eine Keilnute unter der Gesamtbelastung anzunehmen, da die Summe der Wirkungen beider Führungen denselben Betrag ergibt. Es wird die Kraft Q zerlegt in die wagerechte $Q \cdot \sin\alpha$ und die lotrechte $Q \cdot \cos\alpha$, zu der sich die Lasten $G_1 + G_2$ addieren. Die Zerlegung dieser Kräfte in Richtung der Seitenfläche der Keilnute und senkrecht dazu (Fig. 71) liefert die Bedingung

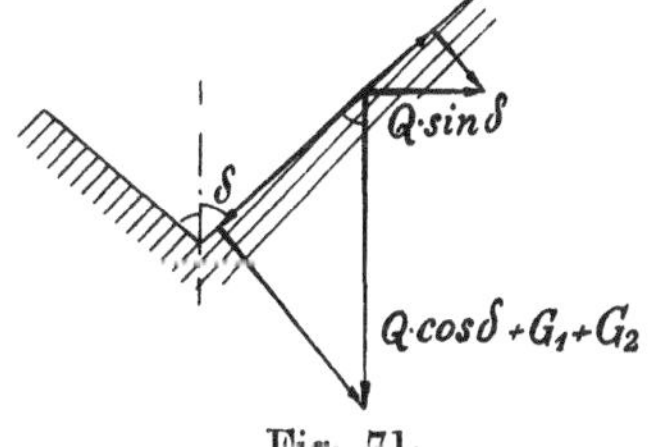

Fig. 71.

$$\mathfrak{S} \cdot Q \cdot \sin\alpha \cdot \sin\delta = (Q \cdot \cos\alpha + G_1 + G_2) \cdot \cos\delta .$$

Die zur Seitenfläche senkrechten Kräfte bleiben außer Ansatz, weil ihre Reibungskräfte verschwinden, da sich der Tisch mit verhältnismäßig großer Geschwindigkeit senkrecht zur Zeichenebene bewegt und somit für jede Bewegung in der Zeichenebene reibungslos ist.

Man erhält deshalb

$$\mathfrak{S} = \frac{\cot g\,\delta}{\operatorname{tg}\alpha} \cdot \left(1 + \frac{G_1 + G_2}{Q \cdot \cos\alpha}\right), \qquad (43)$$

und mit den gegebenen Zahlenwerten

$$\mathfrak{S} = \frac{0{,}7002}{1} \cdot \left(1 + \frac{1950}{1900 \cdot 0{,}7071}\right) = 1{,}714\,.$$

Da sich Q durch unvorhergesehene Umstände einmal ganz erheblich gegenüber den dem Entwurf zugrunde gelegten Annahmen erhöhen kann, so ist eine ziemlich hohe Sicherheit erforderlich.

Beispiel 50. Eine Kegelreibungskupplung für Kraftwagen nach Fig. 72 soll das Drehmoment $M = 1955$ cmkg mit $\mathfrak{S} = 1{,}25$ facher Sicherheit übertragen.

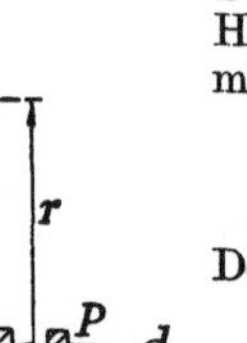

Der Neigungswinkel beträgt i. M. $\alpha = 10°$ und der Halbmesser $r = 25$ cm. Anzugeben ist die Kraft P, mit der die Kupplung zusammenzupressen ist.

Es ist anzusetzen

$$\int dN \cdot \mu \cdot r = \mathfrak{S} \cdot M\,.$$

Der Anpressung entgegen wirkt die Seitenkraft

$$\int dN \cdot \sin\alpha = P\,.$$

Die zweite, wesentlich größere Seitenkraft $\int dN \cdot \cos\alpha$, die bei nicht umlaufender Bremsscheibe die ebenfalls entgegengesetzt zu P gerichtete Reibungskraft $\mu \cdot \int dN \cdot \cos\alpha$ hervorruft, bleibt außer Ansatz, da

Fig. 72.

beim Einrücken der Kupplung die eine Scheibe sich mit großer Geschwindigkeit gegen die andere bewegt[15]). Man erhält somit

$$P = \frac{\mathfrak{S} \cdot M \cdot \sin\alpha}{\mu \cdot r}\,, \qquad (44)$$

also mit den obigen Zahlenwerten und $\mu = 0{,}10$ für geölte Flächen

$$P = \frac{1{,}25 \cdot 1955 \cdot 0{,}1736}{0{,}10 \cdot 25} = 170 \text{ kg}\,.$$

Ein Lederbelag in dem kegeligen Gehäuse erhöht die Reibungsziffer auf $\mu = 0{,}15$ bei etwas Ölschmierung, und damit wird

$$P' = \frac{P}{1{,}5} = 113 \text{ kg}\,.$$

Beispiel 51. Man verwendet bei nicht zu breiten Riemen oft eine ballige Scheibe, damit sich, wenn der auf der Mitte laufende Riemen (Fig. 73) aus irgendeinem Mangel nicht auf beiden Hälften gleich fest anliegt,

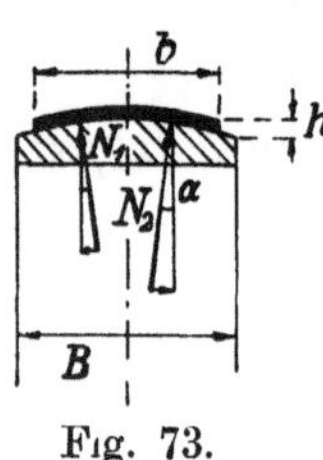

die losere Hälfte sogleich nach dem größeren Durchmesser der Scheibe verschiebt und die fester anliegende nach einem kleineren, so daß schnell ein Ausgleich eintritt und die ganze Breite des Riemens in gleicher Weise an der Übertragung mitwirkt. Die Verschiebung ist nur dadurch möglich, daß der Riemen immer etwas auf der Scheibe gleitet (Abschnitt 17), und zwar besonders bei kleineren Scheiben oft recht erheblich. Er ist dann in der Querrichtung ganz oder nahezu reibungslos, und nur deshalb vermag der Unterschied der kleinen Seitenkräfte $P = (N_2 - N_1) \cdot \sin\alpha$ überhaupt eine Bewegung herbeizuführen.

Fig. 73.

Die üblichen Maße sind bei gegebener Riemenbreite b cm

$$\text{Scheibenbreite} \qquad B = 1{,}1\,b + 1 \text{ cm},$$

$$\text{Scheibenerhöhung} \quad h \sim \frac{1}{3{,}5} \cdot \sqrt{10\,B} \text{ cm}.$$

Daraus ergibt sich

$$\operatorname{tg}\alpha = \frac{h \cdot \dfrac{b}{B}}{\tfrac{1}{2}b} = \frac{2h}{B}.$$

Setzt man überschlägig den Unterschied der beiden Anpreßdrücke zu $\dfrac{1}{10}$ des Mittelwertes N, der häufig genau genug zu $10\,b$ kg bestimmt werden kann, so wird $P = b \cdot \sin\alpha$. Es gilt dafür die Zusammenstellung:

$b =$ 5	10	15	20	25	cm
$B =$ 7	12	18	23	28	„
$h =$ 2,5	3	4	4,5	5	„
$\operatorname{tg}\alpha =$ 0,715	0,500	0,445	0,391	0,357	
$\sin\alpha =$ 0,878	0,559	0,487	0,421	0,379	
$P \sim$ 4,4	5,6	7,3	8,4	9,5	kg.

Zum Betrieb eines beliebigen Getriebes sei eine bewegende Kraft P_0 erforderlich, wenn man die Reibungswiderstände zwischen den einzelnen Teilen des Getriebes außer Ansatz läßt. Werden die Reibungswiderstände W in Rechnung gestellt, so ist eine Kraft $P = P_0 + W$ für den tatsächlichen Betrieb nötig. Ein Getriebe ist nun um so vorteilhafter, je geringer die Reibungswiderstände darin sind, denn ein um so größerer Anteil der bewegenden Kraft P wird darauf verwendet, die verlangte Arbeit zu leisten, und ein um so kleinerer Anteil wird in der Maschine selbst im allgemeinen nutzlos verzehrt.

Das Güteverhältnis der Vorrichtung wird durch das Verhältnis der zum Antrieb erforderlichen Kraft P_0 ohne Berücksichtigung der Reibungswiderstände W zu der tatsächlich mit Einrechnung der Reibungswiderstände erforderlichen Kraft P bestimmt:

$$\eta = \frac{P_0}{P} = \frac{P_0}{P_0 + W} = \frac{1}{1 + \dfrac{W}{P_0}}, \tag{45a}$$

das auch als Wirkungsgrad bezeichnet wird. In manchen Fällen ist es vorteilhafter, mit den bewegenden Drehmomenten M_0 bzw. M zu rechnen, und es gilt entsprechend

$$\eta = \frac{M_0}{M} = \frac{M_0}{M_0 + M_r} = \frac{1}{1 + \dfrac{M_r}{M_0}}. \tag{45b}$$

Der größte, praktisch nicht erreichbare Wert des Wirkungsgrades ist demnach für $W = 0$ $\eta = 1$.

Ist dagegen P_0 gegenüber W nicht besonders groß oder gar klein, so ergeben sich sehr niedrige Werte des Wirkungsgrades. Das trifft z. B. bei allen wenig belasteten Maschinen oder Getrieben zu, und im Fall des Leerlaufes wird $\eta = 0$. Angaben, die das nicht berücksichtigen, sind irreführend. Im folgenden wird der Wirkungsgrad stets für die Regelbelastung berechnet werden.

Sind mehrere Getriebe hintereinander zu einer Maschine vereinigt und hat das erste den Wirkungsgrad η_1, so kommt von der Antriebskraft P nur noch der Betrag $\eta_1 \cdot P$ auf das zweite Getriebe. Dort sinkt die weitergeleitete Kraft infolge des Wirkungsgrades η_2 des zweiten Getriebes auf den Betrag $\eta_2 \cdot (\eta_1 \cdot P)$ usf. Man kommt so zu dem Ergebnis, daß der Gesamtwirkungsgrad einer Maschine gleich dem Produkt der Wirkungsgrade der hintereinander arbeitenden Einzelgetriebe ist:

$$\eta = \eta_1 \cdot \eta_2 \cdot \eta_3 \cdots \tag{46}$$

Erfährt die Kraft P außerdem in jedem Einzelgetriebe durch Übersetzung (Abschnitt 1 od. 10) eine Verkleinerung oder Vergrößerung, so wird an dem Schluß betreffend der Wirkungsgrade nichts geändert.

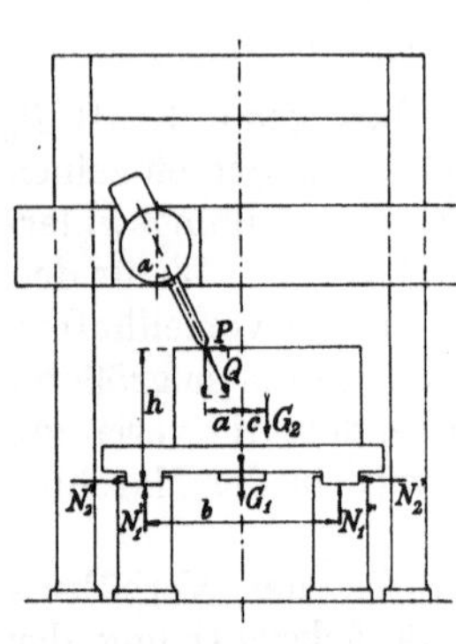

Fig. 74.

Beispiel 52. Der $l = 2{,}40$ m lange Tisch einer Hobelmaschine wiege $G_1 = 1200$ kg, das Arbeitsstück $G_2 = 750$ kg; es sei so aufgespannt, daß der Schwerpunkt um $c = 0{,}15$ m aus der Mitte liegt. Der Stahl greift daran mit der wagerechten, in Richtung der Tischlänge verlaufenden Kraft $P = 2000$ kg an im Abstand $a = 0{,}30$ m von der Mitte entgegengesetzt zu c und $h = 0{,}45$ m von den wagerechten, in der Entfernung $b = 0{,}75$ m befindlichen Führungsflächen des Tisches. Außerdem wirkt der Stichel noch auf seiner Rückseite unter dem Winkel $\alpha = 30°$ gegen die Lotrechte geneigt mit der Kraft $Q = 1900$ kg auf das Arbeitsstück ein (Fig. 74). Anzugeben ist der Wirkungsgrad des Hobeltisches, wenn die Reibungsziffer der Führungen $\mu_1 = 0{,}02$ beträgt und die des Arbeitsstückes $\mu_2 = 0{,}16$.

Man zerlegt die Kraft Q in ihre Seitenkräfte $Q \cdot \sin\alpha$ und $Q \cdot \cos\alpha$. Dann ist

$$N_1'' \cdot b = G_1 \cdot \tfrac{1}{2}b + G_2 \cdot (\tfrac{1}{2}b - c) + Q \cdot \cos\alpha \cdot (\tfrac{1}{2}b + a) - Q \cdot \sin\alpha \cdot h,$$

also

$$N_1' = \frac{1}{2}G_1 + \frac{1}{2}G_2 \cdot \left(1 - \frac{2c}{b}\right) + \frac{1}{2}Q \cdot \cos\alpha \cdot \left(1 + \frac{2a}{b}\right) - Q \cdot \sin\alpha \cdot \frac{h}{b}$$

und entsprechend

$$N_1'' = \frac{1}{2}G_1 + \frac{1}{2}G_2 \cdot \left(1 + \frac{2c}{b}\right) + \frac{1}{2} \cdot Q \cdot \cos\alpha \cdot \left(1 - \frac{2a}{b}\right) + Q \cdot \sin\alpha \cdot \frac{h}{b}.$$

Wird die Kraft P in der wagerechten Ebene um die Strecke a nach der Mitte der Maschine verschoben, so ist ein Drehmoment hinzuzufügen (Bd. I, S. 63) von der Größe $P \cdot a$, das aufgenommen wird von zwei Kräften N_2', die um etwa $\tfrac{3}{4}l$ voneinander entfernt an den Seiten der Führungen angreifen. Es ist also

$$N_2' = P \cdot \frac{a}{\tfrac{3}{4} \cdot l}.$$

Verschiebt man jetzt P noch einmal in der lotrechten Mittelebene der Maschine um die Strecke h nach unten, so verteilt sie sich jetzt auf die beiden wagerechten Führungsflächen, und das hinzutretende Drehmoment bewirkt, daß die Kräfte N_1 sich am einen Tischende um einen Betrag $P \cdot \dfrac{h}{\tfrac{3}{4}l}$ erhöhen und am entgegengesetzten Ende um den gleichen Betrag vermindern. Für die Zwecke der vorliegenden Rechnung bleibt also der Mittelwert von N_1 unverändert. Auch die Einzelwerte N_1' und N_1'' haben hier, wo die Stabilität und vorteilhafteste Befestigung des Arbeitsstückes nicht untersucht werden soll, keinen Wert.

Sieht man von der Reibung ab, so ist $P_0 = P$. Der Reibungswiderstand ist nun

$$W = \mu_1 \cdot (N_1' + N_1'' + N_2 + 2N_2') + \mu_2 \cdot Q$$

$$= \mu_1 \cdot \left(G_1 + G_2 + Q \cdot \cos\alpha + Q \cdot \sin\alpha + 2 \cdot P \cdot \frac{4a}{3l}\right) + \mu_2 \cdot Q$$

$$= 0{,}02 \cdot \left[1200 + 750 + 1900 \cdot (0{,}866 + 0{,}50) + 2 \cdot 2000 \cdot \frac{4 \cdot 0{,}30}{3 \cdot 2{,}40}\right]$$

$$+ 0{,}16 \cdot 1900 = 408 \text{ kg}.$$

Beim Rückgang ist $Q = P = 0$, und damit wird

$$W_0 = 0{,}02 \cdot (1200 + 750) = 39 \text{ kg}.$$

Für einen Arbeitsgang ist demnach die Summe der Reibungswiderstände 447 kg. Damit folgt der Wirkungsgrad des Tisches

$$\eta_1 = \frac{1}{1 + \dfrac{\Sigma W}{P_0}} = \frac{1}{1 + \dfrac{447}{2000}} = \frac{1}{1{,}224} = 0{,}82.$$

Für die Hobelmaschine sei ferner bestimmt der Wirkungsgrad des vierfachen Zahnradantriebes $\eta_2 = 0{,}83$, des Riemenantriebes $\eta_3 = 0{,}94$, des Deckenvorgeleges $\eta_4 = 0{,}95$. Dann ist der Gesamtwirkungsgrad nach Formel (46)

$$\eta = 0{,}82 \cdot 0{,}83 \cdot 0{,}94 \cdot 0{,}95 \backsim 0{,}61.$$

Beispiel 53. An einer Dampfmaschine beträgt der Wirkungsgrad des Kolbens $\eta_1 = 0{,}969$, der Kolbenstangenstopfbüchse $\eta_2 = 0{,}982$, der Kreuzkopfführung $\eta_3 = 0{,}986$, der Zapfen des Kreuzkopfes, der Kurbel, des Hauptwellenlagers insgesamt $\eta_4 = 0{,}990$, des Schwungrades, verursacht durch den Luftwiderstand und die Reibung im zweiten Lager der Hauptwelle, $\eta_5 \backsim 0{,}985$, der beiden Exzenter je $\eta_6 = 0{,}975$, der beiden Schieberstangenführungen und -stopfbüchsen je $\eta_7 = 0{,}950$, der Anteil, den die Grundschieberreibung von der Maschinenkraft verzehrt, $x_1 = 0{,}055$, der Anteil der Expansionsschieberreibung $x_2 = 0{,}025$. Anzugeben ist der Wirkungsgrad der Maschine.

Bezeichnet P die vom Dampf auf den Kolben ausgeübte Kraft, so verringert sich diese beim Durchgang bis in die Hauptwelle auf $P \cdot \eta_1 \cdot \eta_2 \cdot \eta_3 \cdot \eta_4$. Davon ist an der Welle aufzuwenden für die Reibung der Schieber usw. $x_1 \cdot P \cdot \dfrac{1}{\eta_6} \cdot \dfrac{1}{\eta_7}$ und $x_2 \cdot P \cdot \dfrac{1}{\eta_6} \cdot \dfrac{1}{\eta_7}$, also in Abzug zu bringen. Das Ergebnis wird durch den Wirkungsgrad des Schwungrades weiter verringert auf

$$P \cdot \left(\eta_1 \cdot \eta_2 \cdot \eta_3 \cdot \eta_4 - \frac{1}{\eta_6 \cdot \eta_7} \cdot [x_1 + x_2]\right) \cdot \eta_5.$$

Der Faktor von P stellt den Gesamtwirkungsgrad dar:

$$\eta = \left(0{,}969 \cdot 0{,}982 \cdot 0{,}986 \cdot 0{,}990 - \frac{0{,}055 + 0{,}025}{0{,}975 \cdot 0{,}950}\right) \cdot 0{,}985 = 0{,}83.$$

Der Wirkungsgrad von Ventildampfmaschinen ist, wie hiernach leicht einzusehen ist, um $0{,}05 \div 0{,}06$ höher als der von Schiebermaschinen.

4. Der Keil.

Ein zur Mittelebene symmetrischer Keil mit dem Spitzenwinkel 2α soll durch die auf den Rücken einwirkende Kraft P_0 gleichmäßig vorwärtsgeschoben werden (Fig. 75 a). Seine Seitenflächen erfahren hier-

bei von den anliegenden Druckflächen senkrechte Gegendrücke N, die
wegen der Symmetrie der ganzen Anordnung einander gleich sind. Das
aus den drei Kräften gebildete Gleichgewichtsdreieck der Fig. 75 b
liefert sofort den Zusammenhang

$$\tfrac{1}{2} \cdot P_0 = N \cdot \sin\alpha. \tag{47}$$

Hierbei ist jedoch die Reibung an den Seitenflächen nicht berücksichtigt, die die beiden Kräfte $\mu \cdot N$ der Fig. 76 entgegengesetzt zur

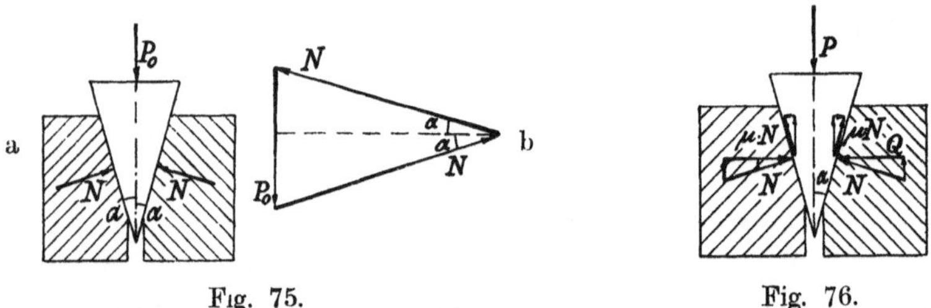

Fig. 75.   Fig. 76.

Bewegungsrichtung hervorruft. Nach Zerlegung der N und $\mu \cdot N$ gemäß
Fig. 76 lautet die Gleichgewichtsbedingung für die senkrechten Seitenkräfte

$$-2 \cdot N \cdot \sin\alpha - 2\mu \cdot N \cdot \cos\alpha + P = 0,$$

aus der folgt

$$P = 2 \cdot N \cdot \cos\alpha \cdot (\operatorname{tg}\alpha + \mu) \tag{48a}$$

Häufig ist die Seitenkraft $Q = \dfrac{N}{\cos\alpha}$ unmittelbar gegeben. Dann ist

$$P = 2 \cdot Q \cdot (\operatorname{tg}\alpha + \mu) \tag{48b}$$

Der Wirkungsgrad des Keiles wird hiernach

$$\eta = \frac{P_0}{P} = \frac{\sin\alpha}{\sin\alpha + \mu \cdot \cos\alpha} = \frac{1}{1 + \mu \cdot \operatorname{cotg}\alpha}. \tag{49}$$

Ist die Kraft P im Verhältnis zu den senkrechten Seitenkräften der
Gegendrücke N zu klein, so bewegt sich der Keil unter Umständen
rückwärts, wobei die Reibungskräfte $\mu \cdot N$ umgekehrt zu den Angaben
der Fig. 76 gerichtet sind. Man erhält dann

$$-2 \cdot N \cdot \sin\alpha + 2 \cdot \mu \cdot N \cdot \cos\alpha + P_1 = 0,$$

und daraus folgt

$$P_1 = 2 \cdot N \cdot \cos\alpha\,(\operatorname{tg}\alpha - \mu) = 2 \cdot Q \cdot (\operatorname{tg}\alpha - \mu). \tag{48c}$$

Diese Kraft nimmt den Wert 0 an, d. h. der Keil bleibt stecken,
ohne daß eine Druckkraft auf seine Rückseite ausgeübt wird, wenn
der Klammerausdruck gleich Null ist. Die Bedingung für diesen Grenzfall ist demnach

$$\operatorname{tg}\alpha = \mu = \operatorname{tg}\varrho$$

und der Wirkungsgrad beim Eintreiben ist dann nach Formel (49)

$$\eta = \frac{1}{1 + \dfrac{\operatorname{tg}\varrho}{\operatorname{tg}\alpha}} = \frac{1}{1 + 1} = 0,50.$$

Wird $\alpha < \varrho$ ausgeführt, so ist, damit der Keil wieder zurückgezogen werden kann, eine entgegengesetzt zur Richtung von P in Fig. 76 wirkende Kraft erforderlich, deren Größe die Gleichung (48 c) angibt. Der Keil ist dann **selbstsperrend.** Der Wirkungsgrad eines selbstsperrenden Keiles nach Fig. 76 ist also stets kleiner als 0,5.

Beispiel 54. Anzugeben ist der Neigungswinkel 2α, den ein Keil mit Zulagen nach Fig. 77 erhalten muß, wenn er $\mathfrak{S} = 3, 4, 5$fache Sicherheit gegen Lösen haben soll. Ferner ist festzustellen die zum Eindrücken erforderliche Kraft P, sowie die zum Lösen von der Gegenseite her aufzuwendende, wenn die Verbindung einer wechselnden Kraft $Q = 4,2$ t standhalten soll.

Als Bedingung für den Neigungswinkel erhält man

$$\mathfrak{S} \cdot \operatorname{tg}\alpha = \operatorname{tg}\varrho,$$

also mit $\mu = 0,16$

$$\operatorname{tg}\alpha = \frac{\mu}{\mathfrak{S}} = \frac{0,16}{3} = 1 : 18,75, \quad 2\alpha = 6°\,6',$$

$$= \frac{0,16}{4} = 1 : 25, \quad 2\alpha = 4°\,34',$$

$$= \frac{0,16}{5} = 1 : 31,25, \quad 2\alpha = 3°\,40'.$$

Würde der Keil nur so weit eingetrieben, daß gerade $N \backsim Q$ ist, so würde die Verbindung sich lockern, wenn bei dem stetigen Wechsel der Richtung von Q, wie er z. B. beim Antrieb von Pumpen häufig vorkommt, diese Kräfte die entgegengesetzte Richtung zu der in die Fig. 77 eingetragenen haben. Der Keil muß also wesentlich stärker angezogen werden, vorteilhaft derart, daß in dem betrachteten Fall noch immer die Kraft Q besteht[26c]). Dann ist im unbelasteten Zustand die Anspannung $2\,Q$ und, wenn die Kräfte Q in dem in die Zeichnung eingetragenen Sinne wirken, sogar $3\,Q$.

Die dem Eintreiben des Keiles widerstehenden Kräfte N ergeben sich dann aus den Kräftedreiecken der Fig. 77 zu

$$N = \frac{2 \cdot Q}{\cos\alpha},$$

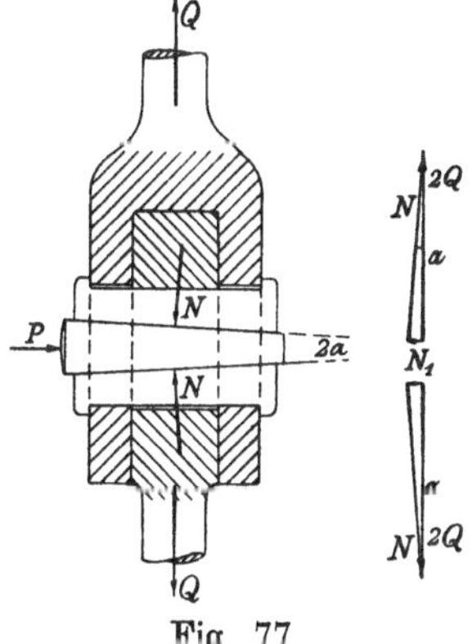

Fig. 77

während die Nasen der Vorlagen die Kräfte $N_1 = 2 \cdot Q \cdot \operatorname{tg}\alpha$ aufzunehmen haben.

Aus den Formeln (48 b) und (48 c) folgt

$$\begin{aligned}
P &= 4 \cdot 4,2 \cdot 0,2133 = 3,585 \text{ t}, \\
&= 4 \cdot 4,2 \cdot 0,200 = 3,360 \text{ t}, \\
&= 4 \cdot 4,2 \cdot 0,192 = 3,227 \text{ t}; \\
P_1 &= -4 \cdot 4,2 \cdot 0,1067 = -1,793 \text{ t}, \\
&= -4 \cdot 4,2 \cdot 0,120 = -2,017 \text{ t}, \\
&= -4 \cdot 4,2 \cdot 0,138 = -2,319 \text{ t}.
\end{aligned}$$

Wenn diese Verbindung überhaupt noch ausgeführt wird, wählt man gewöhnlich $\mathfrak{S} = 4$. Dann ist der Wirkungsgrad beim Eintreiben nach Formel (49)

$$\eta = \frac{1}{1 + \dfrac{0{,}16}{0{,}04}} = \frac{1}{5}\,.$$

Beispiel 55. Die Schalenkupplung nach Fig. 78 soll bei der Wellenstärke
$d = 6$ cm das Drehmoment $M = 5184$ cmkg mit $\mathfrak{S}_1 = \frac{4}{8}$facher Sicherheit übertragen. Anzugeben ist der Neigungs-
winkel α der äußeren Kegelfläche,
wenn die Sicherheit gegen Lösen
$\mathfrak{S}_2 = 4$ beträgt, die zum Fest-
drücken erforderliche Kraft P, sowie die zum Lösen erforderliche P_1.

Wirkt auf einen sehr kleinen
Teil des Schalenkreises die Kraft
dQ, so gilt die Gleichung

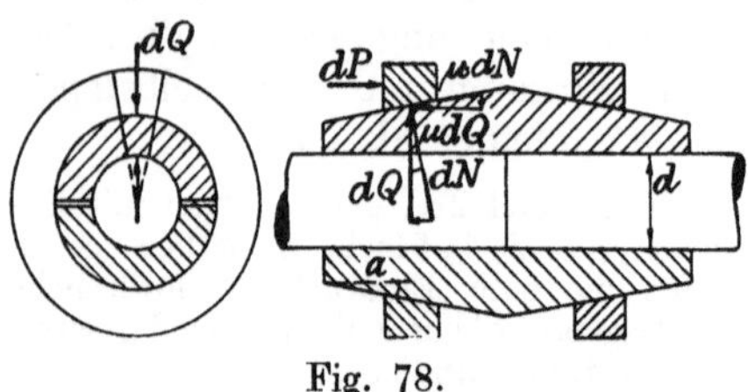

Fig. 78.

$$\mathfrak{S}_1 \cdot M = \int \mu \cdot dQ \cdot \frac{d}{2}\,,$$

ferner folgt aus den Kräftedreiecken an dem entsprechenden Ringteilchen

$$dP = \mu \cdot dQ + dQ \cdot \operatorname{tg}\alpha\,,$$

also

$$P = \int dQ \cdot (\operatorname{tg} + \mu)\,.$$

Wird jetzt der ersten Gleichung entnommen

$$\int dQ = \frac{2 \cdot \mathfrak{S}_1 \cdot M}{\mu \cdot d}\,,$$

so ergibt sich

$$P = \frac{2 \cdot \mathfrak{S}_1 \cdot M}{\mu \cdot d}\left(1 + \frac{\operatorname{tg}\alpha}{\mu}\right)$$

und entsprechend

$$P_1 = \frac{2 \cdot \mathfrak{S}_1 \cdot M}{\mu \cdot d}\left(1 - \frac{\operatorname{tg}\alpha}{\mu}\right)\,.$$

Wenn nun $\mathfrak{S}_2$fache Sicherheit gegen Lösen bestehen soll, muß sein

$$\mathfrak{S}_2 \cdot \operatorname{tg}\alpha = \mu \quad \text{oder} \quad \operatorname{tg}\alpha = \frac{\mu}{\mathfrak{S}_2}\,.$$

Mit den obigen Zahlenangaben wird hieraus für $\mu = 0{,}20$ (vergrößert, um
das Ecken der Ringe zu berücksichtigen)

$$\operatorname{tg}\alpha = \frac{0{,}20}{4} = 1 : 20\,,$$

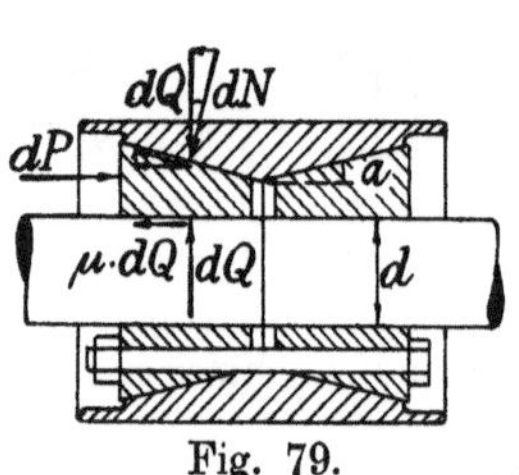

Fig. 79.

$$P = \frac{2 \cdot 4 \cdot 5184}{3 \cdot 6}\cdot\left(1 + \frac{1}{4}\right) = 2880 \text{ kg},$$

$$P_1 = \frac{2 \cdot 4 \cdot 5184}{3 \cdot 6}\cdot\left(1 + \frac{1}{4}\right) = 1728 \text{ kg}.$$

Beispiel 56. Die beiden federnden Ringe der
Sellerskupplung nach Fig. 79 werden durch $i = 3$
Schrauben angezogen. Es ist dieselbe Rechnung wie
in Beispiel 55 mit denselben Zahlenwerten durchzuführen, wenn P und P_1 die
Kräfte bedeuten, die auf eine Schraube entfallen.

Man entnimmt der Fig. 79 für die senkrechten Kräfte der Zeichnung

$$dN \cdot \cos\alpha - \mu \cdot dN \cdot \sin\alpha = dQ\,,$$

woraus folgt

$$dN = \frac{dQ}{\cos\alpha - \mu \cdot \sin\alpha}.$$

Für die wagerechten Kräfte der Zeichnung gilt

$$dP = \mu \cdot dQ + dN \cdot \sin\alpha + \mu \cdot dN \cdot \cos\alpha$$

und mit dem vorstehenden Wert von dN

$$dP = \mu \cdot dQ \cdot \left(1 + \frac{\cos\alpha + \dfrac{\sin\alpha}{\mu}}{\cos\alpha - \mu \cdot \sin\alpha}\right).$$

Nun ist wieder wie in Beispiel 56

$$\int \mu \cdot dQ \cdot \frac{d}{2} = \mathfrak{S} \cdot m,$$

und man erhält durch die Summierung über die ganze Kupplung

$$i \cdot P = \frac{2 \cdot \mathfrak{S} \cdot M}{d} \cdot \left(1 + \frac{1 + \dfrac{\operatorname{tg}\alpha}{\mu}}{1 - \operatorname{tg}\alpha \cdot \mu}\right).$$

Die zum Lösen erforderliche Kraft ergibt sich, indem μ negativ gerechnet wird, zu

$$P_1 = \frac{2 \cdot \mathfrak{S} \cdot M}{i \cdot d} \cdot \frac{2 - \operatorname{tg}\alpha \left(\dfrac{1}{\mu} - \mu\right)}{1 + \mu \cdot \operatorname{tg}\alpha}.$$

Die Grenze der Selbstsperrung wird erreicht für

$$\operatorname{tg}\alpha = \frac{2}{\dfrac{1}{\mu} - \mu}.$$

Da die Schrauben schon eine Sicherung bilden, so kann die Sicherheit der Keile allein niedriger als in Beispiel 56, etwa zu $\mathfrak{S} = 2{,}75$ angesetzt werden. Mit $\mu = 0{,}22$ zwischen den absichtlich ziemlich rauh gelassenen Flächen erhält man dann

$$\operatorname{tg}\alpha = \frac{1}{2{,}75} \cdot \frac{2}{\dfrac{1}{0{,}22} - 0{,}22} \backsim 1:6,$$

den gewöhnlich ausgeführten Wert.

Damit wird die Kraft, mit der jede Schraube angezogen werden muß,

$$P = \frac{2 \cdot 1{,}33 \cdot 5184}{3 \cdot 6} \cdot \frac{2 + \dfrac{1}{6} \cdot \left(\dfrac{1}{0{,}22} - 0{,}22\right)}{1 - \dfrac{0{,}22}{6}} = 2185 \text{ kg}.$$

Die zum Lösen nötige Kraft wird

$$P_1 = 768 \cdot \frac{2 - \tfrac{1}{6} \cdot 4{,}32}{1{,}037} = 948 \text{ kg}.$$

Beispiel 57. Bei einer Spreizringkupplung mit Schubkeil nach Fig. 80 sind die Gegendrücke N verschieden groß. Gegeben sei $Q_1 = 3410\,\text{kg}$, $Q_2 = 1690\,\text{kg}$, ferner der Spitzenwinkel des symmetrischen Keiles $2\alpha = 22°\,40'$, also $\operatorname{tg}\alpha = 1:5$, $\mu = 0{,}10$ bei mäßig geschmierten Flächen. Anzugeben ist der Einpreßdruck P.

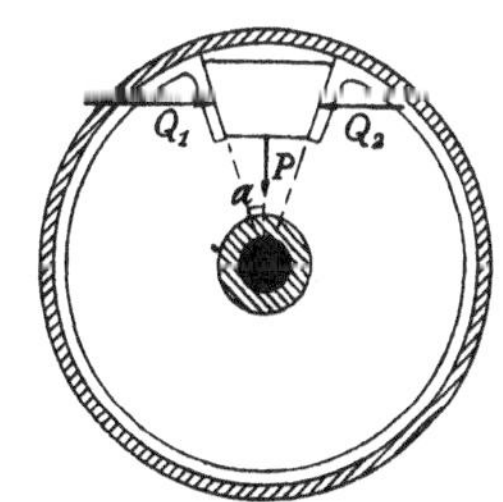

Fig. 80.

Die Formel (48b) nimmt in dem Fall die Form an

$$P = (Q_1 + Q_2) \cdot (\operatorname{tg}\alpha + \mu)$$
$$= (3410 + 1690) \cdot (0{,}20 + 0{,}10) = 1530 \ \text{kg}.$$

Die Fig. 81 a zeigt einen Keil, der mit der einen wagerechten Fläche auf einer Unterlage aufliegt und mit der anderen, um den Winkel α geneigten einen mit der Last Q belasteten Pfosten anhebt, der sich gegen eine senkrechte Führung stützt. Bei Beginn der Keilbewegung wird sich der Pfosten mit dem Keil gegen die Wand schieben und, nachdem er dort den Gegendruck N_1 gefunden hat, auf dem Keil und gleichzeitig an der Wand in die Höhe gleiten. Die Reibungskraft $\mu \cdot N_1$ ist demnach nach unten gerichtet und die zwischen Keil und Pfosten wirkende $\mu \cdot N_2$ nach der Keilspitze hin. Ihre Zusammensetzung mit den Kräften N_1 bzw. N_2 ergibt dann die Widerstände W_1 und W_2, deren Richtungen aus der Fig. 81 a hervorgehen. Wenn nun der Pfosten im Gleichgewicht sein soll, müssen sich die Kräfte Q, W_1, W_2 in einem Punkt schneiden und ein geschlossenes Kräftedreieck bilden (Fig. 81 b).

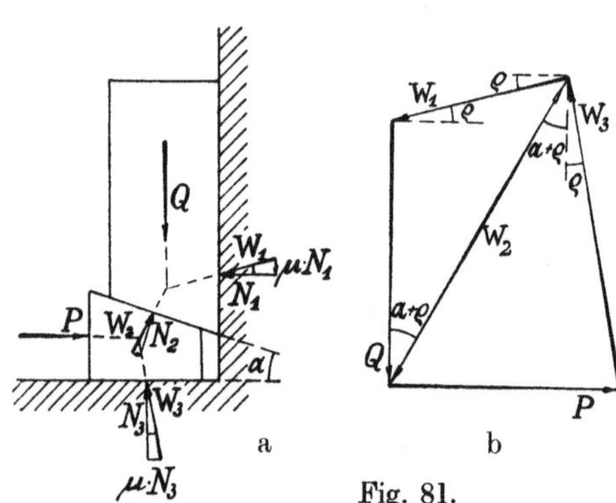

Fig. 81.

Auf den Keil wirkt nun die Gegenkraft W_2 des Pfostens in der umgekehrten Richtung der Fig. 81 a, ferner in der wagerechten Fläche die aus dem lotrechten Gegendruck N_3 und dem Reibungswiderstand $\mu \cdot N_3$ erhaltene Gegenkraft W_3, die um den Reibungswinkel ϱ gegen N_3 geneigt ist, und schließlich die die Bewegung hervorrufende wagerechte Kraft P. Auch diese drei Kräfte müssen, damit Gleichgewicht besteht, sich in einem Punkt schneiden und ein geschlossenes Dreieck ergeben, das zweckmäßig gleich an das erste angesetzt wird.

Der Sinussatz liefert dann aus dem ersten Kräftedreieck

$$W_1 = Q \cdot \frac{\sin(\alpha + \varrho)}{\sin\left(\dfrac{\pi}{2} - \alpha - 2\varrho\right)} = Q \cdot \frac{\sin(\alpha + \varrho)}{\cos(\alpha + 2\varrho)},$$

$$W_2 = Q \cdot \frac{\sin\left(\dfrac{\pi}{2} + \varrho\right)}{\sin\left(\dfrac{\pi}{2} - \alpha - 2\varrho\right)} = Q \cdot \frac{\cos\varrho}{\cos(\alpha + 2\varrho)}$$

und aus dem zweiten Dreieck ebenso

$$W_3 = W_2 \cdot \frac{\sin\left(\dfrac{\pi}{2} - \alpha - 2\varrho\right)}{\sin\left(\dfrac{\pi}{2} - \varrho\right)} = Q \cdot \frac{\cos(\alpha + \varrho)}{\cos(\alpha + 2\varrho)} \,,$$

$$P = W_2 \cdot \frac{\sin(\alpha + 2\varrho)}{\sin\left(\dfrac{\pi}{2} - \varrho\right)} = Q \cdot \operatorname{tg}(\alpha + 2\varrho) \tag{50a}$$

Soll der Keil gelöst werden, so wirken die Reibungswiderstände nach der entgegengesetzten Richtung; der überall gleich vorausgesetzte Reibungswinkel erhält also das negative Vorzeichen. Somit ist die bei der Lösung aufzuwendende Kraft

$$P_1 = Q \cdot \operatorname{tg}(\alpha - 2\varrho). \tag{50 b}$$

Der Keil wird selbstsperrend, d. h. zum Lösen ist eine entgegengesetzt zu der in die Skizze 81 a eingetragenen Kraft P gerichtete P_1 erforderlich, wenn $\alpha < 2\varrho$ ist. Soll eine $\mathfrak{S}$-fache Sicherheit gegen selbsttätiges Lösen bestehen, so gilt

$$\mathfrak{S} \cdot \alpha = 2\varrho. \tag{51}$$

Beispiel 58. Für die Keilverbindung nach Fig. 82 ist die dem Beispiel 54 entsprechende Rechnung durchzuführen.

Gemessen wurde an einer derartigen Verbindung beim Herausdrücken des Keiles $\operatorname{tg}\varrho = 0{,}16^{26\,\mathrm{c}}$), immerhin erscheint es angebracht, mit Rücksicht auf ein unbeabsichtigtes Eindringen von Öl und die ständigen Erschütterungen beim Wechsel der Kraft Q nur mit $\mu = 0{,}12$ zu rechnen. Außerdem wählt man die Sicherheit noch ziemlich hoch: $\mathfrak{S} \geqq 5$. Man erhält so mit $\operatorname{tg}\varrho = 0{,}120$, also $\varrho = 6°\,51'$ gemäß Formel (51):

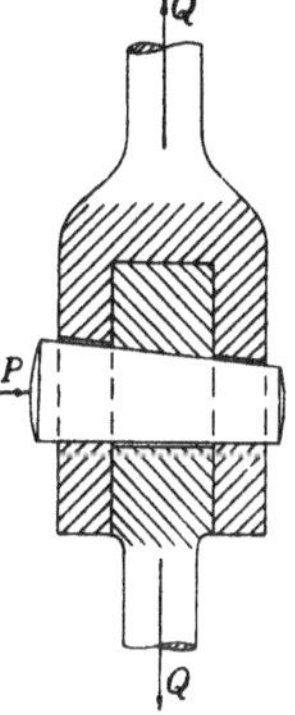

Fig. 82.

bei $\mathfrak{S} =$	5	6	7	8
$\alpha =$	2° 44′	2° 17′	1° 57	1° 43′
$\operatorname{tg}\alpha =$	0,0478	0,0398	0,0342	0,0299
$= 1 : 20{,}9$		1 : 25,1	1 : 29,2	1 : 33,4

Hiermit liefert die Gleichung (50a) in der Form

$$P = 2Q \cdot \operatorname{tg} 2\varrho \cdot \left(1 + \frac{1}{\mathfrak{S}}\right)$$

mit $Q = 4{,}2$ t

$2\varrho \cdot \left(1 + \dfrac{1}{\mathfrak{S}}\right) =$	13° 57′	13° 55′	13° 53′	13° 51′
$\operatorname{tg} 2\varrho \cdot \left(1 + \dfrac{1}{\mathfrak{S}}\right) =$	0,2485	0,2478	0,2471	0,2465
$P =$	2087	2081	2076	2071 kg,

also kaum noch von dem Neigungswinkel abhängig.

Entsprechend erhält man

$$2\varrho \cdot \left(1 - \frac{1}{\mathfrak{S}}\right) = 13°\,25' \qquad 13°\,27' \qquad 13°\,29' \qquad 13°\,31'$$

$$\mathrm{tg}\,2\varrho \cdot \left(1 - \frac{1}{\mathfrak{S}}\right) = 0{,}2385 \qquad 0{,}2391 \qquad 0{,}2397 \qquad 0{,}2404$$

$$-P_1 = 2003 \qquad\qquad 2008 \qquad\quad 2013 \qquad\quad 2019 \text{ kg,}$$

also nur $4 \div 2{,}5$ v. H. kleiner als P.

5. Die Traglager.

Die Angaben des Abschnittes 3 über die Reibungsziffer lehren, daß dort, wo es darauf ankommt, den Reibungswiderstand möglichst klein zu halten, gut geglättete Flächen unter Benutzung eines Schmiermittels zu verwenden sind. Das gilt besonders für Zapfen und Lager. Am häufigsten sind die Traglager, bei welchen die die Belastung aufnehmenden Lagerschalen den zylindrischen Mantel des Zapfens ganz oder teilweise umfassen.

Die Schmierfähigkeit des Öles beruht darauf, daß es infolge seiner Kapillarität das Bestreben hat, sich dorthin zusammenzudrängen, wo die Gleitflächen, die durch die Ölschicht voneinander getrennt gehalten werden, sich am nächsten kommen, also die Gefahr der reinen metallischen Berührung und dadurch der Anfressung und Erhitzung am größten ist. Für die Schmierwirkung des Öles und die Größe der Reibungsziffer des Lagers ist seine Zähigkeit allein maßgebend[47]). Eine geringe Abweichung hiervon ist vorläufig nur für eine Mischung des Voltol-Öles mit einem beliebigen Mineralöl festgestellt worden[48]). Bei größerem Flächendruck ist ein entsprechend zäheres Öl zu nehmen, damit die Schmierschicht nicht zu dünn wird und etwa zerreißt. Der mittlere Flächendruck, der bei der Belastung durch P kg im Lager von der Länge l cm und der Bohrung d cm herrscht, wird stets berechnet aus der Formel

$$p = \frac{P}{l \cdot d} \text{ at.} \tag{52}$$

Da bei der Untersuchung eines Öles in besonderen Ölprüfmaschinen das Ergebnis oft von Zufälligkeiten im Zustande der aufeinander bewegten Metallflächen abhängt[49]), so wird die Zähigkeit des Öles in Deutschland fast ausschließlich mit dem Englerschen Viskosimeter dadurch bestimmt, daß die Zeit gemessen wird, die eine Menge von 200 cm³ zum Durchströmen eines feinen, 20 mm langen Trichterrohres von 2,8 mm Durchmesser braucht. Die Englerziffer $E = 1$ hat Wasser von 20° C — diese Temperatur wurde gewählt, um eine bequeme Messung ohne Anwendung von Kühlvorrichtungen zu erhalten — und ein Öl, das beispielsweise 5 mal soviel Zeit braucht wie Wasser von 20° C, hat die Englerziffer 5. Da die Zähigkeit mit steigender Temperatur stark abnimmt, so ist die Messung eigentlich bei derselben Temperatur anzustellen, bei der das Öl im Lager benutzt wird.

---

[47]) Ubbelohde, Petroleum 1912.
[48]) Biel, Z. d. V. d. I. 1920.
[49]) z. B. Z. d. V. d. I. 1911, S. 1533 ff.

Ist γ das spezifische Gewicht des Öles bei der Gebrauchstemperatur, wie üblich im Verhältnis zu Wasser von $4°$ C angegeben, so ermittelt man seine spezifische Zähigkeit z im Verhältnis zu Wasser von $4°$ aus der Englerziffer gemäß der Umrechnungsformel[50]

$$\frac{z}{\gamma} = 4{,}072 \cdot E - \frac{3{,}513}{E}. \quad (53)$$

Da nun Wasser von $4°$ C die absolute Zähigkeit $0{,}000180$ kg $\cdot$ sk/m² besitzt[50]), so ist die absolute Zähigkeit eines Öles

$$z_0 = 0{,}000\,180 \cdot z \ \text{kg} \cdot \text{sk/m}^2 \quad (54)$$

Für fast alle Mineralöle erreicht bei $t_1 = 185°$ das Verhältnis $\dfrac{z}{\gamma}$ den Wert 1, und der Verlauf der Zähigkeit wird fast genau durch eine gerade Linie dargestellt, wenn sowohl die Temperatur als auch die Werte $\dfrac{z}{\gamma}$ in logarithmischem Maßstab aufgetragen werden. Aus der Fig. 83 ergibt sich so die Beziehung zwischen den Zähigkeiten bei $t°$ und bei $20°$[51]

$$\frac{\log\left(\dfrac{z}{\gamma}\right)_t}{\log\left(\dfrac{z}{\gamma}\right)_{20}} = \frac{\log t_1 - \log t}{\log t_1 - \log 20}$$
$$= \frac{2{,}267 - \log t}{0{,}966}, \quad (55)$$

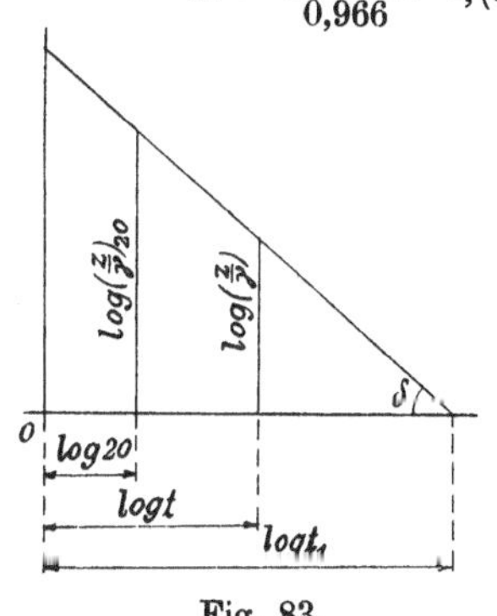

Fig. 83.

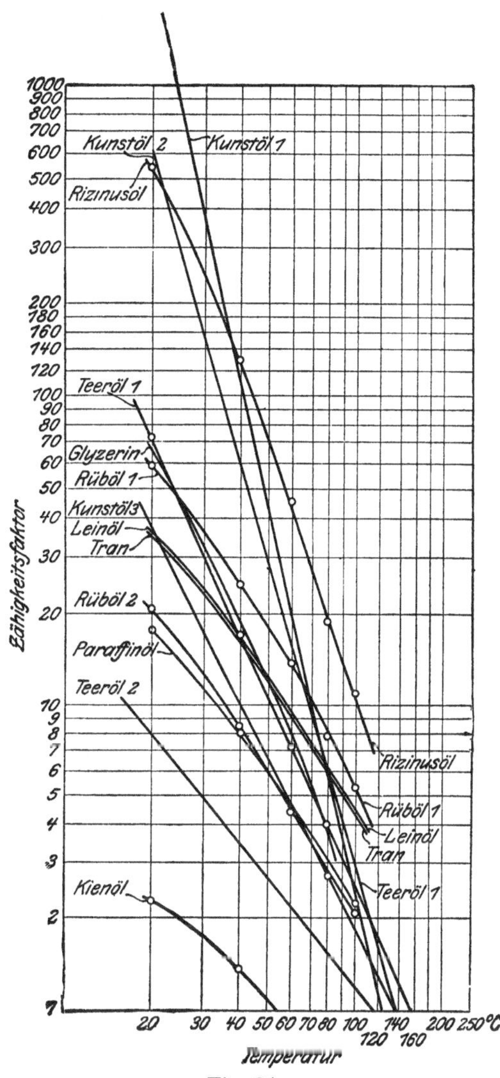

Fig. 84.

woraus mit guter Annäherung die Zähigkeit für eine beliebige Temperatur $t < 100°$ berechnet werden kann. Das Ergebnis aus Versuchen und Rechnungen ist in Fig. 84 für eine Reihe von Ölen in logarithmischem Maßstab aufgetragen[51]). Bemerkens-

---

[50]) Ubbelohde, Tafeln zum Englerschen Viskosimeter, 1907.
[51]) Oelschläger, Z. d. V. d. I. 1918.

wert ist, daß die vegetabilischen Öle durchweg auch in diesem Maßstab eine Krümmung der Linien zeigen; für sie gilt also die Gleichung (55) nicht.

Sehr häufig werden die Öle gemischt. Die Zähigkeit der Mischung wird durch das weniger zähe Öl ganz erheblich stärker beeinflußt als durch das andere Die Mischung von n_1 Gewichtsteilen eines zähen Öles mit der Englerziffer E_1 und von n_2 Gewichtsteilen eines weniger zähen Öles mit der Englerziffer E_2 hat hinreichend genau[51]) die Englerziffer

$$E_m = \frac{n_1 \cdot E_1 + n_2 \cdot E_1^{\frac{1}{2}} \cdot E_2^{\frac{3}{2}}}{n_1 + n_2 \cdot E_1^{\frac{1}{2}} \cdot E_2^{\frac{1}{2}}} \ . \tag{56}$$

Jedes Öl hat eine bestimmte günstigste Temperatur, bei der es die geringste Reibungsziffer ergibt, die freilich meist nicht genügend bekannt ist und z. B. bei schlechtem Zylinderöl oft nur 120° beträgt[52]). Bei zu hoher Temperatur wird bei gegebenem Flächendruck die Schichtstärke so klein, daß an einzelnen Stellen metallische Berührung eintritt, was die Reibung sofort sehr stark ansteigen läßt.

Durch Zusatz von $0{,}5 \div 1{,}0$ v. H. einer Graphitemulsion[53]), die hauptsächlich dadurch wirkt, daß das Öl durch die Flocken mehr zusammengehalten und nicht so leicht weggedrückt wird[54]), kann die Schmierfähigkeit wieder erheblich erhöht werden, derart, daß die Reibungsziffer μ je nach der Güte des Öles auf das $0{,}6 \div 0{,}8$fache heruntergeht[55]). Dazu tritt noch die besondere Eigenschaft des reinen Flockengraphits, weich und schlüpfrig zu sein, also keine Reibung zu verursachen. Freilich, wenn schon das günstigste Öl genommen ist, erreicht man mit dem Graphitzusatz nur noch eine gewisse Ölersparnis[56]), der im übrigen nur zeitweise' nicht dauernd beizugeben ist[55c]).

Die wichtigsten Angaben über die Öle enthält die Fig. 84 und die folgende Zusammenstellung[57]).

Hauptklasse	Anwendungs-gebiet	Einheits-gewicht bei 15° C	Zähigkeit			Ent-flammungs-temperatur	Erstarrungs-temperatur
			Engler-Ziffer	absolut	zuge-hörige Tempe-ratur		
		kg/dm³		$g \cdot$ sk/cm²	°C	°C	°C
I. Mineral-öle.	Eismaschinen	0,85 —0,91	4,5—15	0,27—0,99	20	145	—21
			1,9—2,5	0,09—0,14	50		
	Spindeln	0,90	5 —15	0,32—0,99	20	140—170	
			2 — 3	0,10—0,18	50		I: < -1
	Feine Meß-maschinen	0,85	2 — 3	0,10—0,18	50	140	II: $< -$
A. Leicht-maschinen-öle	Dampf-turbinen	0,87 —0,90	9 —13	0,57—0,85	20	175	III: < 0
			2,6— 3	0,14—0,18	50		IV: $< +5$
	Zylinder von Luft-kompressoren	0,87 —0,90	9,5—22	0,60—1,45	20	200	
			2,7— 5	0,15—0,32	50		
	Lager für kalt-gehende Maschinenteile	0,87 —0,91	15 —25	0,99—1,67	20	200	< 0
			2,5—4,5	0,14—0,29	50		

[52]) **Kapff**, Z. d. V. d. I. 1901.
[53]) Eingeführt von **Acheson**, Electrical World 1907.
[54]) **Putz**, D. p. J. 1913.
[55]) **Wagner**, Z. d. V. d. I. 1899; **Benjamin**, Z. d. Bayr. Rev.-Vereins 1908; v. **Hanffstengel**, Glasers Ann. 1920.
[56]) **Saytzeff**, Z. d. V. d. I. 1914.
[57]) **Holde**, Z. d. V. d. I. 1912.

Hauptklasse	Anwendungsgebiet	Einheitsgewicht bei 15°C kg/dm²	Zähigkeit Engler-Ziffer	Zähigkeit absolut g·sk/cm²	zugehörige Temperatur °C	Entflammungstemperatur °C	Erstarrungstemperatur °C
B. Schwermaschinenöle	Lager für kaltgehende Maschinenteile	0,90 —0,915	30—40 5— 7	1,98—2,68 0,32—0,46	20 50	175	I: < −10 II: < −5 III: < 0 IV: < +5
	Transmissionslager u. dgl.	0,90 —0,93	5— 7	0,32—0,46	50	190—160	
	Dynamomaschinen	0,875—0,90	6— 8	0,38—0,52	50	200	
C. Öle für Verbrennungskraftmaschinen	Kleine und mittlere Gasmaschinen		12,5—77 3,4—8,2	0,83—5,14 0,21—0,54	20 50	190—210	I: < −10 II: < −5 III: < 0 IV: < +5
	Großgasmaschinen		77—133 8 —15	5,14—8,67 0,53—0,99	20 50	210	
	Zylinder von Dieselmotoren		9 —10 5 — 7	0,59—0,66 0,32—0,45	50 50	220 180	< −5 < −10
	Lager von Dieselmotoren Kraftwagen	0,87 —0,94 0,87 —0,945	6 — 8 8 —14	0,38—0,55 0,51—0,96	50 50	195 210	< −12
D. Öle für Dampfmaschinenzylinder	Naßdampf	0,89 —0,94	20 —40 3,5— 5	1,30—2,68 0,21—0,32	50 100	250—180	
	Heißdampf	0,90 —0,91	5 — 8	0,32—0,55	100	300—310	
E. Dunkle Öle für Eisenbahnwagenachs.	Sommeröl	0,90— 0,94	40 —60 7 —10	2,68—4,14 0,45—0,66	20 50	145—160	steigt im 6 mm-U-Rohr 10 mm hoch
	Winteröl	0,90 —0,94	25 —45 4,5—7,5	1,67—3,10 0,28—0,51	20 50	135—150	bei — 5° bei −20°
II. Pflanzenöle. A. Rüböl	wo Heißlaufen befürchtet wird	0,914					I: < −10 II: < −5 III: < 0
B. Olivenöl	Spinnmaschine u. dgl.	0,918					
C. Rizinusöl	Zylinder von Flugzeugen	0,965	120—140	8,5	20		scheidet schon über 0° C· Stearin aus
III. Andere Fette usw. Vaselin	beste Starrschmiere	0,855—0,905					
Glyzerin	Hebezeuge im Freien i. Winter	1,225					

Nur bei sehr kleiner Belastung P und sehr großer Umlaufgeschwindigkeit v stellt sich der Zapfen nach Fig. 85 a im Lager ein, und die zugehörige Druckverteilung zeigt Fig. 85 b. Bei sehr großer Belastung P und sehr kleiner Umlaufgeschwindigkeit v legt sich der Zapfen im Sinn

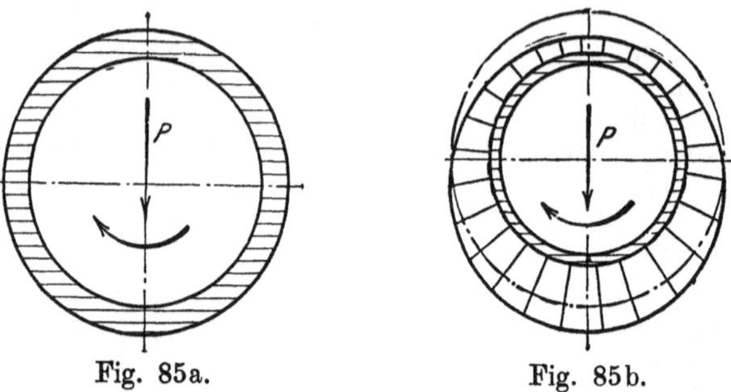

Fig. 85a.　　　　　　　　　　Fig. 85b.

der Drehbewegung verschoben nach Fig. 86 a an die Lagerschale an, und die entsprechende Druckverteilung zeigt Fig. 86 b[58]). Es folgt dies daraus, daß bei zueinander geneigten Flächen, die allein unter einer

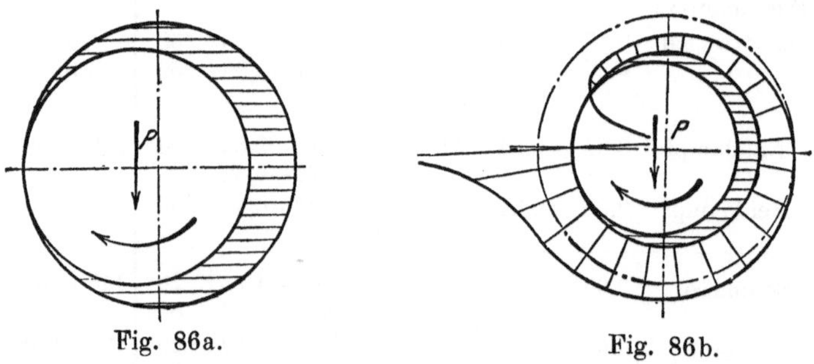

Fig. 86a.　　　　　　　　　　Fig. 86b.

Druckkraft P eine Schmierschicht auf die Dauer halten können, der Druck in der Ölschicht den in Fig. 87 für verschiedene Verhältnisse von $\dfrac{\delta_{min}}{\delta_m}$ dargestellten Verlauf annimmt[59]), dessen Berechnung an dieser Stelle unterbleiben muß. So ergibt sich dann für eine abgewickelte Lagerfläche nach Fig. 88 oben unter mittleren Verhältnissen für die Größe von P und v die im unteren Teil der Fig. 88 angegebene Druckverteilung. An den Stellen, wo die Ölschicht am dünnsten und am dicksten ist, herrscht der mittlere Druck p_0. Werden die verschiedenen Drücke p' in radialer Richtung um den Zapfen aufgetragen, so erhält man[60]) die

[58]) Sommerfeld, Z. f. Math. u. Phys. 1904.
[59]) Reynolds, Phil. Transactions of the Royal Soc. 1886.
[60]) Gümbel, Monatsbl. d. Berl. Bez.-V. d. I. 1914; Kutzbach, Z. d. V. d. I. 1915.

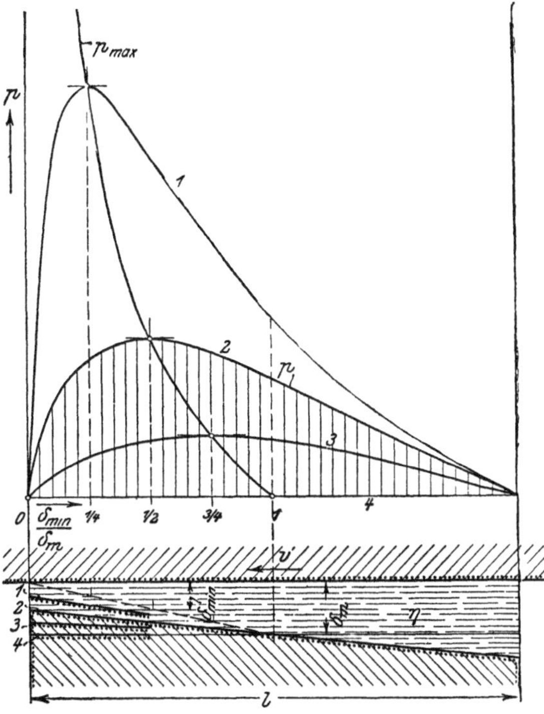

Fig. 87.

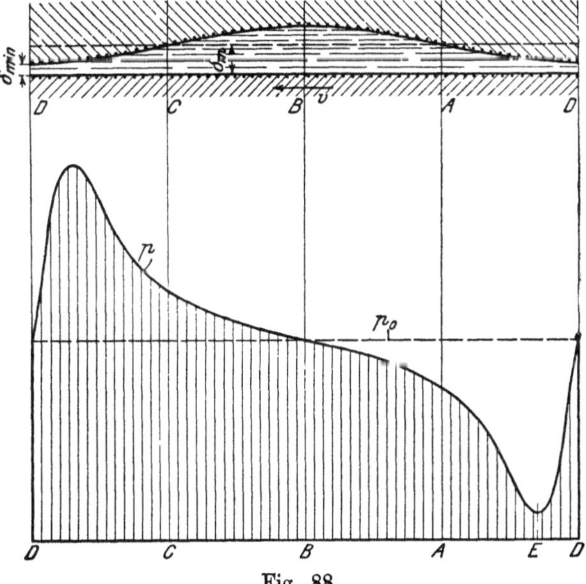

Fig. 88.

Darstellung der Fig. 89. Aus ihr folgt ohne weiteres, daß der Anschluß einer drucklosen Ölzuführung an der Stelle E stattfinden muß. Diese Stelle verschiebt sich jedoch nach den Angaben der Fig. 87 je nach der Größe von $\dfrac{\delta_{min}}{\delta_m}$ in dem Quadranten AD. Die etwa weiter daraus gezogene Folgerung, daß Schmiernuten, die die Druckfläche in mehrere Teile zerlegen, ungünstig wirken, ist aber unrichtig[61]).

Zieht man die auf demselben Durchmesser wirkenden Drücke p' überall voneinander ab, so erhält man als p'' den Überdruck, der auf

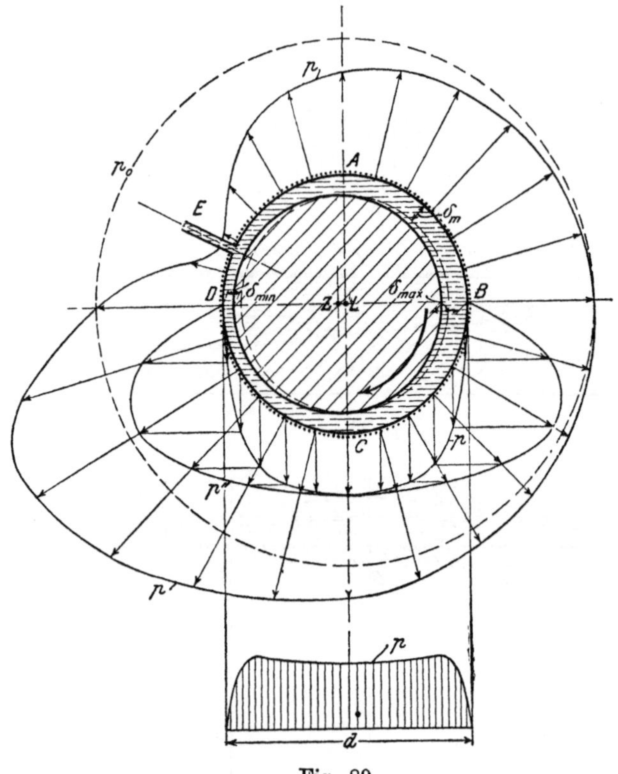

Fig. 89.

jede Mantellinie der unteren Lagerschale kommt; sein Verlauf ist ebenfalls in Fig. 89 eingetragen. Dieser Überdruck p'' kann nun an jeder Stelle in einen wagerechten und einen senkrechten Seitendruck zerlegt werden, wie das die Fig. 89 auch angibt. Die wagerechten Seitendrücke heben sich paarweise auf, und die senkrechten p geben den vierten Linienzug der Fig. 89. Werden die p senkrecht über dem Durchmesser d aufgetragen (Fig. 89 unten), so zeigt sich, daß die Verteilung eine im

<hr>

[61]) Kucharski, D. p. J. 1919.

großen und ganzen gleichmäßige ist, womit die Formel (52) ihre Berechtigung findet[60]). Da der Öldruck an den seitlichen Rändern des Lagers Null ist, so ist der wahre mittlere Druck $p_n = \zeta \cdot p$. Der Verbesserungsfaktor $\zeta < 1$ ist jedoch nicht genau bekannt[62]) und zudem bei der Auswertung der Versuche nicht berücksichtigt worden.

Beim langsamen Durchfließen des Lagers steigt die Temperatur des Schmieröles an und seine Zähigkeit nimmt entsprechend ab. Infolgedessen ist der Reibungswiderstand des Lagers an verschiedenen Stellen nicht derselbe; jedoch muß für die Zwecke der Praxis die Angabe eines Mittelwertes genügen.

Zur Feststellung der mittleren Reibungsziffer im Lager dient die Reibungswage, deren erste Ausführung die Skizze 90 veranschaulicht[63]). Das Lager wird mit dem daran befestigten Balken, der zwischen

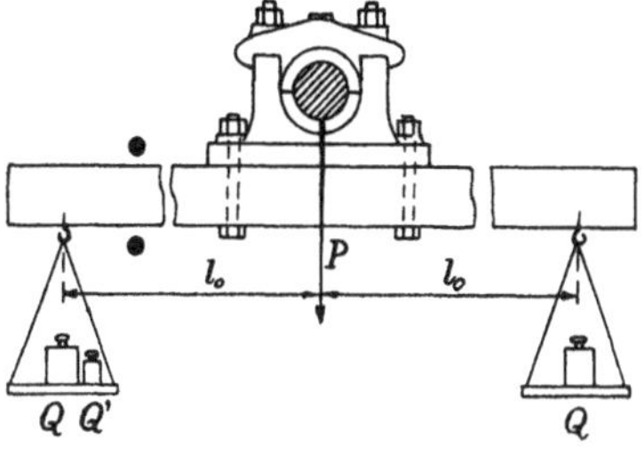

Fig. 90.

zwei Anschlägen wagerecht liegt, auf die Versuchswelle vom Durchmesser d gehängt; seine Belastung ist $P = G + 2Q$, worin angibt

G das Gewicht des Balkens und Lagers,
Q die Belastung jeder Wageschale.

Dreht sich jetzt die Welle rechts herum, so ist links am Hebelarm l_0 ein Übergewicht Q' aufzubringen, um das Moment der Zapfenreibung

$$M = \mu \cdot P \cdot \tfrac{1}{2} d \tag{57}$$

zu überwinden. Man erhält so

$$\mu = \frac{2 \cdot Q' \cdot l_0}{P \cdot d}. \tag{58}$$

Bei einer neueren Ausführung[64]) wird das Lager unmittelbar durch ein über eine Rolle wirkendes Gewicht belastet und das Moment der Zapfenreibung vermittels einer am Hebelarm l_0 angreifenden Federwage gemessen (Fig. 91). Ein in Öl tauchender Dämpfungskolben dämpft die beim Anlaufen eintretenden Schwingungen.

Die Ergebnisse der Versuche sind folgende[65]):

Alle Lager müssen erst einlaufen, ehe sie mit geringer Reibung und kleinem Ölverbrauch arbeiten, was durch Beigabe von Flockengraphit beschleunigt werden kann, der alle kleinen Unebenheiten der Lagerschalen ausfüllt. Am besten laufen weiche Lagerschalen aus Weißmetall und Bronze ein. Fast gar nicht laufen sich Gußeisenschalen

[62]) Kucharski, Z. f. d. ges. Turbw. 1918.
[63]) Hirn, etwa 1850.
[64]) Lasche, Z. d. V. d. I. 1902.
[65]) Stribeck, Z. d. V. d. I. 1902.

oder gehärtete Stahlschalen ein; sie müssen nötigenfalls in der ersten
Betriebszeit mehrmals nachgearbeitet werden.

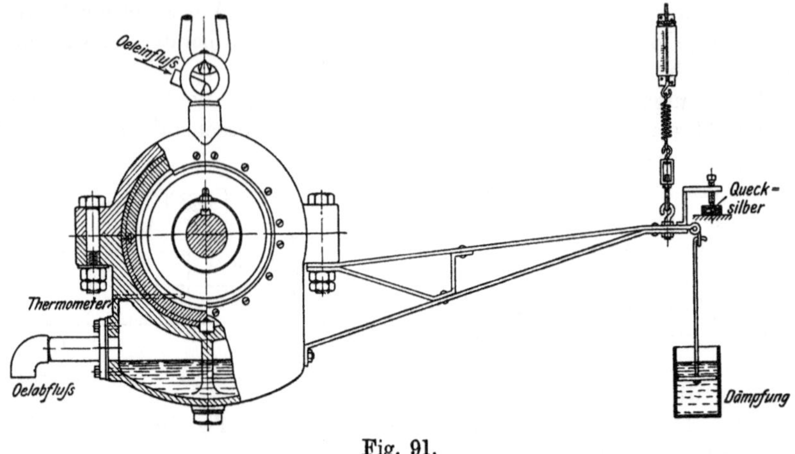

Fig. 91.

Auch gut eingelaufene Lager müssen sich jedesmal erst wieder auf
die Dauertemperatur eingelaufen haben. Die Kurven *b* der Fig. 92

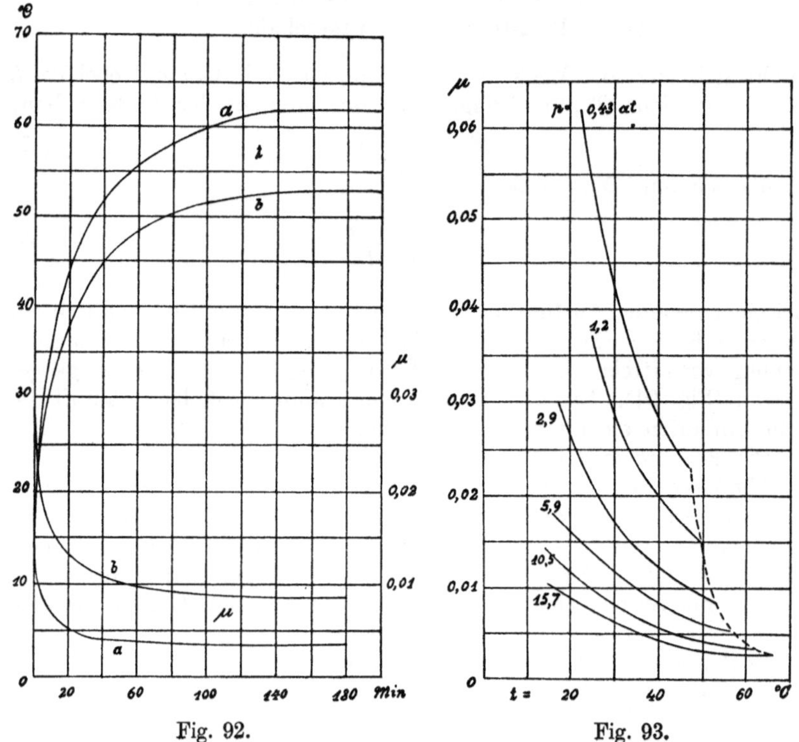

Fig. 92.   Fig. 93.

zeigen, daß bei einem Sellerslager von $d = 7$ cm Wellenstärke mit Ringschmierung bei $p = 2,9$ at die Beharrungstemperatur bei $n = 760$ Umdrehungen in der Minute erst nach $2^1/_2$ Stunden erreicht ist, während die Reibungsziffer schon nach 2 Stunden ihren Endwert erlangt hat. Etwas günstiger sind die Verhältnisse bei einem Weißmetallager, für das die Kurven a gelten mit $p = 10,5$ at. Bei den meisten Hebezeugen ist also die Reibung immer sehr viel höher als etwa bei dauernd umlaufenden Wellenleitungen oder Kraftmaschinen. Den Verlauf der Reibungsziffer mit steigender Erwärmung des Lagers bei verschiedenen Lagerdrücken p bis zum Eintritt des Beharrungszustandes zeigt die Fig. 93 ebenfalls für 760 Umdrehungen in der Minute entsprechend der Gleitgeschwindigkeit $v = 2,79$ m/sk, und zwar bei der Außentemperatur $20°$.

Die Reibungsziffer μ für den Beharrungszustand nimmt mit wachsendem Flächendruck p zuerst ab. Es bedarf eines um so größeren Druckes, um den kleinsten Wert zu erhalten, je größer die Umfangsgeschwindigkeit v des Zapfens ist. Bei demselben Lager sinkt sie aber bei jedem Flächendruck auf denselben Wert 0,0035 bei Gußeisen, 0,0020 bei Weißmetall als Lagerschale für dasselbe Mineralöl mit der Engler-Ziffer 28,4 bei $25°$ (Fig. 94), um dann bei kleinen Geschwindigkeiten wieder anzusteigen. Die Ausgangsreibungsziffer der Ruhe ist stets dieselbe $\mu_0 = 0,0140$ bei Gußeisen und 0,0230 bei Weißmetall. Die Fig. 94 gilt bei allen Drücken und Umfangsgeschwindigkeiten für die gleiche Temperatur $25°$ und ein Weißmetallager.

Die Fig. 92—94 ergeben ferner:

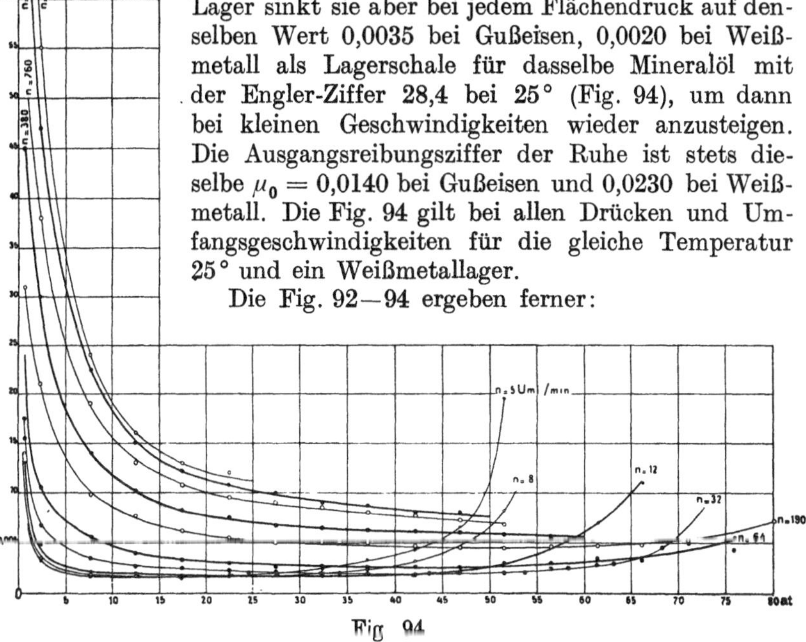

Fig. 94

Die Reibungsziffer sinkt mit zunehmendem Flächendruck p[66]) und mit steigender Temperatur t[67]), sie wächst mit steigender Umfangsgeschwindigkeit v des Zapfens[68]) und ist naturgemäß auch abhängig

[66]) Thurston, Friction and last work, 1873.
[67]) Woodbury, Engng. 1884.
[68]) Tower, 1883.

von der Art des Öles[69]), wenn auch bei richtiger Wahl des letzteren dieser Einfluß von geringster Bedeutung ist, denn bei höherer Temperatur nähern sich ja die Zähigkeitswerte aller Öle. Überschlägig entspricht μ der $\sqrt{z_0}$[71]). Bei der niedrigsten Reibungsziffer ist das Produkt $v \cdot z_0$ unveränderlich[48]). Die Abhängigkeit vom Metall des Zapfens und Lagers ist nur ganz geringfügig[64]),[65]) und verschwindet häufig gänzlich[70]).

Für Weißmetall- oder Bronzelager mit Ringschmierung von dem Zapfenverhältnis $l : d = 1 \div 1,5$ ist bei Verwendung von „Gasmotorenöl" innerhalb der Grenzen[71])

$$4 > v > 0,4 \text{ m/sk}, \quad 45 > t > 25°,$$

und
$$3 < p < 12 + 2 \cdot \sqrt{10\,v} \text{ at}$$

$$\mu = \frac{1,23 \cdot v^{0,45}}{p^{0,65} \cdot t^{1,04}} \tag{59a}$$

bzw. für $12 + 2 \cdot \sqrt{10\,v} > p > 50$ at

$$\mu = \frac{0,45 \cdot v^{0,45}}{p^{0,30} \cdot t^{1,04}} \tag{59b}$$

Für ein Sellers-Gußeisenlager mit Ringschmierung vom Zapfenverhältnis $l : d = 3,3$ ist ebenfalls bei Benutzung von „Gasmotorenöl" innerhalb der Grenzen

$$4 > v > 0,1 \text{ m/sk}, \qquad 8 > p > 1$$

$$\mu = \frac{1,36 \cdot v^{0,605}}{p^{0,58} \cdot t^{1,29}} \; . \tag{60}$$

Ringschmierung ist brauchbar bis etwa $v = 12$ m/sk; darüber hinaus nimmt die Öllieferung des Schmierringes schnell ab[64]). Man wendet dann Spülschmierung an. Mit 0,8 dm³/min Mineralöl ergab sich[72]) in einem Weißmetall- oder Bronzelager bei $p \geqq 3$ at μ unabhängig von v und innerhalb der Grenzen

$$30 < t < 60°, \qquad 4 < p < 15 \text{ at}$$

$$\mu = \frac{1,34}{p^{1,11} \cdot t^{0,82}} \tag{61a}$$

bzw. bei
$$60 < t < 100°, \qquad 3 < p < 15 \text{ at}$$

$$\mu = \frac{0,89}{p^{0,91} \cdot t^{0,82}} \tag{61b}$$

Nur näherungsweise ist also bei Lagerschalen, die den Zapfen voll umschließen[74]),

$$\mu \cdot p = \text{const.}$$

Die Beziehung gilt nicht für geteilte Lagerschalen[70]). Für Stahlzapfen in etwa halb umfassenden Weißmetallschalen von Eisenbahnwagen ist im Beharrungszustand i. M. $\mu = 0,0095$ bei Schmierung mit Rüböl oder einem entsprechenden Mineralöl unabhängig von p und v[75]). Nach längerem Stillstand ist $\mu = 0,054$[65]).

---

[69]) Martens, Mitt. aus d. Kgl. Materialprüfungsamt.
[70]) Heilmann, Z. d. V. d. I. 1905.
[71]) Nach den Angaben von Stribeck bestimmt.
[72]) Nach den Angaben von Lasche bestimmt.
[73]) Balfry, Engng. 1913.
[74]) Tower; Dettmar, D. p. J. 1900; Saytzeff, Z. d. V. d. I. 1914.
[75]) Kirchweger, Organ f. d. Fortschr. d. Eisenbahnwesens 1864.

Wenn also die mittlere Temperatur des Öles im Lager bekannt ist, kann μ hiernach bestimmt werden. Nach mehrstündigem Einlaufen ist für sachgemäß geschmierte

Hauptkurbellager gewöhnlicher Dampfmaschinen[52]) . . . $t \sim 35°$
Kurbelzapfenlager „ „ . . . $t \sim 40°$
Lager gewöhnlicher Dynamomaschinen und Elektro-
    motoren[74b]) . . . . $t \sim 35°$
Dampfturbinenlager, die von dem durchströmenden Öl
    gekühlt werden[64]) . . . . $t \sim 70°$
Sellers-Ringschmierlager[71])

$$t = 28 \cdot v^{0,50} \cdot p^{0,12}, \tag{62}$$

ruhende Lager gewöhnlicher Bauart die Übertemperatur t_1 über die des umgebenden Raumes[72]) bei $15 < t_1 < 80°$

$$t_1 = 310 \cdot (\mu \cdot p \cdot v)^{0,763} \tag{63a}$$

Wird diese Gleichung mit den Gleichungen (61) zusammengenommen, so ergibt sich die Lagertemperatur t bei der Raumtemperatur t_2 aus

$$t^{1,625} + t_2 \cdot t^{0,625} = \left.\begin{matrix}360\\310\end{matrix}\right\} \cdot v^{0,763} \tag{63b}$$

Der obere Zahlenwert gilt für $30 < t < 60°$, der untere für $60 < t < 100°$. Die Gleichung trifft genau zu für $p = 4$ at.

Die Belastung p, die bei kleinen Geschwindigkeiten v bis zu etwa 2,5 m/sk bei gleichmäßig umlaufenden Zapfen bis zu 50 at, bei in dem Lager unter wechselnder Belastung „atmendem" Zapfen augenblicksweise bis zu 120 at betragen kann, wenn auch die mittlere Durchschnittsbelastung 20 at nicht überschreitet, darf steigen[73])

bei etwa $v = 9$ m/sk   nur bis $p = 13$ at,
„   „ $v = 12$ „   „   „ $p = 14,5$ „
„   „ $v = 18$ „   „   „ $p = 16$ „
„   „ $v = 22,5$ „   „   „ $p = 16,5$ „ .

Beispiel 59. Der Kurbelzapfen einer Dampfmaschine von der Länge $l = 17$ cm und der Stärke $d = 13$ cm erfahre bei der Nennleistung der Maschine die mittlere Druckkraft $P_m \sim 4380$ kg, die Anzahl der Umdrehungen in der Minute sei $n = 115$. Anzugeben ist das Moment des Reibungswiderstandes im Beharrungszustand.

Die Umfangsgeschwindigkeit des Zapfens ist nach Formel (25)

$$v = \frac{\pi \cdot d \cdot n}{60} = \frac{\pi \cdot 0,13 \cdot 115}{60} = 0,783 \text{ m/sk,}$$

die Beharrungstemperatur $t = 40°$.

Der mittlere, im allgemeinen zugelassene Zapfendruck ist

$$p_m = \frac{P_m}{l \cdot d} = \frac{4380}{13 \cdot 17} \sim 20 \text{ at,}$$

der bei der Höchstbelastung der Maschine bis auf das 1,5fache ansteigt.

Da die Schmierung durch das Atmen des Zapfens sehr begünstigt wird, so können in Ermangelung anderer Unterlagen die des Ringschmierlagers gemäß Formel (59b) übernommen werden:

$$\mu = \frac{0,45 \cdot 0,783^{0,45}}{20^{0,30} \cdot 40^{1,04}} = \frac{0,45 \cdot 0,896}{2,46 \cdot 46,5} = 0,0035 .$$

Hiermit erhält man nach Formel (57)

$$M = 0,0035 \cdot 4380 \cdot \frac{0,13}{2} \sim 1,0 \text{ mkg.}$$

Beispiel 60. Die Welle einer Dampfmaschine erfahre durch die Kolbenkraft die mittlere Belastung $P_m \backsim 4380$ kg in wagerechter Richtung, durch den Riemenzug $S = 1150$ kg ebenfalls in wagerechter Richtung und durch das Schwungradgewicht $G \backsim 5500$ kg in lotrechter Richtung (Fig. 95). Gegeben sind die Maße

$$a = 0{,}45 \text{ m}, \qquad b_1 = 1{,}10 \text{ m},$$
$$d_1 = 0{,}23 \text{ m}, \qquad b_2 = 0{,}90 \text{ m},$$
$$l_1 = 0{,}35 \text{ m}, \qquad d_2 = 0{,}16 \text{ m},$$
$$l_2 = 0{,}24 \text{ m}.$$

Zu berechnen ist das Moment der Lagerreibungswiderstände.

Die von der Kolbenkraft hervorgerufenen Lagerkräfte sind

$$N_1' = P_m \cdot \frac{b_2 + b_1 + a}{b_1 + b_2} = 4380 \cdot \frac{2{,}45}{2{,}00} = 5370 \text{ kg},$$

$$N_2' = P_m \cdot \frac{a}{b_1 + b_2} = 4380 \cdot \frac{0{,}45}{2{,}00} = 990 \text{ kg}.$$

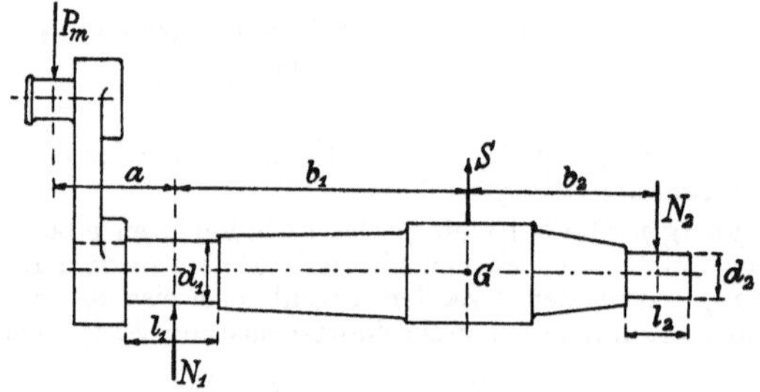

Fig. 95.

Die vom Riemenzug hervorgerufenen Lagerkräfte sind

$$N_1'' = S \cdot \frac{b_2}{b_1 + b_2} = 1150 \cdot \frac{0{,}90}{2{,}00} = 520 \text{ kg},$$

$$N_2'' = S \cdot \frac{b_1}{b_1 + b_2} = 1150 \cdot \frac{1{,}10}{2{,}00} = 630 \text{ kg}.$$

Die vom Schwungradgewicht hervorgerufenen Lagerkräfte sind

$$N_1''' = G \cdot \frac{b_2}{b_1 + b_2} = 5500 \cdot \frac{0{,}90}{2{,}00} = 2470 \text{ kg},$$

$$N_2''' = G \cdot \frac{b_1}{b_1 + b_2} = 5500 \cdot \frac{1{,}10}{2{,}00} = 3030 \text{ kg}.$$

Die Gesamtlagerkräfte ergeben sich hieraus nach dem Satz des Pythagoras je nach der Richtung von P_m zu

$$N_1 = \sqrt{(N_1' \mp N_1'')^2 + N_1'''^2} = 5445 \text{ bzw. } 6375 \text{ kg},$$

$$N_2 = \sqrt{(N_2' \pm N_2'')^2 + N_2'''^2} = 3430 \text{ bzw. } 3050 \text{ kg}.$$

Die entsprechenden mittleren Zapfendrücke sind

$$p_1 = \frac{N_1}{l_1 \cdot d_1} = \frac{5445 + 6375}{2 \cdot 35 \cdot 23} = 7{,}3 \text{ at},$$

$$p_2 = \frac{N_2}{l_2 \cdot d_2} = \frac{3430 + 3050}{2 \cdot 24 \cdot 16} = 8{,}4 \text{ at}.$$

Die Umfangsgeschwindigkeiten sind

$$v_1 = \frac{\pi \cdot 0{,}23 \cdot 115}{60} = 1{,}39 \text{ m/sk,}$$

$$v_2 = \frac{\pi \cdot 0{,}16 \cdot 115}{60} = 0{,}96 \text{ m/sk,}$$

die Beharrungstemperatur $t = 35°$.

Die Reibungsziffern werden in Ermangelung anderer Angaben der Formel (59a) entnommen:

$$\mu_1 = \frac{1{,}23 \cdot 1{,}39^{0{,}45}}{7{,}3^{0{,}65} \cdot 35^{1{,}04}} = \frac{1{,}23 \cdot 1{,}16}{3{,}64 \cdot 40{,}5} = 0{,}0097 \,,$$

$$\mu_2 = \frac{1{,}23 \cdot 0{,}96^{0{,}45}}{8{,}4^{0{,}65} \cdot 35^{0{,}45}} = \frac{1{,}23 \cdot 0{,}98}{3{,}98 \cdot 40{,}5} = 0{,}0075 \,.$$

Damit wird nach Formel (57)

$$M_1 = \mu_1 \cdot p_1 \cdot \frac{l_1 \cdot d_1^2}{100 \cdot 2} = \frac{1}{2} \cdot 0{,}0097 \cdot 7{,}3 \cdot \frac{35 \cdot 23^2}{100} = 6{,}5 \text{ mkg,}$$

$$M_2 = \frac{1}{2} \cdot 0{,}0075 \cdot 8{,}4 \cdot \frac{24 \cdot 16^2}{100} = 1{,}9 \text{ mkg.}$$

Beispiel 61. Der Kreuzkopfzapfen einer Dampfmaschine habe die Länge $l = 9{,}0$ cm und den Durchmesser $d = 6{,}0$ cm, er erfahre bei der Nennleistung der Maschine die mittlere Druckkraft $P_m = 4380$ kg, die Anzahl der Umdrehungen der Maschine sei $n = 115$ in der Minute. Anzugeben ist das Moment des Reibungswiderstandes.

Die Schubstange schwingt um den Zapfen nur um den Winkel $\beta = 11° \, 20'$ nach beiden Seiten aus. Die mittlere Geschwindigkeit des Kurbelendes der 180 cm langen Stange liegt zwischen 0 und der Umlaufgeschwindigkeit der Kurbel vom Halbmesser 0,375 m

$$v_{\max} = \frac{\pi \cdot 0{,}75 \cdot 115}{60} = 4{,}52 \text{ m/sk,}$$

beträgt also $v_m \sim 2{,}3$ m/sek. Somit ist die mittlere Lagergeschwindigkeit

$$v = 2{,}3 \cdot \frac{3}{180} = 0{,}038 \text{ m/sk.}$$

Die mittlere Lagertemperatur dürfte etwa $t = 35°$ betragen, ferner ist der mittlere Zapfendruck

$$p_m = \frac{P_m}{l \cdot d} = \frac{4380}{9 \cdot 6} = 81{,}0 \text{ at.}$$

Damit ergibt die Formel (59b), die hier freilich über ihren durch die Versuche gedeckten Geltungsbereich benutzt wird:

$$\mu = \frac{0{,}45 \cdot 0{,}038^{0{,}605}}{81^{0{,}58} \cdot 35^{1{,}39}} = \frac{0{,}45 \cdot 0{,}142}{12{,}7 \cdot 98{,}1} = 0{,}0051 \,.$$

Aus Formel (57) folgt dann

$$M = 0{,}0051 \cdot 4380 \cdot 0{,}03 \sim 0{,}7 \text{ mkg.}$$

Die Zapfenreibungsmomente der Beispiele 59 bis 61, die dieselbe Dampfmaschine vom mittleren Gesamtdrehmoment $M_m = 960$ mkg betreffen, ergeben zusammen $\Sigma M = 10{,}1$ mkg. Der Gesamtwirkungsgrad der Zapfen beträgt mithin nach Formel (45b)

$$\eta = 1 - \frac{10{,}1}{960} = 0{,}989 \,.$$

Beispiel 62. Zu berechnen ist das Moment der Exzenterreibung für ein Exzenter von der Breite $b = 8$ cm und dem Durchmesser $d = 42$ cm, das mit $n = 115$ Umdrehungen in der Minute umläuft und bei guter Schmierung des Schiebers die mittlere Druckkraft $P_m = 1040$ kg erfährt.

Man erhält den mittleren Druck

$$p = \frac{1040}{8 \cdot 42} = 3{,}1 \text{ at,}$$

die Umfangsgeschwindigkeit

$$v = \frac{\pi \cdot 0{,}42 \cdot 115}{60} = 2{,}52 \text{ m/sk,}$$

die Temperatur ist bei günstigen Verhältnissen etwa $t = 45°$.

Dann ergibt wieder Formel (59 a)

$$\mu = \frac{1{,}23 \cdot 2{,}52^{\,0{,}45}}{3{,}1^{\,0{,}65} \cdot 45^{\,1{,}04}} = \frac{1{,}23 \cdot 1{,}52}{2{,}08 \cdot 52{,}5} = 0{,}017 \, ,$$

mithin wird das Reibungsmoment

$$M = \tfrac{1}{2} \cdot 0{,}017 \cdot 1040 \cdot 0{,}42 = 3{,}7 \text{ mkg.}$$

Beispiel 63. Eine Wellenleitung von $d = 8$ cm Durchmesser laufe in der Minute mit $n = 150$ Umdrehungen und belaste $i = 12$ Sellerssche Ringschmierlager je mit $p = 3$ at. Anzugeben ist das Reibungsmoment der Welle bei der Anfangstemperatur $t_0 = 15°$ und bei der im Beharrungszustand eingetretenen.

Die Umfangsgeschwindigkeit ist

$$v = \frac{\pi \cdot 0{,}08 \cdot 150}{60} = 0{,}63 \text{ m/sk.}$$

Hiermit ergibt Formel (62) die Beharrungstemperatur

$$t_1 = 28 \cdot \sqrt{0{,}63} \cdot 3^{\,0{,}12} = 28 \cdot 0{,}794 \cdot 1{,}14 = 25{,}5°$$

und nun folgt aus Formel (60) die Reibungsziffer

$$\mu_0 = \frac{1{,}36 \cdot 0{,}63^{\,0{,}605}}{3^{\,0{,}58} \cdot 15^{\,1{,}29}} = \frac{1{,}36 \cdot 0{,}757}{1{,}89 \cdot 33} = 0{,}017$$

bzw.

$$\mu_1 = \frac{1{,}36 \cdot 0{,}757}{1{,}89 \cdot 65} = 0{,}0084 \, .$$

Damit wird das Reibungsmoment

$$M_0 = i \cdot \mu \cdot p \cdot l \cdot d \cdot \frac{d}{200} = \frac{12 \cdot 0{,}017 \cdot 3 \cdot 3{,}3 \cdot 8^3}{200} = 5{,}16 \text{ mkg}$$

bzw.

$$M_1 \sim \tfrac{1}{2} M_0 = 2{,}58 \text{ mkg.}$$

6. Die Spurlager.

Fällt die Wirkungslinie der belastenden Kraft P mit der Drehachse der Welle zusammen, so daß sich der Zapfen auf die ebene, senkrecht zur Drehachse stehende Endfläche stützt (Fig. 96), so greift in jedem Flächenteilchen dF dieser Stützzapfenfläche die zugehörige Belastung $\dfrac{P}{dF}$ im Schwerpunkt der Fläche an, solange die nur durch die dünne Ölschicht getrennten Berührungsflächen eben genug und parallel sind. Sie erzeugt dort den der Bewegung entgegengesetzten Reibungswiderstand $W = \mu \cdot \dfrac{P}{dF}$, und das Zapfenreibungsmoment der ganzen Fläche ist demnach

$$M = \int \mu \cdot \frac{P}{dF} \cdot dF \cdot r_0 = \mu \cdot P \cdot r_0.$$

Den Schwerpunktshalbmesser erhält man nach Bd. I Formel (83) zu

$$r_0 = \frac{\frac{1}{2} \cdot r \cdot d\alpha \cdot r \cdot \frac{2}{3} r - \frac{1}{2} \cdot r_1 \cdot d\alpha \cdot r_1 \cdot \frac{2}{3} r_1}{\frac{1}{2} \cdot r \cdot d\alpha \cdot r - \frac{1}{2} \cdot r_1 \cdot d\alpha \cdot r_1} = \frac{2}{3} r \cdot \frac{1 - \left(\dfrac{r_1}{r}\right)^3}{1 - \left(\dfrac{r_1}{r}\right)^2}.$$

Hiermit ergibt sich schließlich im Fall möglichst **ebener Gleit-flächen**

$$M = \frac{1}{3} \cdot \mu \cdot P \cdot d \cdot \frac{1 - \left(\dfrac{d_1}{d}\right)^3}{1 - \left(\dfrac{d_1}{d}\right)^2}. \tag{64}$$

Da die äußeren Flächenteilchen des Zapfens wesentlich schneller umlaufen als die inneren, so nutzt sich dort das weichere Metall im Laufe der Zeit auch entsprechend mehr ab als innen, weil die Ölschicht doch gelegentlich zerreißt und so wenigstens auf kurze Zeit an einzelnen Stellen metallische Berührung stattfindet. Infolgedessen liegen bald die äußeren Flächenteilchen weniger innig aufeinander als die inneren, und die letzteren arbeiten jetzt unter einem höheren Flächendruck p aufeinander, bis ein Ausgleich stattgefunden hat derart, daß die beiden gleich breiten Flächenelemente dF und dF_1 des Ringausschnittes F' der Fig. 97 den gleichen Anteil der Druckkraft P aufnehmen.

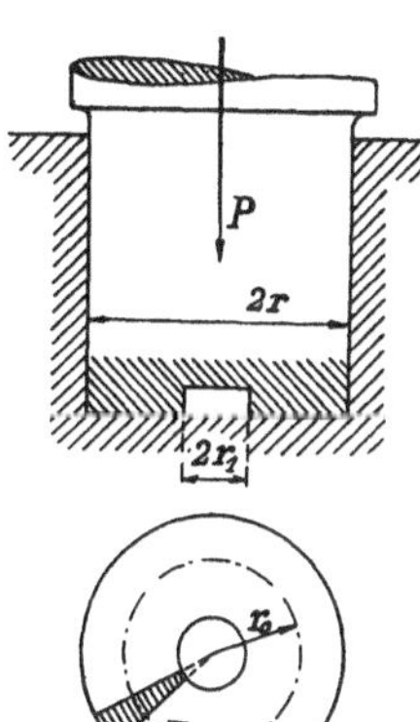

Fig. 96.

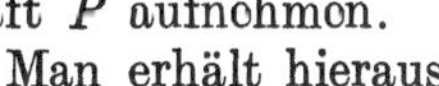

Fig. 97.

Man erhält hieraus

$$dP = dF \cdot p = dF_1 \cdot p_1,$$

und da nach Fig. 97

$$dF : dF_1 = r : r_1$$

ist, so folgt

$$p : p_1 = r_1 : r.$$

Der Flächendruck steht im umgekehrten Verhältnis der Entfernung von der Drehachse.

Liegt nun die Fläche des Zapfens voll auf, so daß $r_1 = 0$ ist, so kann die vorstehende Gleichung scheinbar erfüllt werden durch $p = 0$. Für die Zeit des

Einlaufens trifft das jedenfalls nicht zu, und für das vollendete Einlaufen ist es auch unmöglich, weil dann erst der nächste Flächenstreifen der Fig. 97 zum Anliegen kommt und dann bald auch wieder den Flächendruck 0 erhält und so fort. Die Gleichung wird befriedigend erfüllt durch $p_1 = \infty$, wenn in diesem Fall ∞ der Wert ist, bei dem das Material des innersten Flächenstreifens merklich nachgibt. Damit nun der Flächendruck innen nicht so hoch ansteigt, erhält der volle Spurzapfen in der Mitte mindestens eine Bohrung, die zur Ölzuführung benutzt wird.

Die Mittelkraft der beiden gleichen Druckkräfte $dF \cdot p$ und $dF_1 \cdot p_1$, die auf die beiden äußersten Teilchen der Fläche F' einwirken, geht durch die Mitte ihres Abstandes, ebenso die Mittelkraft der auf die beiden nächsten Streifen entfallenden, ebenfalls einander gleichen Kräfte und so fort. Demnach greift die gesamte auf die betrachtete Fläche kommende Druckkraft $\dfrac{P}{F'}$ in der Entfernung

$$r' = r_1 + \tfrac{1}{2} \cdot (r - r_1) = \tfrac{1}{2} \cdot (r + r_1)$$

von der Drehachse an.

Das Moment des Reibungswiderstandes für den eingelaufenen Stützzapfen ist also

$$M = \Sigma \mu \cdot \frac{P}{F'} \cdot F' \cdot r'$$

oder

$$M = \frac{1}{4} \cdot \mu \cdot P \cdot d \cdot \left(1 + \frac{d_1}{d}\right). \tag{65}$$

Versuche zur Ermittlung der Reibungsziffer von Spurlagern mit Wasserkühlung und Valvoline als Schmiermaterial[76]) ergaben im Dauerzustand bei glatten Stahllaufringen und mit Weißmetallausgegossenen Bronzedruckringen mit Schmiernuten nach Fig. 98a die in Fig. 99 mit b bezeichneten gestrichelten Linien der Temperaturen des ablaufenden Öles und die ausgezogenen der zugehörigen Reibungsziffer in Abhängigkeit von

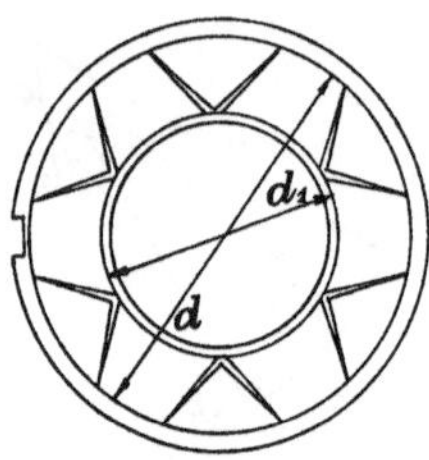

Fig. 98a.

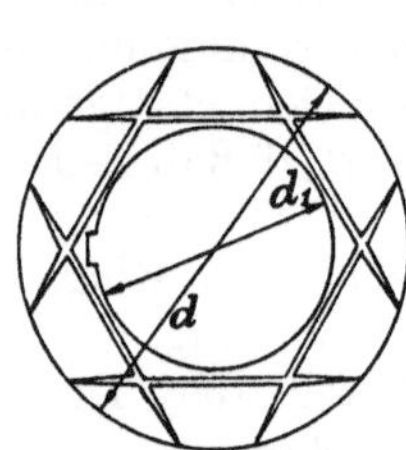

Fig. 98b.

dem Flächendruck p und der mittleren Umlaufgeschwindigkeit der Druckfläche. Waren die Druckringe glatt und die Schmiernuten nach Fig. 98b in die Stahllaufflächen eingeschnitten, so ergaben sich die Linien c der Fig. 99. Für Stahlzapfen auf Bronze mit den noch immer gebräuchlicheren Schmiernuten nach Fig. 98a, denen als Schmiermittel gutes Rüböl zulief, ergaben sich[77]) die in Fig. 100 dargestellten, aus

---

[76]) Lasche, Z. d. V. d. I. 1906.
[77]) Neumann, Z. d. V. d. J. 1918.

Formel (64) berechneten Reibungsziffern bei der günstigsten Temperatur 50° C.

Die Reibungsziffer liegt also wesentlich höher als bei Traglagern. Sie wird erheblich verkleinert, wenn die Schmiernuten im umlaufenden Teil möglichst tangential geführt sind, weil dann das Öl durch die Schleuderkraft in radialer Richtung zwischen die Flächen getrieben wird.

Bezeichnet man in Fig. 83 die Ordinaten mit $\log y$ und die Abszissen mit $\log x$, so gilt

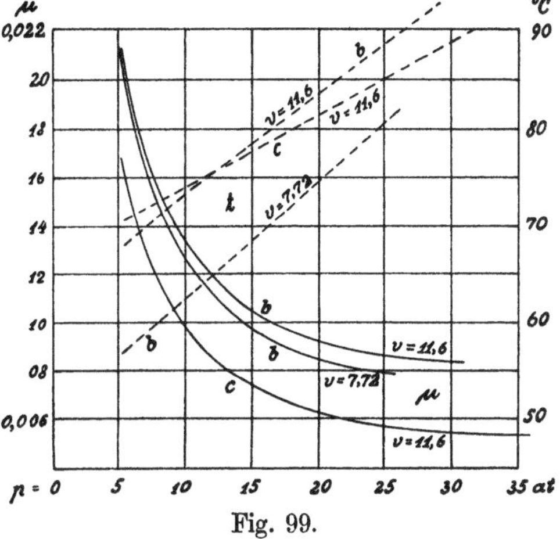

Fig. 99.

$$\operatorname{tg}\delta = \frac{\log y_1 - \log y_2}{\log x_2 - \log x_1} = \frac{\log \dfrac{y_1}{y_2}}{\log \dfrac{x_2}{x_1}}$$

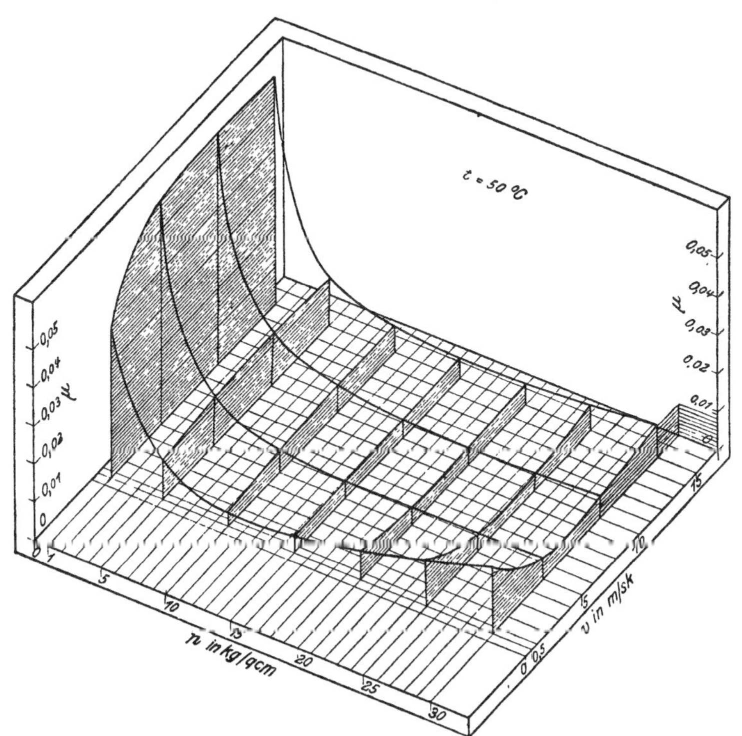

Fig. 100.

oder, wenn jetzt zum Numerus übergegangen wird,

$$\left(\frac{x_2}{x_1}\right)^{\operatorname{tg}\delta} = \frac{y_1}{y_2},$$

woraus folgt

$$y_1 \cdot x_1^{\operatorname{tg}\delta} = y_2 \cdot x_2^{\operatorname{tg}\delta} = c. \tag{66}$$

Häufig erscheinen nun Kurvenzüge, wenn sie in logarithmischen Koordinaten aufgetragen werden, mit großer Annäherung als gerade Linien. Die Kurven folgen dann dem Exponentialgesetz der Formel (66).

Werden die μ-Kurven der Fig. 99 logarithmisch aufgetragen, so erhält man für die Umfangsgeschwindigkeiten $7 < v < 12$ m/sk

bei Schmiernuten nach Fig. 98a im Druckring

$$\text{für } 6 < p < 15,5 \text{ at} \qquad \mu = \frac{0,077}{v^{0,17} \cdot p^{0,63}},$$

$$15,5 < p < 23 \text{ at} \qquad \mu = \frac{0,047}{v^{0,17} \cdot p^{0,43}}, \tag{67}$$

$$23 < p < 31,5 \text{ at} \qquad \mu = \frac{0,0125}{v^{0,17} \cdot p^{0,18}}.$$

bei Schmiernuten nach Fig. 98b im Laufring

$$\text{für } 5 < p < 13,5 \text{ at} \qquad \mu = \frac{0,0385}{v^{0,17} \cdot p^{0,78}},$$

$$13,5 < p < 26,5 \text{ at} \qquad \mu = \frac{0,0195}{v^{0,17} \cdot p^{0,51}}, \tag{68}$$

$$26,5 < p < 35,6 \text{ at} \qquad \mu = \frac{0,0155}{v^{0,17} \cdot p^{0,29}}.$$

Beispiel 64. Das wassergekühlte Drucklager einer Schiffsturbinenwelle besteht aus $i = 5$ Ringen nach Fig. 98b mit dem äußeren Durchmesser $d = 298$ mm und dem inneren Durchmesser $d_1 = 185$ mm. Die Schmiernuten verringern die Fläche um 11 v. H. Es läuft um mit $n = 900$ Umdrehungen in der Minute und hat die Druckkraft $P = 50$ t aufzunehmen[76]). Zu bestimmen ist das Drehmoment der Zapfenreibung.

Der Flächendruck der Lauffläche ist

$$p = \frac{P}{i \cdot F} = \frac{50\,000}{5 \cdot \dfrac{\pi}{4} \cdot (29,8 + 18,5) \cdot (29,8 - 18,5) \cdot 0,89} = 26,2 \text{ at,}$$

die mittlere Umlaufgeschwindigkeit

$$v = \frac{\pi \cdot d_m \cdot n}{60} = \frac{\pi \cdot (0,298 + 0,185) \cdot 900}{2 \cdot 60} = 11,4 \text{ m/sk.}$$

Damit kann man den Kurven c der Fig. 99 die Reibungsziffer $\mu = 0,0056$ und die Temperatur des ablaufenden Öles $t = 86°$ entnehmen.

Das Drehmoment der Spurzapfenreibung beträgt hiermit zu Anfang nach Formel (64)

$$M = 5 \cdot \frac{0,0056}{4} \cdot 10\,000 \cdot \frac{29,8}{100} \cdot \frac{1 - \left(\dfrac{18,5}{29,8}\right)^3}{1 - \left(\dfrac{18,5}{29,8}\right)^2} = 27,81 \cdot 1,24 = 34,5 \text{ mkg.}$$

Nach gutem Einlaufen ist gemäß Formel (65)

$$M = 5 \cdot \frac{0,0056}{4} \cdot 10\,000 \cdot \frac{29,8}{100} \cdot \left(1 + \frac{18,5}{29,8}\right) = 27,81 \cdot \frac{3}{4} \cdot 1,622 = 33,9 \text{ mkg}.$$

Der Unterschied ist also bei derartigen Ringlagern ziemlich geringfügig.

Das Gesamtdrehmoment der fraglichen Antriebsmaschine beträgt etwa 3580 mkg. Der Wirkungsgrad des Spurlagers, ungerechnet die größeren Verluste durch die Öl- und Wasserpumpen, ist somit

$$\eta = 1 - \frac{33,9}{3580} = 0,990.$$

Beispiel 65. Der Kammzapfen einer Dampfschiffswelle besteht aus $i = 6$ Ringen vom mittleren Durchmesser $d_m = 40$ cm und der Breite $b = 5$ cm. Er sei belastet mit $P = 35$ t und mache in der Minute $n = 120$ Umdrehungen. Anzugeben ist das Drehmoment der Zapfenreibung.

Der Flächendruck zwischen den Laufringen ist, wenn für die Schmiernuten 6 v. H. der Fläche abgezogen werden,

$$p = \frac{P}{i \cdot \pi \cdot d_m \cdot b \cdot 0,94} = \frac{35\,000}{6 \cdot \pi \cdot 40 \cdot 5 \cdot 0,94} \sim 9,9 \text{ at},$$

die mittlere Umlaufgeschwindigkeit ist

$$v = \frac{\pi \cdot 0,40 \cdot 120}{60} = 2,51 \text{ m/sk}.$$

Wird in Ermangelung weiterer Unterlagen die Formel (67a) auch für die vorliegende Umlaufgeschwindigkeit benutzt, so erhält man

$$\mu = \frac{0,077}{2,51^{0,17} \cdot 9,9^{0,63}} = \frac{0,077}{1,17 \cdot 4,24} = 0,0155$$

und somit nach Formel (65)

$$M = \frac{1}{4} \cdot 0,0155 \cdot 35\,000 \cdot \frac{45}{100} \left(1 + \frac{35}{45}\right) = 109 \text{ mkg}.$$

Das Gesamtdrehmoment der Maschine beträgt etwa 11000 mkg, also der Wirkungsgrad des Kammzapfens

$$\eta = 1 - \frac{109}{11\,000} = 0,990.$$

Beispiel 66. Das Reibungsmoment eines eingelaufenen Spurlagers einer Wasserturbine vom Außendurchmesser $d = 14$ cm und der inneren Bohrung $d_1 = 2$ cm, das bei der Umfangsgeschwindigkeit $v = 0,50$ m/sk mit $P = 8,5$ t belastet wird, ist zu berechnen.

Der Flächendruck beträgt bei Abzug von 15 v. H. für die Schmiernuten

$$p = \frac{8500}{\dfrac{\pi}{4} \cdot 16 \cdot 12 \cdot 0,85} = 59,1 \text{ at}.$$

Die Reibungsziffer etwa aus Formel (67c) zu ermitteln ist nicht angängig, da sich der vorliegende Fall zu weit von dem Gültigkeitsbereich der Formel entfernt. Man schätzt lieber gemäß den Angaben S. 30 $\mu = 0,02$.

Dann liefert Formel (65)

$$M = \frac{1}{4} \cdot 0,02 \cdot 8500 \cdot \frac{14}{100} \cdot \left(1 + \frac{2}{14}\right) = 6,8 \text{ mkg}.$$

Die Formel (64) ergibt im vorliegenden Fall $M = 8,1$ mkg, also das 1,19fache des nach Einlaufen zutreffenden Wertes.

Beispiel 67. Zu berechnen ist die Druckkraft P, mit der eine Lamellen-Reibungskupplung nach Fig. 101 mit $i = 8$ Reibflächen vom äußeren Durchmesser $d = 40$ cm und dem inneren Durchmesser $d_1 = 33$ cm anzupressen ist, wenn sie bei $\mathfrak{S} = \frac{5}{4}$ facher Sicherheit das Drehmoment $M = 1955$ mkg übertragen soll.

Da die Flächen sich bald einlaufen, so ist Formel (65) zu benutzen:

$$\mathfrak{S} \cdot M = \frac{i}{4} \cdot \mu \cdot P \cdot d \cdot \left(1 + \frac{d_1}{d}\right),$$

worin bei Stahl auf Bronze nach den Angaben S. 30 $\mu = 0{,}10$ einzusetzen ist. Hieraus folgt mit den gegebenen Zahlenwerten

$$P = \frac{1{,}25 \cdot 1955 \cdot 4}{8 \cdot 0{,}1 \cdot 40 \left(1 + \dfrac{33}{40}\right)} = 168 \text{ kg.}$$

Ist der eine Teil der Ringe aus Eichenholz und der andere aus abgedrehtem Flußeisen, so beträgt die Reibungsziffer $\mu = 0{,}50$, und es wird

$$P' = \tfrac{1}{5} P \sim 34 \text{ kg.}$$

Durch Weiterentwicklung[78]) der Untersuchungen von Reynolds wurde das in Fig. 102 dargestellte Michell-Spurlager[79b]) gefunden, das selbst bei den größten Kräften nur einen einzigen Tragring braucht, der auf einer Anzahl von annähernd quadratischen

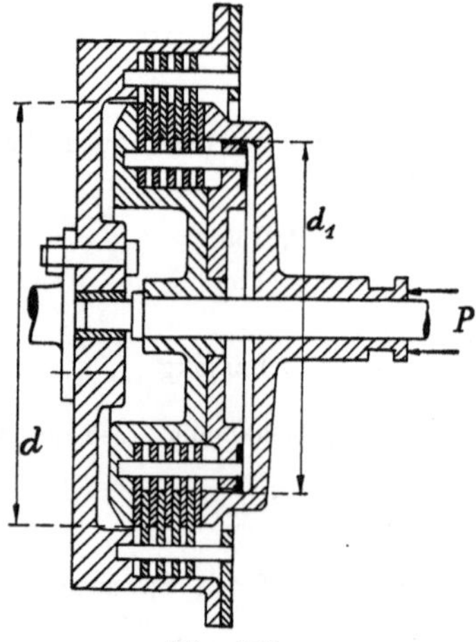

Fig. 101.

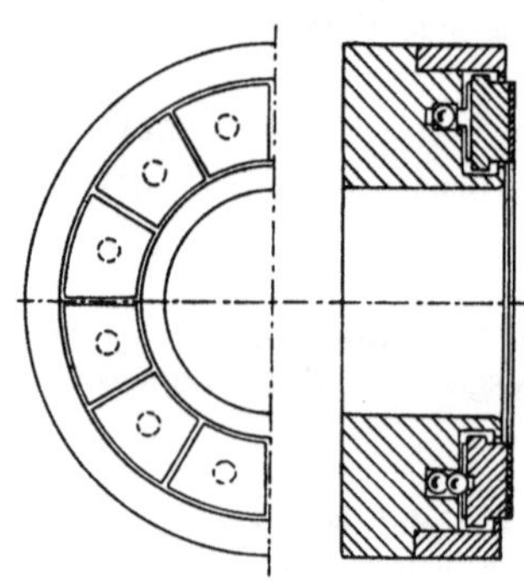

Fig. 102.

Segmenten läuft, die so gestützt werden, daß sie sich gemäß der Fig. 87 etwas geneigt zur Lauffläche stellen. An den Rändern der Segmentplatten ist der Öldruck 0 und er steigt nach der Mitte zu derart an, daß dort etwa das 3 fache des mittleren Druckes

$$p = \frac{P}{i \cdot F} \tag{69}$$

vorhanden ist, wenn bedeutet:

P die gesamte Druckkraft in kg,
F die Fläche eines Segmentes in cm²,
i die Anzahl der Segmente.

---

[78]) Michell, Zeitschr. f. Math. u. Phys. 1905.

Wird die Vorderkante der Segmente etwas abgerundet[79]), so wird der Öldruck und damit die Tragfähigkeit des Lagers noch erhöht.

Für quadratische Segmente von der Breite $a = 4,5$ cm, deren Unterstützung um den Betrag $e = 0,12\,a$ hinter der Mitte der Druckfläche liegt, ergab sich mit einem Öl, das bei der mittleren Temperatur $t = 55°$ die absolute Zähigkeit $z_0 = 0,00225$ kg·sk/m² hatte, die Reibungsziffer[79b])

$$\mu = 0,00308 \cdot \sqrt{\frac{v}{p}} \cdot (1 \pm 0,14) \cdot \sqrt{p}\,) \tag{70}$$

gültig für

$$6 < v < 50 \text{ m/sk}, \qquad 3 \div 9 < p < 100 \text{ at.}$$

Bei einer anderen mittleren Temperatur ist der Wert von μ im Verhältnis der Wurzeln aus den absoluten Zähigkeiten zu ändern. Bei $p \sim 100$ at ist $\mu \sim 0,002$ unabhängig von der mittleren Umlaufgeschwindigkeit v des Laufringes.

Werden die vorn abgerundeten Segmente genau in der Mitte gestützt, so ergibt sich wieder für die mittlere Temperatur $t = 55°$

$$\mu = 0,00762 \cdot \sqrt{\frac{v}{p}}. \tag{71}$$

Diese Anordnung liefert also größere Reibungsziffern, die in hohem Maße von dem Keilwinkel der Ölschicht abhängt[80]). Erst bei $p = 110$ at haben die Formeln (70) und (71) dasselbe Ergebnis.

Wird die Stützung um den Betrag $e = 0,12\,a$ nach vorn gelegt, so erhält man

$$\mu = 0,004 \tag{72}$$

für alle Drücke und Geschwindigkeiten.

Bei Drücken bis $p = 5$ at kann Wasser an Stelle von Öl genommen werden, wodurch die Reibungsziffer im Verhältnis der Wurzeln aus den absoluten Zähigkeiten verkleinert wird.

Werden statt der annähernd quadratischen Platten kreisförmige, in der Mitte gestützte, genommen[81]), so wird der theoretische Vorteil der Konstruktion nicht voll ausgenutzt. Derartige Lager haben die Reibungsziffer $\mu = 0,01 \div 0,003$.

Beispiel 68. Ein Michell-Lager vom Außendurchmesser $d = 220$ mm und der Breite $a = 45$ mm der $i = 12$ Tragsegmente laufe mit $n = 3000$ Umdrehungen in der Minute um und sei mit $P = 6$ t belastet. Das Schmieröl fließe mit der Temperatur $t_1 = 56°$ zu und mit $t_2 = 76°$ ab. Anzugeben ist sein Reibungsmoment.

Formel (69) gibt den mittleren Druck

$$p \sim \frac{6000}{12 \cdot 4,5^2} = 24,7 \text{ at.}$$

Die mittlere Umlaufgeschwindigkeit ist

$$v = \frac{\pi \cdot 0,175 \cdot 3000}{60} = 27,5 \text{ m/sk.}$$

Die mittlere Temperatur ist etwa

$$t = \tfrac{1}{2} \cdot (56 + 76) = 66°.$$

Gemäß Formel (55) erhält man

$$\frac{\log\left(\dfrac{z}{\gamma}\right)_{66}}{\log\left(\dfrac{z}{\gamma'}\right)_{55}} = \frac{2,267 - \log 66}{2,267 - \log 55} = \frac{2,267 - 1,820}{2,267 - 1,740} = 0,85.$$

[79]) Engng. 1915; v. F., Brown, Boveri u. Cie-Mitteilungen 1918.
[80]) Gümbel, Z. f. d. ges. Turbw. 1917.
[81]) Kingsbury, J. of the Am. Soc. of Naval Eng. 1912.

Bei Verwendung desselben Öles, mit dem die Zahlenangaben der Formel (70) erhalten sind, und wenn die geringe Änderung des spezifischen Gewichtes $\gamma \sim 0{,}89$ zwischen $55°$ und $66°$ außer acht gelassen wird, ist hiernach die für die vorteilhafteste Anordnung geltende Formel (70) mit dem Faktor [Formel (54)]

$$\sqrt{\frac{z_{66}}{z_{55}}} = \left(\frac{0{,}00225}{0{,}89 \cdot 0{,}00018}\right)^{\frac{1}{2}\cdot(0{,}85-1)} = 0{,}82$$

zu multiplizieren. Man erhält so die Reibungsziffer

$$\mu = 0{,}00308 \cdot \sqrt{\frac{27{,}5}{24{,}7}}(\cdot 1 + 0{,}14 \cdot \sqrt{24{,}7}) \cdot 0{,}82 = 0{,}0045\,.$$

Hiermit liefert die Formel (64)

$$M = \frac{1}{3} \cdot 0{,}0045 \cdot 6000 \cdot 0{,}22 \cdot \frac{1-\left(\dfrac{0{,}13}{0{,}22}\right)^3}{1-\left(\dfrac{0{,}13}{0{,}22}\right)^2} = 2{,}38\ \text{mkg}.$$

7. Der Rollwiderstand.

Rollt eine starre Walze auf einer ebenfalls starren, wagerechten Unterlage (Fig. 103), so findet die Berührung nur in einer Mantellinie A der Rolle statt. Die lotrechte Kraft Q, mit der die Walze auf die Unterlage gepreßt wird, und der Gegendruck N der letzteren fallen in dieselbe Wirkungslinie und heben sich gegenseitig auf, so daß der geringste äußere Einfluß ausreicht, um die Rollbewegung einzuleiten[82]). Dem Fall entspricht etwa ein wenig belastetes Stahlrad auf einer Stahlschiene, die mit der ganzen Länge auf einer Betonmauer aufliegt.

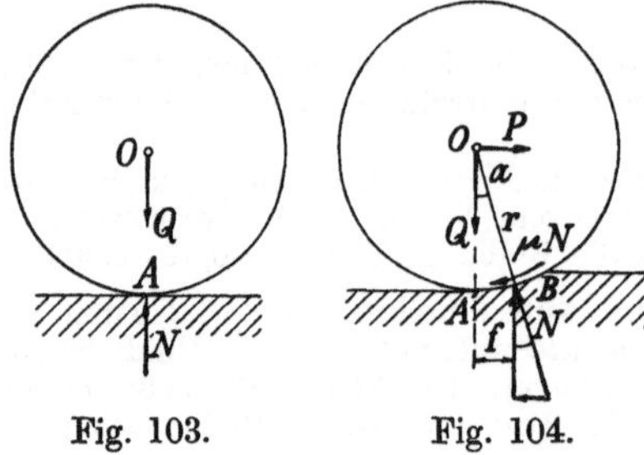

Fig. 103.   Fig. 104.

Ist die **Unterlage nachgiebig**, wie etwa eine frische Chausseeschotterung, und die Walze starr, so stellt die Fig. 104 die Verhältnisse dar. Die Gegenkraft N greift jetzt in der Mitte der vor der Walze befindlichen Erhöhung an und ist senkrecht zur Berührungsfläche von der Breite AB, also nach dem Mittelpunkt O der Walze gerichtet. Um den Körper zu rollen, ist eine etwa an der Rollenachse angreifende, parallel zur Lauffläche gerichtete Kraft P erforderlich und ferner außer der gewöhnlich sehr kleinen wagerechten Seitenkraft von. N die am Rollenumfang angreifende Reibung $\mu \cdot N$. Wäre die letztere nicht da, so würde bei geringer Zusammendrückung der Unterlage nur eine gleitende Verschiebung der Rolle eintreten.

Die beiden ersten Gleichgewichtsbedingungen ergeben mit den Bezeichnungen der Fig. 104, wenn auch $\mu \cdot N$ ebenso wie N zerlegt wird,

---

[82]) Reynolds, Phil. Transactions of the Royal Soc. 1876; Gümbel, Die unmittelbare Reibung fester Körper, 1920.

$$Q - N \cdot \cos\alpha + \mu \cdot N \cdot \sin\alpha = 0,$$
$$P - N \cdot \sin\alpha - \mu \cdot N \cdot \cos\alpha = 0.$$

Aus der ersteren folgt

$$Q = N \cdot \cos\alpha \cdot (1 - \mu \cdot \text{tg}\,\alpha)$$

und aus der zweiten

$$P = N \cdot \cos\alpha \cdot (\text{tg}\,\alpha + \mu).$$

Durch Division ergibt sich hieraus mit $\mu = \text{tg}\,\varrho$

$$\frac{P}{Q} = \frac{\text{tg}\,\alpha + \text{tg}\,\varrho}{1 - \text{tg}\,\alpha \cdot \text{tg}\,\varrho} = \text{tg}\,(\alpha + \varrho).$$

In allen praktischen Fällen verschwindet α gegenüber ϱ, so daß sich für $\alpha \sim 0$ die vereinfachte Fig. 105 ergibt mit $N = Q$. Dann liefert die dritte Gleichgewichtsbedingung mit A als Drehachse $P \cdot r = Q \cdot f$, also die erforderliche Zugkraft an der Achse zu

$$P = Q \cdot \frac{f}{r}. \tag{73}$$

Die vorhergehende Gleichung in der abgekürzten Form

$$\text{tg}\,\varrho = \mu > \frac{P}{Q} = \frac{f}{r}$$

stellt die Bedingung dar, unter der Rollen eintritt; ist etwa $\mu < \dfrac{f}{r}$, so gleitet der Körper.

Ist die R o l l e n a c h g i e b i g und die Unterlage starr, wie etwa ein Gummirad auf harter Straße, so bestehen die Verhältnisse der Fig. 106.

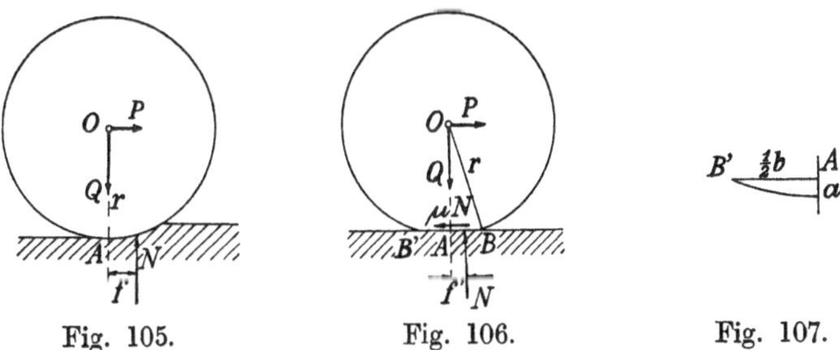

Fig. 105.　　　　　　Fig. 106.　　　　　　Fig. 107.

Im Ruhezustand liegt A in der Mitte der Abplattung von der Breite $\overline{BB'} = b$ und der Höhe a (Fig. 107), und Q und N, die beide durch A gehen, halten sich das Gleichgewicht. Beim Rollen verschiebt sich N um den Betrag f' nach vorn, weil die Mantellinie B' sich von der Fahrbahn abhebt und B sich entsprechend fester anlegt.

Aus der Momentengleichung $P \cdot (r - a) = N \cdot f'$ folgt mit

$$r^2 = (r - a)^2 - \left(\frac{b}{2}\right)^2$$

oder

$$a^2 - 2\,r\,a + r^2 = r^2 - \tfrac{1}{4}\,b^2,$$

also

$$a - r = \pm\sqrt{r^2 - \frac{1}{4}\,b^2} = r\sqrt{1 - \left(\frac{b}{2\,r}\right)^2}$$

bzw., da hier nur das untere Vorzeichen zutrifft und $\dfrac{b}{2\,r}$ immer sehr
klein ist,

$$r - a = r \cdot \left(1 - \frac{1}{8}\,\frac{b^2}{r^2}\right)$$

$$\frac{P}{N} = \frac{P}{Q} = \frac{f'}{r} \cdot \left(1 + \frac{1}{8}\,\frac{b^2}{r^2}\right).$$

Die Gleichung geht in die obige (73) über, wenn der Klammerausdruck
mit f' zu dem Wert f zusammengezogen wird, da nur der Gesamtaus-
druck durch Versuche bestimmt werden kann.

Man bemerkt, daß in beiden Grenzfällen das Ergebnis das gleiche
ist, also auch dann, wenn sowohl die R o l l e als auch die L a u f f l ä c h e
n a c h g i e b i g ist.

Nur insofern tritt ein Unterschied ein, als jetzt N senkrecht zu der
flachen Wölbung von Rolle und Unterlage steht, also gemäß Fig. 108
die Mittellinie der Rolle in einem Punkt O' über dem Mittelpunkt O
schneidet. Gleichzeitig wird der Winkel α noch kleiner als bei den
vorherigen Annahmen.

Da sich im Fall der Fig. 106 und 108 der Halbmesser r der Rolle
um den Betrag a verkürzt, so findet stets ein gewisser Schlupf beim
Rollen statt[82 b]), ohne daß die Rolle gleitet.

Es bleibt noch der Fall zu erörtern, daß die R o l l b a h n e l a s t i s c h
ist. Die hinter der Rolle wieder emporsteigende Bahn legt sich mit

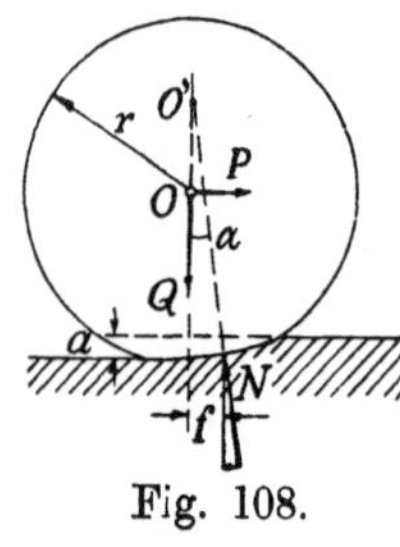

einem Druck daran an, der bei vollkommener
Elastizität der Unterlage gleich dem Druck N ist
und ebenso weit wie dieser von A entfernt ist.
Der Fall entspricht also, weil die Mittelkraft der
beiden N durch die Berührungslinie A geht, dem
zuerst besprochenen der vollkommen starren Körper. Da die Rolle, deren augenblickliche Drehachse A ist, sich auf der Rückseite bei B' von
der Unterlage nahezu senkrecht abhebt, so entsteht dort keine Reibungskraft, die die Verhältnisse etwa ändern würde.

Fig. 108.

Bei unvollkommener Elastizität der Unterlage oder, wenn auch nur
eine ganz geringe Zeit nötig ist, um die vollständige Rückbewegung
auszuführen, ist die hinter der Stelle A wirkende Gegenkraft kleiner
als die davor angreifende und befindet sich außerdem näher an A, so
daß dann ein je nach dem Grade der Elastizität mehr oder weniger
großer Teil von $Q \cdot f'$ als Moment des Rollwiderstandes in Ansatz
kommt.

Für den **Hebelarm** f des Rollwiderstandes gelten folgende Mittelwerte[30]):

| Material der | | f |
Walze	Unterlage	mm
Gußeisen	Gußeisen	0,05
Stahlräder	Stahlschienen	0,05
Pockholz	Pockholz	0,5
Ulmenholz	Pockholz	0,8
weiches Holz	weiches Holz	1,5
weiches Holz	Stein	1,3

Die Zugkraft P kann auch gelegentlich am ›beren Rand der Rolle angreifen, und es gilt dann

$$P' \cdot 2\,r = Q \cdot f. \tag{74}$$

Sie kann auch, wie der Kettenzug eines Fahrrades oder Lastkraftwagens, in geneigter Richtung am Halbmesser r_1 eines auf der Rollenachse festen Zahnrades angreifen. In dem Fall gilt entsprechend

$$P' \cdot r_1 = Q \cdot f.$$

Beispiel 69. Zu bestimmen ist der Neigungswinkel α einer aus Flußeisen gebildeten schiefen Ebene, auf der eine Stahlrolle vom Halbmesser $r = 60$ mm gerade anfängt abzurollen.

Gemäß Fig. 109 wird das Gewicht G der Rolle in die beiden Seitenkräfte $P = G \cdot \sin\alpha$ parallel zur schiefen Ebene und $N = G \cdot \cos\alpha$ senkrecht dazu zerlegt. Dann ergibt Formel (73)

$$G \cdot \sin\alpha = G \cdot \cos\alpha \cdot \frac{f}{r},$$

also

$$\operatorname{tg}\alpha = \frac{f}{r} = \frac{0{,}05}{60} = 0{,}00083,$$

mithin

$$\alpha \sim 3' = \tfrac{1}{20}{}^{\circ}.$$

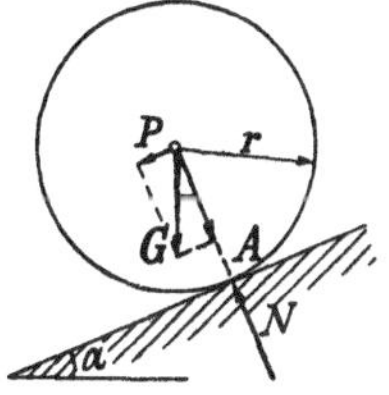

Fig. 109.

Bei sehr sorgfältiger Aufmessung[83]) waren die Genauigkeitsgrenzen der Messung $\tfrac{1}{10}{}^{\circ}$ und α ergab sich kleiner als dieser Betrag.

Beispiel 70. Für einen zweirädrigen Drahtseilbahnwagen vom Gesamtgewicht $Q = 550$ kg, der auf einer Neigung $\operatorname{tg}\alpha = 1 : 3{,}5$ fährt, ist die erforderliche Zugkraft anzugeben. Der Raddurchmesser beträgt $D = 25$ cm, der Zapfendurchmesser $d = 35$ mm.

Die Last Q wird entsprechend der Fig. 109 zerlegt. Das Moment des Rollwiderstandes ist dann

$$M_1 = Q \cdot \cos\alpha \cdot f,$$

das Moment der Zapfenreibung nach Formel (57)

$$M_2 = \tfrac{1}{2} \cdot \mu \cdot Q \cdot d,$$

das Moment der Zugkraft, die an der Radachse angreift, bei Aufwärtsbewegung

$$M_3 = (P - Q \cdot \sin\alpha) \cdot \frac{D}{2}.$$

<hr>

[83]) **Jahn,** Z. d. V. d. I. 1918.

Es gilt also
$$M_3 = M_1 + M_2$$
oder mit den vorstehenden Werten und

$$\cos\alpha = \frac{1}{\sqrt{1 + \mathrm{tg}^2\alpha}}\,, \quad \sin\alpha = \frac{\mathrm{tg}\,\alpha}{\sqrt{1 + \mathrm{tg}^2\alpha}}$$

$$P = \frac{Q}{\sqrt{1 + \mathrm{tg}^2\alpha}} \cdot \left(\mathrm{tg}\,\alpha + \frac{2 \cdot f}{D} + \mu \cdot \frac{d}{D} \cdot \sqrt{1 + \mathrm{tg}^2\alpha}\right). \tag{75}$$

Mit $f = 0,005$ cm und $\mu = 0,060$ bei Starrschmiere nach dem Einlaufen ergibt sich

$$P = \frac{550}{\sqrt{1 + 0,286^2}} \cdot \left(0,286 + \frac{2 \cdot 0,005}{25} + 0,060 \cdot \frac{3,5}{25} \cdot \sqrt{1,082}\right)$$

$$= 529 \cdot (0,286 + 0,00004 + 0,0087) = 198 \text{ kg}.$$

Bei der Ingangsetzung ist μ ungefähr doppelt so groß.

Bei der Abwärtsbewegung des Wagens ist

$$P = 529 \cdot (0,286 - 0,0004 - 0,0087) = 146 \text{ kg}.$$

In welcher Höhe des Wagens das Zugseil angreift, ist für die vorliegende Rechnung gleichgültig, da die Änderung der Höhenlage nur eine andere Verteilung des Raddruckes bewirkt (Beispiel 130, Bd. I).

Beispiel 71. Zu bestimmen ist die Neigung des Gleises, bei der ein Eisenbahnwagen beginnt, von selbst abzurollen.

Bezeichnet Q' den Anteil des ganzen Wagengewichtes Q, der auf ein Rad entfällt, so gilt nach Fig. 109 als treibende Kraft $Q' \cdot \sin\alpha$ am Radhalbmesser R, als Gegendruck der Schiene $Q' \cdot \cos\alpha$ mit dem Hebelarm f des Rollwiderstandes. Der Achszapfen vom Halbmesser r wird belastet durch $Q' - \frac{1}{2}G$, wenn G das Gewicht des Radsatzes darstellt, und das Moment der Zapfenreibung, die in erster Linie das Abrollen hindert, ist $\mu' \cdot (Q' - \frac{1}{2}G) \cdot r$.

Entsprechend lassen sich dieselben Gleichungen mit den zugehörigen Anteilen der übrigen Räder niederschreiben. Durch Addition erhält man dann mit $Q' = b \cdot l \cdot p'$, worin bedeutet

l die Länge des Zapfens in cm,

b die Breite der Lagerschale in cm,

p' den von Q' darauf hervorgerufenen Flächendruck in at,

$$Q \cdot \sin\alpha \cdot R = Q \cdot \cos\alpha \cdot f + \Sigma\mu' \cdot p' \cdot l \cdot b \cdot r - \Sigma\mu \cdot \frac{2G}{4} \cdot r,$$

wenn ein zweiachsiger Wagen angenommen wird.

Nun ist $\mu' \cdot p'$ nach S. 72 unter sonst gleichen Verhältnissen nahezu unveränderlich und man kann also für $\Sigma(\mu' \cdot p')$ den Wert $\mu \cdot p = \mu \cdot \frac{Q}{l \cdot b}$ einsetzen. Ebenso wird im letzten Glied der Mittelwert für die Reibungsziffer $\mu = \frac{1}{4} \cdot \Sigma\mu'$ gesetzt. Man kann demnach bei gleichen Rädern so rechnen, als ob die ganze Last auf ein einziges Rad kommt.

Nach Division durch $Q \cdot \cos\alpha \cdot R$ geht dann die obige Gleichung über in

$$\mathrm{tg}\,\alpha = \frac{f}{R} + \frac{\mu}{\cos\alpha} \cdot \left(1 - \frac{2G}{Q}\right) \cdot \frac{r}{R}. \tag{76}$$

Die Neigung wird am kleinsten, wenn Q den geringsten Wert annimmt. Für leere offene Güterwagen ist $Q = 7,3$ t, ein Radsatz wiegt $G = 1,2$ t, der Halbmesser des Radlaufkreises ist $R \sim 50$ cm, der Halbmesser des Zapfens $r = 4,5$ cm, ferner ist $f = 0,005$ cm und $\mu = 0,054$ bei etwa $10 \div 15$ Minuten Stillstand. Damit wird mit $\cos\alpha \sim 1$

$$\mathrm{tg}\,\alpha = \frac{0,005}{50} + \frac{0,054}{1} \cdot \left(1 - \frac{2 \cdot 1,2}{7,3}\right) \cdot \frac{4,5}{50} = 0,0001 + 0,00326 = 0,00336\,.$$

Die größte Neigung[84]), die Gleise in Bahnhöfen haben dürfen, ist $\mathrm{tg}\,\alpha = 0,0025$; somit ist die Sicherheit gegen selbsttätiges Abrollen bei Windstille

$$\mathfrak{S} = \frac{33,6}{25} = 1,34\,.$$

Beispiel 72. Anzugeben ist die in wagerechter Richtung wirkende Kraft P, die erforderlich ist, um eine Steinplatte vom Gewicht $Q = 5,2$ t durch hölzerne Rollen vom Halbmesser $r = 8$ cm und dem Gesamtgewicht $G = 40$ kg auf Holzbohlen fortzurollen.

Nur bei der in Fig. 110 wiedergegebenen Lage des Steines zu den Rollen verteilt sich sein Gewicht Q gleichmäßig über beide Rollen. Trotzdem kann nach den Angaben in Beispiel 70 so gerechnet werden, als ob die ganzen Lasten Q und G auf eine einzige Rolle wirken. Auch wenn P nicht, etwa durch Vermittlung einer Brechstange an der Unterfläche des Steines angreift, so wirkt das bei höherer Lage von P entstehende Drehmoment nur auf Mehrbelastung der vorderen und Entlastung der hinteren Rolle, was auf das Ergebnis ja ohne Einfluß ist.

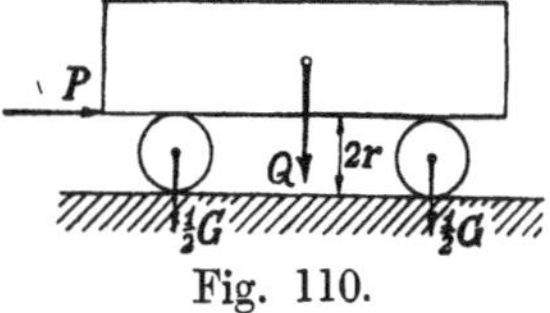

Fig. 110.

Das Moment des Rollwiderstandes an der Unterlage ist $M_1 = (Q + G) \cdot f_1$, das des Rollwiderstandes am Stein ist $M_2 = Q \cdot f_2$, das Moment der bewegenden Kraft ist gemäß Formel (74) $M = P \cdot 2\,r$. Man erhält so aus

$$P \cdot 2r = (Q + G) \cdot f_1 + Q \cdot f_2$$
$$P = \frac{Q \cdot (f_1 + f_2) + G \cdot f_1}{2\,r}\,,$$

also mit $f_1 = 0,15$ mm, $f_2 = 0,13$ mm

$$P = \frac{5200 \cdot (0,15 + 0,13) + 40 \cdot 0,15}{2 \cdot 80} = 9,11 + 0,04 \sim 9,2 \text{ kg.}$$

Beispiel 73. Von den vier Laufrädern des Auslegers eines Portalkranes erfahren die zwei vorderen je die Höchstbelastung $Q' = 11,37$ t, die zwei hinteren je $Q'' = 0,26$ t. Anzugeben ist die Größe des zum Schwenken des Auslegers erforderlichen Zahndruckes P, der im Abstand $R_1 = 1,35$ m von der Drehachse wirkt (Fig. 111). Gegeben ist ferner der Halbmesser des mittleren Laufkreises $R = 1,50$ m, der mittlere Raddurchmesser $2\,r = 0,60$ m, der Zapfendurchmesser der Räder $2\,r_1 = 7$ cm, die Zapfenlänge $l_1 = 11$ cm, der Stirndurchmesser der Radnabe $2\,r_2 = 12$ cm.

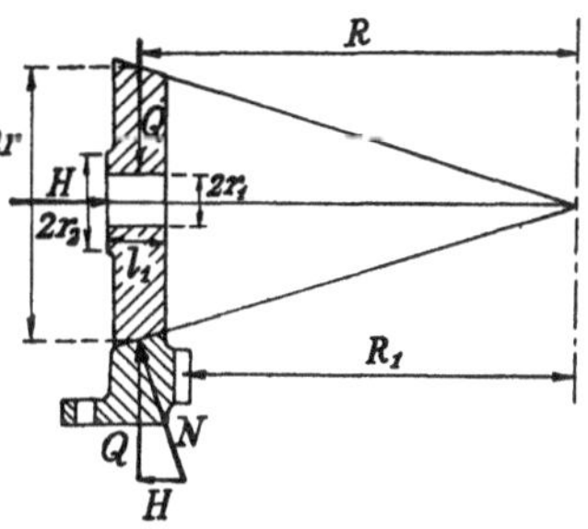

Fig. 111.

Es ist die Gesamtbelastung

$$Q = 2 \cdot (Q' + Q'') = 2 \cdot (11,37 + 0,26) = 23,26 \text{ t.}$$

Der Gegendruck N der Schiene wird zerlegt in Q und H, und aus ähnlichen Dreiecken folgt

$$H = Q \cdot \frac{r}{R}$$

und damit

$$N = \sqrt{Q^2 + H^2} = Q \cdot \sqrt{1 + \left(\frac{r}{R}\right)^2}\,.$$

---

[84]) Techn. Vereinbarungen über den Bau und die Betriebseinrichtungen der Haupt- und Nebeneisenbahnen.

Das Moment des Rollwiderstandes ist

$$M_1 = N \cdot f = Q \cdot f \cdot \sqrt{1 + \left(\frac{r}{R}\right)^2} = 23\,260 \cdot 0{,}005 \cdot \sqrt{1 + \left(\frac{30}{150}\right)^2} \backsim 120 \text{ cmkg.}$$

Das Moment der Tragzapfenreibung ist mit $\mu = 0{,}10$ (vgl. S. 71) nach Formel (57)

$$M_2 = \mu \cdot Q \cdot r_1 = 0{,}10 \cdot 23\,260 \cdot 3{,}5 \backsim 8140 \text{ cmkg.}$$

Das Moment der Spurzapfenreibung nach Formel (63)

$$M_3 = \frac{2}{3} \cdot \mu \cdot H \cdot \frac{1 - \left(\frac{r_1}{r_2}\right)^3}{1 = \left(\frac{r_1}{r_2}\right)^2} = \frac{2}{3} \cdot 0{,}10 \cdot 23\,260 \cdot \frac{30}{150} \cdot \frac{1 - \left(\frac{7}{12}\right)^3}{1 - \left(\frac{7}{12}\right)^2} \backsim 380 \text{ cmkg.}$$

Treibend wirkt das Moment

$$M = P \cdot R_1 = P \cdot 135 \text{ cmkg.}$$

Man erhält somit

$$P = \frac{1}{135} \cdot (120 + 8140 + 380) = 64 \text{ kg.}$$

Da sich beim ersten Anfahren die Reibungsziffer vergrößert auf $\mu = 0{,}14$ und der Rollwiderstand nur einen ganz geringen Anteil zu P beiträgt, so kann genau genug angegeben werden

$$P_{\max} = 1{,}4 \cdot P = 90 \text{ kg.}$$

Für eisenbereifte Räder von Straßenfuhrwerken ist f naturgemäß von der Art der Straße abhängig. Es ist[85] auf

glatten Granitplatten	$f =$	1,5 mm,
Gleisen der Straßenbahn . . i. M.	$f =$	2,5 ,, ,
guter Asphaltstraße	$f =$	6,0 ,, ,
gutem Holzpflaster	$f =$	1,5 ,, ,
sehr guten Erdwegen	$f =$	4,5 ,, ,
losem Sand	$f =$	15÷30 ,, .

Für Vollgummibereifung von Lastkraftwagen[86] ist auf guter harter Chaussee $f = 2{,}4$ mm.

Beispiel 74. Zu berechnen ist die nötige Zugkraft P, um ein Landfuhrwerk von $G = 1100$ kg Eigengewicht und $Q = 3000$ kg Ladung auf einer guten Asphaltstraße fortzuschaffen. Die Achsschenkel haben den Durchmesser $d = 5$ cm, die Vorderräder den Durchmesser $D_1 = 1{,}0$ m, die Hinterräder den Durchmesser $D_2 = 1{,}2$ m. Die Last werde gleichmäßig auf alle 4 Räder verteilt vorausgesetzt.

Als widerstehende Momente sind die des Rollwiderstandes und der Zapfenreibung anzusetzen, das bewegende Moment bildet die Zugkraft am Radhalbmesser. Es gilt also für die Vorderräder

$$\frac{P}{2} \cdot \frac{D_1}{2} = \frac{1}{2} \cdot (G + Q) \cdot f + \frac{1}{2} \cdot (G + Q) \cdot \mu \cdot \frac{d}{2} .$$

Eine entsprechende Gleichung ergibt sich für die Hinterräder. Damit wird

$$P \cdot \frac{D_1 + D_2}{2} = (G + Q) \cdot (2f + \mu \cdot d) ,$$

---

[85] Berechnet aus den Messungsergebnissen von Gerstner, Handbuch der Mechanik, 1831; Morin, Expériences sur le tirage des voitures, 1839/42; Brix, Über die Reibung und den Widerstand der Fuhrwerke auf Straßen von verschiedener Beschaffenheit, 1850.

[86] Nach Wimperis, Engng. 1910.

also

$$P = 2 \cdot (2f + \mu \cdot d) \cdot \frac{G + Q}{D_1 + D_2}. \tag{77}$$

Mit $f = 0,60$ cm und $\mu = 0,10$ wird

$$P = 2 \cdot (2 \cdot 0,6 + 0,1 \cdot 5) \cdot \frac{4100}{220} = 63 \text{ kg}.$$

Bei etwa 8 stündiger Arbeitszeit am Tage mit passenden Pausen beträgt die Zugkraft eines

leichten Pferdes	60 kg	bei	$v = 1,1$ m/sk	Geschwindigkeit,	
mittleren ,,	75 ,,	,,	$v = 1,1$,,	,,	,
schweren ,,	90 ,,	,,	$v = 1,1$,,	,,	,
Menschen	15 ,,	,,	$v = 0,8$,,	,,	,
,,	25 ,,	,,	$v = 0,4$,,	,,	.

Sie kann vorübergehend auf das Doppelte gesteigert werden.

Ist die **Fahrbahn uneben**, so daß das Rad im Punkte B der Fig. 112 gegen eine um den Betrag a erhabene Erhöhung stößt, so gilt, wenn die Zugkraft P an der Radachse angreift, die Momentengleichung

$$P \cdot (r - a) = Q \cdot \frac{b}{2},$$

wobei der sehr kleine Betrag $Q \cdot \operatorname{tg}\alpha \cdot a$ weggelassen wird. Mit dem oben bestimmten Wert von $r - a$ folgt hieraus

$$\frac{P}{Q} = \frac{b}{2r} \cdot \left(1 + \frac{1}{8}\frac{b^2}{r^2}\right).$$

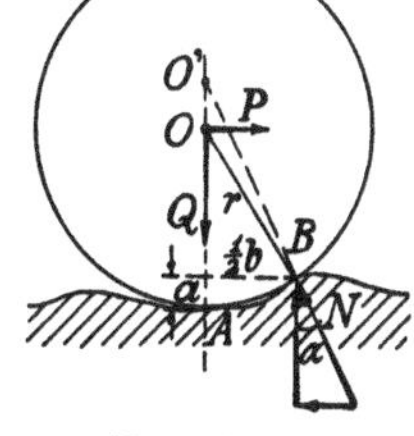

Fig. 112.

Nun ergibt die Ableitung des Wertes $r - a$ umgekehrt

$$\frac{b}{2r} = \sqrt{\frac{2a}{r}},$$

und es ist demnach

$$\frac{P}{Q} = \sqrt{2 \cdot \frac{a}{r} \cdot \left(1 + \frac{a}{r}\right)} \tag{78}$$

bei langsamem Rollen. Bei schnellem Rollen steigt der Einfluß der Unebenheiten mit dem Quadrat der Geschwindigkeit.

Die Rechnung setzt voraus, daß die Vorsprünge der Fahrbahn starr sind. Bei nachgiebigen oder elastischen Vorsprüngen ist nur ein Teilbetrag von a in die Formel (78) einzusetzen. Sind z. B. auf die eiserne Fahrbahn niedrige Messingstreifen von der Stärke a gelötet, so stimmt die Formel mit den Versuchsergebnissen [87]) überein, wenn i. M. mit $0,50\,a$ gerechnet wird. Bei Wagen auf rauhen Straßen verringert sich der Widerstand noch dadurch, daß nicht alle vier Räder gleichzeitig vor gleich hohen Vorsprüngen stehen.

---

[87]) Bülz, Forschungsarbeiten des V. d. I., Heft 154/5, 1914.

Als Durchschnittswerte für vierrädrige, eisenbereifte Straßenfuhrwerke[65]) kann man ansetzen bei

vorzüglichem Steinpflaster . . . . $a = 0{,}030$ mm,
gutem   „   . . . . $0{,}067$ „ ,
schlechtem   „   . . . . $0{,}225$ „ ,
chaussierter Straße, glatt und geteert . . . . $0{,}035$ „ ,
     „   „   „ . . . . $0{,}095$ „ ,
     „   „   mit Staub und Schlamm bedeckt $0{,}150$ „ ,
     „   „   in schlechter Beschaffenheit . . $0{,}55$ „ .

Beispiel 75. Zu berechnen ist die für den Wagen in Beispiel 74 erforderliche Zugkraft auf einer gewöhnlichen staubigen oder schlammigen Chaussee.

Der Klammerausdruck der Formel (78) kann als belanglos weggelassen werden. Dann ist

$$P = \frac{Q}{2} \cdot \left[\sqrt{2 \cdot \frac{a}{R_1}} + \sqrt{2 \cdot \frac{a}{R_2}} + \mu \cdot \left(\frac{d}{D_1} + \frac{d}{D_2} \right) \right]$$

$$= \frac{4100}{2} \cdot \left[\sqrt{\frac{2 \cdot 0{,}015}{50}} + \sqrt{\frac{2 \cdot 0{,}015}{60}} + 0{,}10 \cdot \left(\frac{5}{100} + \frac{5}{120} \right) \right]$$

$$= \frac{4100}{2} \cdot (0{,}0245 + 0{,}0224 + 0{,}0050 + 0{,}0042) = 115 \text{ kg.}$$

Vorausgesetzt ist eine im ebenen Gelände verlaufende Straße. Bei der im Flachlande gebräuchlichen Straßensteigung $\operatorname{tg}\alpha = 0{,}025$ wird nach Formel (75) für die Aufwärtsbewegung

$$P = \frac{4100}{\sqrt{1 + 0{,}025^2}} \cdot (0{,}025 + 0{,}0235 + 0{,}0046 \cdot 1{,}0003) = 216 \text{ kg.}$$

Die Belastung ist also, wenn längere Steigungen von der Größe vorkommen, für zwei schwere Pferde schon zu groß.

Bei einer Steigung der Straße von $\operatorname{tg} a = 0{,}050$, wie sie im Hügelland oft vorkommt, ist

$$P = \frac{4100}{\sqrt{1 + 0{,}05^2}} \cdot (0{,}050 + 0{,}0235 + 0{,}0046 \cdot 1{,}00125) = 319 \text{ kg.}$$

Der Wagen erfordert dann 4 mittelschwere Pferde.

Beispiel 76. An einem Lastkraftwagen mit Vollgummibereifung ist auf einer wagerechten, guten harten Chaussee bei Windstille für den Fahrwiderstand des geschleppten Wagens mit ausgekuppeltem Motor[86]) festgestellt worden bei

$v =$	4	8	12	16	20	24	28	32	36 km/st
$\frac{P}{Q} =$	0,0181	0,0190	0,0203	0,0226	0,0248	0,0300	0,0362	0,0430	0,0493.

Hiernach läßt sich angeben für

$$0 < v < 12 \text{ km/st} \quad \frac{P}{Q} = 17{,}6 + \frac{6}{80} v + \frac{1}{80} v^2 \text{ kg/t,}$$

$$12 < v < 21 \text{ km/st} \quad \frac{P}{Q} = 20{,}3 \cdot \sqrt[2,3]{\frac{v}{12}} \text{ kg/t,}$$

$$21 < v < 36 \text{ km/st} \quad \frac{P}{Q} = 25{,}1 \cdot \left(\frac{v}{21} \right)^{1,25} \text{ kg/t.}$$

Mit einem leichten Lastkraftwagen mit Vollgummibereifung von $D \smallsetminus 0{,}90$ m Durchmesser sind festgestellt worden[88]) auf

---

[88]) v. **Kennelly** u. **Schmig**, Institute of Electr. Eng., Cleveland 1917.

Asphaltstraßen	bei $16 < v < 24$ km/st	$\dfrac{P}{Q} = 14{,}5 + \dfrac{v}{4}$ kg/t,
Holzpflaster	„ $16 < v < 23$ „	$\dfrac{P}{Q} = 18{,}0 + \dfrac{v}{4}$ „ ,
guter harter Chaussee	„ $14 < v < 23$ „	$\dfrac{P}{Q} = 24{,}0 - \dfrac{2}{3}\,v + \dfrac{v^2}{30}$ kg/t,
schlechter „	„ $14 < v < 24$ „	$\dfrac{P}{Q} = 28{,}0 - \dfrac{1}{4}\,v + \dfrac{v^2}{50}$ „ ,
Kopfsteinpflaster	„ $13 < v < 20$ „	$\dfrac{P}{Q} = 29{,}0 - \dfrac{2}{3}\,v + \dfrac{v^2}{15}$ „ ,
weicher Landstraße	„ $13 < v < 21$ „	$\dfrac{P}{Q} = 36{,}5 - \dfrac{3}{4}\,v + \dfrac{v^2}{30}$ „ ,
Granitsteinen in Zement	„ $15 < v < 23$ „	$\dfrac{P}{Q} = 17{,}5 + \dfrac{v^2}{40}$ kg/t.

Die letzteren Angaben enthalten nur den reinen Straßen- und dazu den Luftwiderstand.

Für Fahrräder gilt bei $1{,}7 > v > 10$ msk Fahrtgeschwindigkeit als Gesamtwiderstand[89a]

$$W = 0{,}64 + 0{,}0922 \cdot v + 0{,}022 \cdot v^2.$$

Straßenlokomotiven von $0{,}8 \div 1{,}0$ m Raddurchmesser haben auf fester Straße einen Fahrwiderstand von 22 kg/t[89b].

Bei auf Schienen laufenden Rädern biegt sich die Schiene unter dem Raddruck stets etwas durch, wie es die Fig. 113 etwa andeutet. Das Rad scheint somit eine etwas geneigte Bahn heraufzurollen. Jedoch läuft die Aushöhlung der Bahn mit dem Rade nahezu unverändert mit, und außerdem ist die Tangente an die Schienenkurve an der Rollstelle parallel zur Bewegungsrichtung des Rades. Diese Durchbiegung ist also ohne Einfluß auf den Rollwiderstand.

Drehen sich zwei durch die Kräfte Q aufeinander gepreßte Rollen von den Halbmessern r_1 und r_2 um ihre Achsen O_1 und O_2, so verschiebt sich an jeder Rolle der darauf wirkende Gegendruck N_1 bzw. N_2 um die Strecke f von der Mittellinie O_1O_2

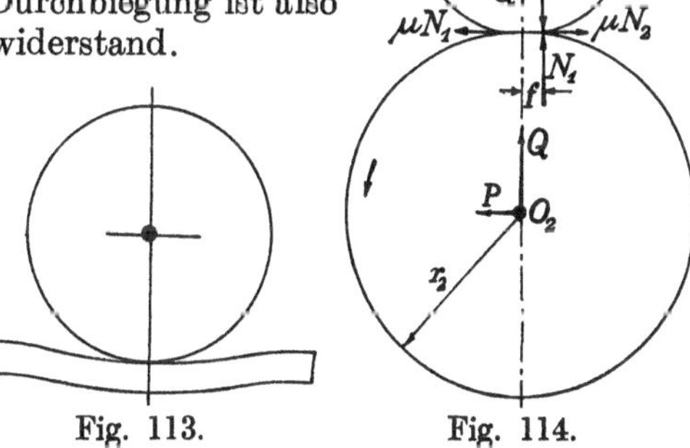

Fig. 113. Fig. 114.

nach rückwärts im Sinne der Bewegung jeder Rolle (Fig. 114). Um die Rolle 1 gegen den Rollwiderstand zu drehen, ist sie durch ein Drehmoment M_1 anzutreiben. Da nun $N_1 = N_2 = Q$ ist, so gilt für reines Rollen, also $P < \mu \cdot N$,

$$+ M_1 - Q \cdot f + P \cdot r_1 = 0$$

---

[89] S c h a e f e r, D. p. J. 1908; Dahme, Z. d. V. d. I. 1919.

und für die Rolle 2 entsprechend

$$+Q \cdot f + P \cdot r_2 = 0 \, .$$

Wird der hieraus folgende Wert von P in die erstere Gleichung ein
gesetzt, so folgt[90])

$$M_1 = Q \cdot f \cdot \left(1 + \frac{r_1}{r_2}\right) . \tag{79}$$

Die Gleichung trifft auch für das Rollen in einem Hohlzylinder zu.

Steht etwa die Rolle 2 fest und rollt 1 darauf im Sinne des eingetragenen Pfeiles ab, so gilt dieselbe Überlegung. Nun wirkt jetzt auf die
Rolle 2 noch ein Drehmoment $M_2 = M_1$ in entgegengesetzter Richtung,
das sie festhält.

Beispiel 77. Zu berechnen ist die im Abstande $l_0 = 0,60$ m von der Drehachse angreifende Kraft P_0, die zum Schwenken eines Handdrehkranes nach
Fig. 115 nötig ist, bei der Nutzlast $Q = 3$ t, ihrer Ausladung $a = 4,0$ m , dem

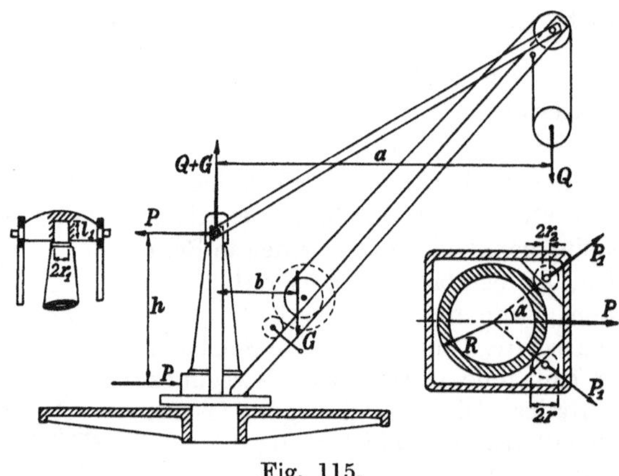

Fig. 115.

Gewicht der drehbaren Teile $G = 2,8$ t, seinem Hebelarm $b = 1,0$ m, dem Abstand von der Mitte des oberen Drehzapfens bis zur Mitte der unteren Druckrollen $h = 1,8$ m. Gegeben sei ferner der Durchmesser des oberen Drehzapfens
$2 r_1 = 11$ cm, seine Länge $l_1 = 16$ cm, der Rollendurchmesser $2 r = 15$ cm, ihr
Zapfendurchmesser $2 r_2 = 4,5$ cm, die Zapfenlänge $l_2 = 6$ cm, der Säulendurch-
messer an der Laufstelle der Rollen $2 R = 65$ cm, der Winkel zwischen den
Rollenachsen und der Mittelachse des Auslegers $\alpha = 40°$.

Der obere Spurzapfen hat das ganze Gewicht des Auslegers mit der Last
zu tragen; die Seitenflächen des Zapfens und des Rollenlagers erhalten die gleiche
wagerechte Kraft P. Die Momentengleichung für die am Ausleger wirkenden
Kräftepaare lautet bei Gleichgewicht

$$+Q \cdot a + G \cdot b - P \cdot h = 0 \, .$$

Hieraus folgt

$$P = Q \cdot \frac{a}{h} + G \cdot \frac{b}{h} = 3000 \cdot \frac{4,0}{1,8} + 2800 \cdot \frac{1,0}{1,8} \sim 8220 \text{ kg} .$$

---

[90]) S t r i b e c k, Z. d. V. d. J. 1901; Löffler, Mechanische Triebwerke und
Bremsen, 1912.

Der auf eine Stützrolle kommende Druck P_1 ergibt sich leicht aus dem Kräftedreieck zu

$$P_1 = \frac{1}{2} \cdot P \cdot \frac{1}{\cos\alpha} = \frac{8220}{2 \cdot 0{,}766} \sim 5370 \text{ kg.}$$

Da ein richtiges Einlaufen der Zapfen hier nicht stattfindet, so ist zu rechnen mit $\mu = 0{,}10$.

Man erhält so das Reibungsmoment des Stützzapfens nach Formel (64)

$$M = \tfrac{1}{3} \cdot \mu \cdot (Q + G) \cdot d_1 = \tfrac{1}{3} \cdot 0{,}10 \cdot 5800 \cdot 11 = 2127 \text{ cmkg,}$$

das Reibungsmoment des Tragzapfens nach Formel (57)

$$M_2 = \tfrac{1}{2} \cdot \mu \cdot P \cdot d_1 = \tfrac{1}{2} \cdot 0{,}10 \cdot 8220 \cdot 11 = 4523 \text{ cmkg,}$$

das Reibungsmoment der 4 Tragzapfen der Rollen

$$M_3 = 2 \cdot \tfrac{1}{2} \cdot \mu \cdot P_1 \cdot d_2 = 2 \cdot \tfrac{1}{2} \cdot 0{,}10 \cdot 5370 \cdot 4{,}5 = 2416 \text{ cmkg,}$$

das Moment des Rollwiderstandes nach Formel (79) mit $f = 0{,}005$ cm

$$M_4 = 2 \cdot P_1 \cdot f \cdot \left(1 + \frac{r}{R}\right) = 2 \cdot 5370 \cdot 0{,}005 \cdot \left(1 + \frac{15}{65}\right) = 66 \text{ cmkg.}$$

Das gesamte, zum Schwenken nötige Drehmoment ist also $\Sigma M = 91{,}32$ mkg, mithin die gesuchte Kraft

$$P_0 = \frac{\Sigma M}{l_0} = \frac{91{,}32}{0{,}60} \sim 152 \text{ kg.}$$

8. Der Spurkranz.

Ein Laufkran von der Spannweite b und dem Radstand a (Fig. 116) erfahre bei einer bestimmten Laststellung die Raddrücke N_1, N_2, N_3, N_4. Ist nun ein Rad, z. B. 1, etwas größer als die anderen — Unterschiede von 1 mm im Durchmesser kommen häufig vor[91] —, so eilt es entsprechend vor und der Kran stellt sich schief, wobei der Spurkranz

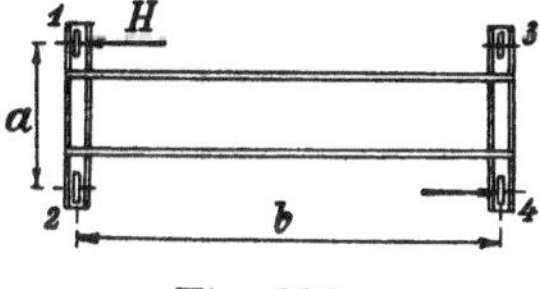

Fig. 116.

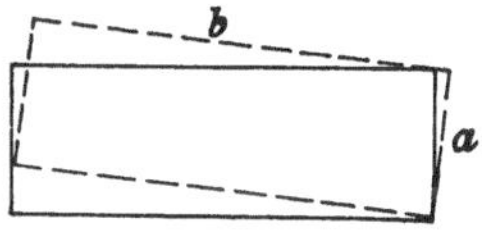

Fig. 117.

des voreilenden Rades die Schiene berührt und so eine wagerechte Gegenkraft H erfährt. Hat H eine hinreichende Größe angenommen, so verschiebt sich der Kran entweder in der Richtung von H als Ganzes oder führt eine Drehung um das diagonal gegenüberliegende Rad 4 aus.

Zunächst ist zu entscheiden, unter welchen Umständen das eine oder andere eintritt. Für den Fall der Verschiebung im ganzen ist

$$H = \mu \cdot (N_1 + N_2 + N_3 + N_4),$$

für den der Drehung ist nach Fig. 117

$$H \cdot a = \mu \cdot \left(N_3 \cdot a + N_2 \cdot b + N_1 \cdot \sqrt{a^2 + b^2}\right).$$

---

[91]) **Pape**, D. p. J. 1910.

Im Grenzfall sind beide H einander gleich, woraus folgt

$$N_1 + N_2 + N_4 = N_1 \cdot \sqrt{1 + \left(\frac{b}{a}\right)^2} + N_2 \cdot \frac{b}{a} \, . \qquad (80)$$

Beispiel 78. Zu bestimmen ist das Radstandverhältnis $\frac{b}{a}$, bei dem Drehung des Laufkranes eintritt, für verschiedene Werte der Raddrücke N.

Es sei

$$N_1 = N_2 = N_3 = N_4 = \frac{Q}{4} \, .$$

Dann liefert Formel (80)

$$\sqrt{1 + \left(\frac{b}{a}\right)^2} = 3 - \frac{b}{a} \qquad \text{oder} \qquad 1 + \left(\frac{b}{a}\right)^2 = 9 - 6 \cdot \frac{b}{a} + \left(\frac{b}{a}\right)^2,$$

also

$$\frac{b}{a} = 1{,}33$$

als Grenzwert. Bei jedem größeren Betrag verschiebt sich der Kran seitlich.

Es sei

$$N_1 = N_2 = 0{,}3\,Q \qquad \text{und} \qquad N_1 = N_2 = 0{,}2\,Q \, .$$

Dann ergibt sich aus

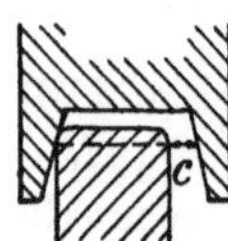

oder

$$0{,}3 \cdot \sqrt{1 + \left(\frac{b}{a}\right)^2} = 0{,}8 - 0{,}3\,\frac{b}{a}$$

$$1 + \left(\frac{b}{a}\right)^2 = 7{,}11 - 5{,}33 \cdot \frac{b}{a} + \left(\frac{b}{a}\right)^2$$

$$\frac{b}{a} = 1{,}15 \, .$$

Fig. 118.

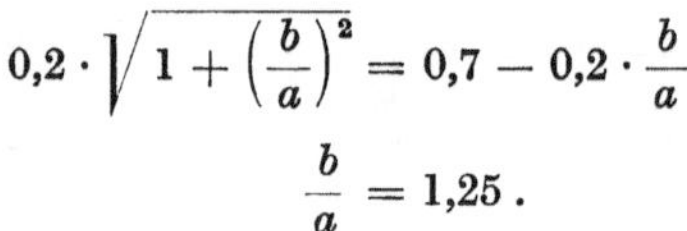

Es sei umgekehrt $N_1 = N_2 = 0{,}2\,Q$ und $N_3 = N_4 = 0{,}3\,Q$. Dann folgt aus

$$0{,}2 \cdot \sqrt{1 + \left(\frac{b}{a}\right)^2} = 0{,}7 - 0{,}2 \cdot \frac{b}{a}$$

$$\frac{b}{a} = 1{,}25 \, .$$

Da b im allgemeinen, sogar bei Portalkranen, erheblich größer ist als a, so findet unter gewöhnlichen Umständen keine den Kran wieder gerade richtende Drehung statt, sondern der Kran schiebt sich an dem Spurkranz zur Seite, wobei das voreilende Rad auch in der Laufrichtung etwas gleitet (S. 105). Mit $\mu = 0{,}22$ erhält man somit, wenn Q das Gesamtgewicht des Kranes einschließlich der Last angibt, $H = 0{,}22 \cdot Q$.

Fig. 119.

Die Größe der möglichen Schiefstellung hängt ab von dem Radstand a und dem Spielraum c zwischen den Spurkränzen und der Schiene (Fig. 118), und zwar ist der Schiefstellwinkel γ gemäß Fig. 119 bestimmt durch

$$\operatorname{tg} \gamma = \frac{2 \cdot c}{a} \, . \qquad (81)$$

Es liegen demnach immer zwei Spurkränze mit gleicher Kraft H an der Schiene an. Als Durchschnittswert[91]) kann etwa $\gamma \sim \dfrac{1}{200}$ gelten.

Die Kegelschnitte. Ein Kegel entsteht dadurch, daß eine gerade, nach beiden Richtungen ins Unendliche verlaufende Linie AA um die Achse OO', die sie in O unter dem Winkel α schneidet, gedreht wird (Fig. 120).

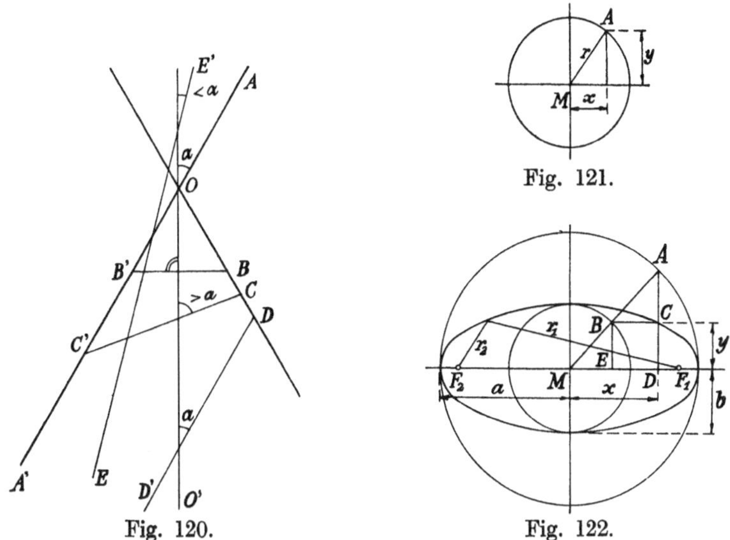

Fig. 120.   Fig. 121.

Fig. 122.

Legt man durch den Kegel einen ebenen Schnitt BB' senkrecht zur Achse OO', so entsteht ein Kreis (Fig. 121). Für jeden beliebigen Punkt des Kreisumfanges gilt mit den Bezeichnungen der Fig. 120 die Mittelpunktsgleichung

$$x^2 + y^2 = r^2 . \tag{82}$$

Wird der Schnitt CC' unter einem beliebigen Winkel zwischen 90° und α gegen die Achse gelegt, so entsteht eine Ellipse, deren Halbachsen a und b sich um so mehr voneinander unterscheiden, je mehr der Schnittwinkel sich dem Wert α nähert (Fig. 122). Gezeichnet wird die Ellipse aus den beiden Halbachsen a und b, indem man durch die Schnittpunkte A und B der aus ihnen geschlagenen Kreise mit einem beliebigen Halbmesser MA je eine zu a bzw. b Senkrechte AC bzw. BC zieht, die sich in einem Punkt C der Ellipse schneiden. Man entnimmt der Fig. 122 aus den ähnlichen Dreiecken BAC und MBE das Verhältnis

$$\frac{x}{a} = \frac{\sqrt{b^2 - y^2}}{b} ,$$

woraus sich nach Quadrierung die Mittelpunktgleichung der Ellipse ergibt:

$$\left(\frac{x}{a}\right)^2 + \left(\frac{y}{b}\right)^2 = 1 . \tag{83}$$

Für jeden Punkt der Ellipse ist die Summe der Brennpunktabstände CF_1 und CF_2 dieselbe:

$$r_1 + r_2 = 2a ,$$

und zwar ist

$$\overline{MF_1} = \overline{MF_2} = \pm\sqrt{a^2 - b^2} .$$

Wird die Schnittebene DD' parallel zu einer Mantellinie, also unter dem Winkel α gegen die Achse OO' geführt (Fig. 120), so entsteht die **Parabel**, die in der Richtung nach D' ins Unendliche verläuft (Fig. 123). Jeder Punkt der Parabel hat von einem Punkt F und einer senkrecht zur Achse verlaufenden Geraden den gleichen Abstand: $\overline{FC} = \overline{DC}$. Den Abstand $\overline{FM} = p$ bezeichnet man als Parameter der Parabel. Aus dem Dreieck FBC erhält man nach dem Satz des Pythagoras:

$$\left(x - \frac{p}{2}\right)^2 + y^2 = \left(x + \frac{p}{2}\right)^2 ,$$

woraus die Scheitelgleichung der Parabel folgt

$$y^2 = 2 \cdot p \cdot x .$$

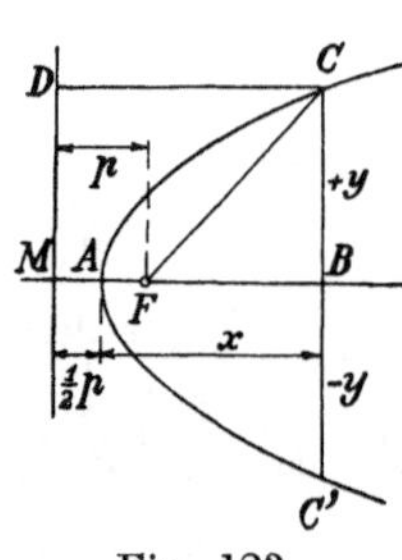

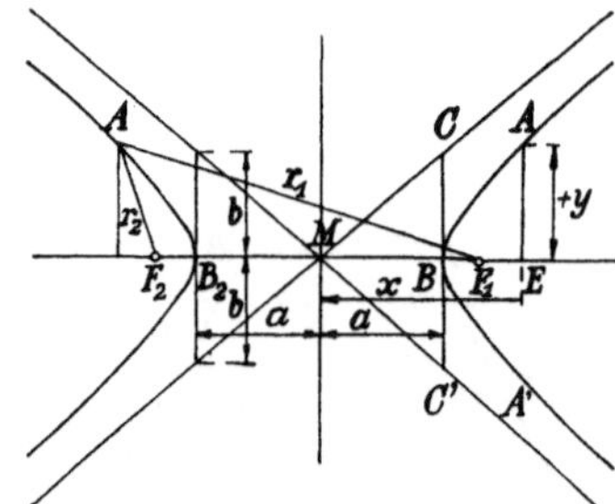

Fig. 123.   Fig. 124.

Wird in Fig. 120 der Kegelschnitt EE' gegen die Achse OO' unter einem Winkel geführt, der kleiner ist als α, so entsteht die **Hyperbel**, die in zwei getrennte gleiche Äste bei E und bei E' zerfällt. Für jeden beliebigen Punkt A der Hyperbel (Fig. 124) ist der Unterschied der Brennpunktstrahlen $\overline{F_1 A}$ und $\overline{F_2 A}$ derselbe:

$$r_1 - r_2 = 2a , \tag{84}$$

wenn $\overline{MB_1} = \overline{MB_2} = a$ als große Halbachse der Hyperbel bezeichnet wird und entsprechend das von den die Kurve in den unendlichfernen Punkten tangierenden Asymptoten auf der Scheiteltangente abgeschnittene Stück $\overline{BC} = b$ als kleine Halbachse. Es ist ferner

$$\overline{MF_1} = MF_2 = \pm\sqrt{a^2 + b^2} = c .$$

Nach dem Satz des Pythagoras erhält man hiermit

$$r_1 = \sqrt{(x + c)^2 + y^2} \qquad \text{und} \qquad r_2 = \sqrt{(x - c)^2 + y^2} ;$$

damit folgt aus der obigen Grundgleichung durch zweimaliges Quadrieren die Mittelpunktgleichung der Hyperbel

$$\left(\frac{x}{a}\right)^2 - \left(\frac{y}{b}\right)^2 = 1 . \tag{85}$$

Ist $a = b$, so geht sie über in

$$x^2 - y^2 = a^2 . \tag{86a}$$

Diese Kurve, deren Asymptoten senkrecht zueinander und um 45° gegen die Mittelachse geneigt sind, ist die gleichschenklige Hyperbel. Werden die Asymptoten als Achsen genommen, so gilt

$$x' \cdot y' = c . \tag{86b}$$

Ist die **Hohlkehle** des Spurkranzes im Verhältnis zur Abrundung der Schiene **klein** und wird vorläufig von dem Gleiten des Rades in der fortschreitenden Richtung abgesehen, so ergeben sich für die Neigung α des Spurkranzes und die Schiefstellung γ die Verhältnisse[92]) der Fig. 125. Die obere Projektion a gibt eine Ansicht gegen das Rad auf der um den Winkel γ gegen die Zeichenebene geneigten Schiene mit der Auflagerstelle A_1 des Laufmantels des Rades und dem Berührungspunkt B_1 von Spurkranz und Schiene, dessen Bahn beim Rollen

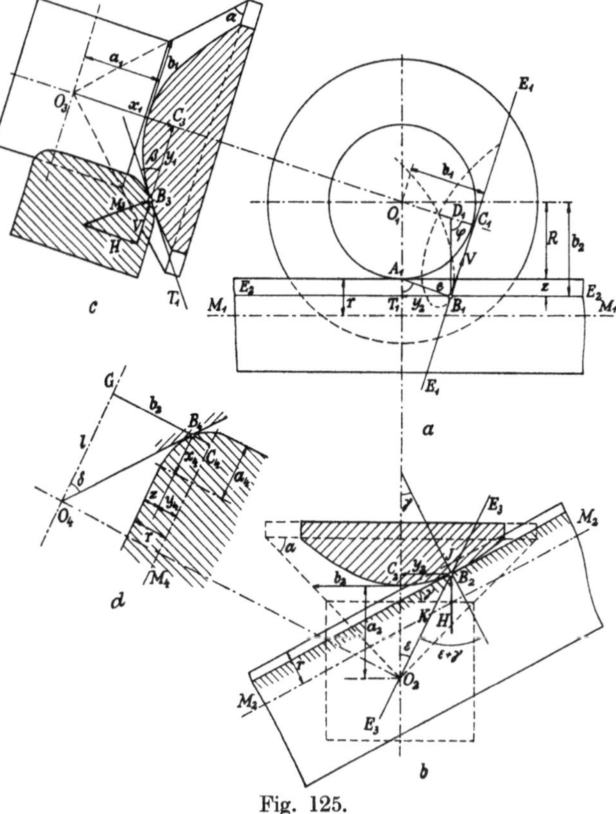

Fig. 125.

des Rades die eingetragene verlängerte Zykloide (S. 150) ist. Die untere Projektion b stellt den wagerechten Schnitt E_2 durch den Berührungspunkt dar; der Spurkranz wird nach einer Hyperbel geschnitten, der Führungszylinder der Schiene vom Halbmesser r und der Achse MM nach einer Geraden.

Ist $\overline{O_2 C_2} = x$ und $\overline{C_2 B_2} = y$, so lautet die Gleichung dieser Hyperbel gemäß Formel (85)

$$\frac{x_2^2}{a_2^2} - \frac{y_2^2}{b_2^2} = 1 .$$

---

[92]) Schubert, Die Fördertechnik 1914/15.

Durch Differentiation

$$\frac{2 \cdot x_2 \cdot d\,x_2}{a_2^2} - \frac{2 \cdot y_2 \cdot d\,y_2}{b_2^2} = 0$$

ergibt sich hieraus die Richtung ihrer Tangente, der Schnittgeraden des Führungszylinders

$$\frac{d\,y_2}{d\,x_2} = \frac{x_2}{y_2} \cdot \left(\frac{b_2}{a_2}\right)^2 .$$

Nun ist nach Fig. 125 b diese Neigung gegen die Laufrichtung des Rades $\cotg\gamma$ und ferner $\frac{b_2}{a_2} = \cotg\alpha$, also

$$\cotg\alpha = \frac{x_2}{y_2} \cdot \cotg^2\alpha . \qquad (87)$$

In der oberen Projektion 125 a ist durch die Tangente an die Bahn des Punktes B eine Ebene E_1 senkrecht zur Zeichenebene gelegt worden, die in der linken Projektion 125 c in wahrer Größe dargestellt ist. Die Mittelpunktgleichung dieser Schnitthyperbel des Spurkranzes ist mit $\overline{O_3C_3} = x_1$ und $\overline{B_3C_3} = y_1$ wieder

$$\frac{x_1^2}{a_1^2} - \frac{y_1^2}{b_1^2} = 1 ,$$

und durch Differentiation ergibt sich wie oben

$$\frac{d\,y_1}{d\,x_1} = \frac{x_1}{y_1} \cdot \left(\frac{b_1}{a_1}\right)^2 .$$

Mit $\frac{d\,y_1}{d\,x_1} = \cotg\beta$ und $\frac{b_1}{a_1} = \cotg\alpha$ erhält man

$$\cotg\beta = \frac{x_1}{y_1} \cdot \cotg^2\alpha . \qquad (88)$$

Aus der Ähnlichkeit der Dreiecke $B_1D_1C_1$ und $B_1A_1F_1$ folgt

$$\overline{B_1C_1} = \overline{B_3C_3} = \overline{B_1D_1} \cdot \frac{\overline{B_1F_1}}{\overline{B_1A_1}}$$

oder

$$y_1 = R \cdot \frac{y_2}{e} .$$

Da nun der Abstand des Punktes B von der Projektion O der Kegelspitze in allen parallel zur Kegelachse geführten Schnitten denselben Wert hat, so ist

$$x_1 = x_2 .$$

Man erhält so

$$\cotg\beta = \frac{x_2}{y_2} \cdot \frac{e}{R} \cdot \cotg^2\alpha . \qquad (88\,\text{a})$$

und durch Vergleich mit Gleichung (87)

$$\cotg \beta = \frac{e}{R} \cdot \cotg \gamma . \tag{89}$$

Da γ und R bekannt sind, muß nur noch e bestimmt werden. Nach Fig. 125 a ist

$$e^2 = y^2 + z^2 .$$

Nach der Hyperbelgleichung ist

$$y_2^2 = b_2^2 \cdot \left(\frac{x_2^2}{a_2^2} - 1 \right) = \frac{b_2^2}{a_2^2} \cdot (x_2^2 - a_2^2) = \cotg^2 \alpha \cdot (x_2^2 - b_2^2 \cdot \tg^2 \alpha)$$
$$= x_2^2 \cdot \cotg^2 \alpha - b_2^2 ,$$

und nach den Gleichungen (88 a) und (89)

$$\cotg^2 \alpha \cdot x_2^2 = y_2^2 \cdot \frac{\cotg^2 \gamma}{\cotg^2 \alpha} .$$

Damit folgt

$$y_2^2 = \frac{b_2^2}{\tg^2 \alpha \cdot \cotg^2 \gamma - 1} = \frac{(R + z)^2}{\tg^2 \alpha \cdot \cotg^2 \gamma - 1} . \tag{90}$$

Um z zu ermitteln, wird in Fig. 125 b durch $B_2 O_2$ ein Schnitt E_3 senkrecht zur Lauffläche der Schiene gelegt, der die Kegelachse unter dem Winkel ε schneidet. Klappt man ihn um die Spur E_3 in die Zeichenebene um, so ergibt sich die Fig. 125 d, in der die Abrundung der Schiene in einer Ellipse geschnitten ist. Ihre Gleichung lautet

$$\frac{x_4^2}{a_4^2} + \frac{y_4^2}{b_4^2} = 1 .$$

Durch Differentiation ergibt sich wieder ihre Tangentenneigung im Berührungspunkt B_4 zu

$$\frac{d y_4}{d x_4} = - \frac{x_4}{y_4} \cdot \left(\frac{r}{a_4} \right)^2 .$$

Nun ist nach Fig. 125 d

$$\frac{d y_4}{d x_4} = - \tg \delta = \frac{b_2}{l} = \frac{R + z}{l}$$

und nach Fig. 125 b

$$a_4 = HJ = \frac{r}{\cos (\gamma + \varepsilon)} ,$$

also

$$\frac{b_2}{l} = + \frac{x_4}{y_4} \cdot \cos^2 (\gamma + \varepsilon) .$$

Der Ellipsengleichung wird entnommen

$$x_4 = a_4 \cdot \sqrt{1 - \frac{y_4^2}{r^2}} = \frac{r}{\cos (\gamma + \varepsilon)} \cdot \sqrt{1 - \frac{y_4^2}{r^2}} ,$$

und damit wird

$$\frac{R+z}{l} = r \cdot \cos(\gamma + \varepsilon) \, \sqrt{\frac{r^2 - y_4^2}{r^2 \cdot y_4^2}}$$

$$= (\cos\gamma \cdot \cos\varepsilon - \sin\gamma \cdot \sin\varepsilon) \cdot \sqrt{\frac{r^2 - y_4^2}{y_4^2}} \, .$$

Nun liefert Fig. 125 b

$$\sin\varepsilon = \frac{y_2}{l} \quad \text{und} \quad \cos\varepsilon = \frac{x_2}{l} \, .$$

Setzt man hierin noch wie oben

$$x_2 = y_2 \cdot \cotg\gamma \cdot \tg^2\alpha$$

und aus Gleichung (90)

$$y_2 = \sqrt{\frac{R+z}{\cotg^2\gamma \cdot \tg^2\alpha - 1}} \, ,$$

so erhält man nach einigen Umformungen

$$y_4 = \frac{r}{\sqrt{1 + \dfrac{1}{\cos^2\gamma \cdot (\tg^2\alpha - \tg^2\gamma)}}} \, ,$$

worin unter gewöhnlichen Umständen genau genug

$$\cos^2\gamma \sim 1, \qquad \tg^2\gamma \sim 0$$

gesetzt werden kann.

Der Fig. 125 d entnimmt man noch $z = r - y_4$, also

$$z = r \cdot \left(1 - \frac{1}{\sqrt{1 + \cotg^2\alpha}}\right) \sim r \cdot (1 - \sin\alpha). \tag{91}$$

Wird dieser Wert ebenso wie der von y_2 aus Gleichung (90) in die Gleichung für e^2 eingesetzt, so folgt schließlich

$$\left(\frac{e}{R}\right)^2 = \frac{1 + 2 \cdot \dfrac{r}{R} \cdot (1 - \sin\alpha) + \left(\dfrac{r}{R} \cdot \cotg\gamma \cdot \tg\alpha \cdot (1 - \sin\alpha)\right)^2}{\cotg^2\gamma \cdot \tg^2\alpha - 1} \, . \tag{92}$$

Hiermit ist der Wert von $\cotg\beta$ aus Formel (89) gegeben:

$$\cotg\beta \sim \cotg\alpha \cdot \left[1 + 2 \cdot \frac{r}{R} \cdot (1 - \sin\alpha) + \left(\frac{r}{R} \cotg\gamma \cdot \tg\alpha \cdot (1 - \sin\alpha)\right)^2\right]^{\frac{1}{2}} \, .$$

Die von der Schiene auf den Spurkranz im Punkt B ausgeübte Kraft wird zerlegt in eine axial gerichtete Seitenkraft H und eine senkrecht hierzu stehende V. Wird von der Reibung zwischen Rad und Schiene augenblicklich abgesehen, so ist nach Fig. 125 c

$$V_0 = H \cdot \tg\beta$$

Wird die Reibung berücksichtigt, so ist mit $\mu = \tg\varrho$

$$V = H \cdot \tg(\beta + \varrho). \tag{93}$$

Damit erhält man das Drehmoment der Spurkranzreibung $M_s = V \cdot c$ und die Kraft, die am Laufradumfang angreifen muß, um die Spurkranzreibung zu überwinden, ist

$$P = \frac{M_s}{R} = V \cdot \frac{e}{R}.$$

oder mit Gleichung (93) und (89)

$$P = H \cdot \operatorname{tg}(\beta + \varrho) \cdot \frac{\operatorname{tg}\gamma}{\operatorname{tg}\beta},$$

worin noch aus der ersten Gleichung des Abschnittes 8 einzusetzen ist

$$H = (Q + G) \cdot \operatorname{tg}\varrho.$$

Man erhält so, wenn beachtet wird, daß der Widerstand an zwei Rädern auftritt, also zu verdoppeln ist,

$$P = 2 \cdot (Q + G) \cdot \operatorname{tg}\gamma \cdot \frac{\operatorname{tg}\beta + \mu}{1 - \operatorname{tg}\beta \cdot \mu} \cdot \frac{\mu}{\operatorname{tg}\beta}. \quad (94)$$

Außerdem tritt an den Stirnflächen der Naben zweier Räder Spurlagerreibung durch die Kraft H auf.

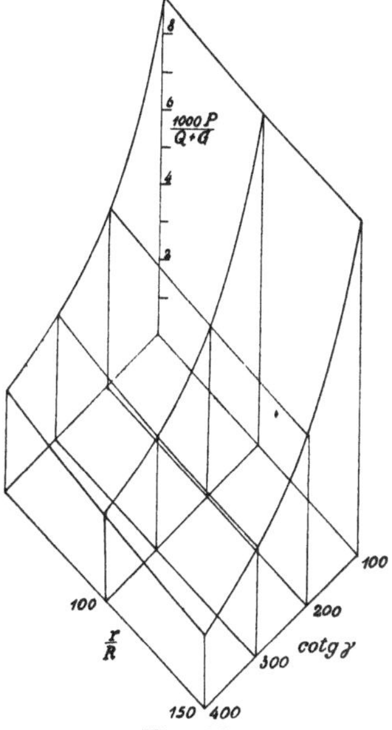

Fig. 126.

Wird der häufigste Mittelwert $\operatorname{tg}\alpha = \frac{1}{4}$ gewählt, also $1 - \sin\alpha = 0{,}5528$, ferner $\mu = 0{,}22$, so ergibt sich $\operatorname{tg}\beta$ und $\dfrac{1000 \cdot P}{Q + G}$ aus der folgenden Zusammenstellung. Die letzteren Werte sind in Fig. 126 aufgetragen.

cotg $\gamma =$	100	200	300	400	
$\dfrac{R}{r} =$ 50	0,2387	0,2169	0,1914	0,1669	
100	0,2462	0,2388	0,2300	0,2179	$\operatorname{tg}\beta$
150	0,2480	0,2449	0,2401	0,2338	
$\dfrac{R}{r} =$ 50	8,930	4,654	3,290	2,648	
100	8,814	4,462	3,020	2,320	$\dfrac{1000 \cdot P}{Q + G}$
150	8,788	4,416	2,966	1,922	

Beispiel 79. Ein Laufkran habe das Eigengewicht $G = 7$ t, die Nutzlast $Q = 6{,}3$ t. Der Raddurchmesser sei $R = 30{,}0$ cm, die Abrundung der Schiene $r = 5{,}6$ mm, der Radstand $a = 270$ cm, der größte Spielraum zwischen Rad und Schiene $c = 4{,}5$ mm, der Tragzapfendurchmesser $d = 8{,}5$ cm, der Außendurchmesser der Buchse, gegen die sich die Radnabe stützt, $d_1 = 12{,}0$ cm. Anzugeben ist der größte Bewegungswiderstand des Kranes.

Seine Schiefstellung beträgt

$$\gamma = \frac{2c}{a} = \frac{2 \cdot 0{,}45}{270} = \frac{1}{300},$$

das Radverhältnis ist

$$\frac{r}{R} = \frac{5,6}{300} = \frac{1}{53,5}.$$

Mit der Neigung des Spurkranzes $\operatorname{tg}\alpha = 0,250$ und der Reibungsziffer $\mu = 0,22$ entnimmt man der Fig. 126

$$\frac{P_1}{Q+G} = 3,24 \text{ kg/t}.$$

also

$$P = 3,24 \cdot 13,3 = 43,2 \text{ kg}.$$

Die Spurzapfenreibung ergibt an zwei Rädern bei Belastung der angedrückten Fläche durch die Kraft $0,22 \cdot (Q+G)$ mit $\mu_2 \backsim 0,06$ nach Formel (63)

$$\frac{P_2}{Q+G} = 2 \cdot \frac{1}{3} \cdot 0,06 \cdot 0,22 \cdot \frac{12}{30} \cdot \frac{1-\left(\frac{8,5}{12}\right)^3}{1-\left(\frac{8,5}{12}\right)^2} \cdot 1000 = 4,55 \text{ kg/t}.$$

Hierzu kommt die Tragzapfenreibung mit $\mu_3 \backsim 0,06$ nach Formel (57)

$$\frac{P_3}{Q+G} = 0,06 \cdot \frac{8,5}{60} \cdot 1000 = 8,50 \text{ kg/t}$$

und schließlich der Rollwiderstand nach Formel (73) mit $f = 0,005$ cm

$$\frac{P_4}{Q+G} = \frac{0,005}{30} \cdot 1000 = 0,17 \text{ kg/t}.$$

Der Gesamtwiderstand beträgt somit

$$P = (7,0 + 6,3) \cdot (3,24 + 4,55 + 8,50 + 0,17) = 13,3 \cdot 16,46 = 219 \text{ kg}.$$

Wenn die Räder verschiedene Durchmesser haben, so gleitet das eine oder andere auf der Schiene (S. 95), und zwar ein zu großes Rad rückwärts, ein zu kleines vorwärts. Dieses Gleiten mit der Gleitgeschwindigkeit v_0 kann bei Vorwärtsgleiten aufgefaßt werden als Rollen mit einem größeren Halbmesser R_0 auf einer Rollinie im Abstand z_0 von der eigentlichen Gleitfläche (Fig. 127). Bei Rückwärtsgleiten ist umgekehrt $R_0 < R$. Man ermittelt den Abstand z_0 aus der Beziehung

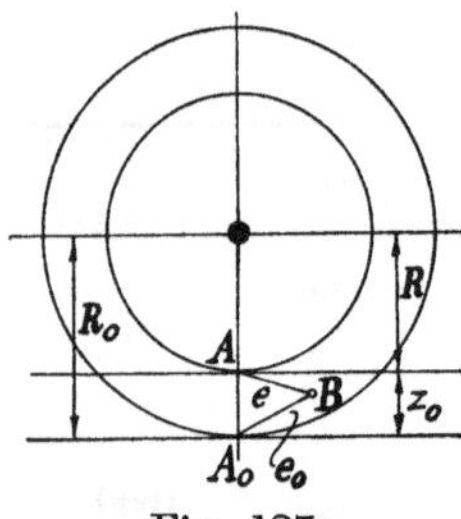

Fig. 127.

$$v_0 = \frac{v}{R} \cdot z_0, \tag{95}$$

worin v_0 die gegebene Gleitgeschwindigkeit und v die Radgeschwindigkeit am auf dem Halbmesser R rollenden Rade bedeutet.

Für den Berührungspunkt B zwischen Spurkranz und Schiene gilt jetzt alles obige, wenn ausgegangen wird von der Gleichung

$$\operatorname{tg}\beta_0 = \frac{R_0}{e_0} \cdot \operatorname{tg}\gamma,$$

worin nach Fig. 127 eingesetzt wird

$$e_0^2 = y_2^2 + (z_0 - z)^2.$$

Man erhält so

$$\cot \beta_0 \sim \frac{\cot \alpha}{1 \pm \dfrac{z_0}{R}} \cdot \left\{ 1 + \left(\frac{z_0}{R} \cdot \frac{\operatorname{tg}\alpha}{\operatorname{tg}\gamma} \right)^2 + 2 \cdot \frac{r}{R} \cdot (1 - \sin\alpha) \right.$$

$$\left. \cdot \left[1 \pm \frac{z_0}{R} \cdot \left(\frac{\operatorname{tg}\alpha}{\operatorname{tg}\gamma} \right)^2 \right] + \left(\frac{r}{R} \cdot (1 - \sin\alpha) \cdot \frac{\operatorname{tg}\alpha}{\operatorname{tg}\gamma} \right)^2 \right\}^{\frac{1}{2}} . \tag{96}$$

Das obere Vorzeichen gilt für ein zu kleines Rad, das untere für ein zu großes. Die Formel (94) gilt im übrigen unverändert. Man bemerkt, daß unter gewöhnlichen Verhältnissen das geringe Gleiten eines Rades von ganz nebensächlichem Einfluß auf P ist.

Ist die Hohlkehle des Rades größer als die der Schiene, so ändern sich die Verhältnisse dahin, daß das Rad bei der Verschiebung auf der

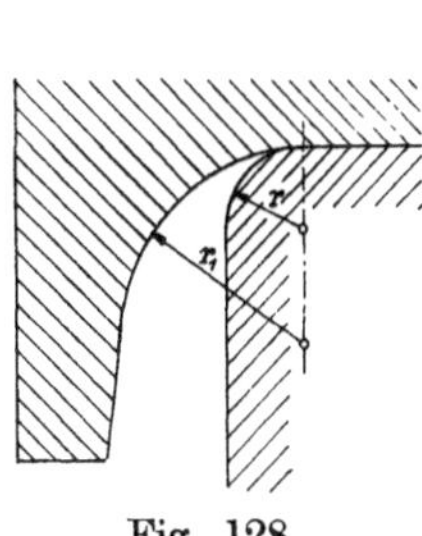

Fig. 128.

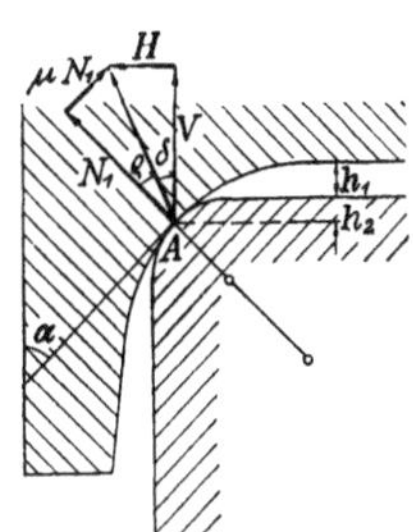

Fig. 129.

Schiene sehr bald in eine Stellung kommt, wo es sich von der eigentlichen Lauffläche der Schiene abhebt. Die betreffende Grenzlage ist in Fig. 128 dargestellt, und es steigt dann auf der Schiene um einen Betrag h_1 bis in die durch Fig. 129 veranschaulichte Grenzlage[87]).

Da sich der Radhalbmesser von R auf $R + h_1 + h_2$ vergrößert, so muß das Rad unter allen Umständen auf der Schiene in der Bewegungsrichtung gleiten. Infolgedessen verringert sich die Reibungsziffer senkrecht zu dieser Richtung ganz bedeutend, schätzungsweise von $\mu = 0{,}22$ auf $\mu' = 0{,}11$, und das Rad rutscht somit in eine zweite Grenzlage mit kleinerem h_1.

In Fig. 129 bedeutet V_1 die Belastung des fraglichen Rades 1 und H den Seitenschub, der durch die Reibung der drei anderen Räder ausgeübt wird:

$$H = \mu \cdot (V_2 + V_3 + V_4) = \mu \cdot (Q + G - V_1).$$

Das ruhende Eigengewicht des Kranes verteilt sich gleichmäßig über die vier Räder, das der Laufkatze wird mit dem der Last zusammengenommen. Für eine beliebige Stellung der Last auf der Spannweite b des Kranes, im Abstande x vom betrachteten Rad, ist dann genau genug (vgl. Bd. I S. 69)

$$V_1 = \frac{G}{4} + \frac{Q}{2} \cdot \left(1 - \frac{x}{b} \right).$$

Hiermit ergibt sich nach Fig. 129

$$\operatorname{tg}\delta = \frac{H}{V_1} = \mu \cdot \frac{\frac{3}{4}\,G + \frac{Q}{2}\cdot\left(1 + \frac{x}{b}\right)}{\frac{1}{4}\,G + \frac{Q}{2}\cdot\left(1 - \frac{x}{b}\right)}.$$

Nun ist nach Fig. 129

$$\alpha = \frac{\pi}{2} - (\delta + \varrho),$$

also

$$\operatorname{cotg}\alpha = \frac{\operatorname{tg}\delta + \operatorname{tg}\varrho}{1 - \operatorname{tg}\delta \cdot \operatorname{tg}\varrho}$$

oder nach einigen Umformungen

$$\operatorname{cotg}\alpha = \frac{\mu \cdot (Q + G)}{\frac{G}{4}\cdot(1 - 3\mu^2) + \frac{Q}{2}\cdot(1 - \mu^2) - \frac{Q}{2}\cdot\frac{x}{b}(1 + \mu^2)} \tag{97}$$

Der Grenzwinkel α ist hiernach außer von der Reibungsziffer noch von der Laststellung abhängig.

Die betreffende Stelle der Hohlkehle kann nun als ein kleines Stück eines Kegelmantels aufgefaßt werden, so daß im übrigen die Beziehungen der vorhergehenden Entwicklung gelten.

Beispiel 80. Für den in Beispiel 79 untersuchten Laufkran werde der Bewegungswiderstand berechnet unter Annahme einer Hohlkehle vom Halbmesser $r_1 = 6{,}5$ mm. Das Katzengewicht ist in die Nutzlast Q einbezogen.

Mit den gegebenen Zahlenwerten $G = 7$ t und $Q = 6{,}3$ t, $\mu = 0{,}22$ bzw. $\mu' = 0{,}11$ erhält man aus Formel (97) die untenstehenden Beträge von $\operatorname{cotg}\alpha$.

Hiermit ergibt sich $1 - \sin\alpha = 1 - \dfrac{1}{\sqrt{1 + \operatorname{cotg}^2\alpha}}$. Mit $\dfrac{r}{R} = \dfrac{1}{53{,}5}$ und $\gamma = \dfrac{1}{300}$

$\dfrac{x}{b} =$	0,1	0,5	0,9	μ
$\operatorname{cotg}\alpha$	0,6064 0,2665	0,4762 0,2133	0,3919 0,1779	0,22 0,11
$1 - \sin\alpha$	0,1443 0,0339	0,0972 0,0218	0,0687 0,0158	0,22 0,11
$\operatorname{cotg}\beta$	1,0123 0,3083	0,7250 0,2459	0,5494 0,1987	0,22 0,11
P_1 kg	30,48 15,68	32,50 18,12	36,58 22,34	0,22 0,11
P_2 kg	39,67 19,84	44,02 22,01	51,16 25,58	0,22 0,11
$P_3 + P_4$ kg	115,31	115,31	115,31	—
P kg	185,5 150,8	191,8 155,4	203,0 162,3	0,22 0,11

wie in Beispiel 79 liefert Formel (92) die eingetragenen Werte von $\cotg\beta$. Auch hier braucht das Gleiten noch nicht berücksichtigt zu werden. Damit folgt aus Formel (94) der auf den Radumfang bezogene Spurkranzwiderstand P_1. Nachdem H aus dem Zähler der Gleichung für $\tg\delta$ berechnet ist, erhält man den Widerstand der Nabenreibung der beiden anliegenden Räder zu P_2. Die beiden weiteren Widerstände P_3 und P_4 ergeben sich aus Beispiel 79.

Je nach der Katzenstellung schwankt also der Bewegungswiderstand P in kurzen Zeitabschnitten zwischen den Endwerten der Zusammenstellung. Die Anordnung der Hohlkehle verringert also den Spurkranzwiderstand zum Teil erheblich; freilich geht der Gesamtwiderstand nur um $7 \div 15$ v. H. zurück.

Beispiel 81. Die Abrundung einer Eisenbahnschiene beträgt $r = 14$ mm, die Hohlkehle der Eisenbahnwagenräder in neuem Zustand $r_1 = 15$ mm, der Halbmesser der Räder $R \backsim 500$ mm. Zu berechnen ist der Fahrwiderstand eines Wagens vom Eigengewicht G und der Nutzlast Q.

Nach Formel (97) ist beim Anfahren mit $\mu = 0{,}24$ (S. 29) und $x = \tfrac{1}{2} b$

$$\cotg\alpha = \frac{0{,}24 \cdot (8{,}3 + 15{,}0)}{\dfrac{8{,}3}{4} \cdot (1 - 3 \cdot 0{,}24^2) + \dfrac{15{,}0}{2} \cdot (1 - 0{,}24^2) - \dfrac{15{,}0}{2} \cdot \dfrac{1}{2} \cdot (1 + 0{,}24^2)} = 1{,}1825 .$$

Hieraus folgt

$$1 - \sin\alpha = 0{,}3545$$

und nach Formel (89) mit $\dfrac{R}{r} = 35{,}7$ und $\tg\gamma \backsim \dfrac{1}{300}$

$$\cotg\beta = 1{,}1825 \cdot \left[1 + \frac{2 \cdot 0{,}3543}{35{,}7} + \left(\frac{300 \cdot 0{,}3543}{35{,}7 \cdot 1{,}1825}\right)^2 \right]^{\frac{1}{2}},$$

also $\tg\beta = 0{,}6615$.

Nun ist nach Formel (94) der Spurkranzwiderstand einer Achse

$$\frac{1000 \cdot P_1}{Q + G} = \frac{1000 \cdot 0{,}24 \cdot 0{,}9015}{300 \cdot 0{,}6615 \cdot 0{,}8413} \backsim 1{,}30 \text{ kg/t.}$$

Hierzu tritt die Spurzapfenreibung am Hals des Tragzapfens hervorgerufen durch die Kraft $H = \mu_1 \cdot (Q + G)$. Mit der Zapfenreibungsziffer $\mu_1 = 0{,}054$ bei längerem Stehen des Wagens bzw. $\mu_1' \backsim \tfrac{1}{2}\mu_1$, wenn das Anfahren wieder kurz nach dem Stillsetzen erfolgt, erhält man mit $d = 9{,}5$ cm und $d_1 = 12{,}5$ cm nach Formel (63)

$$\frac{1000 \cdot P_2}{Q + G} = \frac{1000}{3} \cdot \begin{Bmatrix} 0{,}054 \\ 0{,}027 \end{Bmatrix} \cdot 0{,}24 \cdot \frac{12{,}5}{50} \cdot \frac{1 - \left(\dfrac{9{,}5}{12{,}5}\right)^3}{1 - \left(\dfrac{9{,}5}{12{,}5}\right)^2} = \begin{Bmatrix} 1{,}43 \\ 0{,}72 \end{Bmatrix} \text{ kg/t.}$$

Weiter tritt hinzu die Tragzapfenreibung mit $\mu_2 = 0{,}054$ beim Anfahren nach längerem Stehen bzw. $\mu_2 = 0{,}027$ bei alsbaldigem Wiederanfahren nach Formel (57)

$$\frac{1000 \cdot P_0}{Q + G} = \begin{Bmatrix} 0{,}054 \\ 0{,}027 \end{Bmatrix} \cdot \frac{9{,}5}{100} = \begin{Bmatrix} 5{,}13 \\ 2{,}57 \end{Bmatrix} \text{ kg/t.}$$

und schließlich der Rollwiderstand nach Formel (73) mit $f = 0{,}005$ cm

$$\frac{1000 \cdot P_3}{Q + G} = \frac{0{,}005}{50} \cdot 1000 = 0{,}10 \text{ kg/t.}$$

Alle Zahlenwerte gelten für eine Achse. Bei dem zweiachsigen Güterwagen ist demnach, da beide Achsen die gleiche oder entgegengesetzte Stellung haben können,

$$\frac{1000 \cdot P'}{Q + G} = 2 \cdot (1{,}30 + 1{,}43 + 5{,}13 + 0{,}10) \sim 15{,}9 \ \text{kg/t}$$

bzw.

$$= 2 \cdot (1{,}30 + 0{,}72 + 2{,}57 + 0{,}10) \sim 9{,}4 \ \text{kg/t}.$$

Steht nur eine Achse schief, so ergibt eine entsprechende Addition

$$\frac{1000 \cdot P''}{Q + G} = 1{,}30 + 1{,}43 + 2 \cdot (5{,}13 + 1{,}00) \sim 13{,}2 \ \text{kg/t}.$$

bzw.

$$= 1{,}30 + 0{,}72 + 2 \cdot (2{,}57 + 0{,}10) \sim 7{,}4 \ \text{kg/t}.$$

und wenn beide Achsen nicht mit den Spurkränzen anlaufen

$$\frac{1000 \cdot P'''}{Q + G} = 10{,}5 \ \text{ bzw. } \ 5{,}3 \ \text{kg/t}.$$

Die Wahrscheinlichkeit, daß beide Achsen mit den Spurkränzen anlaufen, ist nun $\frac{4}{9}$, die, daß nur ein Spurkranz anläuft, ebenfalls $\frac{4}{9}$ und die, daß beide frei sind, $\frac{1}{9}$. Messungsergebnisse müssen also je nach den Umständen zwischen den angegebenen Werten streuen. Der Mittelwert wird erhalten, wenn jeder einzelne Betrag so oft eingesetzt wird, wie er wahrscheinlich ist. Man erhält so für den zweiachsigen Wagen

$$\frac{1000 \cdot P}{Q + G} \sim 14{,}1 \ \text{ bzw. } \ 8{,}1 \ \text{kg/t}.$$

Für einen dreiachsigen Wagen erhält man unter sonst gleichen Verhältnissen den Gesamtwiderstand

$$\frac{1000 \cdot P}{Q + G} = 23{,}85 \qquad 21{,}15 \qquad 18{,}45 \qquad 15{,}75 \ \text{kg/t}.$$

$$\text{bzw.} \quad = 14{,}10 \qquad 12{,}05 \qquad 12{,}10 \qquad 8{,}90 \ \text{,,}$$

$$\text{Wahrscheinlichkeit} \quad \frac{8}{27} \qquad\qquad \frac{12}{27} \qquad\qquad \frac{6}{27} \qquad\qquad \frac{1}{27}$$

also Mittelwert 21,3 bzw. 12,6 kg/t. Gemessen wurde im ersteren Fall der Mittelwert 21,2 kg/t[93].

Nach längerem Stehen ist der Anfahrwiderstand eines einzelnen Wagens hiernach i. M. das 1,72fache wie beim Wiederanfahren nach 2 bis 3 Minuten Aufenthalt. Die Messungen ergeben i. M. das 1,8fache, so daß μ'_1 bzw. μ'_2 oben etwas zu hoch gerechnet sind. Der Höchstwert des Anfahrwiderstandes wird bereits nach etwa 12 bis 15 Minuten Stehen erreicht.

Der Anfahrwiderstand in kg/t eines Zuges von mehr als 8 Wagen ist nur das 0,55fache des eines einzelnen Wagens[93], weil dann der Einfluß der schiefstehenden Achsen nicht mehr so in den Vordergrund tritt und sich die Wagen anscheinend durch Vermittlung der Puffer gegenseitig geradestellen.

Bei nur zwei Wagen gilt schon der Faktor 0,65.

Der Fahrtwiderstand eines regelspurigen Eisenbahnzuges ist im wesentlichen abhängig von den oben berechneten Widerständen und dazu dem Luftwiderstand, der einerseits wieder von dem mittleren, nur in Betracht kommenden Anteil der Stirnflächen der Wagen und dem Quadrat der Fahrtgeschwindigkeit abhängt.

---

[93] v. Glinski, Z. d. V. d. I. 1912.

Bezeichnet

Q das mittlere Gewicht eines besetzten bzw. beladenen Wagens,

für vierachsige Durchgangswagen . . . . $Q \sim 44$ t,

„ „ Abteilwagen . . . . $Q \sim 37$ „

„ dreiachsige „ . . . . $Q \sim 23$ „

„ zweiachsige offene Güterwagen, voll . . . . . . $Q \sim 24$ „

„ „ „ „ , leer . . . . $Q \sim 8$ „

„ „ gedeckte „ , halbvoll . . . . . $Q \sim 19$ „

„ „ „ „ , leer . . . . $Q \sim 10{,}4$ „

F_m die mittlere in Betracht kommende Stirnfläche eines Wagens,

für vierachsige Personenwagen . . . . $0{,}52 \cdot F_m \sim 1{,}0$ m^2,

„ dreiachsige „ . . . . $0{,}52 \cdot F_m \sim 0{,}75$ „

„ gedeckte Güterwagen . . . . $0{,}52 \cdot F_m \sim 0{,}75$ „

„ offene zweiachsige Güterwagen, leer . . . . . $0{,}52 \cdot F_m \sim 1{,}0$ „

„ „ „ „ , voll . . . . $0{,}52 \cdot F_m \sim 0{,}6$ „

V die Fahrtgeschwindigkeit in km/st,

so gilt[94]) für den Widerstand eines Wagens im Beharrungszustand

$$w_0 = 2{,}5 + \frac{0{,}52 \cdot F_m}{Q} \cdot \left(\frac{V}{10}\right)^2 \text{ kg/t.} \tag{98}$$

Bei einer Neigung der Strecke von $\pm \operatorname{tg} \alpha$ ist dieser Wert zu w_0 zu addieren.

Bei starkem Seitenwind ist nach den Versuchsergebnissen[94]) V um 23 km/st zu erhöhen, bei mittlerem Wind schräg von vorn ist V um 10 bis 20 km/st zu erhöhen, je nach der Windstärke, über die nähere Angaben nicht gemacht werden.

Beispiel 82. Mit den gegebenen Zahlenwerten erhält man aus Formel (98) den Wagenwiderstand[94]) bei

D-Zügen . . . . $w_0 = 2{,}5 + \dfrac{1}{44} \cdot \left(\dfrac{V}{10}\right)^2$ kg/t,

Eilzügen . . . . $w_0 = 2{,}5 + \dfrac{1}{37} \cdot \left(\dfrac{V}{10}\right)^2$ „

Personenzügen . . . . $w_0 = 2{,}5 + \dfrac{1}{30} \cdot \left(\dfrac{V}{10}\right)^2$ „

schweren Kohlen-Güterzügen. . . $w_0 = 2{,}5 + \dfrac{1}{40} \cdot \left(\dfrac{V}{10}\right)^2$ „

gewöhnlichen Güterzügen, die Hälfte der Wagen offen, die Hälfte gedeckt, die Hälfte leer, die Hälfte voll:

$$w_0 = 2{,}5 + \frac{1}{20} \cdot \left(\frac{V}{10}\right)^2 \text{ kgst}$$

Eilgüterzügen aus halbbeladenen gedeckten Wagen:

$$w_0 = 2{,}5 + \frac{1}{25} \cdot \left(\frac{V}{10}\right)^2 \text{ „}$$

Leerzügen aus offenen Wagen . . $w_0 = 2{,}5 + \dfrac{1}{8} \cdot \left(\dfrac{V}{10}\right)^2$ „

Vorausgesetzt ist Windstille und ebene, kurvenfreie Strecke.

---

[94]) **Strahl**, Z. d. V. d. I. 1913; eine eingehende Kritik der verschiedenen Widerstandsformeln bringt v. **Glinski**, Glasers Annalen 1918.

In Krümmungen des Gleises werden die Wagen von der Mittelkraft aus dem Zug des vorhergehenden und des folgenden Wagens an die innere Schiene herangedrückt. Die so entstehende Spurkranzreibung erhöht den Widerstand ganz wesentlich. Er hängt von einer Reihe von Umständen ab[95]), deren Verfolgung recht umständlich ist. Bei zwei- und dreiachsigen Wagen auf einer Krümmung vom Halbmesser R m ist als mit den Versuchsergebnissen übereinstimmender Mittelwert anzusetzen[96])

$$w_k = \frac{650}{R - 50}\ \text{kg/t.} \tag{99}$$

Dabei ist eine gewisse Erweiterung des Schienenabstandes s in der Krümmung vorzunehmen, um ein Klemmen der Spurkränze zu vermeiden. Wenn ein Wagen langsam in eine Kurve einfährt, läuft die Vorderachse in ihrem Spurkranz gegen die äußere Schiene und die Hinterachse stellt sich radial ein, wie Fig. 130 angibt.

Ist s die Spurweite, bei Vollbahnen 1435 mm,

    s_1 der Spielraum, den die Spurkränze einer Achse auf gerader Strecke haben, bei Vollbahnen 10 bis 25 mm,

    s_2 die Spurerweiterung in der Kurve, bei Vollbahnen 0 bis 30 mm,

so ist der Fig. 130 der Anlaufwinkel δ der Vorderachse zu entnehmen:

$$\operatorname{tg}\delta = \frac{a}{R + \dfrac{s}{2} - s_1} \sim \frac{a}{R}.$$

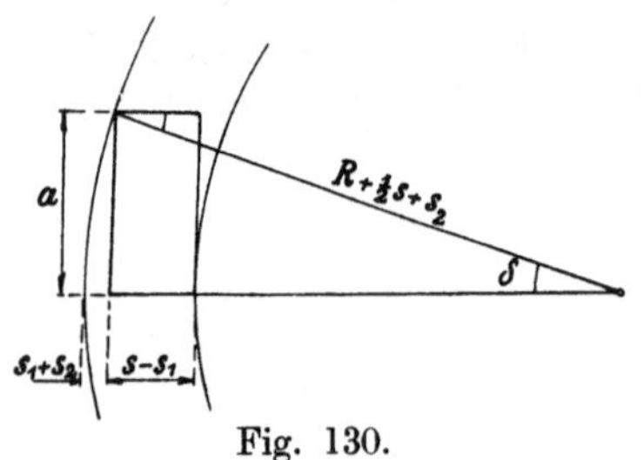

Fig. 130.

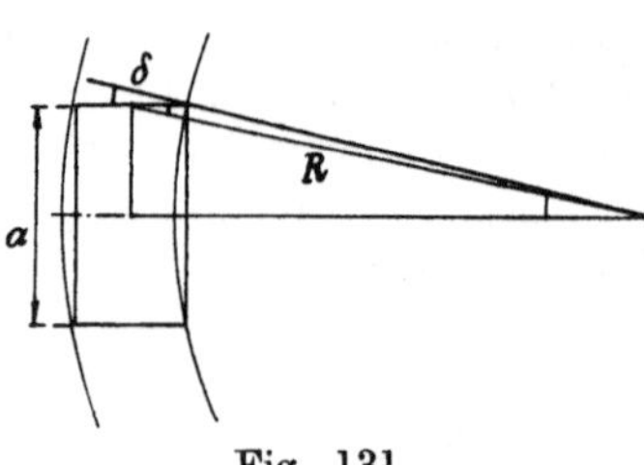

Fig. 131.

Bei schnellerem Durchfahren stellt sich der Wagen bald derart ein, daß Vorder- und Hinterrad mit ihren Spurkränzen an der inneren Schiene anliegen, wie Fig. 131 darstellt. Er hat sich gegenüber der Stellung der Fig. 130 um den kleinen Winkel $\dfrac{s_1 + s_2}{a}$ gedreht. Man erhält jetzt den Anlaufwinkel nach dem Satz vom Außenwinkel als Summe dieses und des Winkels $\dfrac{\frac{1}{2}\alpha}{R}$ zu

$$\delta \sim \operatorname{tg}\delta = \frac{\frac{1}{2}a}{R} + \frac{s_1 + s_2}{a}.$$

Durch Gleichsetzen beider Ausdrücke für $\operatorname{tg}\delta$ ergibt sich die erforderliche Spurerweiterung[97])

$$s_2 = \frac{a^2}{2R} - s_1. \tag{100}$$

[95]) Boedecker, Z. d. B. 1915/16.
[96]) v. Röckl, Organ f. d. Fortschr. d. Eisenbahnw. 1881.
[97]) v. Helmholtz, Z. d. V. d. I. 1906.

Getrennt vom Wagenwiderstand ist der der Lokomotive und des Tenders zu behandeln[98]). Bezeichnet

G_1 das auf die nicht gekuppelten Achsen von Lokomotive und Tender entfallende Gewicht in t,

G_2 das auf die gekuppelten Achsen entfallende,

$G = G_1 + G_2$ das Gesamtgewicht von Lokomotive und Tender,

F die Querprojektionsfläche der Lokomotive in m²,

so kann G_1 wie das Wagengewicht behandelt werden. Der Luftwiderstand ist um 10 v. H. größer als der Fläche F entspricht[99]), weil noch hinter der ersten Fläche liegende Teile mitwirken. Man erhält so[94])

$$w_1 = 2{,}5 \cdot \frac{G_1}{G} + c \cdot \frac{G_2}{G} + \frac{0{,}6 \cdot F}{G} \cdot \left(\frac{V}{10}\right)^2 \text{ kg/t.} \qquad (101)$$

Hierin ist einzusetzen für Lokomotiven mit zwei Dampfzylindern bei

$$
\begin{array}{llll}
2 \text{ gekuppelten Achsen} & c \backsim 5{,}8 \text{ kg/t,} \\
3 \quad\quad\quad ,, & ,, & c \backsim 7{,}3 \;,, \\
4 \quad\quad\quad ,, & ,, & c \backsim 8{,}4 \;,, \\
5 \quad\quad\quad ,, & ,, & c \backsim 9{,}3 \;,,
\end{array}
$$

Bei Lokomotiven mit 4 Dampfzylindern sind diese Werte um 0,2 zu erhöhen. Bei den heutigen großen Lokomotiven ist $F \backsim 10$ m².

Starker Seitenwind erhöht den Widerstand so, daß V um 18 km/st erhöht werden muß. Der Unterschied von 5 km/st gegenüber den Wagen erklärt sich dadurch, daß der zwischen die einzelnen Wagen tretende Seitenwind den Widerstand durch den auf die Stirnfläche jedes Wagens ausgeübten Druck erhöht, was bei der Lokomotive fortfällt.

Bei **Feldbahnen** verschwindet naturgemäß das $\left(\dfrac{V}{10}\right)^2$ enthaltende Glied, und es ist[100]) für die Spurweite von 60 cm der Widerstand der Wagen vom Eigengewicht $G \backsim 2{,}15$ t und der Tragfähigkeit $Q = 5{,}0$ t

$$w_0 = 3 \text{ kg/t,} \qquad (102\,a)$$

derjenige der Tenderlokomotive von $G \backsim 12$ t Dienstgewicht

$$w_1 = 1{,}2 \text{ kg/t.} \qquad (102\,b)$$

Der Krümmungswiderstand beträgt[100a])

$$\text{bei 60 cm Spurweite:} \quad w_k = \frac{200}{R - 5} \text{ kg/t,}$$

$$,, \;\; 75 \;,, \qquad\quad ,, \qquad w_k = \frac{350}{R - 10} \;,, \; ,$$

$$,, \;\; 90 \;,, \qquad\quad ,, \qquad w_k = \frac{380}{R - 17} \;,, \; , \qquad (103)$$

$$,, \; 100 \;,, \qquad\quad ,, \qquad w_k = \frac{400}{R - 20} \;,, \; .$$

[98]) Sanzin, Z. d. V. d. I. 1911.

[99]) Frank, Z. d. V. d. I. 1903/07.

[100]) Blum, Z. d. V. d. I. 1919.

[100a]) Hanomag-Nachrichten 1921.

Beispiel 83. Zu berechnen ist die Anzahl i der gedeckten Wagen, die die in Beispiel 29 angegebene $^3/_4$ gekuppelte Güterzuglokomotive, deren Tender das Dienstgewicht 30 t hat, als Eilgüterzug mit $V = 55$ km/st auf einer Strecke mit der durchschnittlichen Steigung $\operatorname{tg} \alpha = \frac{1}{100}$ gerade befördern kann.

Nach Beispiel 29 ist die größte Zugkraft der Lokomotive auf wagerechten, feuchten Schienen bei der verlangten Geschwindigkeit etwa $P = 2600$ kg. Ferner ist die Belastung der nicht gekuppelten Achsen $G_1 = 10,2 + 30 = 42,0$ t, die Belastung der gekuppelten Achsen $G_2 = 41,8$ t, das Gewicht eines Wagens im Durchschnitt $G_0 = 19$ t, der Zahlenwert $c = 7,3$ kg/t. Um mittleren Wind zu berücksichtigen, wird V um 10 km/st erhöht.

Durch Zusammennehmen der entsprechenden Formel aus Beispiel 82 und der Formel (101) erhält man so

$$P = G_1 \cdot (2{,}5 + \operatorname{tg}\alpha) + G_2 \cdot (c + \operatorname{tg}\alpha) + 6 \cdot \left(\frac{V + 10}{10}\right)^2$$
$$+\, i \cdot G_0 \cdot \left[2{,}5 + \operatorname{tg}\alpha + \frac{1}{25} \cdot \left(\frac{V + 10}{10}\right)^2\right].$$

Hieraus folgt mit den obigen Zahlenwerten

$$i = \frac{2600 - 40{,}2 \cdot 2{,}51 - 41{,}8 \cdot 7{,}31 - 6 \cdot 6{,}5^2}{19 \cdot 4{,}20} \backsim 24\,.$$

Die Strecke enthalte mehrere Krümmungen von $R = 320$ m Halbmesser, dann verringert sich am Ende der Krümmung die Fahrtgeschwindigkeit ganz erheblich. Die dafür zutreffende Zugkraft der Lokomotive wird vorläufig auf $P' = 2900$ kg geschätzt und dann die obige Gleichung nach $\left(\dfrac{V' + 10}{10}\right)^2$ aufgelöst. Mit dem zu $w_0 + \operatorname{tg}\alpha$ hinzutretenden Summanden $w_k = \dfrac{650}{270} = 2{,}41$ und, wenn nur mit $i' = 20$ Wagen gerechnet wird, folgt

$$\left(\frac{V' + 10}{10}\right)^2 = \frac{2900 - 40{,}2 \cdot 4{,}92 - 41{,}8 \cdot 9{,}72 - 20 \cdot 19 \cdot 4{,}92}{6 + \dfrac{20 \cdot 19}{25}}\,,$$

also

$$\frac{V' + 10}{10} = \sqrt{\frac{2900 - 198 - 406 - 1870}{6 + 15{,}2}} = 3{,}41\,,$$

mithin

$$V' = 24 \text{ km/st},$$

wofür die geschätzte Zugkraft etwa zutrifft.

9. Die Kugel- und Rollenlager.

Ein Kugellager zur Aufnahme einer senkrecht zur Wellenachse wirkenden Kraft P (Traglager) besteht gewöhnlich aus einem auf die Welle aufgesetzten Laufring vom Halbmesser r, einem in den Lagerkörper eingesetzten Laufring vom Halbmesser R und einer Anzahl bis auf $^1/_{500}$ mm übereinstimmender Kugeln vom Halbmesser r_1 (Fig. 132 und 134). Die Kugeln und Laufringe sind sorgfältig geschliffen und gehärtet.

Ist z die Gesamtzahl der im Ringe befindlichen Kugeln, so gilt nach Fig. 132

$$P = N_0 + 2 N_1 \cdot \cos\alpha + 2 N_2 \cdot \cos 2\alpha + \ldots + 2 N_n \cdot \cos n\alpha \,,$$

worin $n \cdot \alpha < \dfrac{\pi}{2}$ ist oder, da $z \cdot \alpha = 2\pi$ ist, $n < \dfrac{1}{4} z$.

Bezeichnet δ die Zusammendrückung einer Kugel, die sie unter den beiden Kräften N von seiten der Laufringe erfährt, so ist die Zusammendrückung δ_0 der von N_0 beanspruchten Kugel am größten, die Beanspruchung wird mit steigendem Winkel $n \cdot \alpha$ immer kleiner und erreicht den Wert 0 für $n \cdot \alpha \sim \dfrac{\pi}{2}$. Der einfachste Zusammenhang, der diese Änderung ausdrückt, ist

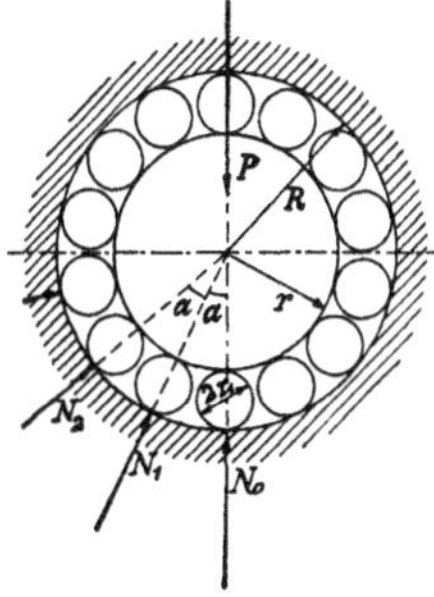

Fig. 132.

$$\delta_1 = \delta_0 \cdot \cos\alpha \,,$$
$$\delta_2 = \delta_0 \cdot \cos 2\alpha \ldots,$$

Nun ist unter sonst gleichen Umständen[101]

$$\frac{N^2}{\delta^3} = \frac{N_0^2}{\delta_0^3} = c \,,$$

mithin

$$N_1 = N_0 \cdot \cos^{\frac{3}{2}}\alpha \,, \qquad N_2 = N_0 \cdot \cos^{\frac{3}{2}} 2\alpha \ldots$$

also[102]

$$P = N_0 \cdot (1 + 2\cos^{\frac{3}{2}}\alpha + 2\cos^{\frac{5}{2}} 2\alpha + \ldots + 2\cos^{\frac{3}{2}} n\alpha) \qquad (104)$$

Rechnet man den Klammerausdruck für verschiedene Kugelzahlen z aus, so ergibt sich innerhalb der Grenzen $10 > z > 26$

$$\frac{P}{N_0} \sim \frac{z}{4{,}37} \cdot$$

Vorausgesetzt ist, daß die Laufringe unter dem Kugeldruck keine Verbiegungen erfahren. Wird doch mit einer kleinen Verbiegung der Ringe, besonders des Lagerringes gerechnet, so dürfte innerhalb der angegebenen Grenzen

$$N_0 = \frac{5 \cdot P}{z} \qquad (105)$$

die größte vorkommende Kugelbelastung[102] sein.

Bei den gebräuchlichen gehärteten Stahlkugeln ist auf ebener gehärteter Lauffläche die größte Belastung, bei der die Kugeln vom Durchmesser $d = 2\,r_1$ cm noch hinreichend elastisch bleiben und jedenfalls durch den Druck noch keine Haarrisse erhalten, bestimmt durch

$$\frac{N_0}{d^2} = k \ \text{kg/cm}^2 \qquad (106)$$

mit $k = 480$ at [103].

---

[101] Hertz, Crelles Journ. f. Math. 1882. Föppl, Vorlesungen über techn. Mechanik, 1897.

[102] Stribeck, Z. d. V. d. I. 1901.

[103] Stribeck, Schimming, Z. d. V. d. I. 1901.

Im allgemeinen bleibt man mit Rücksicht auf einen einwandfreien Dauerbetrieb wesentlich darunter. Bei ebenen oder kegelförmigen Laufringen gilt als zulässig $k = 40$ at.

Bei Laufringen, deren Krümmungshalbmesser senkrecht zur Laufrichtung der Kugeln (Fig. 133) $r_2 = \frac{2}{3} d$ ist, beträgt $k = 100$ at.

Bei dem als am vorteilhaftesten erkannten Wert [105]

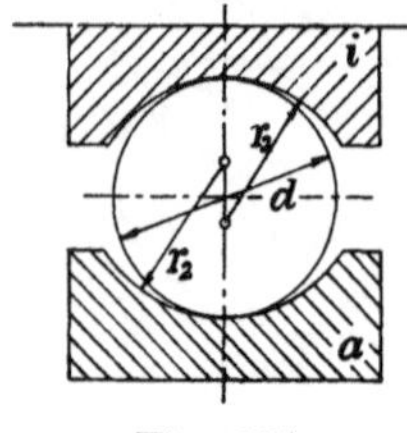

Fig. 133.

$$r_2 = 0{,}563\, d \text{ am äußeren Laufring}$$
$$r_2 = 0{,}521\, d \quad ,, \quad \text{inneren} \quad\quad ,,$$

ist $k = 150$ at.

Je besser sich der Laufring der Kugelkrümmung anschließt, desto stärker können die Kugeln beansprucht werden. Bei den zuletzt angegebenen Werten von r_2 liegen die Seiten der Kugeln noch gerade so weit frei, daß dort keine hinderliche Reibung auftritt.

Kugellager sind immer für die größtmögliche Belastung zu berechnen, also bei Riementrieben für die der ersten Betriebsanspannung des Riemens entsprechende Belastung. Bei Zahnrädern rechnet man mit Belastungsschwankungen, die das Dreifache des normalen Zahndruckes betragen [104].

Beispiel 84. Für eine Welle von $d_0 = 7$ cm Durchmesser und für die Belastung $2\,P = 4000$ kg soll ein aus zwei Kugelringen bestehendes Kugellager berechnet werden.

Die Verbindung der Gleichungen (105) und (106) ergibt bei der günstigsten Form der Ringe

$$150 \cdot d^2 = \frac{5 \cdot P}{z}$$

oder

$$d^2 \cdot z = \frac{5 \cdot P}{150} = \frac{5 \cdot 2000}{150} = 66{,}7 \text{ cm}^2.$$

Wählt man jetzt

$$d = \tfrac{3}{4}'' \qquad \text{bzw.} \qquad \tfrac{7}{8}'' \qquad \text{bzw.} \qquad 1''$$

— die Kugeldurchmesser werden immer in $\frac{1}{8}''$ angegeben —, so folgt

$$z = \frac{66{,}7}{1{,}905^2} = 18 \qquad \text{bzw.} \qquad \frac{66{,}7}{2{,}2225^2} = 14 \qquad \text{bzw.} \qquad \frac{66{,}7}{2{,}540^2} = 10\,.$$

Den Durchmesser $2\,r$ eines Laufringes kann man zu 82 mm annehmen, dann wird der Durchmesser des Kreises der Kugelmitten

$$2\,r' = 101 \qquad \text{bzw.} \qquad 104 \qquad \text{bzw.} \qquad 107{,}5 \text{ mm}$$

und man erhält als Kugeldurchmesser

$$d = \frac{2\,\pi\,r'}{z} = 17{,}65 \qquad \text{bzw.} \qquad 23{,}35 \qquad \text{bzw.} \qquad 33{,}75 \text{ mm.}$$

Der erste Betrag ist zu klein und scheidet aus, der zweite läßt noch rund 1 mm Spiel zwischen den Kugeln, der dritte Wert ist zu nehmen, wenn die Kugeln durch einen Käfig geführt werden sollen.

Der Grund für die Anordnung von etwas nachgiebigen Kugelkäfigen [105] ist der folgende: Verbiegt sich die Achse etwas, so daß sich der innere Laufring

---

[104] Gaertner, D. p. J. 1918.
[105] Brühl, 1901, veröffentlicht Z. d. V. d. I. 1909.

um den Winkel β schief stellt, so laufen die in der Ebene des Winkels β liegenden Kugeln nach Fig. 134 auf einem Halbmesser $r'' > r$, dagegen die in der dazu senkrecht gelegenen Ebene auf dem unveränderten Halbmesser r. Für irgendwelche dazwischen befindliche Kugeln liegt dieser Halbmesser zwischen den beiden Grenzwerten r und r''. Da sich nun der innere Laufring mit der Welle mitdreht, so bewegen sich die auf dem größeren Kreis rollenden Kugeln schneller als die auf dem normalen Laufringhalbmesser befindlichen und laufen so auf die davorstehenden auf, was auf die Dauer zu erheblichen Beschädigungen der Kugeln führt und, da die Kugeln mit ziemlichem Druck gegeneinander gepreßt werden, starke Reibung und infolgedessen Warmlaufen des Lagers mit sich bringt. Aus der Fig. 134 geht ohne weiteres hervor, daß r'' um so größer gegenüber r wird, je größer der Kugelhalbdurchmesser d, der Krümmungshalbmesser r_2 der Laufringe und je kleiner überhaupt r ist.

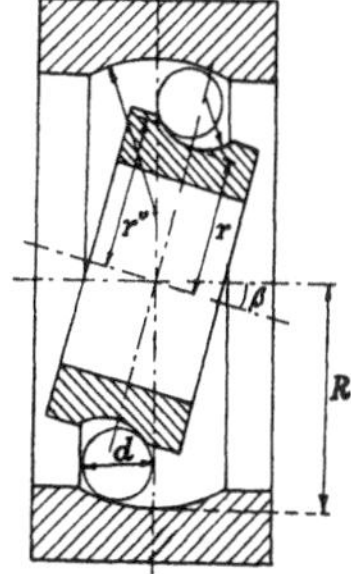

Fig. 134.

Das Drehmoment des Rollwiderstandes beträgt nach Formel (79) mit den Bezeichnungen der Fig. 132

$$M = Q \cdot f \cdot \left(1 + \frac{r}{r_1} + 1 + \frac{r_1}{R}\right),$$

worin $f \sim 0{,}0067$ mm der Hebelarm des Rollwiderstandes bei der größten zulässigen Belastung der Kugeln ist[106]) und $Q = N_0 + 2\,N_1 + 2\,N_2 + \ldots 2\,N_n$ die Gesamtbelastung aller tragenden Kugeln. Für $10 < z < 20$ ist[102]) $Q = 1{,}22 \cdot P$, und man erhält

$$M = 1{,}22 \cdot P \cdot f \cdot \frac{2\,r_1 + r + \frac{r_1^2}{R}}{r_1}$$

oder mit dem obigen Zahlenwert von f

$$M = 0{,}000815 \cdot P \cdot \left(\frac{R}{r_1} + \frac{r_1}{R}\right) \text{ cmkg} \tag{107}$$

unabhängig von der Umlaufgeschwindigkeit der Welle, also auch beim Anlaufen.

Bei einer kleineren Belastung P' des Lagers ist, wie die Versuche[107]) ergeben,

$$f' = f \cdot \sqrt[2{,}5]{\frac{P}{P'}}, \tag{108}$$

also größer als bei der Regelbelastung. Erhöht sich die Belastung über die letztere hinaus, so steigt f wieder an und zwar nahezu ebenso wie es bei Verkleinerung von P zunimmt[107]). Das rührt davon her, daß bei der Regelbelastung gerade die den mathematischen Berührungspunkt umgebenden Teile der Kugel eine besonders starke Zusammen-

---

[106]) Der größere Wert bei Stribeck ist durch Einsetzen eines fehlerhaften Betrages von $\frac{R}{r_1}$ entstanden.

[107]) Heß, American Maschinist 1909.

drückung erfahren, so daß der Hebelarm f sich dem gegenüber dem Fall geringerer Belastung etwas verkürzt; bei weiterem Ansteigen der Belastung werden aber auch die weiter nach außen liegenden Teile der Druckstelle zusammengepreßt und f vergrößert sich deshalb wieder.

Beispiel 85. Anzugeben ist das widerstehende Moment des in Beispiel 84 berechneten Kugellagers.

Man erhält aus Formel (107)

$$M = 2 \cdot 0{,}000815 \cdot 2000 \cdot \left(\frac{107 + 25{,}4}{25{,}4} + \frac{25{,}4}{132{,}4} \right) \sim 17{,}6 \text{ cmkg}.$$

Bei halber Belastung erhöht sich nach Formel (108) das Moment um das $\sqrt[2,5]{2} = 1{,}32$fache und bei 1,5facher Überlastung um denselben Betrag.

Wird das Lager etwa nach Fig. 135 ausgeführt, so zerlegt sich die Belastung $\frac{P}{2}$ jedes Laufringes gemäß Fig. 136 in eine wagerechte H, die sich gegenseitig aufheben und eine senkrecht zur Kugelfläche gerichtete $N = \frac{\frac{1}{2}P}{\cos\alpha}$. Die Kugeln laufen jetzt aber in der geneigten Ebene auf den Halbmessern $\frac{r}{\cos\alpha}$ bzw. $\frac{R}{\cos\alpha}$. Damit ergibt sich das widerstehende Moment bei Vollbelastung zu

$$M_1 = 0{,}000815 \cdot P \cdot \left(\frac{R}{r_1} \cdot \frac{1}{\cos^2\alpha} + \frac{r_1}{R} \right). \tag{107a}$$

Für $\alpha = 30°$, also $\cos\alpha = 0{,}866$, wird hiernach bei sonst gleichen Abmessungen wie oben $M_1 = 23{,}0$ cmkg, rund 30 v.H. höher.

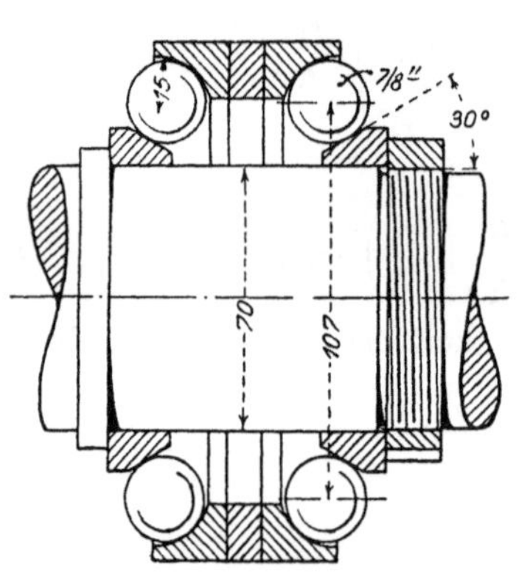

Fig. 135.

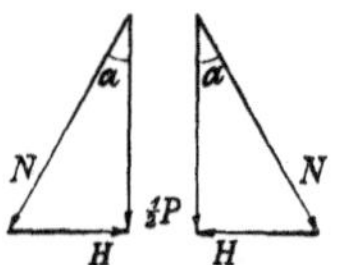

Fig. 136.

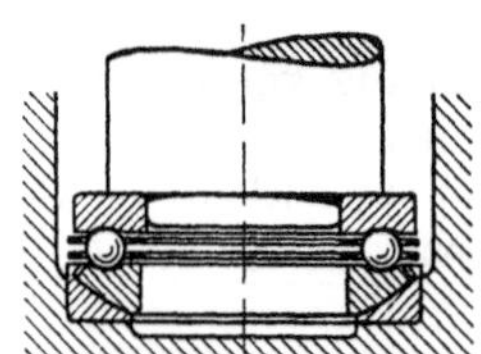

Fig. 137.

Stützkugellager werden entsprechend den Tragkugellagern ausgebildet (Fig. 137). Damit alle Kugeln gleichmäßig tragen, muß der festliegende Kugelring außen kugelförmig geschliffen werden. Die Kugeln brauchen einen Kugelkäfig, da sie ineinander laufen, sowie die beiden Laufringe nicht genau zentrisch zueinander stehen[108]). Wird die stehende Welle gleichzeitig durch ein Halskugellager geführt, so muß

---

[108]) Szambathy, D. p. J. 1912.

der Mittelpunkt der Wölbung der Unterlagerplatte mit der Mitte des Halslagers zusammenfallen[108]).

Für die Belastung P kg gilt bei z Kugeln von d cm Durchmesser

$$P = z \cdot d^2 \cdot k. \tag{109}$$

Bei schnellaufenden Wellen werden nun die Kugeln durch die Schleuderkraft etwas nach außen gedrängt und arbeiten infolgedessen nicht ausschließlich rollend. Um den Verschleiß durch die eintretende Reibung klein zu halten, wird die zulässige Beanspruchung von der Umdrehungszahl der Welle abhängig[109]) gemacht:

Umdrehungen in der Minute n:	1	200	2000
Beanspruchungszahl k:	200	35	15

Die Kraft, die zum Rollen einer Kugel gebraucht wird, ist nach der Rechnung in Beispiel 73, wenn darin das Kugelgewicht G vernachlässigt wird und $Q = \dfrac{P}{z}$ eingesetzt wird,

$$P = \frac{P}{z} \cdot \frac{2\,f}{d}.$$

Ist nur R der Halbmesser des Kugellaufkreises, so ist das widerstehende Moment des Spurlagers

$$M = P_r \cdot R \cdot z = f \cdot P \cdot \frac{2\,R}{d}, \tag{110}$$

worin für den Wälzarm f bei der Regelbelastung $k \backsim 80$ derselbe Wert 0,0067 mm einzusetzen ist wie bei den Traglagern.

Ist die Belastung des Lagers kleiner P', so steigt der Hebelarm auf f' an[107]):

$$f' = f \cdot \sqrt[3]{\frac{P}{P'}}. \tag{111}$$

Erhöht sich die Belastung über die Regelbelastung hinaus, so steigt f ebenfalls wieder in demselben Maße wie bei entsprechender Verringerung der Belastung.

Beispiel 86. Für eine Welle von $d_0 = 8$ cm Durchmesser und für die Belastung $P = 3000$ kg bei $n = 150$ Umdrehungen in der Minute soll ein Spurkugellager berechnet werden.

Man erhält aus Gleichung (109) mit $k = 45$ at

$$d^2\,z = \frac{3000}{45} = 66,7 \text{ cm}^2.$$

Wählt man jetzt

$$d = \tfrac{3}{4}'' \quad \text{bzw.} \quad \tfrac{7}{8}'' \quad \text{bzw.} \quad 1'',$$

so folgt

$$z = \frac{66,7}{1,905^2} = 18 \quad \text{bzw.} \quad \frac{66,7}{2,223^2} = 14 \quad \text{bzw.} \quad \frac{66,7}{2,54^2} = 10.$$

---

[109]) Deutsche Waffen- u. Munitionsfabriken, Uhlands prakt. Masch.-Konstr. 1916.

Der Durchmesser des Kreises der Kugelmitten beträgt etwa

$$2\,r' = 110 \quad \text{bzw.} \quad 115 \quad \text{bzw.} \quad 120 \text{ mm,}$$

der Spielraum der Kugeln ist etwa $\frac{1}{8}\,d$. Damit erhält man den Kugeldurchmesser zu

$$d = \frac{2\,\pi\,r'}{z} \cdot \frac{8}{9} = 17{,}0 \quad \text{bzw.} \quad 22{,}9 \quad \text{bzw.} \quad 33{,}5 \text{ mm.}$$

Der richtige Wert ist somit $d = \frac{7}{8}''$.

Das widerstehende Moment dieses Lagers beträgt nach den Formeln (110) und (111)

$$M = 0{,}00067 \cdot 3000 \cdot \frac{11{,}5}{2{,}223} \cdot \sqrt[3]{\frac{80}{45}} = 12{,}6 \text{ cmkg.}$$

Kugeltraglager sind nicht verwendbar, wenn etwa infolge von Temperaturveränderungen Verschiebungen in Richtung der Achse eintreten können. Kugellager sind allgemein bei hoher Umdrehungszahl nur gering zu belasten, weil auch bei den Traglagern der Einfluß der Reibung an den Zwischenstücken des Käfigs bei hohen Geschwindigkeiten stark ansteigt. In beiden Fällen sind Rollenlager vorteilhafter.

Für Rollentraglager von der Rollenlänge l cm, dem Rollendurchmesser d cm, der Anzahl z der Rollen, die mittels kleiner Ansatzzapfen in seitlichen Führungsringen befestigt sind, und der Belastung P kg ergibt sich entsprechend wie bei den Kugellagern

$$k = \frac{N_0}{l \cdot d} = \frac{5 \cdot P}{z \cdot l \cdot d} \text{ at}. \tag{112}$$

Hierin ist einzusetzen[102]) für

$$\begin{aligned}\text{ungehärtete Stahlrollen} \quad & k = 11 \text{ at,} \\ \text{gehärtete} \qquad\qquad\text{,,} \quad & k = 40 \text{ ,,}\end{aligned}$$

Als Hebelarm des Rollwiderstandes für die Höchstbelastung gilt bei

$$\begin{aligned}\text{ungehärteten Rollen und Laufringen} \quad & f = 0{,}0215 \text{ mm,} \\ \text{gehärteten} \qquad\text{,,}\qquad\text{,,}\qquad\text{,,} \quad & f = 0{,}010 \quad\text{,,}\end{aligned}$$

Bei einer geringeren Belastung P' ist der zugehörige Hebelarm

$$f' = f \cdot \sqrt[1{,}75]{\frac{P}{P'}}. \tag{113}$$

Beispiel 87. Für eine Welle von $d_0 = 7$ cm Durchmesser und der Belastung $P = 600$ kg ist ein Rollentraglager zu bestimmen sowie das Moment seines Rollwiderstandes.

Es wird gewählt $l = 1{,}5\,d_0$, dann liefert Formel (112) für ungehärtete Rollen

$$d \cdot z = \frac{5 \cdot P_x}{k \cdot l} = \frac{5 \cdot 600}{11 \cdot 1{,}5 \cdot 7} = 26 \text{ cm.}$$

Ferner gilt die Beziehung

$$d \cdot z < \pi \cdot (d_0 + d),$$

also mit den vorstehenden Zahlenwerten

$$d > \frac{26}{\pi} - 7{,}0 = 1{,}3 \text{ cm.}$$

Damit folgt die Anzahl der Rollen zu

$$z = \frac{26}{1,3} = 20 \,.$$

Das widerstehende Moment des Lagers ist nach Formel (107)

$$M = 0{,}00215 \cdot 1{,}22 \cdot 600 \cdot \left(\frac{9{,}6}{1{,}3} + \frac{1{,}3}{9{,}6}\right) \sim 12{,}0 \text{ cmkg}.$$

Man bemerkt, daß Rollenlager mit ungehärteten Rollen und Laufflächen nur für verhältnismäßig kleine Belastungen in Frage kommen.

Um außer der senkrecht zur Wellenachse wirkenden Belastung P noch einen bestimmten Seitenschub H in der Achsenrichtung mit voller Sicherheit aufnehmen zu können, lagert man die Welle auf zwei entgegengesetzt eingebauten Timkenlagern[110]) mit kegelförmigen Rollen nach Fig. 138. Der Neigungswinkel des Rollenmantels bestimmt sich aus

$$\mathrm{tg} = \frac{H}{P} \,.$$

In die Formel (112) ist dann statt P einzusetzen

$$\frac{P}{\cos\alpha} = P \cdot \sqrt{1 + \left(\frac{H}{P}\right)^2} \,.$$

Dasselbe gilt für die Berechnung des widerstehenden Momentes nach Formel (107). Gerechnet wird im übrigen mit dem mittleren Rollendurchmesser d.

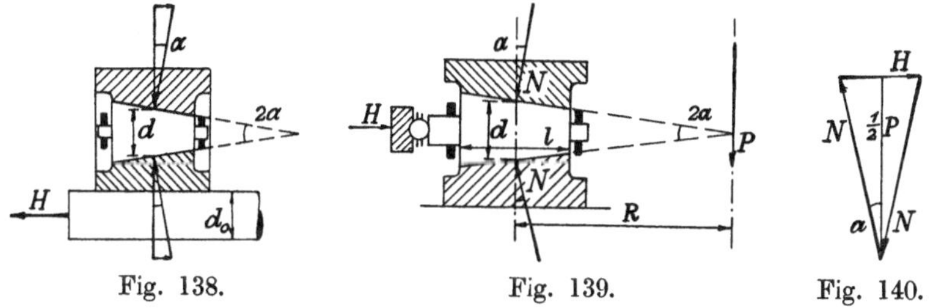

Fig. 138.   Fig. 139.   Fig. 140.

Stützrollenlager müssen im allgemeinen mit kegelförmigen Rollen nach Fig. 139 versehen werden, damit reines Rollen stattfindet, und zwar gilt

$$\mathrm{tg}\,\alpha = \frac{\tfrac{1}{2}\,d}{R} \,.$$

Damit ergibt sich bei z Rollen

$$N = \frac{P}{z} \cdot \frac{1}{\cos\alpha} \sim \frac{P}{z} \cdot \left(1 + \frac{d^2}{R^2}\right) \tag{114}$$

und der nach außen wirkende Seitenschub jeder Rolle gemäß Fig. 140

$$H = 2 \cdot N \cdot \sin\alpha = 2 \cdot \frac{P}{z} \cdot \mathrm{tg}\,\alpha$$

[110]) Dierfeld, D. p. J. 1918,

oder

$$H = \frac{P}{z} \cdot \frac{d}{R},\tag{115}$$

der gewöhnlich durch ein besonderes Druckkugellager aufgenommen wird.

Es kann gesetzt werden für

gehärtete Rollen auf gehärteten Laufbahnen $k = 40$ at,
gußeiserne „ „ gußeisernen „ $k = 25$ „

Für das Moment des Rollwiderstandes ergibt Formel (110) in Verbindung mit (114)

$$M = 2 f \cdot P \cdot \left(\frac{R}{d} + \frac{d}{R}\right)\tag{116}$$

mit $f = 0,05$ mm bei der Regelbelastung für ungehärtete Rollen und Laufbahnen.

Beispiel 88. Das Spurlager des 150-t-Hammerkranes in Bremerhaven[111]) hat $z = 35$ Stahlrollen von $d = 17,5$ cm mittlerem Durchmesser, $l = 25$ cm Länge bei $R = 110$ cm mittlerem Halbmesser. Es wird belastet mit $P = 380$ t bei leerem Kran und 530 t bei der Höchstbelastung. Die Rollen stützen sich nicht gegen ein Kugelringlager, sondern gegen Spurkränze der gußeisernen Rollbahnen von $h = 2$ cm Höhe. Der aufzunehmende Seitenschub von $H = 86$ t wirkt auf ein im Fuß angeordnetes Halslager von $d_1 = 45$ cm Durchmesser und $l_1 = 26$ cm Länge, sowie auf zwei den Winkel $2\,\delta = 60°$ einschließende Druckräder in der oberen Führung von $D = 100$ cm Durchmesser bei $b = 13$ cm Breite, deren Zapfen die Stärke $d_2 = 15$ cm haben. Anzugeben ist das zum Drehen des Hammerauslegers erforderliche Drehmoment.

Für die oberen Rollen ist gemäß der Rechnung in Beispiel 77 mit $f = 0,05$ mm

$$M_1 = \frac{2 \cdot H \cdot f}{2 \cdot \cos\delta} = \frac{86\,000 \cdot 0,05}{0,866 \cdot 1000} \sim 5,0 \text{ mkg,}$$

für ihre Zapfen mit dem Höchstwert der Reibungsziffer $\mu = 0,14$

$$M_2 = \frac{2 \cdot H}{2 \cdot \cos\delta} \cdot \mu \cdot \frac{d_2}{2} = \frac{86\,000 \cdot 0,14 \cdot 0,15}{0,866 \cdot 2} = 1043 \text{ mkg.}$$

Für das untere Halslager ist entsprechend

$$M_3 = H \cdot \mu \cdot \frac{d_1}{2} = \frac{1}{2} \cdot 86\,000 \cdot 0,14 \cdot 0,45 = 2709 \text{ mkg.}$$

Für die Kegelrollen ist, da die Rollenbeanspruchung

$$k = \frac{P}{z \cdot l \cdot d} \cdot \left(1 + \frac{d^2}{R^2}\right) = \frac{530\,000}{35 \cdot 25 \cdot 17,5} \cdot \left(1 + \frac{17,5^2}{110^2}\right) = 35 \text{ at}$$

beträgt, gemäß Formel (116)

$$M_4 = 2 \cdot 0,05 \cdot 530 \cdot \left(\frac{110}{17,5} + \frac{17,5}{110}\right) \cdot \sqrt[1,75]{\frac{40}{35}} = 370 \text{ mkg.}$$

Für die Reibung der Rollen an den beiden Spurkränzen ist, da sie außen kugelförmig mit dem Mittelpunkt auf der Achse der Kransäule abgedreht sind, gemäß Formel (115) einfach

$$M_5 = \frac{1}{2} \cdot \frac{P}{\cos\alpha} \cdot \frac{d}{R} \cdot \mu \cdot 2 \cdot \left(\frac{d}{2} + \frac{l}{2} \cdot \operatorname{tg}\alpha - 1\right),$$

---

[111]) Z. d. V. d. I. 1899.

worin der Klammerausdruck den Halbmesser der Rollen bis Mitte Spurkranz angibt. Wird hierin noch eingesetzt $\operatorname{tg}\alpha = \dfrac{d}{R}$ und $\dfrac{1}{\cos\alpha} = 1 + \dfrac{d^2}{R^2}$, so folgt mit $\mu = 0,14$

$$M_5 = \frac{530\,000 \cdot 0,175 \cdot 0,14}{1,10 \cdot 100} \cdot \left(1 + \frac{17,5^2}{110^2}\right) \cdot \left(\frac{17,5}{2} + \frac{25 \cdot 17,5}{2 \cdot 110} - 1\right) = 1180 \text{ mkg.}$$

Das gesamte erforderliche Drehmoment ist demnach $M = 5307$ mkg. Um die Drehung unter allen Umständen zu bewirken, ist der Antriebsmotor noch um etwa 30 v.H. stärker ausgeführt worden mit $M \infty 7000$ mkg, wovon auch noch die Widerstände der Zwischenübersetzung zu bewältigen sind.

Beispiel 89. Die Ringspurzapfen der Turbinen in einem Kraftwerk am Niagarafall verbrannten innerhalb einer Minute, wenn die Ölzufuhr einmal aussetzte. Sie wurden durch Rollenlager nach Fig. 141 ersetzt[112]), deren widerstehendes Moment zu bestimmen ist. Die Regelbelastung beträgt $P = 70$ t, die höchste vorübergehend auftretende $P_{max} = 125$ t, die Regelumlaufzahl $n = 250$, die höchste $n_{max} = 500$; ferner ist $d = 10,16$ cm, $l = 4,45$ cm, $R_1 = 39,4$ cm, $R_2 = 45,6$ cm, $R_3 = 52,0$ cm, $R_4 = 58,0$ cm, $d_1 = 3,81$ cm, die Anzahl der Rollen $z = 16 \cdot 3$, die in einem großen, scheibenartigen Käfig geführt werden.

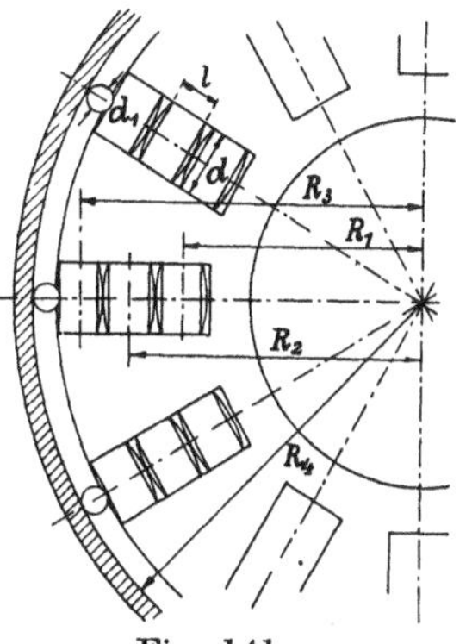

Fig. 141.

Bei der höchsten Dauerbelastung, für die das Lager berechnet wurde, ist nach den obigen Angaben $k = 40$ at einzusetzen, und man erhält damit

$$P = z \cdot l \cdot d \cdot k = \frac{16 \cdot 3 \cdot 4,45 \cdot 10,16 \cdot 40}{1000} = 87 \text{ t.}$$

Bei der Höchstbelastung ist dann

$$k_{max} = 40 \cdot \frac{125}{87} = 57,5 \text{ at.}$$

Das Moment des Rollwiderstandes ist nun nach Formel (116) bei der Regelbelastung mit

$$f = 0,001 \cdot \sqrt[1,]{\frac{87}{70}}\,,$$

$$M_1 = 2 \cdot f \cdot \frac{P}{3} \cdot \left(\frac{R_1 + R_2 + R_3}{d} + \frac{d}{R_1} + \frac{d}{R_2} + \frac{d}{R_3}\right)$$

$$= 2 \cdot 0,001 \cdot 1,13 \cdot \frac{70\,000}{3} \cdot \left(\frac{39,4 + 45,6 + 52}{10,16} + 10,16 \cdot [0,0254 + 0,0219\right.$$

$$\left.+ 0,0192]\right) = 747 \text{ cmkg.}$$

Hierzu tritt ein Reibungsmoment, das durch die Drehung der zylindrischen Rollen entsteht. Wird eine Rolle durch die Kraft P' angedrückt und dreht sie sich um ihre Mitte über einen kleinen Winkel α, so wirkt die durch die Belastung $\frac{1}{2}P'$ der einen Hälfte entstehende Reibungskraft $\mu \cdot \frac{1}{2} \cdot P'$ am Hebelarm $\frac{1}{4}l$, so daß an jeder Rolle das Reibungsmoment $M' = 2 \cdot \mu \cdot \frac{1}{2} \cdot P' \cdot \frac{1}{4}l$ auftritt. Damit wird bei z Rollen, also $z \cdot P' = P$

$$M_2 = \frac{1}{4} \cdot \mu \cdot P \cdot l\,,$$

also mit $\mu = 0,005$

$$M_2 = \frac{1}{4} \cdot 0,005 \cdot 70\,000 \cdot 4,45 = 389 \text{ cmkg.}$$

Nun wirkt auf die hintereinander liegenden drei Rollen noch die Schleuderkraft $Z = 352$ kg (Bd. III), die sie nach außen drückt und die nach den Angaben

---

[112]) **Dierfeld**, D. p. J. 1911.

S. 50 keinen Reibungswiderstand findet. Die Kraft Z wird durch die außen angeordneten, in einem besonderen Ring geführten Kugeln aufgenommen. Die Kugeln vertragen eine Belastung von etwa $P_1 = 100 \cdot d^2 = 1450$ kg. Demnach ist

$$f_1 = 0,00067 \cdot \sqrt[2,5]{\frac{1450}{352}} = 0,00118 \text{ cm}$$

und damit entsprechend Formel (107)

$$M_3 = \frac{z}{3} \cdot f_1 \cdot Z \cdot \left(\frac{R_4}{R_4 - d_1} + \frac{R_4 - d_1}{R_4} \right)$$

$$= \frac{48}{3} \cdot 0,00118 \cdot 352 \cdot \left(\frac{58,0}{54,19} + \frac{54,19}{58,0} \right) = 13 \text{ cmkg.}$$

Das gesamte widerstehende Moment des Lagers ist also $M \sim 1150$ cmkg.

Die Hauptvorteile der Kugel- und Rollenlager gegenüber den Gleitlagern sind die, daß sie keine Einlaufzeit brauchen, die für die Gleitlager immer eine gewisse Gefahr mit sich bringt, daß sie ferner von der Schmierung ziemlich unabhängig sind (Beispiel 89) und daß sie schließlich auch bei absatzweisem Betrieb, wo sich die Gleitzapfen immer erst wieder mit einer neuen Ölschicht von etwas gesteigerter Temperatur umgeben müssen, um günstig zu laufen, keinen erhöhten Widerstand bieten.

Beispiel 90. Die zum Anfahren von Straßenbahnwagen, die G kg wiegen, auf wagerechter Strecke erforderliche Zugkraft P beträgt nach Versuchen[113])

bei Gleitlagern $P = 0,0179 \cdot G$ kg,
„ Kugellagern $P = 0,0056 \cdot G$ kg.

Bei schneller Fahrt sind die Unterschiede zugunsten der Kugellager nur noch gering. Bei $V = 40$ km/st Geschwindigkeit braucht ein Personen-Eisenbahnwagen für Normalspur mit Kugellagern nur noch 10 v.H. weniger Zugkraft als einer mit Gleitlagern[114]).

10. Die Räderübersetzung.

Auf einer gemeinsamen Achse seien zwei Seiltrommeln von den Halbmessern R und R_1 befestigt. Über die Trommeln werden zwei Seile in entgegengesetzter Richtung geschlungen. An dem einen hänge die Last Q, an dem anderen werde nach beliebiger Richtung mit der Kraft P gezogen (Fig. 142). Wird das eine Seil aufgewunden, so wickelt sich das andere ab.

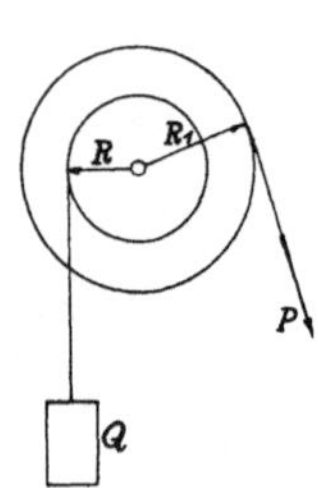

Die Anordnung kann als Hebel aufgefaßt werden, und Gleichgewicht besteht, wenn die Drehmomente der beiden Kräfte in bezug auf die gemeinsame Drehachse einander gleich sind: Antriebsmoment gleich Lastmoment

Fig. 142.

$$M_A = M_L$$

oder

$$P \cdot R_1 = Q \cdot R, \tag{117a}$$

<hr>

[113]) **Adler,** Elektrotechnik u. Maschinenbau 1917.

[114]) **Deutsche Waffen- u. Mun.-Fabriken,** El. Kraftb. u. Bahnen 1912.

wobei vorläufig von allen etwa auftretenden Widerständen abgesehen wird.

Die Gleichung (117 a) kann auch geschrieben werden

$$\frac{P}{Q} = \frac{R}{R_1} = \frac{2\pi \cdot R \cdot n}{2\pi \cdot R_1 \cdot n},$$ (118 a)

wenn n die Anzahl der in einer bestimmten Zeit, gewöhnlich ja einer Minute, gemachten Umdrehungen angibt. Man kann diesen Zusammenhang aussprechen: Die Längen der auf- bzw. abgewickelten Seile verhalten sich umgekehrt wie die an ihnen angreifenden Kräfte. Der Zusammenhang (118a) lehrt weiter: Auf derselben Achse sitzende Räder übersetzen die angreifenden Kräfte im umgekehrten Verhältnis ihrer Halbmesser.

Die Gleichungen (117 a) und (118a) bleiben unverändert, wenn an Stelle der Seilrolle mit dem Halbmesser R_1 eine Kurbel tritt, solange die an der Kurbel angreifende Kraft P senkrecht zu dem Kurbelarm R_1 gerichtet ist und ihre Größe nicht ändert.

Werden die Reibungswiderstände mit dem Drehmoment M_w berücksichtigt, so geht Gleichung (117 a) über in

$$M_A = M_L + M_w$$

oder

$$\frac{M_A}{M_L} = \frac{M_L + M_w}{M_L} = \frac{1}{\eta},$$

wie Formel (45 b) ergibt. Man erhält so für die Anordnung der Fig. 142 die genaue Formel

$$M_A = M_L \cdot \frac{1}{\eta}.$$ (117 b)

und damit

$$\frac{P}{Q} = \frac{R}{R_1} \cdot \frac{1}{\eta}.$$ (118 b)

Bei dem in Fig. 143 skizzierten **Zahnrädervorgelege** wird die der Kraft P in Fig. 142 entsprechende P' durch den Zahndruck des zweiten, in das größere eingreifenden Rades bewirkt, und es gilt demgemäß für die Lastrolle

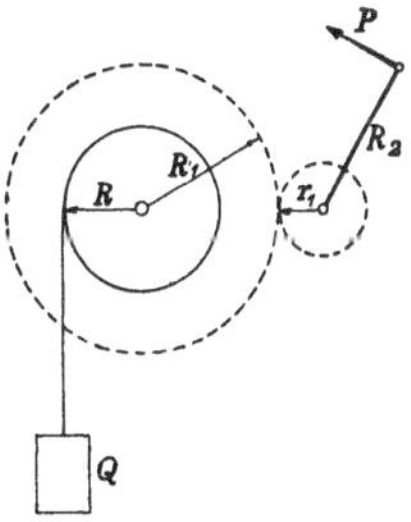

$$P' \cdot R_1 = Q \cdot R = M_L,$$

wenn wieder M_L abkürzungsweise das Drehmoment der Last bezeichnet.

Auf das kleinere Zahnrad wirkt der Zahndruck P' des größeren in umgekehrter Richtung zurück. Es gilt also für die zweite Welle mit dem umgekehrten Pfeil von P'

$$P' \cdot r_1 = P \cdot R_2 = M_A,$$

Fig. 143.

wenn abkürzungsweise M_A das Antriebsmoment bezeichnet.

Wird jetzt der Wert von P' aus der zweiten Gleichung in die erste eingesetzt, so folgt

$$\frac{M_A}{M_L} = \frac{r_1}{R_1}. \qquad\qquad (119\,\mathrm{a})$$

Auf verschiedenen Achsen sitzende Räder übersetzen die daran wirkenden Drehmomente derart, daß Antriebs- und Lastmoment in demselben Verhältnis stehen wie die Halbmesser der auf den zugehörigen Achsen sitzenden Übersetzungsräder, wenn die Reibungswiderstände außer acht gelassen werden.

Berücksichtigt man die Widerstände im Triebwerk und setzt an: η_0 als Wirkungsgrad der Seiltrommel, enthaltend die Seilwiderstände und die durch die Trommelbelastung hervorgerufene Lagerreibung der Lastwelle, entsprechend η_1' als Wirkungsgrad des auf der Lastwelle sitzenden Zahnrades, η_1'' als Wirkungsgrad des auf der Antriebswelle sitzenden Zahnrades, η_2 als Wirkungsgrad der Kurbel, so gilt

$$P' \cdot R_1 \cdot \eta_1' = M_L \cdot \frac{1}{\eta_0}:$$

Das durch die darauf entfallenden Widerstände verringerte Drehmoment des Zahndruckes muß noch dem durch die darauf entfallenden Widerstände vergrößerten Lastmoment das Gleichgewicht halten.

Entsprechend ist

$$M_A \cdot \eta_2 = P' \cdot r_1 \cdot \frac{1}{\eta_1''},$$

und durch Zusammennehmen beider Gleichungen folgt dann

$$\frac{M_A}{M_L} = \frac{r_1}{R_1} \cdot \frac{1}{\eta_0 \cdot \eta_1' \cdot \eta_1'' \cdot \eta_2}.$$

Gewöhnlich nimmt man $\eta_1' \cdot \eta_1'' = \eta_1$ als Wirkungsgrad des Zahnradvorgeleges zusammen, und dann ist genau gerechnet

$$\frac{M_A}{M_L} = \frac{r_1}{R_1} \cdot \frac{1}{\eta_0 \cdot \eta_1 \cdot \eta_2}. \qquad\qquad (119\,\mathrm{b})$$

Bei zusammenarbeitenden Zahnrädern muß naturgemäß die Entfernung entsprechender Stellen der Zähne voneinander, gemessen auf den sogenannten Teilkreisen, die bei Drehung der Räder aufeinander abrollen, dieselbe sein. Anderenfalls würden sich die Räder klemmen.

Ist Z_1 die Anzahl der Zähne des Rades vom Halbmesser R_1 und z_1 die Anzahl der Zähne des Rades vom Halbmesser r_1, und bezeichnet τ die gemeinsame Teilung beider Räder, so ist

$$2\pi \cdot R_1 = Z_1 \cdot \tau \qquad \text{und} \qquad 2\pi \cdot r_1 = z_1 \cdot \tau. \qquad (120)$$

Die Teilung wird stets als ein Vielfaches von π angegeben, damit nicht etwa unzweckmäßige Abrundungen der Zahlen Fehler in die Verzahnung bringen.

Aus den Gleichungen (120) folgt

$$\frac{r_1}{R_1} = \frac{z_1}{Z_1}.$$

Das Übersetzungsverhältnis der Räder wird durch das Verhältnis ihrer bis zu den Teilkreisen reichenden Halbmesser bestimmt oder einfacher durch das Verhältnis ihrer Zähnezahlen.

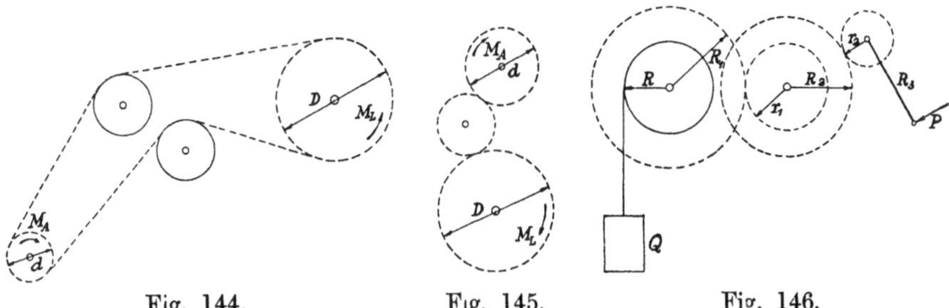

Fig. 144.   Fig. 145.   Fig. 146.

An den erörterten Verhältnissen wird nichts geändert, wenn die Räder gar nicht unmittelbar ineinander greifen, sondern erst durch Vermittlung einer nötigenfalls über Führungsräder laufenden Gelenkkette oder auch eines glatten Riemens oder Seiles, wie das Fig. 144 andeutet. Das Zwischenglied kann auch wieder ein starres Rad sein, wie Fig. 145 angibt.

Macht die Lastwelle n_1 Umdrehungen, so sind nach Formel (120) $n_1 \cdot Z_1$ Zähne in Eingriff mit ebenso vielen des auf der Antriebswelle sitzenden Rades gekommen, das also bei z_1 auf dem Umfang befindlichen Zähnen n_2 Umdrehungen gemacht haben muß derart, daß $n_1 \cdot Z_1 = n_2 \cdot z_1$ ist oder

$$\frac{n_1}{n_2} = \frac{z_1}{Z_1} = \frac{r_1}{R_1}.$$

Die Räderübersetzung übersetzt nicht nur die Drehmomente, sondern auch die Umdrehungszahlen der Wellen, und zwar letztere im direkten Verhältnis der Radhalbmesser oder Zähnezahlen, so daß das Produkt aus Drehmoment und Umdrehungszahl in der Minute unverändert bleibt.

Für eine doppelte Räderübersetzung nach Fig. 146 gilt naturgemäß die der Gleichung (119 b) entsprechende Beziehung:

$$\frac{M_A}{M_L} = \frac{P \cdot R_3}{Q \cdot R} = \frac{r_1}{R_1} \cdot \frac{r_2}{R_2} \cdot \frac{1}{\eta_0 \cdot \eta_1 \cdot \eta_2 \cdot \eta_3}. \tag{121}$$

Beispiel 91. Die Last $Q = 800$ kg soll von 2 Arbeitern an einer Winde mit einfachem Vorgelege nach Fig. 143 die Höhe $h = 12$ m gehoben werden. Die Windentrommel habe den Halbmesser $R = 12$ cm, bis Mitte Seil gerechnet. Anzugeben sind die Zähnezahlen des Vorgeleges und die im Mittel zum Heben gebrauchte Zeit.

Die Kraft, die ein Arbeiter dauernd, naturgemäß mit Pausen, an der Kurbel liefert, ist etwa 15 kg, sie kann vorübergehend auf 20 kg gesteigert werden. Der

Halbmesser der Handkurbel beträgt bei einmännigen Kurbeln $R_2 \leqq 35$ cm, bei zweimännigen 38 bis 40 cm. Die Arbeitsgeschwindigkeit ist i. M. $v = 0{,}75$ m/sk und steigt oder sinkt um etwa 0,25 m/sk.

Der Wirkungsgrad der Trommel wird i. M. angesetzt zu $\eta_0 = 0{,}96$, der einer Zahnradübersetzung zu $\eta_1 = 0{,}93$, der Kurbel zu $\eta_2 = 0{,}98$.

Dann folgt aus Gleichung (119b) die erforderliche Übersetzung

$$\frac{r_1}{R_1} = \frac{2 \cdot 15 \cdot 35}{800 \cdot 12} \cdot 0{,}96 \cdot 0{,}93 \cdot 0{,}98 = \frac{1}{10{,}4}.$$

Als geringste Zähnezahl von Zahnrädern für Handwinden gilt $z_1 = 10$; damit wird die des auf der Trommelwelle sitzenden Rades $Z_1 = 104$. Ist die Zahnradteilung die bei zweimännigen Handkurbelwellen gebräuchliche $\tau = 0{,}8 \cdot \pi$ cm, so ergibt sich aus Formel (120) der Durchmesser

$$d_1 = \frac{z_1 \cdot \tau}{\pi} = 10 \cdot 0{,}8 = 8{,}0 \text{ cm}$$

und der des anderen Rades

$$D_1 = \frac{Z_1 \cdot \tau}{\pi} = 83{,}2 \text{ cm},$$

beide im Teilkreis gemessen.

Aus dem Zusammenhang $2\,\pi \cdot R \cdot n_1 = h$ ergeben sich die nötigen Umdrehungen der Trommelwelle

$$n_1 = \frac{2\,\pi \cdot R}{h},$$

die Umdrehungen der Kurbelwelle sind demnach

$$n_2 = n_1 \cdot \frac{R_1}{r},$$

und der Kurbelweg ist nach Formel

$$s = 2\,\pi \cdot R_2 \cdot n_2 = v \cdot t.$$

Hieraus folgt die zum Aufwinden nötige Zeit

$$t = \frac{2\,\pi \cdot R_2 \cdot n_2}{v} = \frac{2\,\pi \cdot R_2}{v} \cdot n_1 \cdot \frac{R_1}{r_1} = \frac{2\,\pi \cdot R_2}{v} \cdot \frac{h}{2\,\pi \cdot R} \cdot \frac{R_1}{r_1}$$

oder

$$t = \frac{h}{v} \cdot \frac{R_2}{r} \cdot \frac{R_1}{r_1} = \frac{12}{0{,}75} \cdot \frac{35}{12} \cdot 10{,}4 = 486 \text{ sk.}$$

Beispiel 92. Für den Drehkran der Fig. 115 ist das Rädervorgelege zu bestimmen bei dem auf die Trommel von $R = 16$ cm Halbmesser kommenden Seilzug $Q = 1600$ kg für den Fall, daß zwei Arbeiter an der Kurbelwelle drehen.

Es ist ein doppeltes Rädervorgelege nötig, und man erhält aus Formel (121) das erforderliche Übersetzungsverhältnis

$$\frac{r_1}{R_1} \cdot \frac{r_2}{R_2} = \frac{2 \cdot 15 \cdot 35}{1600 \cdot 16} \cdot 0{,}96 \cdot 0{,}93 \cdot 0{,}93 \cdot 0{,}98 = \frac{1}{30},$$

das zerlegt wird in $\frac{1}{6} \cdot \frac{1}{5}$.

Die größere Übersetzung $\frac{1}{6}$ wird der Kurbel zunächst angebracht, die kleinere der Last zunächst, weil dann die Räder die kleinsten Durchmesser erhalten.

Wählt man wieder als kleinste Zähnezahl $z_1 = z_2 = 10$, so wird $Z_2 = 60$ und $Z_1 = 50$. Hat das der Kurbel zunächst gelegene Räderpaar die Teilung $\tau_2 = 0{,}8 \cdot \pi$ und das der Last zunächst gelegene die Teilung $\tau_1 = 1{,}2 \cdot \pi$, so sind die Räderdurchmesser $d_2 = 8$ cm, $D_2 = 48$ cm, $d_1 = 12$ cm, $D_1 = 60$ cm.

Wenn häufig kleinere Lasten, etwa bis zu $\frac{1}{3}$ der Höchstbelastung, zu heben sind, so schaltet man, um die kleinen Lasten schneller heben zu können, durch

Verschieben der Kurbelwelle eine andere Übersetzung ein, die statt $\frac{1}{6}$ nur

$$\ddot{u} = \frac{d_3}{D_3} = \frac{1}{2}$$ zu sein braucht. Nun ist aber der Achsenabstand

$$a = \tfrac{1}{2} \cdot (d_3 + D_3) = \tfrac{1}{2} \cdot (d_2 + D_2) = 28 \text{ cm}$$

festgelegt, so daß man die Abmessungen dieser Räder nicht beliebig wählen kann.
Durch Zusammenfassen der beiden gegebenen Beziehungen erhält man leicht

$$D_3 = \frac{2a}{1 + \ddot{u}} = \frac{2 \cdot 28}{1 + \frac{1}{2}} = 37{,}33 \text{ cm} ,$$

ferner gilt nach Formel (120)

$$D_3 = Z_3 \cdot \frac{t}{\pi} .$$

Man kann jetzt wählen

$$\frac{t}{\pi} = \quad 0{,}8 \qquad\qquad 0{,}9 \qquad\qquad 1{,}0 \text{ cm}$$

und erhält dann

$$Z_3 = \frac{D_3}{\frac{t}{\pi}} \sim 48 \qquad\qquad 42 \qquad\qquad 38$$

entsprechend dem Durchmesser

$$D_3 = 38{,}4 \qquad\quad 37{,}8 \qquad\qquad 38{,}0 \text{ cm}.$$

Demnach muß werden

$$d_3 = 2a - D_3 = 17{,}6 \qquad\quad 18{,}2 \qquad\qquad 18{,}0 \text{ cm},$$

also

$$z_3 = \frac{d_3}{\frac{t}{\pi}} = 22{,}0 \qquad\qquad 20{,}2 \qquad\qquad 18{,}0 .$$

Die Teilung $0{,}9 \cdot \pi$ ist somit unbrauchbar. Die beiden anderen liefern brauchbare Räder, die aber beide nicht genau die verlangte Übersetzung haben. Gewöhnliche Stirnräder gestatten nicht die Innehaltung einer gegebenen Übersetzung bei festgelegtem Achsenabstand, wenn runde Maße für $\frac{t}{\pi}$ gelten sollen.

Beispiel 93. Von einem Elektromotor, der $n_1 = 1350$ Umdrehungen in der Minute macht, soll eine Maschine angetrieben werden mit $n_2 = 56$ Umdrehungen in der Minute. Anzugeben ist die erforderliche Übersetzung.
Man erhält sogleich das Übersetzungsverhältnis

$$\frac{n_2}{n_1} = \frac{56}{1350} = \frac{1}{24{,}1} ,$$

das man etwa zerlegt in $\dfrac{1}{5} \cdot \dfrac{1}{4{,}8}$.

Hat die Riemenscheibe des Motors den Durchmesser $d_1 = 16$ cm, so muß die auf der Vorgelegewelle sitzende zugehörige Scheibe den Durchmesser $D_1 = 5 \cdot 16 = 80$ cm erhalten.
Sitzt nun auf der anzutreibenden Maschine eine Riemenscheibe vom Durchmesser $D_2 = 110$ cm, so muß die zugehörige auf der Vorgelegewelle den Durchmesser $d_2 = \dfrac{1}{4{,}8} \cdot 110 = 23$ cm haben.
Die vorstehende Rechnung setzt voraus, daß die Riemen nicht auf den Scheiben gleiten (Abschnitt 17).

Eine zur Erzielung der verschiedenartigsten Übersetzungen auf gedrängtem Raum oft benutzte Räderverbindung ist das Planetengetriebe.

Die einfachste Anordnung ist das Umlaufgetriebe der Fig. 147[115]). Mit der Schubstange der Balancier-Dampfmaschine ist das Zahnrad vom Halbmesser r_2 fest verbunden; es greift ein in ein mit der Hauptwelle A der Maschine fest verbundenes Rad vom gleichen Halbmesser r_1. Während eines Umlaufes des Zapfens B auf dem Kreis vom Halbmesser R dreht sich das Rad 2 einmal in dem angegebenen Sinn um seine Achse und bewegt dadurch das gleiche Rad 1 ebenfalls einmal um sich selbst. Da aber das Rad 2 außerdem einmal um 1 in dem Drehsinn des letzteren herumgelaufen ist, so macht das Rad 1 also bei einer Umdrehung des Zapfens B 2 Umdrehungen in demselben Sinne.

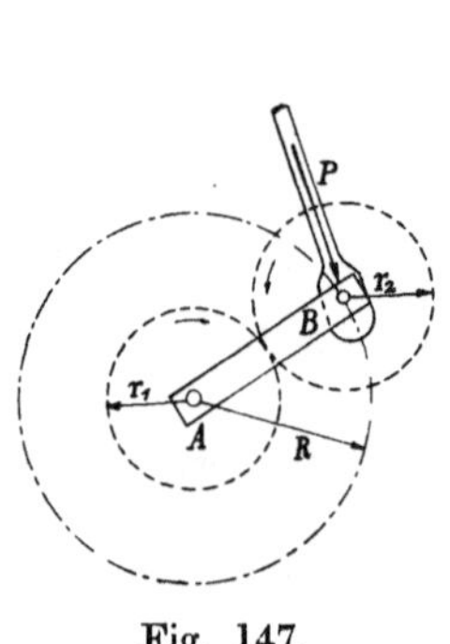

Fig. 147.

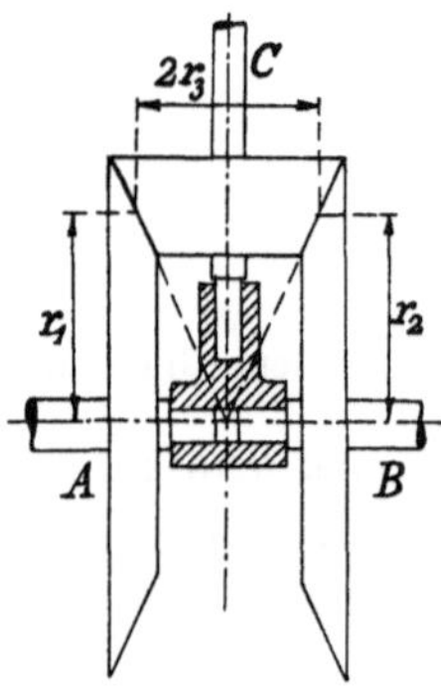

Fig. 148.

Sind die Räder verschieden groß, so ergibt eine gleiche Überlegung als minutliche Umdrehungszahl n_1 der Welle bei n_2 Umdrehungen des Zapfens B in der Minute

$$n_1 = n_2 \cdot \left(1 + \frac{r_2}{r_1}\right). \tag{122}$$

Eine unter der Bezeichnung Differentialgetriebe häufig benutzte Ausführung stellt die Fig. 148 dar. Auf den gleichachsig gelagerten Wellen A und B sitzen Kegelräder vom Halbmesser r_1 bzw. r_2, in die ein auf der die beiden Hauptwellenachsen senkrecht schneidenden Welle C sitzendes Zahnrad vom Halbmesser r_3 eingreift. Es sind dann folgende Bewegungen möglich:

1. Die Welle A steht fest, die Welle C dreht sich mit n_3 Umdrehungen in der Minute um sich selbst. Sie rollt dann auf Rad 1 mit $\dfrac{2}{n_3} = \dfrac{1}{n_3'} \cdot \dfrac{r_3}{r_1}$ Umläufen in der Minute entgegengesetzt zu ihrer Drehrichtung. Ständе die Welle C fest, so würde sich die Welle B im Sinne des Rollens von C mit der Umdrehungszahl $n_2'' = n_3 \cdot \dfrac{r_3}{r_2}$ drehen. Da nun aber die Welle C mit der Umdrehungszahl n_3' in

---

[115]) Watt 1781.

demselben Sinne auf dem Rade 2 umläuft, so addieren sich beide Bewegungen und man erhält

$$n_2 = n_3' + n_2'' = n_3 \cdot \left(\frac{r_3}{r_1} + \frac{r_3}{r_2} \right). \tag{123}$$

Im vorliegenden Fall mit $r_1 = r_2$ wird

$$n_2 = 2 \cdot n_3 \cdot \frac{r_3}{r_2}.$$

2. Die Welle A steht fest, die Welle B dreht sich mit n_2 Umdrehungen in der Minute.

Man erhält sogleich aus Formel (123) die Umdrehungszahl der Welle C zu

$$n_3 = \frac{n_2}{\dfrac{r_3}{r_1} + \dfrac{r_3}{r_2}},$$

und ihre Umlaufzahl wie oben

$$n_3' = n_3 \cdot \frac{r_3}{r_1} = \frac{n_2}{1 + \dfrac{r_1}{r_2}}. \tag{124}$$

Der Umlauf der Welle C hat dieselbe Richtung wie der Drehsinn der Welle B.
Für $r_1 = r_2$ wird

$$n_3 = \frac{n_2}{2} \cdot \frac{r_2}{r_3} \quad \text{und} \quad n_3' = \frac{n_2}{2}.$$

3. Die Welle C steht fest, die Welle A dreht sich mit n_1 Umdrehungen in der Minute.

Das Rad 3 dreht sich mit $n_3 = n_1 \cdot \dfrac{r_1}{r_3}$ Umdrehungen in der Minute um seine Achse und treibt das Rad 2 mit $n_2 = n_3 \cdot \dfrac{r_3}{r_2} = n_1 \cdot \dfrac{r_1}{r_2}$ Umdrehungen entgegengesetzt zur Drehrichtung der Welle A um.

Für $r_1 = r_2$ wird $n_2 = n_1$.

4. Die Welle A dreht sich mit n_1 Umdrehungen in der Minute und die Welle B mit n_2 Umdrehungen in der Minute in demselben Sinne. Durch zweimalige Anwendung des Falles 2 erhält man als minutliche Umdrehungszahl der Welle C

$$n_3 = \frac{n_2}{\dfrac{r_3}{r_1} + \dfrac{r_3}{r_2}} - \frac{n_1}{\dfrac{r_3}{r_2} + \dfrac{r_3}{r_1}} = \frac{n_2 - n_1}{\dfrac{r_3}{r_1} + \dfrac{r_3}{r_2}} \tag{125}$$

und als minutliche Umlaufzahl im Sinne der beiden anderen Drehungen

$$n_3' = \frac{n_2}{1 + \dfrac{r_1}{r_2}} + \frac{n_1}{1 + \dfrac{r_2}{r_1}} = n_1 \cdot \frac{1 + \dfrac{r_2}{r_1} \cdot \dfrac{n_2}{n_1}}{1 + \dfrac{r_2}{r_1}}. \tag{126}$$

Für $r_1 = r_2$ folgt

$$n_3 = \frac{n_2 - n_1}{2} \cdot \frac{r_1}{r_3} \quad \text{und} \quad n_3' = \frac{n_2 + n_1}{2}.$$

5. Die Wellen A und B drehen sich mit den minutlichen Umdrehungszahlen n_1 bzw. n_2 in umgekehrtem Sinne.

Durch dieselbe Überlegung wie unter 4 folgt

$$n_3 = \frac{n_2 + n_1}{\dfrac{r_3}{r_1} + \dfrac{r_3}{r_2}} \quad \text{und} \quad n_3' = \frac{n_2}{1 + \dfrac{r_1}{r_2}} - \frac{n_1}{1 + \dfrac{r_2}{r_1}}. \tag{127} \tag{128}$$

Für $r_1 = r_2$ wird

$$n_3 = \frac{n_2 + n_1}{2} \cdot \frac{r_1}{r_3} \quad \text{und} \quad n_3' = \frac{n_2 - n_1}{2}.$$

Die letztere Formel bildet den Grund zu der Bezeichnung Differentialgetriebe. Ist noch $n_1 = n_2$, so bleibt die Welle C an ihrem Platz.

6. Die Welle A dreht sich mit n_1 Umdrehungen in der Minute und die Welle C mit n_3 derart, daß die Drehrichtungen übereinstimmen.

Aus Fall 1 ergibt sich sogleich die Umlaufzahl der Welle C in entgegengesetzter Drehrichtung zu

$$n_3' = n_3 \cdot \frac{r_3}{r_1} - n_1 \tag{129}$$

und die Drehzahl der Welle B in entgegengesetzter Richtung zur Drehung der Welle A zu

$$n_2 = n_3 \cdot \left(\frac{r_3}{r_2} + \frac{r_3}{r_1} \right) - n_1. \tag{130}$$

Für $r_1 = r_2$ wird

$$n_2 = 2\,n_3 \cdot \frac{r_3}{r_2} - n_1.$$

7. Die Welle A dreht sich mit n_1 Umdrehungen in der Minute und die Welle C mit n_3 derart, daß die Drehrichtungen entgegengesetzt sind.

Man erhält entsprechend dem Fall 6

$$n_3' = n_3 \cdot \frac{r_3}{r_1} + n_1 \tag{131}$$

übereinstimmend mit der Drehrichtung der Welle A und

$$n_2 = n_3 \cdot \left(\frac{r_3}{r_2} + \frac{r_3}{r_1} \right) + n_1 \tag{132}$$

entgegengesetzt zur Drehrichtung der Welle A.

Für $r_1 = r_2$ wird

$$n_2 = 2 \cdot n_3 \cdot \frac{r_3}{r_1} + n_1.$$

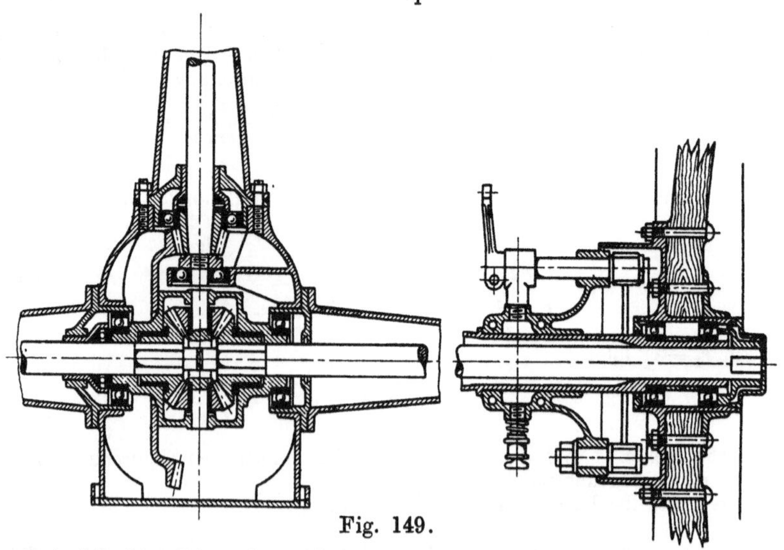

Fig. 149.

Beispiel 94. Die gebräuchlichste Anwendung des Differential-Planetengetriebes, den Antrieb eines Kraftwagens, zeigt die Fig. 149.

Die vom Geschwindigkeitswechsel kommende Hauptwelle des Wagens treibt vermittels eines Kegelzahnräderpaares den kastenförmigen Körper um, in dessen Wandungen zwei Differentialkegelräder gelagert sind. Sie bilden eine starre Kupplung, die die beiden Hälften der Hinterradachse gleichmäßig mitnimmt, solange beide Räder gleiche Umdrehungen machen. Wenn in einer Kurve das eine Rad langsamer läuft als das andere, so tritt der Fall 5 der obigen Darlegungen ein, und beide Achsenhälften verdrehen sich frei gegeneinander.

Vielfältige Anwendung finden Stirnrädergetriebe als rückkehrende Umlaufräderwerke[116]). Die einfachste Anordnung zeigt die Fig. 150.

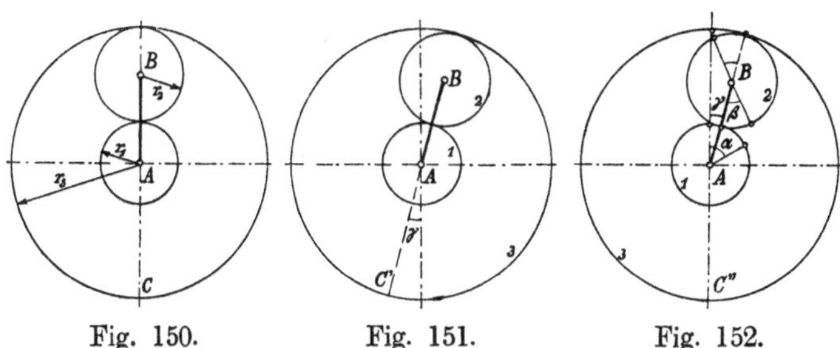

Fig. 150.   Fig. 151.   Fig. 152.

Der Halbmesser des ersten, sich mit n_1 Umdrehungen in der Minute drehenden Zentralrades ist r_1, derjenige des Umlaufrades, das n_2 Umdrehungen in der Minute macht, r_2, und der des zweiten feststehenden Zentralrades, das hier als Hohlrad ausgeführt ist, r_3. In der Fig. 151 ist das ganze System um die Achse A derart gedreht worden, daß der Steg AB n_s Umdrehungen gemacht hat, wobei vorläufig der leichteren Übersichtlichkeit halber n_s als ein kleiner echter Bruch gelten soll, daß also der Punkt C des Rades 3 die Lage C' angenommen hat. Dabei hat der Steg AB auf dem Umfang des Rades 3 den Bogen $r_3 \cdot \gamma$ zurückgelegt.

Da nun Rad 3 feststehen soll, wird es wieder in die alte Lage zurückgedreht (Fig. 152); dabei dreht sich Rad 2 um den Winkel β derart, daß $r_2 \cdot \beta = r_3 \cdot \gamma$ ist, und bewegt einerseits Rad 1 aus der Stellung der Fig. 151 um den Bogen $r_2 \cdot \beta$ in die Lage der Fig. 152, so daß sich letzteres im ganzen um den Winkel α entsprechend n_1 Umdrehungen in der Minute gedreht hat.

Es gilt dann ohne weiteres

$$r_1 \cdot \alpha = r_1 \cdot \gamma + r_2 \cdot \beta$$

und in Verbindung mit der vorstehenden Beziehung

$$r_1 \cdot \alpha = r_1 \cdot \gamma + r_3 \cdot \gamma \,,$$

woraus folgt

$$\frac{\alpha}{\gamma} = 1 + \frac{r_3}{r_1} = \frac{n_1}{n_s} \,. \tag{133}$$

---

[116]) S c h l e s i n g e r, Werkstatts-Technik 1910.

Um die Übersetzung zu vergrößern, setzt man auf die Achse B zwei sogenannte Schwesterräder gemäß Fig. 153. Man entnimmt ihr sofort bei einer Drehung des Steges um den Winkel γ

$$r_4 \cdot \gamma = r_3 \cdot \beta,$$
$$r_1 \cdot \alpha = r_1 \cdot \gamma + r_2 \cdot \beta,$$

also

$$\frac{\alpha}{\gamma} = 1 + \frac{r_2}{r_1} \cdot \frac{r_4}{r_3} = \frac{n_1}{n_s}. \qquad (134\,\mathrm{a})$$

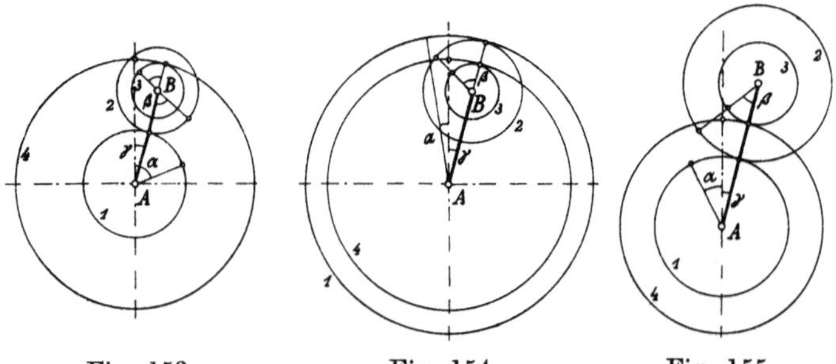

Fig. 153.   Fig. 154.   Fig. 155.

Wird das volle Zentralrad 1 durch ein zweites Hohlrad 1 ersetzt, wie Fig. 154 angibt, so gilt jetzt

$$r_4 \cdot \gamma = r_3 \cdot \beta$$

wie oben, aber

$$r_1 \cdot \alpha = r_1 \cdot \gamma - r_2 \cdot \beta,$$

also

$$\frac{\alpha}{\gamma} = 1 - \frac{r_2}{r_1} \cdot \frac{r_4}{r_3} = \frac{n_1}{n_s}. \qquad (134\,\mathrm{b})$$

Dabei ist der Drehsinn von Rad 1 gegenüber der Anordnung nach Fig. 153 der umgekehrte.

Ersetzt man beide Hohlräder durch Vollräder gemäß Fig. 155, so gilt wieder

$$r_4 \cdot \gamma = r_3 \cdot \beta,$$
$$r_1 \cdot \alpha = r_1 \cdot \gamma - r_2 \cdot \beta,$$

also

$$\frac{\alpha}{\gamma} = \frac{n_1}{n_s} = 1 - \frac{r_2}{r_1} \cdot \frac{r_4}{r_3}. \qquad (134\,\mathrm{c})$$

Beispiel 95. Das Zahnrad 0 der Fig. 156 macht $n_0 = 200$ Umdrehungen in der Minute. Anzugeben sind die minutlichen Umdrehungszahlen der beiden gleichen Ritzel 5 und 6, wenn gegeben ist

$$z_1 = 20, \quad z_2 = 30, \quad z_3 = 40, \quad z_4 = 30.$$

Das Rad 0 vertritt hier den Steg, die Räder 1 und 6 haben die gleiche Umdrehungszahl der Welle, auf der sie befestigt sind. Man erhält sofort aus Formel (134c)

$$n_1 = 200 \cdot \left(1 - \frac{30 \cdot 30}{40 \cdot 20}\right)$$

$$= 200 \cdot \left(-\frac{1}{8}\right) = -25 \,,$$

also entgegengesetzt zu der Drehrichtung des Rades 0.

Entsprechend erhält man die Umdrehungszahl der Räder 4 und 5, indem man in Formel (134c) die Zeiger 1 und 4 sowie 2 und 3 vertauscht

$$n_4 = 200 \cdot \left(1 - \frac{20 \cdot 40}{30 \cdot 30}\right)$$

$$= 200 \cdot \left(+\frac{1}{9}\right) = +22{,}22$$

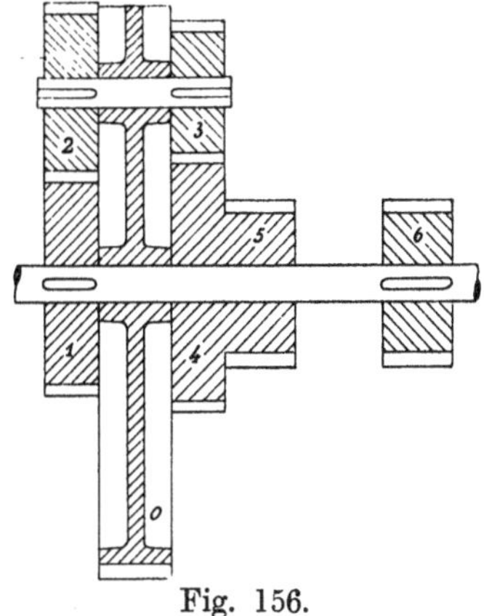

Fig. 156.

in gleichem Sinne wie n_0.

Die Umdrehungszahl der Welle B bestimmt sich nach Formel (122) zu

$$n_2 = n_0 \cdot \left(1 + \frac{r_2}{r_1}\right) = 200 \cdot \left(1 + \frac{30}{20}\right) = 500 \,.$$

Ändert man die Zähnezahlen nur etwas ab in

$$z_1 = 23 \,, \quad z_2 = 29 \,, \quad z_3 = 39 \,, \quad z_4 = 31 \,,$$

so ergibt sich

$$n_1 = 200 \cdot \left(1 - \frac{31 \cdot 29}{39 \cdot 23}\right) = 200 \cdot \left(-\frac{2}{897}\right) = -0{,}447 \,,$$

$$n_4 = 200 \cdot \left(1 - \frac{39 \cdot 23}{31 \cdot 29}\right) = 200 \cdot \left(+\frac{2}{899}\right) = +0{,}446 \,,$$

$$n_2 = 200 \cdot \left(1 + \frac{29}{23}\right) \sim 452 \,.$$

Die Übersetzung ist also bei kleinen Änderungen der Zähnezahlen sehr stark veränderlich.

Beispiel 96. Man kann mit den Anordnungen der Fig. 153—155 sehr hohe Übersetzungen erzielen, jedoch sind bei höheren Umdrehungszahlen die Geschwindigkeiten unzulässig groß. Der Übelstand wird vermieden durch die Anordnung[117]) der Fig. 157, bei der Rad 0 feststeht. Es sei

$$z_0 = 125 \,, \quad z_1 = 100 \,, \quad z_2 = 40 \,, \quad z_3 = 47 \,, \quad z_4 = 20 \,.$$

Wird Rad 4 auf der einen Welle A mit $n_4 = 2400$ Umdrehungen in der Minute angetrieben, so ergibt Formel (133) die Umdrehungszahl des Steges zu

$$n_s = n_4 \cdot \frac{1}{1 + \dfrac{r_1}{r_4}} = \frac{2400}{1 + \dfrac{100}{20}} = 400 \cdot .$$

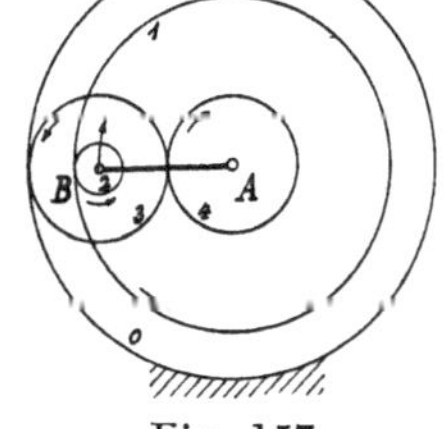

Fig. 157.

Für die Umdrehungszahl des Rades 1 gilt die Formel (134b):

$$n_1 = n_s \cdot \left(1 - \frac{r_3 \cdot r_1}{r_0 \cdot r_2}\right) = 400 \cdot \left(1 - \frac{47 \cdot 100}{125 \cdot 40}\right) = 24 \,,$$

---

[117]) **Wolfram**, Werkstatts-Technik 1912.

so daß die gesamte Übersetzung zwischen den Rädern 1 und 4, die auf den gleich-achsigen Wellen A sitzen, $\ddot{u} = \dfrac{1}{100}$ beträgt.

Für die praktische Ausführung der Planetenräder ist wichtig, daß bei Vollrädern (Fig. 155) die Beziehung für die Steglänge AB

$$s = r_1 + r_2 = r_3 + r_4$$

oder nach Formel (120)

$$s = \frac{\tau_1}{\pi} \cdot (z_1 + z_2) = \frac{\tau_2}{\pi} \cdot (z_3 + z_4)$$

genau innegehalten wird. Da bei größeren Übersetzungen, für die Planetenräder hauptsächlich in Anwendung kommen, die Räder 1 und 4 bzw. 2 und 3 nur wenig voneinander verschieden sein können, so müssen

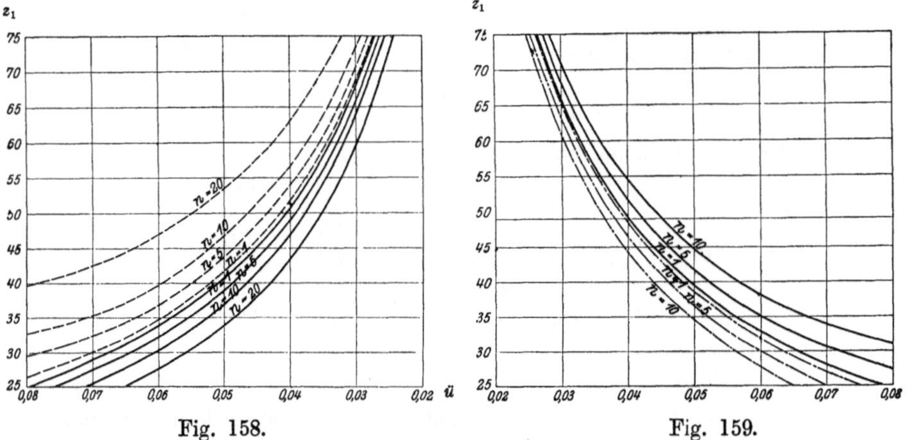

Fig. 158.   Fig. 159.

sie auch die gleiche Teilung erhalten, so daß die obige Gleichung übergeht in

$$z_1 + z_2 = z_3 + z_4.$$

Eine große Übersetzung erhält man nun, wenn $z_2 \cdot z_4 - z_1 \cdot z_3$, der Unterschied von Nenner und Zähler in dem Bruch der Formel (134 c) möglichst klein wird. Das geschieht, wenn man bei beliebiger Wahl der Zähnezahl z_1 ansetzt[118])

$$z_2 = z_1 \pm n, \qquad z_3 = z_1 \pm n \mp 1, \qquad z_4 = z_1 \pm 1, \qquad (135)$$

welche Gleichungen die erste Hauptbedingung erfüllen und worin n eine beliebige, nicht zu große, ganze Zahl ist. Die Formel (134 c) für die erzielte Übersetzung nimmt dann die Form an

$$\ddot{u} = + \frac{2\,z_1 \pm n}{(z_1 \pm n) \cdot (z_1 + 1)} \quad \text{bzw.} \quad \ddot{u} = - \frac{2\,z_1 \pm n}{(z_1 \pm n) \cdot (z_1 - 1)}.$$

---

[118]) Gelbhaar, Werkstatts-Technik 1912.

Die erstere Anordnung mit $z_4 = z_1 + 1$ ist zu wählen, wenn beide Drehrichtungen übereinstimmen sollen, die zweite mit $z_4 = z_1 - 1$, wenn sie entgegengesetzt sein sollen. In den Fig. 158 und 159 sind nun die Übersetzungen $ü = \dfrac{n_1}{n_s}$ als Abszissen und die Zähnezahlen z_1 als Ordinaten für verschiedene n aufgetragen worden. Die Fig. 158 gilt für gleichsinnige Drehung, in ihr gelten die ausgezogenen n-Linien für das negative n und die gestrichelten für das positive n. Die Fig. 159 gilt für entgegengesetzte Drehung, in ihr gelten die ausgezogenen n-Linien für das positive n und die gestrichelten für das negative n. Hiermit kann die passende Ausführung der Räder leicht gefunden werden.

Beispiel 97. Die Hauptspindel einer Fräsmaschine mache $n = 380$ Umdrehungen in der Minute, die Vorschubspindel soll $n_1 = 12$ Umdrehungen in der Minute machen. Die Übersetzung hat durch ein Planetengetriebe nach Fig. 155 zu erfolgen, und zwar mit unverändertem Drehsinn. Anzugeben sind die erforderlichen Räder.

Das Übersetzungsverhältnis ist

$$ü = \frac{12}{380} = 0{,}0316\,.$$

Man entnimmt nun der Fig. 158

$$\text{für } n = 1 \quad z_1 = 62 \quad \text{bzw.} \quad 63$$
$$5 \qquad 60 \qquad 65$$
$$10 \qquad 57{,}6 \qquad 68.$$

Da der Wert 57,6 unbrauchbar ist, so wird $z_1 = 58$ angenommen bei $n \backsim 8$. Man erhält so mit den Formeln (135) die folgende Zusammenstellung:

n	z_1	z_2	z_3	z_4	$s \cdot \dfrac{\pi}{\tau}$
1	62	63	62	63	125
	63	62	61	64	125
5	60	65	64	61	125
	65	60	59	66	125
8	58	66	65	59	124
10	68	58	57	69	126

Soll etwa $\dfrac{\tau}{\pi} = 0{,}4$ cm werden, so könnte man eine der vier ersten Anordnungen nehmen mit der Steglänge $s = 50$ cm.

Bei entgegengesetzter Drehrichtung ist die Fig. 159 in derselben Weise zu benutzen, und man erhält mit den Formeln (135) die Zusammenstellung:

n	z_1	z_2	z_3	z_4	$s \cdot \dfrac{\pi}{\tau}$
1	64	65	66	63	129
	65	64	65	64	129
5	62	67	68	61	129
	67	62	63	66	129
10	60	70	71	59	130
	70	60	61	69	130

Sind beide Zentralräder Hohlräder (Fig. 154), so lautet die Grundbedingung bei gleicher Teilung aller Räder

$$z_1 - z_2 = z_4 - z_3,$$

wobei noch weiter die Bedingungen bestehen

$$z_2 < \tfrac{1}{2} \cdot z_1, \qquad z_3 < \tfrac{1}{2} \cdot z_4.$$

Wählt man wieder z_1 beliebig, so ergeben sich die günstigsten Verhältnisse, wenn man etwa ansetzt

$$z_2 = \frac{z_1}{2} - 15 - n, \quad z_3 = \frac{z_1}{2} - 15 - n \pm 1, \quad z_4 = z_1 \pm 1. \quad (136)$$

Es wird dann

$$\ddot{u} = + \frac{z_1 + 30 + 2\,n}{z_1^2 - 28\,z_1 - 2\,z_1 \cdot n} \quad \text{bzw.} \quad \ddot{u} = - \frac{z_1 + 30 + 2\,n}{z_1^2 - 32\,z_1 - 2\,z_1 \cdot n}.$$

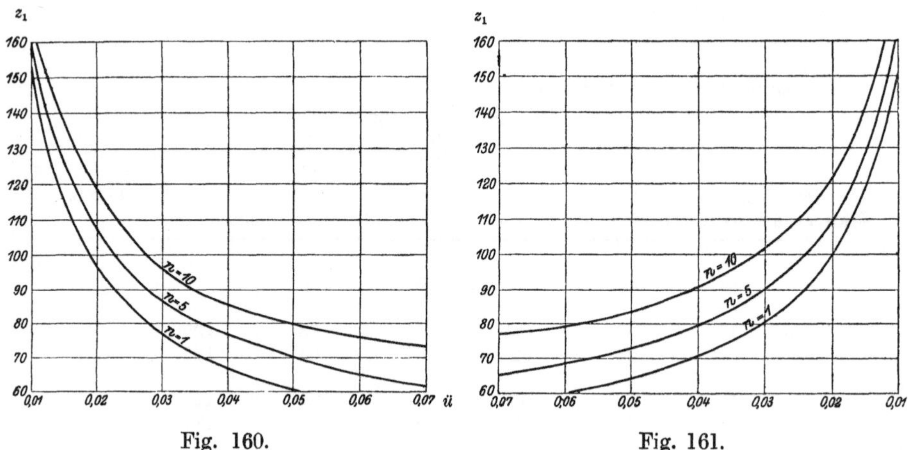

Fig. 160.   Fig. 161.

Die Auftragung der z_1 in Abhängigkeit von $\ddot{u}$ für verschiedene n ergibt dann die Fig. 160 für den Summanden $+1$ in den Gleichungen (136) und die Fig. 161 für den Summanden -1. Ein Vergleich dieser Figuren mit den vorhergehenden lehrt, daß man hier leichter größere Übersetzungsverhältnisse erreichen kann als dort.

Beispiel 98. Die Hauptwelle einer Werkzeugmaschine mache $n_s = 400$ Umdrehungen in der Minute, die Vorschubspindel soll 5 Umdrehungen in der Minute machen bei gleichbleibender Drehrichtung. Anzugeben sind die Zähnezahlen der erforderlichen Räder, wenn die Anordnung der Fig. 154 zugrunde gelegt wird.

Man erhält das Übersetzungsverhältnis

$$\ddot{u} = \frac{5}{400} = 0{,}0125$$

und entnimmt jetzt der Fig. 160

$$\begin{array}{llll} n_1 = & 1 & 5 & 10 \\ z_1 = & 130 & 141 & 151 \end{array}$$

Da jedoch mit Rücksicht auf die Formeln (136) für z_2 und z_3 nur gerade Zahlen für z_1 brauchbar sind, so findet man z_1 und entsprechend n etwa nach folgender Zusammenstellung:

n	z_1	z_2	z_3	z_4	$s \cdot \dfrac{\pi}{\tau}$	$\ddot{u}$
1	130	49	50	131	81	1 : 80,2
4	140	51	52	141	89	1 : 81,6
9	150	51	52	151	99	1 : 78,8

Der Annäherung wegen entspricht $\ddot{u}$ in den beiden unteren Zeilen nicht genau der Vorschrift; die wirklichen Werte nach Formel (134 b) sind in der letzten Spalte aufgeführt.

Bei der Anordnung nach Fig. 153 erhält man bei überall gleicher Teilung für die Steglänge

$$z_1 + z_2 = z_4 - z_3.$$

Man nimmt wieder z_1 beliebig an und wählt jetzt

$$z_2 = z_1 \pm n, \quad z_3 = z_1 \text{ bzw. } z_1 \pm n, \quad z_4 = 3\,z_1 \pm n \text{ bzw. } 3\,z_1, \quad (137)$$

welche Gleichungen die vorstehende Bedingung erfüllen. Die Übersetzung gemäß Formel (134 a) lautet dann

$$\ddot{u} = \left(\frac{2\,z_1 \pm n}{z_1} \right)^2 \quad \text{bzw.} \quad 4,$$

letzteres, wenn $z_3 = z_2$ genommen wird.

Auch in den anderen Fällen weicht $\ddot{u}$ nicht viel mehr als eine Einheit von 4 ab, so daß diese Anordnung für größere Übersetzungen keine Bedeutung hat.

Bei Übersetzungen über $^1/_{100}$ hinaus muß man die Teilungen der beiden Räderpaare etwas voneinander verschieden nehmen. Auch dafür sind Kurventafeln aufgestellt worden[118]).

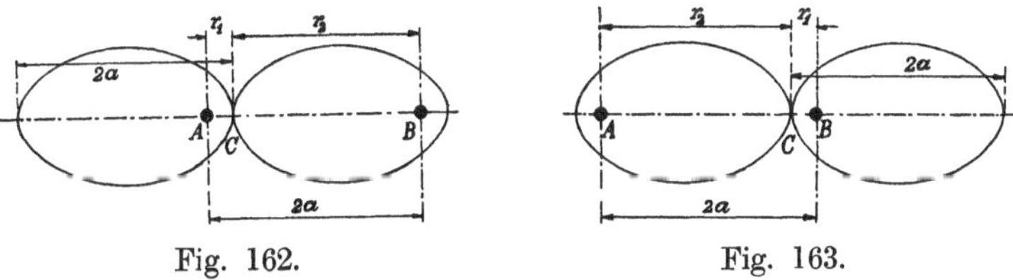

Fig. 162. Fig. 163.

Bisweilen wird eine zwischen zwei bestimmten Werten $\ddot{u}_1$ und $\ddot{u}_2$ stetig wechselnde Übersetzung verlangt, die durch elliptische Räder erreicht wird, deren Achsen A bzw. B durch je einen Brennpunkt der betreffenden Ellipse gehen.

Die Fig. 162 stellt die eine Grenzlage mit der Übersetzung $\ddot{u}_1 = \dfrac{r_1}{r_2}$ dar, die Fig. 163 die andere mit der Übersetzung $\ddot{u}_2 = \dfrac{r_2}{r_1}$. Die Übersetzungsgrenzen können also nicht beliebig gewählt werden, sondern

sind einander reziprok. Die Figuren ergeben ohne weiteres, daß ein
ordnungsmäßiges Zusammenarbeiten nur möglich ist, wenn beide Räder
gleich sind und den Achsenabstand haben

$$2\,a = r_1 + r_2. \tag{138}$$

Bei der in Fig. 164 wiedergegebenen beliebigen Lage der beiden
Räder zueinander müssen aus der Lage der Fig. 163 gleiche Bögen aufeinander abgerollt sein. Infolgedessen liegt der Berührungspunkt C stets
auf der Kreuzungsstelle der Verbindungsgeraden der Brennpunkte $\overline{AB}$ bzw.
$\overline{A'B'}$, denn nach den Angaben S. 97 ist ja $\overline{AC} + \overline{A'C} = \overline{BC} + \overline{B'C} = 2a$
und die Winkel bei C sind somit gleich. Außerdem gilt noch gemäß
den Fig. 162 und 164

$$\overline{AA'} = \overline{BB'} = 2 \cdot \sqrt{a^2 - b} = r_1 - r_2,$$

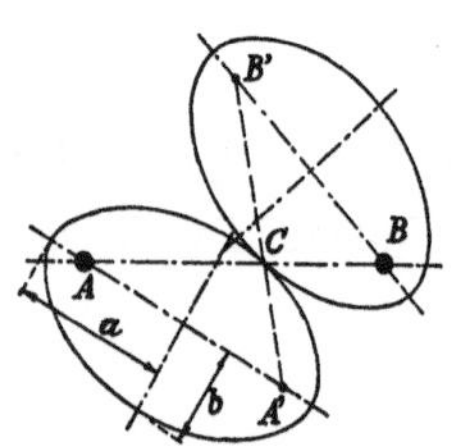

Fig. 164.

wenn a die große und b die kleine Halbachse der
Ellipse bezeichnet.

Quadriert man diese Gleichung und setzt für
$2\,a$ den Wert aus Gleichung (138) ein, so folgt

$$(r_1 + r_2)^2 - (r_1 - r_2)^2 = 4\,b^2.$$

Durch Auflösen der beiden Klammern erhält man
die Größe der kleinen Halbachse zu

$$b = \sqrt{r_1 \cdot r_2} \tag{139}$$

Nun ist das Verhältnis der beiden Grenzübersetzungen

$$\psi = \frac{\ddot{u}_1}{\ddot{u}_2} = \left(\frac{r_1}{r_2}\right)^2 \tag{140}$$

Nimmt man die Wurzel hieraus und quadriert die Gleichung (139),

$$\frac{r_1}{r_2} = \sqrt{\psi}, \quad r_1 \cdot r_2 = b^2,$$

so folgt durch Multiplikation $r_1 = b \cdot \sqrt[4]{\psi}$

und durch Division $r_2 = \dfrac{b}{\sqrt[4]{\psi}}.$

Setzt man beide Werte in die Gleichung (138) ein,

$$2\,a = b \cdot \left(\sqrt[4]{\psi} + \frac{1}{\sqrt[4]{\psi}}\right),$$

so wird das Halbachsenverhältnis der Räder gegeben durch

$$\frac{b}{a} = \frac{2 \cdot \sqrt[4]{\psi}}{\sqrt{\psi} + 1}. \tag{141}$$

Natürlich müssen beide Räder die Bedingung erfüllen, daß die Zahnteilung auf dem Umfang aufgeht, der den Wert $\pi \cdot (a + b) \cdot \varkappa$ hat. Der Zahlenwert $\varkappa$ hängt ab von dem Verhältnis $\dfrac{a - b}{a + b}$ und beträgt[30]) bei

$$\frac{1 - \dfrac{b}{a}}{1 + \dfrac{b}{a}} = 0 \qquad 0{,}05 \qquad 0{,}1 \qquad 0{,}15 \qquad 0{,}2$$

$$\varkappa = 1 \qquad 1{,}00063 \qquad 1{,}0025 \qquad 1{,}0056 \qquad 1{,}0100$$

Es gilt also

$$\pi \, (a + b) \cdot \varkappa = z \cdot \tau .$$

Wird hierin für b der Wert aus Formel (141) eingesetzt, so ist

$$a \cdot \left(1 + \frac{2 \cdot \sqrt[4]{\psi}}{\sqrt{\psi} + 1} \right) \cdot \varkappa = z \cdot \frac{\tau}{\pi} \tag{142}$$

die Bestimmungsgleichung für die große Achse der Räder und damit des Achsenabstandes $2\,a$ bei bestimmter Zähnezahl und Teilung τ.

Beispiel 99. Für eine kleine Hobelmaschine ist vorgeschrieben das Verhältnis der beiden Grenzübersetzungen $\psi = \tfrac{1}{9}$, die Zähnezahl $z = 48$ und die Teilung $\tau = 0{,}45 \cdot \pi$. Anzugeben ist die Größe der elliptischen Räder.

Man entnimmt der Formel (141) das Halbachsenverhältnis

$$\frac{b}{a} = \frac{2 \cdot \sqrt[4]{1 : 9}}{\sqrt{1 : 9} + 1} = \frac{2 \cdot 0{,}5775}{1{,}3333} = 0{,}866$$

und berechnet nun

$$\frac{1 - \dfrac{a}{b}}{1 + \dfrac{a}{b}} = \frac{0{,}154}{1{,}866} = 0{,}072 \, ,$$

also

$$\varkappa \sim 1{,}00063 + \frac{0{,}22}{0{,}5} \cdot 0{,}00187 = 1{,}00145 \, .$$

Damit liefert die Gleichung (142)

$$a = \frac{48 \cdot 0{,}45}{1{,}866 \cdot 1{,}00145} = 11{,}56 \text{ cm,}$$

woraus der Achsenabstand folgt $2\,a = 23{,}12$ cm, die kleine Halbachse

$$b = 11{,}56 \cdot 0{,}866 = 10{,}0 \text{ cm,}$$

die beiden Brennpunktsabstände

$$r_1 = 10{,}0 \cdot 0{,}5775 \sim 5{,}78 \text{ cm,}$$
$$r_2 = 10{,}0 : 0{,}5775 = 17{,}34 \text{ cm.}$$

Die Übersetzung schwankt regelmäßig zwischen

$$\ddot{u}_1 = \frac{5{,}78}{17{,}34} = \frac{1}{3} \, , \qquad \ddot{u}_2 = \frac{17{,}34}{5{,}78} = 3 \, .$$

11. Die Reibungsräder.

Auf der Lastwelle A sitze etwa eine Seiltrommel vom Halbmesser R, auf die das Lastseil aufgewunden werden soll (Fig. 165); das Lastmoment ist demnach $M_L = Q \cdot R$. In den Lagern der Welle vom Halbmesser r_1 treten Reibungswiderstände auf, die ein Moment M'_W ergeben. Um die Welle A anzutreiben, befindet sich auf der parallelen Welle B vom Halbmesser r_2 ein Reibungsrad vom Halbmesser R_2, das mit der Kraft P an der Stelle C gegen ein entsprechendes, auf der Welle A sitzendes Rad vom Halbmesser R_1 gedrückt wird.

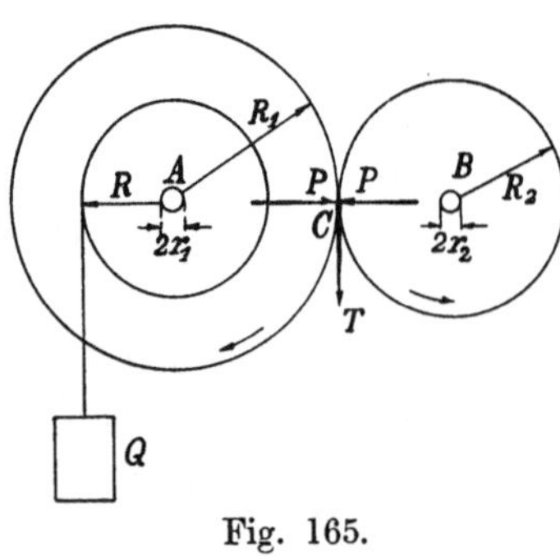

Fig. 165.

Es liegt also der Fall der Fig. 114 vor, und tatsächlich ist der Betrieb nur möglich, wenn mindestens die antreibende Scheibe sich etwas elastisch zusammendrückt, so daß die Kraft P eine kleine Verschiebung f entgegengesetzt zur Drehrichtung erfährt. So erklärt sich, daß die Anordnung versagt, wenn das Antriebsrad etwa aus gehärtetem, glattem Stahl ist [119]).

Die Druckkraft P ruft zwischen den Rädern die Umfangskraft T hervor, die in Fig. 165 an der Welle A angreifend gezeichnet ist, und es gilt naturgemäß $T \leqq \mu \cdot P$, bzw. wenn mit einer $\mathfrak{S}$ fachen Sicherheit gerechnet wird,

$$\mathfrak{S} \cdot T = \mu \cdot P .$$

Bei der häufig vorkommenden Lage der Kräfte P und Q senkrecht zueinander und, wenn nach G_1 das Gewicht der Welle A mit der Seiltrommel und dem Reibungsrad bedeutet, hat das Moment der Lagerreibung den Wert

$$M'_W = \mu_1 \cdot \sqrt{P^2 + (Q + G_1)^2} \cdot r_1 = \mu_1 \cdot P \cdot r_1 \cdot \sqrt{1 + \left(\frac{Q + G_1}{P}\right)^2} .$$

Das Moment des Rollwiderstandes an dem Reibungsrad der Welle A ist nach Formel (79)

$$M'_R = P \cdot f \cdot \left(1 + \frac{R_1}{R_2}\right) .$$

Somit gilt für die angetriebene Welle

$$T \cdot R_1 = M'_L + M'_W + M'_R$$

und entsprechend für die treibende Welle

[119]) Lonchampt, Bull. de la Soc. industrielle de Mulhouse 1897.

$$M_A = T \cdot R_2 + M''_W + M''_R$$

mit

$$M''_W = \mu_1 \cdot P \cdot r_2 \cdot \sqrt{1 + \left(\frac{G_2}{P}\right)^2},$$

worin G_2 das Gewicht der Welle B mit dem daraufsitzenden Reibungsrad usw. angibt, und

$$M''_R = P \cdot f \cdot \left(1 + \frac{R_2}{R_1}\right).$$

Aus der Gleichung für $\mathfrak{S} \cdot T$ und der Momentengleichung für die Welle A erhält man

$$\frac{\mu}{\mathfrak{S}} \cdot P \cdot R_1 = M_L + M'_W + M'_R,$$

also die erforderliche **Anpressungskraft**

$$P = \frac{\mathfrak{S} \cdot M_L}{\mu \cdot R_1 \cdot \eta_1}, \tag{143}$$

worin der **Wirkungsgrad** der getriebenen Welle ist

$$\eta_1 = 1 - \frac{\mathfrak{S}}{\mu} \cdot \left[\mu_1 \cdot \frac{r_1}{R_1} \cdot \sqrt{1 + \left(\frac{Q + G_1}{P}\right)^2} + f\left(\frac{1}{R_1} + \frac{1}{R_2}\right)\right]. \tag{144}$$

Ebenso erhält man aus der Momentengleichung für die Welle B mit den obigen Werten für T und P

$$M_A = \frac{M_L}{\eta_1 \cdot \eta_2} \cdot \frac{R_2}{R_1}, \tag{145}$$

worin der Wirkungsgrad der Welle B sich ergibt aus

$$\frac{1}{\eta_2} = 1 + \frac{\mathfrak{S}}{\mu} \cdot \left[\mu_1 \cdot \frac{r_2}{R_2} \cdot \sqrt{1 + \left(\frac{G_2}{P}\right)^2} + f \cdot \left(\frac{1}{R_1} + \frac{1}{R_2}\right)\right]. \tag{146}$$

Als **Reibungsziffer** ist festgestellt worden bei Gußeisen auf

Gußeisen, ziemlich rauh	$\mu = 0{,}22$	[25])
„ , glatt gelaufen	$0{,}16$	[26])
Holz: Eiche	$0{,}30$	[31])
Ulme	$0{,}36$	[31])
Buche	$0{,}20$	[31])
Pappel	$0{,}35$	[31])
Pockholz	$0{,}22$	[119])
Lederbelag	$0{,}33$	[119])
gepreßtem Hanfpapier	$0{,}40$	[119])

Beispiel 100. Für den Reibungshammer nach Fig. 166 mit dem Bärgewicht $Q = 150\,\text{kg}$ ist die Anpressungskraft P zu bestimmen und die Breite b der hölzernen Treibstange.

Aus der Gleichung

$$2 \cdot \mu \cdot P = \mathfrak{S} \cdot G$$

folgt sogleich mit $\mu = 0,30$ für Gußeisen und Eichenholz und $\mathfrak{S} = 1,5$

$$P = \frac{1,5 \cdot 150}{2 \cdot 0,30} = 375 \text{ kg}.$$

Die ebene Fläche des Holzes, deren Einzelteile nicht nach der Seite ausweichen können, darf ziemlich hoch belastet werden; man wählt gewöhnlich $k = 20$ kg/cm. Damit wird die Breite

$$b = \frac{P}{k} = \frac{375}{20} \backsim 19 \text{ cm}.$$

Um den Achsdruck P zu verringern, werden die Reibungsräder für parallele Wellen gewöhnlich als Keilnutenräder ausgeführt (Fig. 167).

Die senkrecht zu den Achsen gerichtete Druckkraft P wird aufgenommen durch die senkrecht zu den Richtungsflächen wirken-

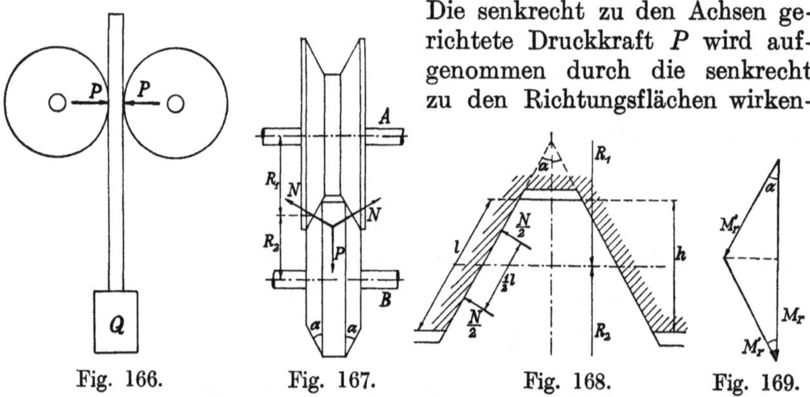

Fig. 166.   Fig. 167.   Fig. 168.   Fig. 169.

den Kräfte N; zwischen ihnen besteht der Zusammenhang $P = 2\,N \cdot \sin\alpha$. Somit gilt für die Umfangskraft

$$\mathfrak{S} \cdot T = 2 \cdot \mu \cdot N = \frac{\mu}{\sin\alpha} \cdot P,$$

(vgl. Beispiel 45).

Bei der Bestimmung des Wirkungsgrades dieses Getriebes ist zu beachten, daß nur die um R_1 bzw. R_2 von den Radachsen entfernten Stellen aufeinanderrollen; alle anderen gleiten, weil sie verschiedene Geschwindigkeiten haben, um so mehr, je weiter sie von der Rillenmitte entfernt sind. Das in jeder Reibungsfläche entstehende Reibungsmoment kann nach Fig. 168 angesetzt werden zu $M_r' = \mu \cdot \dfrac{N}{2} \cdot \dfrac{l}{2}$, die sich für die Mittelebene zusammensetzen zu dem Gesamtmoment (Fig. 169)

$$M_r = \frac{2\,M_r'}{\cos\alpha} = \frac{1}{2} \cdot N \cdot l \cdot \frac{\mu}{\cos\alpha},$$

Mit $N = \dfrac{P}{2 \cdot \sin\alpha}$ geht dieser Ausdruck über in

$$M_r = \frac{1}{2} \cdot P \cdot l \cdot \frac{\mu}{\sin 2\alpha}.$$

Dieses Drehmoment ist sowohl zu den widerstehenden Momenten der Welle A als auch der Welle B zu addieren, und durch die gleiche Rechnung wie oben ergibt sich

$$P = \frac{\mathfrak{S} \cdot M_L \cdot \sin\alpha}{\mu \cdot R_1 \cdot \eta_1} \qquad (147)$$

mit

$$\eta_1 = 1 - \frac{\mathfrak{S} \cdot \sin\alpha}{\mu} \cdot \left[\mu_1 \cdot \frac{r_1}{R_1} \cdot \sqrt{1 + \left(\frac{Q + G_1}{P}\right)^2} \right.$$
$$\left. + \frac{1}{2} \cdot \frac{l}{R_1} \cdot \frac{\mu}{\sin 2\alpha} + f \cdot \left(\frac{1}{R_1} + \frac{1}{R_2}\right) \right]. \qquad (148)$$

Ferner gilt wieder die Gleichung (140) mit

$$\frac{1}{\eta_2} = 1 + \frac{\mathfrak{S} \cdot \sin\alpha}{\mu} \cdot \left[\mu_1 \cdot \frac{r_2}{R_2} \cdot \sqrt{1 + \left(\frac{G_2}{P}\right)^2} \right.$$
$$\left. + \frac{1}{2} \cdot \frac{l}{R_2} \cdot \frac{\mu}{\sin 2\alpha} + f \cdot \left(\frac{1}{R_1} + \frac{1}{R_2}\right) \right]. \qquad (149)$$

Bei den zylindrischen Rädern von der Breite b cm, die sich nur in einer schmalen Druckfläche berühren, wird mit Rücksicht auf geringe Abnutzung nur

$$k = \frac{P}{b} = 5 \text{ kg/cm}$$

zugelassen. Bei den Keilnutenrädern, die in verhältnismäßig großen Gußeisenflächen aneinanderliegen, in denen keine Verdrückung erfolgt, ist zulässig

$$k = \frac{N}{l} = 35 \text{ kg/cm}.$$

Beispiel 101. Eine Winde soll die Last $Q = 300$ kg an dem Trommelhalbmesser $R = 8$ cm mit der Geschwindigkeit $v = 1$ m/sk heben. Der Antrieb erfolgt durch Vermittlung eines Zahnrädergetriebes von der Übersetzung $\ddot{u}_1 = 1 : 6$ und eines Reibungsrädergetriebes von einem Elektromotor aus, der in der Minute $n_1 = 1200$ Umdrehungen macht. Anzugeben sind die Abmessungen, der Achsdruck und der Wirkungsgrad des Reibungsgetriebes.

Für die Trommel gilt die Formel (25), mithin ist ihre Umdrehungszahl in der Minute

$$n = \frac{60 \cdot v}{2 \cdot \pi \cdot R} = \frac{60 \cdot 100}{2 \cdot \pi \cdot 8} \sim 120.$$

Die erforderliche Übersetzung ist hiernach

$$\ddot{u} = \frac{n}{n_1} = \frac{120}{1200} = \frac{1}{10}.$$

Mit der Zahnräderübersetzung $\ddot{u}_1 = \frac{1}{6}$ bleibt für die Reibungsräder die Übersetzung $\ddot{u}_2 = \frac{3}{5}$.

Wählt man jetzt als Durchmesser der Vorgelegewelle $d_1 = 5$ cm, der Antriebswelle $d_2 = 4$ cm, des auf der Vorgelegewelle sitzenden Reibungsrades $D_1 = 40$ cm, so erhält das auf der Antriebswelle sitzende den Durchmesser

$$D_2 = \tfrac{3}{5} \cdot 40 = 24 \text{ cm},$$

beide bis zur Mitte der Rillen gemessen.

Mit dem Wirkungsgrad der Trommel $\eta_0' = 0{,}96$ und dem der Zahnradübersetzung $\eta_0'' = 0{,}925$ ist das Lastmoment des Reibungsgetriebes

$$M_L = Q \cdot R \cdot \ddot{u}_1 \cdot \frac{1}{\eta_0'} \cdot \frac{1}{\eta_0''} \, .$$

Wird für die Keilräder wie üblich gewählt $\mathrm{tg}\,\alpha = 0{,}3$, also $\cos\alpha = \dfrac{1}{\sqrt{1{,}09}} = 0{,}957$ und $\sin\alpha = \dfrac{0{,}3}{\sqrt{1{,}09}} = 0{,}288$, und ihre Tiefe $h = 1{,}0$ cm angenommen, so wird die Länge der Berührungsfläche

$$l = \frac{h}{\cos\alpha} = 1{,}045 \text{ cm.}$$

Mit dem Hebelarm des Rollwiderstandes $f = 0{,}05$ mm, der Reibungsziffer $\mu = 0{,}16$ für glattgelaufene, trockene Gußeisenräder, der Zapfenreibungsziffer beim Anlaufen i. M. $\mu_1 \backsim 0{,}04$, der Sicherheit $\mathfrak{S} = 1{,}5$ gegen Änderung der Reibungsziffer μ und gegen starke Überlastung, und dem Gewicht der gesamten Welle $G_1 = 22$ kg wird, wenn noch vorläufig $P \backsim 65$ kg geschätzt wird, nach Formel (148)

$$\eta_1' = 1 - \frac{1{,}5 \cdot 0{,}288}{0{,}16} \cdot \left[0{,}04 \cdot \frac{5}{40} \cdot \sqrt{1 + \left(\frac{22}{65}\right)^2} + \frac{1}{2} \cdot \frac{1{,}045^2 \cdot 0{,}16}{20 \cdot 2 \cdot 0{,}288}\right.$$

$$\left. + \, 0{,}005 \cdot \left(\frac{1}{20} + \frac{1}{12}\right)\right] = 1 - 2{,}70 \cdot (0{,}00528 + 0{,}00821 + 0{,}00067) = 0{,}962\,,$$

mithin wird nach Formel (147)

$$P = \frac{1{,}5 \cdot 300 \cdot 8 \cdot 1 \cdot 0{,}288}{0{,}96 \cdot 0{,}925 \cdot 6 \cdot 0{,}16 \cdot 20 \cdot 0{,}962} = 63{,}3 \text{ kg.}$$

Hiermit erhält man

$$N = \frac{P}{2 \cdot \sin\alpha} = \frac{63{,}3}{2 \cdot 0{,}288} = 110 \text{ kg.}$$

Die Anzahl i der Nuten bestimmt sich dann aus

$$k = \frac{N}{i \cdot l} \qquad \text{zu} \qquad i = \frac{N}{k \cdot l} = \frac{110}{35 \cdot 1{,}045} \backsim 3 \, .$$

Mit den obigen Zahlenwerten und dem Gewicht $G_2 = 20$ kg liefert Formel (149)

$$\frac{1}{\eta_2} = 1 + \frac{1{,}5 \cdot 0{,}288}{0{,}16} \cdot \left[0{,}04 \cdot \frac{4}{24} \cdot 1{,}058 + \frac{1}{2} \cdot \frac{1{,}045^2 \cdot 0{,}16}{12 \cdot 2 \cdot 0{,}288} + 0{,}005 \cdot \left(\frac{1}{20} + \frac{1}{12}\right)\right]$$

$$= 1 + 2{,}70 \cdot (0{,}00705 + 0{,}01263 + 0{,}00067) = 1{,}055\,,$$

also

$$\eta_2 = 0{,}947$$

und

$$\eta = 0{,}947 \cdot 0{,}962 \backsim 0{,}91 \, .$$

Hiermit folgt das erforderliche Antriebsmoment nach Formel (145) zu

$$M_A = \frac{300 \cdot 8 \cdot 24}{6 \cdot 0{,}925 \cdot 0{,}96 \cdot 0{,}91 \cdot 40}$$

$$= 297 \text{ cmkg.}$$

Das Andrücken kann durch eine Hebelanordnung nach Fig. 170 erfolgen.

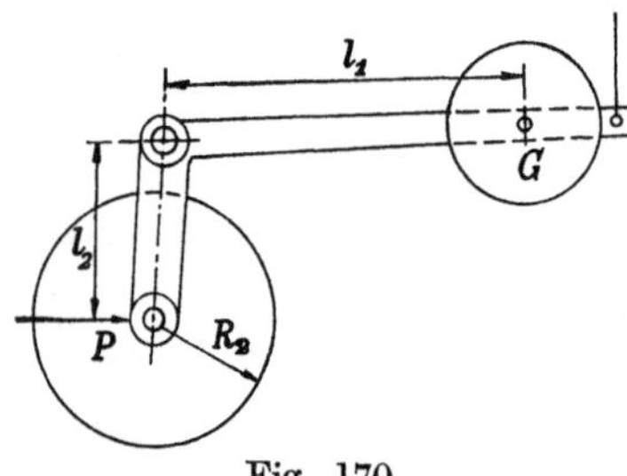

Fig. 170.

Der Antrieb ist ausgerückt, sobald der Hebel l_1 durch einen Schnurzug angehoben wird. Ist etwa $l_2 = 30$ cm und $G = 25$ kg, so wird die Länge des Belastungshebels

$$l_1 = l_2 \cdot \frac{P}{G} = \frac{30 \cdot 63{,}3}{25} = 66 \text{ cm.}$$

Man bemerkt, daß sich Reibungsrädergetriebe nur für verhältnismäßig kleine Kräfte eignen. Sie sind außerdem nicht für geringe Geschwindigkeiten anwendbar.

Häufiger als zur Verbindung paralleler Wellen finden die Reibungsräder Anwendung bei sich senkrecht kreuzenden Achsen als Diskusgetriebe, das bei Verschiebung des Antriebsrades vom Halbmesser R_2 auf der genuteten Welle eine beliebige Übersetzung und sogar die Umsteuerung gestattet (Fig. 171).

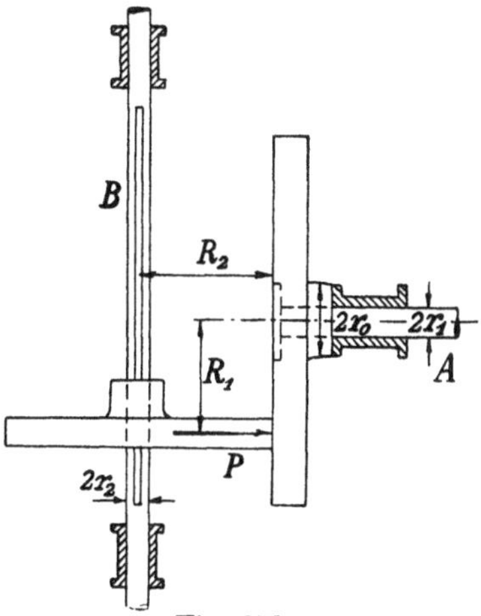

Da die Antriebsscheibe meist einen Leder- oder Papierbelag hat, während die getriebene Scheibe aus glattem Gußeisen besteht, so drückt sich nur die erstere unter der Kraft P zusammen, und man kann etwa annehmen $f = 3{,}0$ mm. Die zylindrische Antriebsscheibe von der Breite b ruft an der getriebenen Scheibe ein Reibungsmoment $M_r = \mu \cdot \dfrac{P}{2} \cdot \dfrac{b}{2}$ hervor, dessen Gegenmoment an der Treibscheibe nur die Wirkung hat, daß sich die Lagerbelastungen ein wenig ändern. Die Kraft P bewirkt ferner an dem

Fig. 171.

Lager der Welle A Spurzapfenreibung, während das Traglager nur durch das Gewicht G_1 der Welle und der getriebenen Scheibe, sowie die Reibungskraft $\mu \cdot P$ belastet wird.

Es gelten demgemäß die Formeln

$$\eta_1 = 1 - \frac{\mathfrak{S}}{\mu} \cdot \left[\mu_1 \cdot \frac{r_1}{R_1} \cdot \left(\frac{G_1}{P} \pm \mu \right) + \mu_2 \cdot \frac{r_0 + r_1}{2\,R_1} + \frac{\mu}{4} \cdot \frac{b}{R_1} \right], \qquad (150\,\text{a})$$

$$\frac{1}{\eta_2} = 1 + \frac{\mathfrak{S}}{\mu} \cdot \left[\mu_1 \cdot \frac{r_2}{R_2} \cdot \sqrt{\left(\frac{G_2}{P} \mp \mu \right)^2 + 1} + \frac{f}{R_2} \right], \qquad (150\,\text{b})$$

worin μ_2 die Reibungsziffer der Spurzapfenreibung bedeutet. Je nach der Drehrichtung ist das Vorzeichen von μ in dem Glied der Tragzapfenreibung zu wählen.

Beispiel 102. An einem Diskusgetriebe nach Fig. 171 sei $d_1 = 5$ cm, $d_2 = 4$ cm, $d_0 = 8$ cm, $b = 5$ cm, $R_{1\,\text{max}} = 40$ cm, $R_{1\,\text{min}} = 8$ cm, $R_2 = 15$ cm, $G_1 = 45$ kg, $G_2 = 35$ kg, $\mu = 0{,}33$ (Lederbelag), $\mu_1 = \mu_2 \backsim 0{,}050$, $f = 0{,}30$ cm, das Lastmoment $M_L = 50$ cmkg. Zu bestimmen ist die Anpressungskraft P und der Wirkungsgrad des Getriebes.

Man wählt bei $R_{1\,\mathrm{min}}$ die Sicherheit $\mathfrak{S} = 1$ und erhält nach Formel (150a),
wenn vorläufig $P = 25$ kg geschätzt wird,

$$\eta_1 = 1 - \frac{1}{0,33} \cdot \left[0,050 \cdot \frac{5}{16} \cdot \left(\frac{45}{25} + 0,33 \right) + 0,050 \cdot \frac{13}{2 \cdot 16} + \frac{0,33}{4} \cdot \frac{5}{16} \right]$$
$$= 1 - 3,030 \cdot (0,0333 + 0,0203 + 0,0258) = 0,759 \,.$$

Damit wird nach Formel (143) die Anpressungskraft

$$P = \frac{1 \cdot 50}{0,33 \cdot 8 \cdot 0,759} \sim 25 \text{ kg},$$

der entspricht

$$k = \frac{25}{5} = 5 \text{ kg/cm}.$$

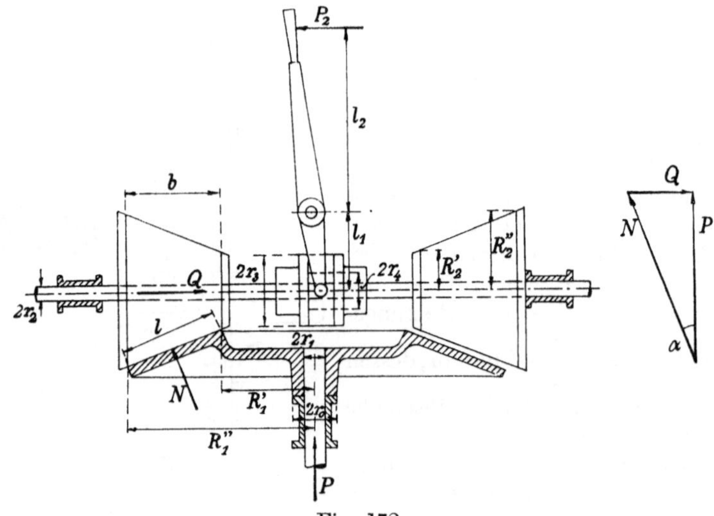

Fig. 172.

Nach Formel (150b) ergibt sich dann der Wirkungsgrad der Antriebswelle aus

$$\frac{1}{\eta_2} = 1 + \frac{1}{0,33} \cdot \left[0,050 \cdot \frac{4}{30} \cdot \sqrt{1 + \left(\frac{35}{25} - 0,33 \right)^2} + \frac{0,30}{15} \right]$$
$$= 1 + 3,030 \cdot (0,00976 + 0,0200) = 1,0901$$

zu $\eta_2 = 0,918\,.$

Der Gesamtwirkungsgrad ist in dem Fall also $\eta = 0,918 \cdot 0,759 = 0,697\,.$

Greift die Diskusscheibe am äußersten Halbmesser $R_{1\,\mathrm{max}}$ an, so ist bei
gleichem Lastmoment der Sicherheit jetzt

$$\mathfrak{S} = 1 \cdot \frac{40}{8} = 5\,.$$

Der Wirkungsgrad η_1 bleibt unverändert, da das Verhältnis $\dfrac{\mathfrak{S}}{R_1}$ sich nicht geändert hat; dagegen wird

$$\frac{1}{\eta_2} = 1 + \frac{5}{0,33} \cdot \left(\frac{1}{5} \cdot 0,00976 + 0,0200 \right) = 1,333\,,$$

also $\eta_2 = 0,750$ und somit

$$\eta = 0,750 \cdot 0,759 = 0,569\,,$$

übereinstimmend mit dem Messungsergebnis[119]).

Durch die ballige Ausführung der Treibscheibe kann der Wirkungsgrad noch etwas verbessert werden.

Für das kegelförmige Wendegetriebe nach Fig. 172 erhält man mit den mittleren Halbmessern R_1 bzw. R_2 der treibenden und getriebenen Scheibe

$$\mu \cdot N = T \cdot \mathfrak{S},$$

ferner für die erste Welle

$$T \cdot R_1 = M_L + \mu_1 \cdot r_1 \cdot (G_1 \pm \mu \cdot N) + \mu_2 \cdot \frac{r_0 + r_1}{2} \cdot P + N \cdot f \cdot \left(1 + \frac{R_1}{R_2}\right).$$

Daraus folgt wieder

$$N = \frac{\mathfrak{S} \cdot M_2}{\mu \cdot R_1 \cdot \eta_1} \qquad (151)$$

mit $\qquad\qquad\qquad\qquad\qquad\qquad\qquad\qquad\qquad\qquad\qquad\qquad (152a)$

$$\eta_1 = 1 - \frac{\mathfrak{S}}{\mu} \cdot \left[\mu_1 \cdot \frac{r_1}{R_1} \cdot \left(\frac{G_1}{N} \pm \mu\right) + \mu_2 \cdot \cos\alpha \cdot \frac{r_0 + r_1}{2 R_1} + f \cdot \left(\frac{1}{R_1} + \frac{1}{R_2}\right)\right].$$

Entsprechend ergibt sich für die zweite Welle aus

$$M_A = T \cdot R_2 + \mu_1 \cdot r_2 \cdot \sqrt{P^2 + (G_2 \mp \mu \cdot N)^2} + \mu_2 \cdot Q \cdot \frac{r_3 + r_4}{2}$$
$$+ N \cdot f \cdot \left(1 + \frac{R_2}{R_1}\right)$$

wieder die Formel (145) für M_A mit

$$\frac{1}{\eta_2} = 1 + \frac{\mathfrak{S}}{\mu} \cdot \left[\mu_1 \cdot \frac{r_2}{R_2} \cdot \sqrt{\cos^2\alpha + \left(\frac{G_2}{N} \mp \mu\right)^2} + \mu_2 \cdot \sin\alpha \cdot \frac{r_3 + r_4}{2 R_2}\right.$$
$$\left. + f \cdot \left(\frac{1}{R_1} + \frac{1}{R_2}\right)\right]. \qquad (152b)$$

Die Kraft, mit der der Umsteuerhebel anzudrücken ist, wird bestimmt zu

$$P_2 = Q \cdot \frac{l_1}{l_2} = N \cdot \sin\alpha \cdot \frac{l_1}{l_2}.$$

Beispiel 103. Ein Reibungswendegetriebe nach Fig. 172 soll $M_L = 300$ cmkg übertragen bei der Übersetzung $\ddot{u} = \dfrac{n_2}{n_1} = \dfrac{3}{2}$ und der Sicherheit $\mathfrak{S} = \dfrac{4}{3}$. Gegeben sei

$$
\begin{array}{lll}
2\,R_1 = 30 \text{ cm}, & 2\,R_2 = 24 \text{ cm}, & \mu = 0{,}50, \\
2\,r_1 = 4{,}5 \text{ ,, ,} & 2\,r_2 = 3{,}5 \text{ ,, ,} & \mu_1 = 0{,}050, \\
2\,r_0 = 8 \text{ ,, ,} & 2\,r_3 = 10 \text{ ,, ,} & \mu_2 = 0{,}050, \\
G_1 = 25 \text{ kg}, & 2\,r_4 = 6 \text{ ,, ,} & f = 0{,}15 \text{ cm}, \\
l_1 = 18 \text{ cm}, & G_2 = 25 \text{ kg}, & l_2 = 50 \text{ cm}.
\end{array}
$$

Zu bestimmen ist die Anpressungskraft N, die Radbreite l, der Wirkungsgrad η, das erforderliche Antriebsmoment M_A und die Druckkraft P_2.

Man erhält aus $\operatorname{tg}\alpha = \frac{2}{3}$

$$\sin\alpha = 0{,}555 \quad \text{und} \quad \cos\alpha = 0{,}833 \,.$$

Die Formel (152a) ergibt dann, wenn vorläufig geschätzt wird $N \sim 70$ kg

$$\eta_1 = 1 - \frac{4}{3 \cdot 0{,}36} \cdot \left[0{,}050 \cdot \frac{4{,}5}{36} \cdot \left(\frac{25}{70} + 0{,}36\right) + 0{,}050 \cdot 0{,}833 \cdot \frac{12{,}5}{2 \cdot 36}\right.$$

$$\left. + 0{,}15 \cdot \left(\frac{1}{18} + \frac{1}{12}\right)\right] = 1 - 3{,}70 \cdot (0{,}00448 + 0{,}00723 + 0{,}02084) = 0{,}888 \; .$$

Damit folgt

$$N = \frac{4 \cdot 300}{3 \cdot 18 \cdot 0{,}36 \cdot 0{,}888} = 69{,}7 \text{ kg.}$$

Hiermit wird die Radbreite mit $k = 5$ kg/cm

$$l = \frac{69{,}7}{5} \sim 14 \text{ cm,}$$

und ferner

$$R_1' = R_1 - \tfrac{1}{2} \cdot l \cdot \cos\alpha = 18 - 7 \cdot 0{,}833 \sim 12 \text{ cm,}$$
$$R_1'' = R_1 + \tfrac{1}{2} \cdot l \cdot \cos\alpha = 18 + 6 \qquad = 24 \text{ ,,}$$
$$R_2' = R_2 - \tfrac{1}{2} \cdot l \cdot \sin\alpha = 12 - 7 \cdot 0{,}555 \sim 8 \text{ ,,}$$
$$R_2'' = R_2 + \tfrac{1}{2} \cdot l \cdot \sin\alpha = 12 + 4 \qquad = 16 \text{ ,,}$$

Die Formel (152b) liefert dann

$$\frac{1}{\eta_2} = 1 + \frac{4}{3 \cdot 0{,}36} \cdot \left[0{,}050 \cdot \frac{3{,}5}{24} \cdot \sqrt{0{,}833^2 + \left(\frac{25}{70} - 0{,}36\right)^2} + 0{,}050 \cdot 0{,}555 \cdot \frac{16}{2 \cdot 24}\right.$$

$$\left. + 0{,}15 \cdot \left(\frac{1}{12} + \frac{1}{18}\right)\right] = 1 + 3{,}70 \cdot (0{,}00607 + 0{,}00925 + 0{,}02084) = 1{,}134 \; .$$

Der Wirkungsgrad beträgt also

$$\eta = \frac{0{,}888}{1{,}134} = 0{,}784 \; .$$

Damit wird das Antriebsmoment

$$M_A = \frac{300 \cdot 2}{0{,}784 \cdot 3} = 255 \text{ cmkg.}$$

und die Druckkraft am Umsteuerhebel

$$P_2 = 70 \cdot 0{,}555 \cdot \frac{18}{50} = 14 \text{ kg.}$$

Der Achsdruck wird völlig aufgehoben bei dem Reibungsgetriebe der Zentrator-Kupplung. Sie besteht aus 3 elastischen Stahlringen, die auf der Stahlbuchse der schnellaufenden Antriebswelle abrollen (Fig. 173). Mit der gegenüberliegenden Seite rollen sie auf einem feststehenden Gehäuse. In dem einen Ring sitzt eine Scheibe, die sich auf einem Zapfen drehen kann, der seinerseits in der einen Abschlußwand befestigt ist, die die langsam umlaufende Welle antreibt. Das Ganze ist also ein Planetengetriebe nach Fig. 150. Die Anpressungskraft Q wird dadurch erzeugt, daß der geschlitzte

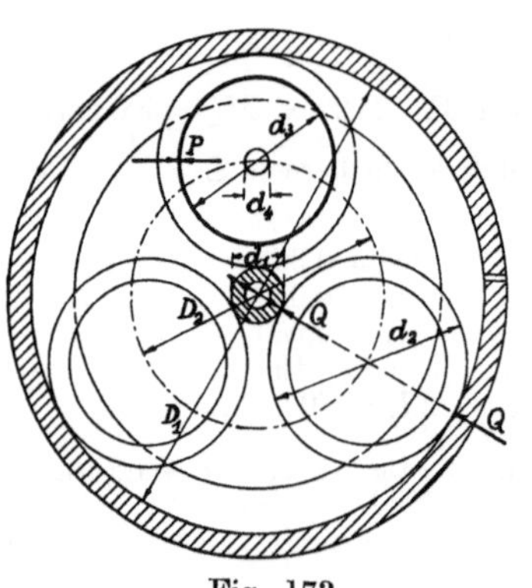

Fig. 173.

feststehende, außen kegelförmige Ring mehr oder weniger durch das äußere, hier nicht gezeichnete Gehäuse zusammengedrückt werden kann.

Das Drehmoment der angetriebenen Welle ist

$$M_L = P \cdot \tfrac{1}{2} \cdot D_2$$

und das Antriebsmoment mit Hilfe der Formel (133)

$$M_A = \frac{M_L + \mu \cdot P \cdot \tfrac{1}{2} d_4}{1 + \dfrac{D_1}{d_1}} + 3 \cdot Q \cdot f \cdot \left(1 + \frac{d_1}{d_2}\right) + 3 \cdot Q \cdot f \cdot \left(1 + \frac{d_2}{D_1}\right) \cdot \frac{d_1}{d_2}$$
$$+ \mu \cdot P \cdot \frac{1}{2} d_3 \cdot \frac{d_1}{d_2},$$

ferner gilt

$$\mathfrak{S} \cdot M_A = \mu \cdot 3Q \cdot \frac{d_1}{2}.$$

Hiermit und mit dem obigen Wert für M_L geht die Gleichung über in

$$M_A = \frac{M_L}{1 + \dfrac{D_1}{d_1}} \cdot \frac{1}{\eta_1} \cdot \frac{1}{\eta_2} \tag{153}$$

mit

$$\eta_1 = 1 - \frac{2 \cdot f \cdot \mathfrak{S}}{\mu} \cdot \left(\frac{1}{d_1} + \frac{2}{d_2} + \frac{1}{D_1}\right), \tag{154 a}$$

$$\frac{1}{\eta_2} = 1 + \frac{\mu \cdot d_3}{D_2} \cdot \left(\frac{d_4}{d_3} + \frac{d_1}{d_2} + \frac{D_1}{d_2}\right). \tag{154 b}$$

Beispiel 104. Eine Zentratorkupplung soll das Lastmoment $M_L = 120$ cmkg bei $\mathfrak{S} = \tfrac{1}{3}$facher Sicherheit übertragen und die Drehung der Welle im Verhältnis $ü = \tfrac{1}{9}$ übersetzen. Gegeben ist $d_1 = 24$ mm. Anzugeben sind die übrigen Größen und der Wirkungsgrad, sowie das erforderliche Antriebsmoment.

Aus dem Übersetzungsverhältnis $\dfrac{1}{ü} = 1 + \dfrac{D_1}{d_1}$ folgt

$$D_1 = (ü - 1) \cdot d_1 = 8 \cdot 24 = 192 \text{ mm}.$$

Hiermit ergibt sich

$$d_2 = \tfrac{1}{2}(D_1 - d_1) = 84 \text{ mm}$$

und

$$D_2 = d_1 + d_2 = 106 \text{ mm}.$$

Mit $f = 0,05$ mm und $\mu = 0,10$ bei geschmierten Flächen wird nach Formel (154a)

$$\eta_1 = 1 - \frac{2 \cdot 0,05 \cdot 4}{0,10 \cdot 3} \cdot \left(\frac{1}{24} + \frac{2}{84} + \frac{1}{192}\right) = 0,917$$

und mit $d_3 = 64$ mm, $d_4 = 16$ mm wird nach Formel (154b)

$$\frac{1}{\eta_2} = 1 + \frac{0,10 \cdot 64}{106} \cdot \left(\frac{16}{64} + \frac{24}{84} + \frac{192}{84}\right) = 1,170,$$

also

$$\eta = \frac{0,917}{1,170} = 0,783.$$

Das Ergebnis bleibt praktisch unverändert, wenn etwa bei guter Schmierung und sehr glatten Flächen $\mu = 0,08$ eingesetzt wird.

Das Antriebsmoment wird hiernach gemäß Formel (153)

$$M_A = \frac{120}{1 + \dfrac{192}{24}} \cdot \frac{1}{0{,}783} \backsim 17 \ \text{cmkg}$$

und die Anpressungskraft

$$Q = \frac{2 \cdot 4 \cdot 17}{3 \cdot 0{,}10 \cdot 3 \cdot 2{,}4} \backsim 63 \ \text{kg}.$$

12. Die Zahnräder.

a) **Die zyklischen Kurven.** Durch Abrollen eines Kreises auf einer Geraden entsteht die Zykloide, und zwar die gemeine Zykloide, wenn der erzeugende Punkt auf dem Kreisumfang liegt. Man zeichnet sie, indem man den Umfang des Kreises vom Halbmesser r in eine Anzahl beliebiger, aber vorteilhaft gleicher Teile teilt und diese Teile auf der Geraden abträgt (Fig. 174). Wenn nun Punkt 1 des Kreises mit Punkt 1′ der Geraden zusammenfällt, hat der Anfangspunkt A sich um denselben Betrag gehoben, wie Punkt 1 sich gesenkt. Man zieht also die zur Rollgeraden parallele durch 1, nimmt die Sehne $\overline{1A}$ in den Zirkel und schlägt damit aus 1′ einen Kreisbogen, der die durch 1 gezogene Parallele in dem gesuchten Kurvenpunkt 1″ schneidet usf. Aus der Konstruktion folgt sogleich die Gleichung der Kurve. Die Abszisse auf der Geraden ist

$$x = r \cdot \varphi - r \cdot \sin\varphi = r \cdot (\varphi - \sin\varphi),$$

und die Ordinate senkrecht hierzu ist

$$y = r - r \cdot \cos\varphi = r \cdot (1 - \cos\varphi). \tag{155}$$

Liegt der erzeugende Punkt außerhalb des Rollkreises (Fig. 175), so entsteht die verlängerte Zykloide, liegt er innerhalb des Kreises, die verkürzte (Fig. 173). Man zeichnet sie, indem man wieder die Kreisteile 1, 2, 3 ... auf der Geraden als 1′, 2′, 3′ ... abträgt, in diesen Punkten die Lote $\overline{1'\,1'''}$, $\overline{2'\,2'''}$ ... errichtet bis nach der Bahn des Kreismittelpunktes O und von dort einen Kreisbogen mit $\overline{OA} = a$ schlägt. Der Punkt 1″, 2″ ..., in

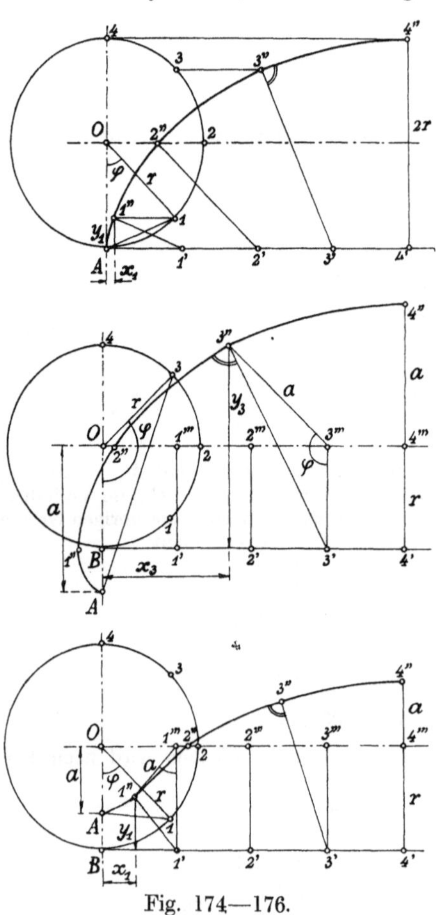

Fig. 174—176.

dem dieser Kreisbogen von dem aus 1′, 2′ ... mit der Sehne $\overline{1A}$, $\overline{2A}$ ... geschlagenen Bogen geschnitten wird, ist der zugehörige Punkt der Kurve. Als Gleichungen der Kurven erhält man wie oben

$$x = r \cdot \varphi - a \cdot \sin\varphi,$$
$$y = r - a \cdot \cos\varphi. \tag{156}$$

Bewegt sich der Rollkreis vom Halbmesser r außen auf dem Umfang eines zweiten Kreises vom Halbmesser R, so entsteht die Epizykloide (Fig. 177). Läuft der Rollkreis innen auf dem Umfang des Grundkreises, so entsteht die

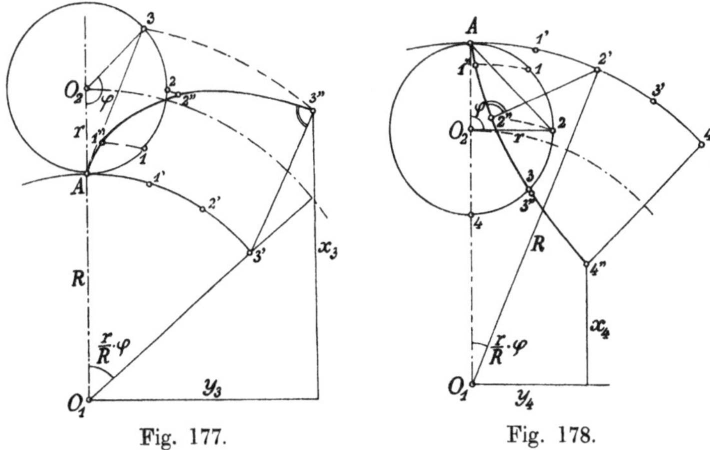

Fig. 177. Fig. 178.

Hypozykloide (Fig. 178). Bei beiden unterscheidet man wieder je nach der Lage des erzeugenden Punktes zum Rollkreisumfang die gemeine, die verlängerte und die verkürzte Kurve.

Die Konstruktion ist die gleiche wie oben, nur treten an die Stelle der Lote die durch die betreffenden Punkte des Grundkreises gezogenen Mittelpunktsstrahlen. Die Gleichungen der Kurven ergeben sich leicht zu

$$x = (R \pm r) \cdot \cos\left(\frac{r}{R} \cdot \varphi\right) \mp a \cdot \cos\left(\frac{R \pm r}{R} \cdot \varphi\right),$$

$$y = (R \pm r) \cdot \sin\left(\frac{r}{R} \cdot \varphi\right) - a \cdot \sin\left(\frac{R \pm r}{R} \cdot \varphi\right), \tag{157}$$

worin die oberen Vorzeichen für die Epizykloide, die unteren für die Hypozykloide gelten.

Wird $r = \infty$, so geht die Epizykloide über in die Evolvente (Fig. 179). Sie wird konstruiert, indem man den Kreis vom Halbmesser R in gleiche Teile teilt, in jedem Teilpunkt die Tangente an den Kreis zieht und die Länge der Tangente gleich der Bogenlänge vom Teilpunkt bis zum Anfangspunkt A macht. Ihre Gleichungen sind

$$x = r \cdot (\cos\varphi + \varphi \cdot \sin\varphi),$$
$$y = r \cdot (\sin\varphi - \varphi \cdot \cos\varphi). \tag{158}$$

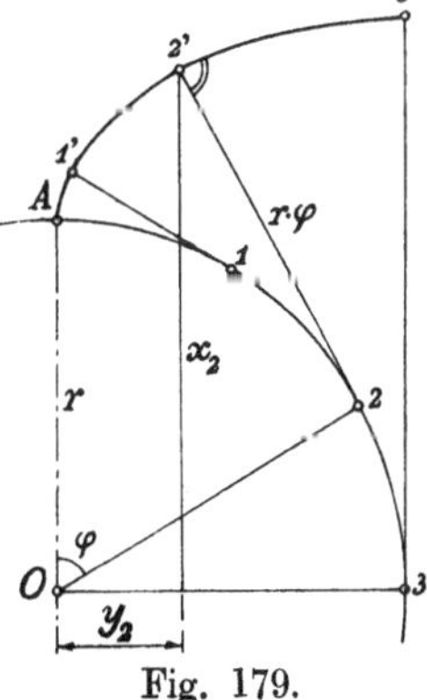

Fig. 179.

Gemeinsam ist allen zyklischen Kurven die Eigenschaft, daß die Normale in irgendeinem Punkt $1''$, $2'' \ldots$ durch den Berührungspunkt $1'$, $2' \ldots$ des rollenden Kreises und des Grundkreises für die betreffende Stelle geht, was sich aus der Aufzeichnung der Kurven sofort ergibt.

b) **Allgemeine Darlegungen.** Reibungsräder eignen sich im allgemeinen nur für verhältnismäßig kleine Kräfte, bei größeren Kräften oder langsamen Bewegungen sind ineinandergreifende Zahnräder zu nehmen. Man unterscheidet die Stirnräder bei parallelen Wellen, die Kegelräder bei sich schneidenden Wellen, die Schraubenräder bei sich kreuzenden Wellen.

Bei den Stirnrädern bezeichnet man als Teilkreise diejenigen, mit denen entsprechende Reibungsräder aufeinanderrollen würden, in denen also die Umfangsgeschwindigkeiten beider Räder dieselben sind.

In Fig. 180 seien aus zwei Stirnrädern mit den Achsen O_1 und O_2 die augenblicklich ineinandergreifenden Zähne herausgeschnitten. Da

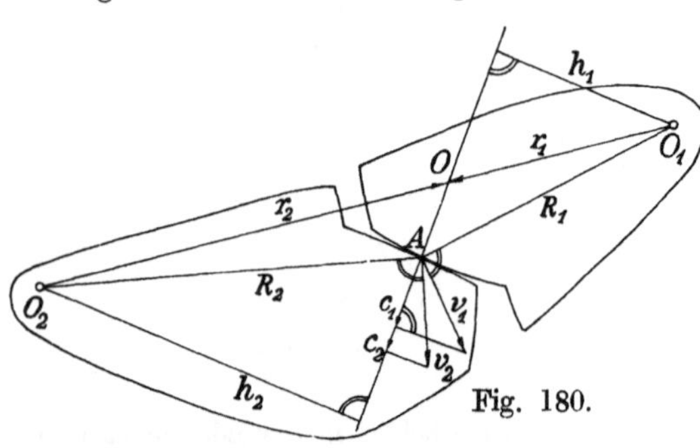

Fig. 180.

die beiden Zahndruckkräfte sich im Berührungspunkt A aufheben sollen, so müssen die Zahnprofile so bestimmt werden, daß sie in jedem Berührungspunkt dieselbe Normale haben. Die Halbmesser nach dem augenblicklichen Berührungspunkt A seien R_1 und R_2, die zu ihnen senkrechten Geschwindigkeiten v_1 und v_2.

Zerlegt man die v in c_1 bzw. c_2 in Richtung der gemeinsamen Berührungsnormale beider Zahnkurven und senkrecht dazu, fällt ferner die Lote h_1 und h_2 von den Mittelpunkten auf die Berührungsnormale, so ergibt sich aus ähnlichen Dreiecken für beide Räder

$$\frac{c}{v} = \frac{h}{R}.$$

Da nun bei ordnungsmäßigem Arbeiten der Räder die Berührung dauernd bestehen bleiben muß, so kann nur $c_1 = c_2$ sein, also

$$\frac{h_1}{h_2} = \frac{v_2}{R_2} : \frac{v_1}{R_1}.$$

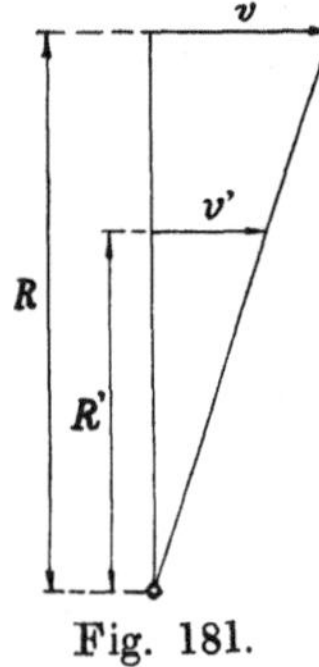

Fig. 181.

Zieht man jetzt noch die Verbindungslinie $O_1 O_2$ der Radmittelpunkte und bezeichnet die Länge bis zum Schnittpunkt mit der Normalen als r_1 und r_2, so folgt aus den entstandenen ähnlichen Dreiecken

$$\frac{h_1}{h_2} = \frac{r_1}{r_2},$$

mithin ist

$$\frac{r_1}{r_2} = \frac{v_2}{R_2} : \frac{v_1}{R_1}.$$

Da nun die Räder gleichmäßig umlaufen sollen, so muß für jedes Rad das Verhältnis der Geschwindigkeit zum zugehörigen Halbmesser unveränderlich sein (vgl. Fig. 181); folglich ist auch das Verhältnis der beiden $\dfrac{v}{R}$ für die zusammenarbeitenden Räder unveränderlich, also

$$\frac{r_1}{r_2} = \text{konst.}$$

Für jeden Berührungspunkt der beiden Zahnprofile muß die beiden gemeinsame Normale, in der ja der Zahndruck wirkt, durch denselben Punkt O der Zentrale gehen, den Berührungspunkt der beiden Teilkreise von den Halbmessern r_1 und r_2[120]).

Im allgemeinen kommen also die zyklischen Kurven als Zahnprofile zur Anwendung. Man kann jedoch zu jedem gegebenen Zahnprofil eines Rades ein richtig damit zusammenarbeitendes Profil der Zähne des zweiten Rades zeichnen[121]).

Gegeben sind in Fig. 182 die beiden Teilkreise von den Halbmessern r_1 und r_2, sowie die Zahnkurve des Rades 1. Man rollt die Teilkreise bis zu den beliebigen Punkten B_1 bzw. B_2 aufeinander ab, etwa unter Zu-

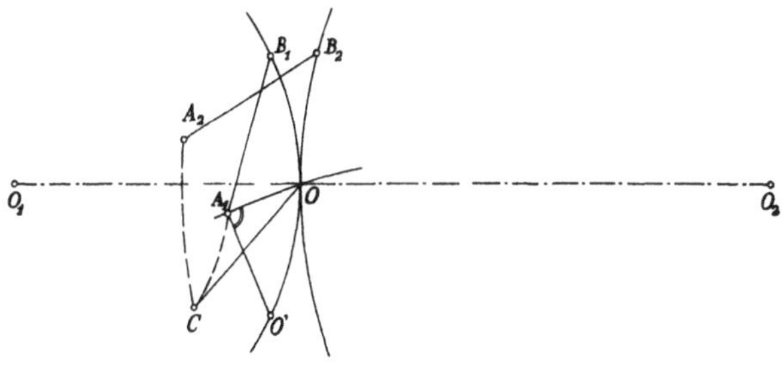

Fig. 182.

hilfenahme der gemeinsamen Tangente (Bd. I, S. 2), trägt $\overline{OO'} = \overline{B_1O}$ nach rückwärts auf dem Teilkreis ab, bestimmt darauf den Punkt A_1, der in dem Augenblick, wo B_1 und B_2, sowie der Punkt O' der Zahnkurve aufeinanderfallen, in Berührung mit dem gesuchten Punkt A_2 des zweiten Profils sein soll, derart, daß A_1O' in A_1 senkrecht zur Zahnkurve steht, und zieht durch A_1 den Kreis aus O_1 und trägt schließlich $\overline{OC} = \overline{B_1A_1}$ dorthin ab. Nun wird durch C der Kreis aus O_2 geschlagen und $\overline{B_2A_2} = \overline{B_1A_1}$ dorthin abgetragen. Dann ist A_2 der gesuchte Punkt.

Wird so mehrfach verfahren, so erhält man eine durch die Punktfolge C gebildete Linie, die den Ort angibt, wo die einzelnen Punktpaare A_1A_2 sich decken. Diese Eingriffslinie ist bei neuzeitlichen Rädern fast stets eine Gerade, von der beim Entwurf der beiderseitigen Zahnprofile ausgegangen wird. Die Kopfkreise der beiden Räder schneiden auf der Eingriffslinie die Eingriffsstrecke ab, auf der die Zähne ineinandergreifen (vgl. Fig. 187).

---

[120]) Euler, Comment. IX, 1769.
[121]) Reuleaux, Der Konstrukteur, 1865.

Für ein richtiges Zusammenarbeiten der Räder ist nun erforderlich, daß außer der in Abschnitt 10 bereits genannten Bedingung der gleichen Teilung und der oben entwickelten über die Zahnform noch die weitere erfüllt wird, daß die beiden einander gleichen Wälzungsbogen b_0 der Teilkreise, die zu der Eingriffstrecke gehören, größer sind als die Zahnteilung τ. Das Verhältnis $e = \dfrac{b_0}{\tau}$ nennt man die Eingriffsdauer, für die also gilt: $e > 1$.

Wird die Größe des durch den Zahndruck N hervorgerufenen Biegungsmomentes eines Zahnes in bezug auf seinen Fuß für den Verlauf einer Teilung aufgetragen[122]), so ist bei der Eingriffsdauer 1 damit auch der Verlauf der Anstrengung des Zahnfußes gemäß Fig. 183 wiedergegeben. Ist die Eingriffsdauer 2, so überdecken sich die entsprechend verlängerten Momentenkurven zur Hälfte nach Fig. 184; und da stets

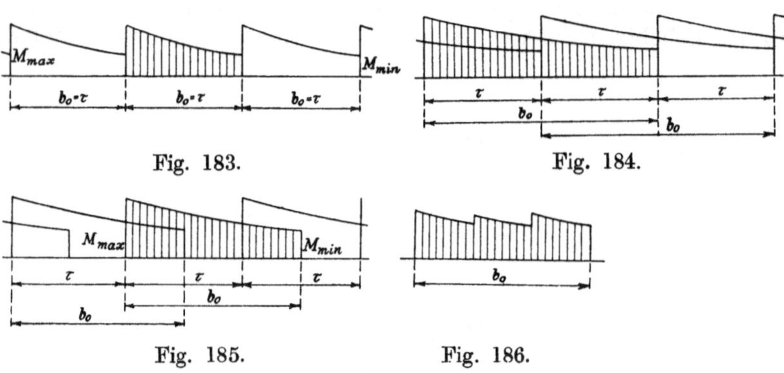

Fig. 183.   Fig. 184.

Fig. 185.   Fig. 186.

zwei Zähne die Kraft N aufnehmen, so könnte sie unter Voraussetzung gleicher Verteilung auf beide Zähne bei sonst gleicher Zahnform und -beanspruchung verdoppelt werden. Liegt die Eingriffsdauer zwischen diesen beiden Grenzwerten, z. B. $e = 1{,}5$, so verteilt sich der Zahndruck N während des ersten und letzten Teiles der Eingriffsdauer auf zwei Zähne, muß aber während des mittleren Teiles von einem Zahn allein aufgenommen werden (Fig. 185). Unter Voraussetzung gleicher Verteilung auf beide Zähne gibt somit die Fig. 186 die Beanspruchung eines Zahnes an. Sie ist dadurch entstanden, daß die Summe der Biegungsmomente der zugehörigen äußeren Teile in Fig. 185 halbiert worden ist.

Es kommt also darauf an, der Kurve der Fig. 186 eine solche Form zu geben, daß der Sprung bei den Übergängen nicht zu groß wird und die Beanspruchung nicht zu sehr schwankt. Dazu ist eine entsprechend lange Eingriffsdauer nötig. Die gleichmäßige Verteilung des Zahndruckes auf zwei Zähne findet bei richtig entworfenen und sauber gefrästen Zähnen, die spielraumfrei zusammenarbeiten, wenigstens annähernd

---

[122]) Lasche, Z. d. V. d. I. 1899.

statt, dagegen bei roh gegossenen Zähnen, die neben den unvermeidlichen Ungenauigkeiten einen Spielraum von $^1/_{20}\tau$ haben, nicht. Man kann etwa schätzen bei

gefrästen   Rädern die Verteilung zwischen 0,40 bis 0,60 ,
roh gegossenen „   „   „   „   0,20 „ 0,80 .

Zu Beginn des Eingriffes berührt die Zahnwurzel des treibenden Rades 1 den Zahnkopf des getriebenen 2, in der Mitte des Eingriffes berühren sich beide im Zentralpunkt, am Ende des Eingriffes berührt der Zahnkopf des treibenden Rades 1 die Zahnwurzel des getriebenen 2. Die Zahnreibung wirkt also in der ersten Hälfte des Eingriffes auf den Fuß des treibenden Rades und den Kopf des getriebenen stemmend,

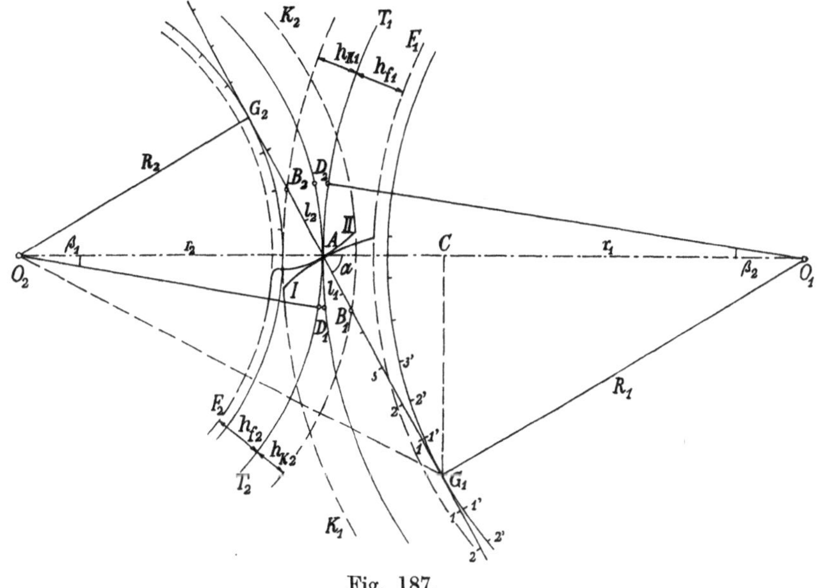

Fig. 187.

in der zweiten Hälfte des Eingriffes auf den Kopf des treibenden Rades und den Fuß des getriebenen streichend[123]).

c) **Die Evolventenverzahnung**[120]). Die Zahnkurve, die zu einer geraden Eingriffslinie gehört und die obigen Grundbedingungen der Verzahnung erfüllt, ist eine Evolvente. Man zeichnet sie nach Fig. 187. Durch den Berührungspunkt A der beiden gegebenen Teilkreise von den Halbmessern r_1 und r_2 wird die geneigte Eingriffsgerade gelegt; aus den Radmittelpunkten O_1 und O_2 werden dann die sie tangierenden Grundkreise von den Halbmessern R_1 und R_2 beschrieben. Man trägt nun von G_1 bzw. G_2 auf der Eingriffsgeraden beliebige gleiche Teile nach beiden Richtungen ab und ebenso dieselben Teile auf den zugehörigen

<hr>

[123]) Büchner, Z. d. V. d. I. 1902.

Grundkreisen. Jetzt wird mit der Länge $\overline{G_1A}$ aus G_1 ein kleiner Kreisbogen durch A geschlagen, dann mit der Länge $\overline{1\,A}$ aus $1'$ ebenso an den vorigen Kreisbogen anschließend und so fort. Die einzelnen kurzen Kreisbögen setzen sich zu der Evolvente I zusammen. Entsprechend wird die Evolvente II gezeichnet.

Ist der Halbmesser des einen Rades ∞, so entsteht die Zahnstange, deren Zahnprofil eine zur erzeugenden Linie senkrechte Gerade ist. Für die Innenverzahnung ist dieselbe Konstruktion der Fig. 187 sinngemäß anzuwenden, sie liefert dann konkave Zahnflanken am großen Rad.

Die Zahnkurve ist der Teil der Evolvente zwischen dem Kopfkreis K_1 und dem Fußkreis F_1 bzw. zwischen K_2 und dem Grundkreis G_2. Das bis zum Fußkreis F_2 fehlende Stück wird durch eine willkürliche Kurve, oft eine radiale Gerade gebildet. Grund- und Fußkreis fallen zusammen, wenn die Bedingung erfüllt ist (Fig. 187)

$$r - h_f = r \cdot \sin \alpha\,.$$

Nun gilt ja nach Formel (120)

$$r = \frac{\tau}{\pi} \cdot \frac{z}{2} = m \cdot \frac{z}{2}\,, \tag{159}$$

worin bedeutet

    z die Zähnezahl des Rades,
    τ die Zahnteilung des Rades,

    $m = \dfrac{\tau}{\pi}$ den Modul der Verzahnung.

Damit geht die obige Gleichung über in

$$m \cdot \frac{z}{2} - h_f = m \cdot \frac{z}{2} \cdot \sin \alpha$$

oder

$$1 - \frac{2 \cdot h_f}{m \cdot z} = \sin \alpha\,,$$

woraus folgt

$$z_0 = \frac{2 \cdot \dfrac{h_f}{m}}{1 - \sin \alpha}\,. \tag{160}$$

Für ein Rad mit Innenzahnung gilt derselbe Zusammenhang für das Aufeinanderfallen von Grund- und Kopfkreis.

Beispiel 105. Für $\dfrac{h_f}{m} = \dfrac{7}{6}$, dem gebräuchlichsten Wert, ist die Zähnezahl anzugeben, bei der Grund- und Fußkreis zusammenfallen.

Es ist für $\alpha = 75°$ $70°$ $65°$
         $\sin \alpha = 0{,}966$ $0{,}940$ $0{,}906$
also nach Formel (160) $z_0 = $ 69   39   25

Bei kleineren Zähnezahlen muß der Zahnfuß willkürlich bis an den Fußkreis verlängert werden.

Werden die beiden Radmittelpunkte O_1 und O_2 auf der Zentrale etwas weiter voneinander entfernt, so stellt sich die Gerade $\overline{G_1 G_2}$ der Fig. 187 etwas steiler, aber die Evolvente bleibt dieselbe, solange der Grundkreis derselbe ist[124]). Entsprechend stellt sich die Eingriffsgerade bei Annäherung der Mittelpunkte etwas flacher. Der Eingriff wird also durch fehlerhafte Aufstellung nicht verändert, was die Evolventenverzahnung besonders wertvoll macht. Es arbeiten hiernach auch Evolventenräder mit verschieden geneigten Erzeugungsgeraden fehlerlos zusammen[125]).

Von der um den Winkel α gegen die Zentrale geneigten Eingrifflinie $G_1 G_2$ schneiden die beiden Kopfkreise K_1 und K_2 die Eingriffstrecke $B_1 B_2$ heraus, die allein für den Eingriff benutzt wird. Die größtmögliche Länge der Eingriffstrecke ist $G_1 G_2$[124]), denn ein darüber hinausgehendes Stück liefert keinen weiteren Beitrag zur eingreifenden Zahnfußkurve, vielmehr schneidet dann der Kopf des Gegenzahnes, dessen Bahn eine verlängerte Epizykloide ist, in das Fußprofil ein.

Sind die Zahnköpfe gerade so hoch, daß die Punkte G und B der Fig. 187 zusammenfallen, so gilt

$$\overline{O_2 G_1^2} = \overline{G_1 C^2} + \overline{O_2 C^2}$$

oder

$$(r_2 + h_{K2})^2 = (r_1 \cdot \sin\alpha \cdot \cos\alpha)^2 + (r_1 + r_2 - r_1 \cdot \sin^2\alpha)^2.$$

Löst man die Klammern auf, so ergibt sich

$$\frac{h_{K2}}{r_2} = \sqrt{1 + \cos^2\alpha \cdot \left(\frac{r_1^2}{r_2^2} + 2 \cdot \frac{r_1}{r_2}\right)} - 1 \qquad (161\,\text{a})$$

oder mit Formel (159) und (120)

$$\frac{h_{K2}}{m} = \frac{z_2}{2} \cdot \left[\sqrt{1 + \cos^2\alpha \cdot \left(\frac{z_1^2}{z_2^2} + 2 \cdot \frac{z_1}{z_2}\right)} - 1\right] \qquad (161\,\text{b})$$

als Grenzwert der Kopfhöhe bei gegebenen Zähnezahlen und Neigungswinkel α der erzeugenden Geraden.

Wird diese Gleichung nach $\dfrac{z_1}{z_2}$ aufgelöst, so erhält man nach einigen einfachen Umformungen

$$u_1 = \left(\frac{z_1}{z_2}\right)_{\min} = \sqrt{1 + \frac{\dfrac{h_{K2}}{z_2 \cdot m} + \left(\dfrac{h_{K2}}{z_2 \cdot m}\right)^2}{(\tfrac{1}{2} \cdot \cos\alpha)^2}} - 1 \qquad (162)$$

als kleinstes Übersetzungsverhältnis, das bei gegebenem Winkel α, der Zähnezahl z_2 und dem Verhältnis der Kopfhöhe zum Modul $\dfrac{h_{K2}}{m}$ ohne

---

[124]) Saalschütz, Zur Theorie der Evolventenverzahnung, 1870.
[125]) Hoppe, Verhandl. d. V. f. Gewerbefleiß 1873.

starken Verschleiß bzw. ohne Unterschneidung möglich ist[126]). Die Fig. 188 gibt hiernach den Verlauf von u an für die Zähnezahlen $z_2 = 10 \div 200$, die Kopfhöhenverhältnisse $\dfrac{h_{K2}}{m} = 1{,}5 \div 0{,}5$ und die Winkel $\alpha = 75°$, $70°$, $65°$.

Bei Innenverzahnung geht dieselbe Beziehung

$$\overline{O_2 G_1^2} = \overline{G_2 C^2} + O_2 C^2$$

über in

$$(r_2 + h_{K2})^2 = (r_1 \cdot \sin\alpha \cdot \cos\alpha)^2 + (r_1 \cdot \sin^2\alpha - r_1 + r_2)^2.$$

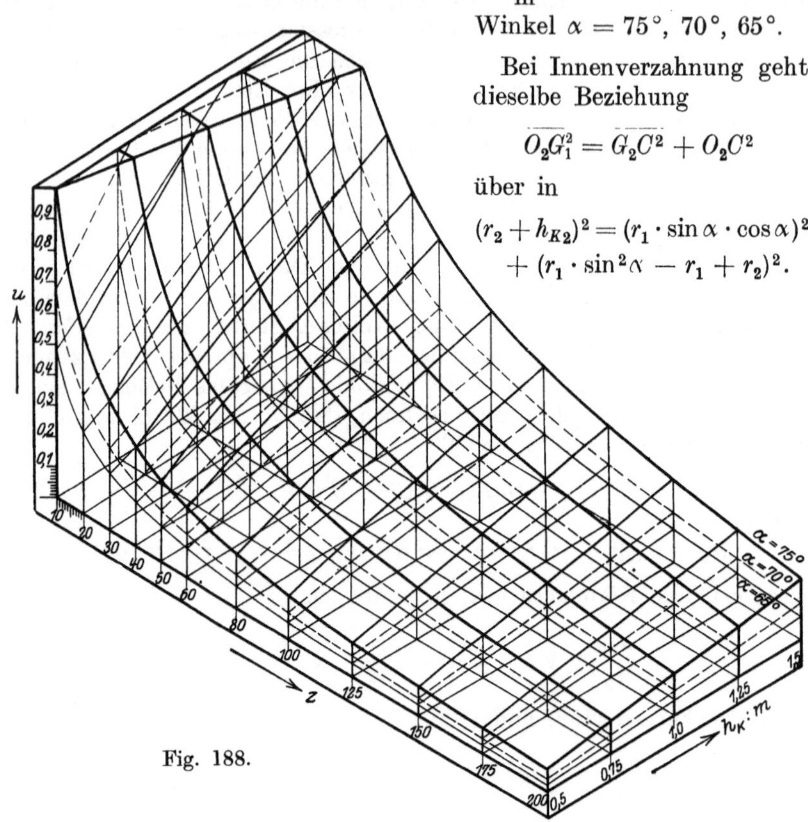

Fig. 188.

Statt der Formel (161b) erhält man hieraus

$$\frac{h_{K2}}{m} = \frac{z_2}{2} \cdot \left[\sqrt{1 + \cos^2\alpha \cdot \left(\frac{z_1^2}{z_2^2} - 2 \cdot \frac{z_1}{z_2} \right)} - 1 \right] \tag{161c}$$

und entsprechend lautet Formel (162) dann

$$u_1 = \left(\frac{z_1}{z_2} \right)_{\min} = \sqrt{ \frac{1 + \dfrac{h_{K2}}{m \cdot z_2} + \left(\dfrac{h_{K2}}{m \cdot z_2} \right)^2}{\left(\frac{1}{2} \cdot \cos\alpha \right)^2} } + 1$$

oder

$$u_{1i} = u_{1a} + 2. \tag{163}$$

---

[126]) Wehage, D. p. J. 1905; Toussaint, Die Werkzeugmaschine 1916; Stephan, Werkstatts-Technik 1920.

Beispiel 106. Für den gebräuchlichsten Neigungswinkel der erzeugenden Geraden $\alpha = 75°$ [127]), die gebräuchlichste Kopfhöhe $h_{K2} = m$ [128]), der die Fußhöhe $h_{f2} = \frac{7}{6} m$ entspricht, und die Zähnezahl $z_2 = 100$ des einen Rades ist die kleinste zulässige Zähnezahl des anderen Rades anzugeben.

Man entnimmt für die Außenverzahnung der Fig. 188 bzw. der Formel (162)

$$u_1 = 0{,}266 \sim 1 : 3{,}76 \,,$$

also

$$z_1 = z_2 \cdot u_1 = 27 \,.$$

$$\text{Für } \alpha = 70° \text{ ergibt sich } u_1 = 0{,}160 \sim 1 : 6{,}3 \,, \quad z_1 = 16 \,,$$
$$\text{für } \alpha = 65° \quad ,, \qquad ,, \quad u_1 = 0{,}108 \sim 1 : 9{,}3 \,, \quad z_1 = 11 \,.$$

Hat das kleinere Rad weniger Zähne, so entsteht die Unterschneidung, die besonders bei kleinen Zähnezahlen und großem Winkel α ganz erheblich sein kann. Man pflegt dem bisweilen durch eine „korrigierte Zahnform" abzuhelfen [129]); einfacher und zweckmäßiger ist die geeignete Wahl der Kopfhöhe und des Neigungswinkels der erzeugenden Geraden.

Bei Innenverzahnung erhält man gemäß Formel (163) mit denselben Zahlenwerten für

$\alpha =$	$75°$	$70°$	$65°$
$u_1 =$	$2{,}266$	$2{,}160$	$2{,}108$
$z_1 =$	227	216	211

als kleinste Zähnezahl des großen Rades, wenn das kleine etwa $z_2 = 100$ Zähne haben soll. Die Unterschneidung kommt also hierbei seltener in Frage.

Dem Teil $\overline{AB_2} = l_2$ der Eingriffstrecke (Fig. 187) entsprechen auf den Teilkreisen die Bögen AD_2, zu deren einem der Zentriwinkel β_2 im Rade 1 gehört. Das gleiche gilt für den Teil $\overline{AB_1} = l_1$. Bezeichnet man ferner den zur Zahnkurve FAK gehörigen Zentriwinkel mit φ, den zur Kopfstrecke AK gehörigen mit φ_K, den zur Fußstrecke FA gehörigen mit φ_f, so ist natürlich $\varphi_K + \varphi_f = \varphi$ und nach den Formeln (158)

$$\varphi_f = \sqrt{\frac{r^2}{R^2} - 1} - \operatorname{arctg} \sqrt{\frac{r^2}{R_2} - 1} \,,$$

$$\varphi = \sqrt{\left(\frac{r + h_K}{R}\right)^2 - 1} - \operatorname{arctg} \sqrt{\left(\frac{r + h_K}{R}\right)^2 - 1} \,.$$

Nach dem Höhensatz im rechtwinkligen Dreieck ist nun

$$(l_1 \cdot \sin \alpha)^2 = (h_{K2} - l_1 \cdot \cos \alpha) \cdot \lfloor (2 r_2 + 2 h_{K2}) - (h_{K2} - l_1 \cdot \cos \alpha) \rfloor \,,$$

ferner ist der Fig. 187 zu entnehmen

$$(r_2 + h_{K2}) \cdot \sin (\beta_1 - \varphi_{K2}) = l_1 \cdot \sin \alpha \,.$$

Wird die vorletzte Gleichung nach l_1 aufgelöst, so folgt leicht in Verbindung mit Gleichung (162)

$$l_1 = r_2 \cdot \cos \alpha \cdot u_1$$

<hr>

[127]) Willis, Prinziples of Mechanism, 1841.
[128]) Reuleaux, Konstruktionslehre für den Maschinenbau, 1856.
[129]) Schmidt, Werkstatts-Technik 1919.

Setzt man diesen Wert in die letzte Gleichung ein und drückt φ_{K2} durch die vorhergehenden Formeln aus, so ergibt sich

$$\beta = u_1 \cdot \operatorname{cotg} \alpha - \operatorname{arctg}\left[(u_1 + 1) \cdot \operatorname{cotg}\alpha\right]$$

$$+ \arcsin\left[u_1 \cdot \frac{\frac{1}{2} \cdot \sin 2\alpha}{1 + 2 \cdot \dfrac{h_{K2}}{z_2 \cdot m}}\right] + \frac{\pi}{2} - \alpha.$$

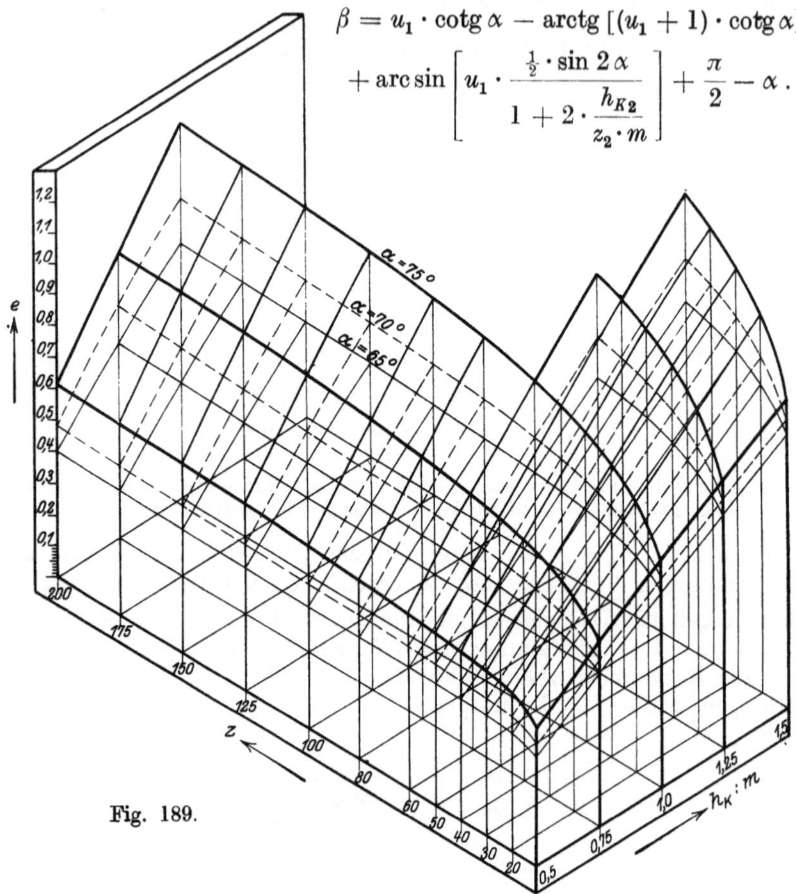

Fig. 189.

Bei der zahlenmäßigen Berechnung braucht nur das erste Glied bestimmt zu werden, da sich die anderen innerhalb der praktisch erforderlichen Genauigkeit vollständig aufheben.

Damit ist die **Eingriffsdauer**[126c)]

$$e = \frac{l}{\tau} = \frac{r_2 \cdot \operatorname{arc}\beta_1 + r_1 \cdot \operatorname{arc}\beta_2}{\tau}$$

oder mit Benutzung des Zusammenhanges (159)

$$e = \frac{\operatorname{cotg}\alpha}{2\pi} \cdot (z_1 \cdot u_2 + z_2 \cdot u_1) \tag{164}$$

Zerlegt man die Formel (164) in zwei Beträge

$$e_1 = \frac{\operatorname{cotg}\alpha}{2\pi} \cdot z_2 \cdot u_1 \quad \text{und} \quad e_2 = \frac{\operatorname{cotg}\alpha}{2\pi} \cdot z_1 \cdot u_2,$$

so können diese Beträge der Fig. 189 entnommen werden, die den Verlauf von e_1 in Abhängigkeit von α, z, $\dfrac{h_K}{m}$ darstellt.

Die entsprechende Rechnung für die Innenverzahnung liefert nicht eine so einfache Formel wie (164).

Beispiel 107. Zu bestimmen ist die Eingriffsdauer zweier zusammenarbeitender Räder mit Außenverzahnung von $z_1 = 30$, $z_2 = 100$ Zähnen bei der gebräuchlichen Kopfhöhe $h_K = m$.

Man erhält sofort aus Fig. 189

$$\text{für } \alpha = 75°: \quad e = 0{,}957 + 1{,}135 = 2{,}09\,,$$
$$70°: \quad e = 0{,}825 + 0{,}926 = 1{,}75\,,$$
$$65°: \quad e = 0{,}739 = 0{,}794 = 1{,}53\,.$$

Berühren sich zwei zusammenarbeitende Zähne in einem gegebenen Augenblick im Punkte C_0 (Fig. 190) und ist der Eingriff kurze Zeit später nach dem Punkt C gewandert, so sind die beiden zugehörigen Berührungspunkte C_1 bzw. C_2, die durch Schlagen der Kreisbögen aus O_1 und O_2 durch C bestimmt werden. Bezeichnet man $\overline{C_0 C_1} = ds_1$ und $\overline{C_0 C_2} = ds_2$, so gleiten beide Zähne um den Betrag $ds_2 - ds_1$ aufeinander[130]). Der sich von Punkt zu Punkt ändernde Quotient

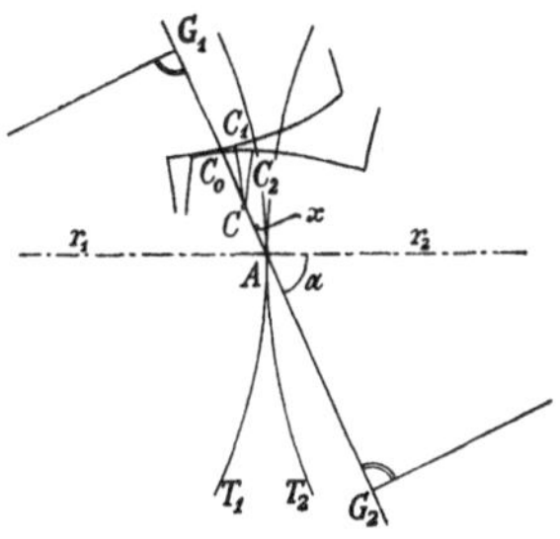

Fig. 190.

$$g_1 = \frac{ds_2 - ds_1}{ds_1} \quad \text{bzw.} \quad g_2 = \frac{ds_1 - ds_2}{ds_2}$$

heißt das spezifische Gleiten der Zahnflanken[123]).

Dreht sich das Rad 1 um einen kleinen Winkel $d\delta$, so beschreibt die Gerade $\overline{G_1 C} = r_1 \cdot \cos\alpha - x$ den Zahnbogen ds_1; das Rad 2 dreht sich gleichzeitig um den Winkel $d\delta \cdot \dfrac{r_1}{r_2}$ und die Gerade

$$\overline{G_2 C} = r_2 \cdot \cos\alpha + x$$

beschreibt dabei den Bogen ds_2. Man erhält so

$$g_1 = \frac{(r_2 \cdot \cos\alpha + x) \cdot \dfrac{r_1}{r_2} \cdot d\delta - (r_1 \cdot \cos\alpha - x) \cdot d\delta}{(r_1 \cdot \cos\alpha - x) \cdot d\delta}$$

oder

$$g_1 = + \frac{x \cdot \left(1 + \dfrac{r_1}{r_2}\right)}{r_1 \cdot \cos\alpha - x} \tag{165a}$$

und entsprechend

$$g_2 = - \frac{x \left(1 + \dfrac{r_1}{r_2}\right)}{r_2 \cdot \cos\alpha + x}\,. \tag{165b}$$

---

[130]) **Kohn**, Z. d. V. d. I. 1895/96; **Goebel**, ebenda 1896; **Lasche**, ebenda 1899.

Beide Ausdrücke werden 0 für $x = 0$, also im Zentralpunkt A, der erstere wird ∞ für $x = r_1 \cdot \cos\alpha = AG_1$, wenn also die Eingrifflinie gänzlich ausgenutzt wird. Da damit ein sehr starker Verschleiß verbunden wäre, so ist sogar eine zu große Annäherung des Eingriffes an die Endpunkte G_1 bzw. G_2 zu vermeiden. Für $x < 0$, wird g_1 negativ, die Richtung des Gleitens wechselt im Zentralpunkt. Das spezifische Gleiten bestimmt in erster Linie die eintretende Abnutzung, die ferner noch abhängt von der Zahl der Eingriffe in einer festgelegten Zeit und von der Reibungsziffer.

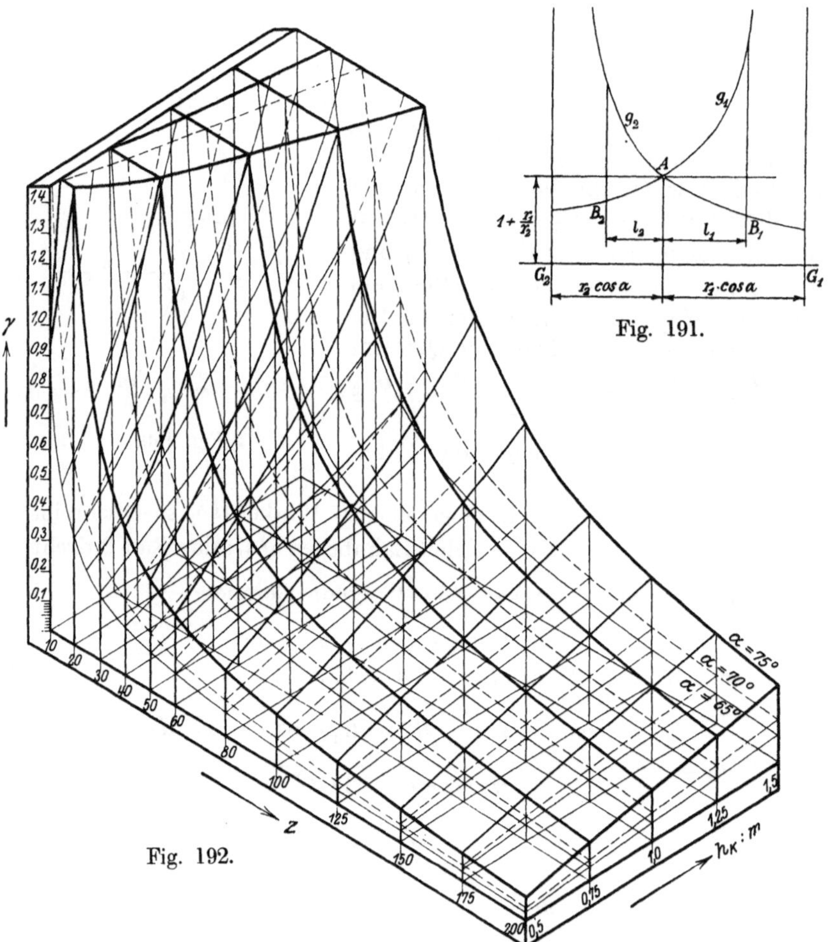

Fig. 191.

Fig. 192.

Die Ausdrücke für g stellen gleichseitige Hyperbeln dar, deren eine Asymptote durch G geht und deren andere um den Betrag $1 + \dfrac{r_1}{r_2}$ gegen die Nullachse gesenkt ist, wie Fig. 191 zeigt.

Setzt man jetzt $x = l_1$ bzw. l_2, um den größten vorkommenden Wert des spezifischen Gleitens zu erhalten, so liefern die Gleichungen (165) und (163)

$$g_{1\,\mathrm{max}} = \left(1 + \frac{z_1}{z_2}\right) \cdot \frac{u_2}{1 - u_2} = \left(1 + \frac{z_1}{z_2}\right) \cdot \gamma_1$$

bzw.

$$g_{2\,\mathrm{max}} = \left(1 + \frac{z_2}{z_1}\right) \cdot \frac{u_1}{1 - u_1} = \left(1 + \frac{z_2}{z_1}\right) \cdot \gamma_2,$$

(166)

worin die Werte γ der Fig. 192 entnommen werden können.

Beispiel 108. Die größten Werte des spezifischen Gleitens sind zu ermitteln für ein Räderpaar mit Außenverzahnung von $z_1 = 30$, $z_2 = 100$ Zähnen bei der Kopfhöhe $h_K = m$.

Man erhält aus den Formeln (166) bzw. der Fig. 192

$$\alpha = 75°: \quad g_{1\,\mathrm{max}} = 1{,}3 \cdot 2{,}97 = 3{,}86, \quad g_{2\,\mathrm{max}} = \frac{13}{3} \cdot 0{,}36 = 1{,}57,$$

$$70°: \quad 1{,}3 \cdot 0{,}905 = 1{,}18, \quad \frac{13}{3} \cdot 0{,}191 = 0{,}83,$$

$$65°: \quad 1{,}3 \cdot 0{,}495 = 0{,}64, \quad \frac{13}{3} \cdot 0{,}120 = 0{,}52.$$

Der Neigungswinkel $\alpha = 75°$ liefert demnach einen recht erheblichen Verschleiß gegenüber den kleineren Winkeln. Die Verhältnisse können etwas gebessert werden, indem man die Kopfhöhe niedriger macht, etwa $h_K = 0{,}7 \cdot m$ [131]). Immerhin ist auch dann noch für $\alpha = 75°$

$$g_{1\,\mathrm{max}} = 1{,}3 \cdot 1{,}26 = 1{,}51, \quad g_{2\,\mathrm{max}} = \frac{13}{3} \cdot 0{,}24 = 1{,}04.$$

Bei Vollbeanspruchung des Triebes muß $g_{1\,\mathrm{max}} \leqq 1$ sein, wenn die Abnutzung nicht zu groß werden soll [132]).

Bei der Innenverzahnung gilt

$$\overline{G_1 C} = r_1 \cdot \cos\alpha + x, \quad \overline{G_2 C} = r_2 \cdot \cos\alpha + x.$$

Hieraus ergibt sich wie oben

$$\left.\begin{aligned}
g_1 &= + \frac{x \cdot \left(\dfrac{r_1}{r_2} - 1\right)}{r_1 \cdot \cos\alpha + x}, \\[2ex]
g_2 &= - \frac{x \cdot \left(\dfrac{r_1}{r_2} - 1\right)}{r_2 \cdot \cos\alpha + x}.
\end{aligned}\right\} \quad (165\,\mathrm{c})$$

Beide Ausdrücke werden 0 für $x = 0$ und ∞ für $-x = r_1 \cdot \cos\alpha$ bzw. $r_2 \cdot \cos\alpha$. Da bei der Innenverzahnung die Punkte G_1 und G_2 auf derselben Seite der Zentrale $O_1 O_2$ liegen, so haben die g-Kurven die in Fig. 193 wiedergegebene Lage.

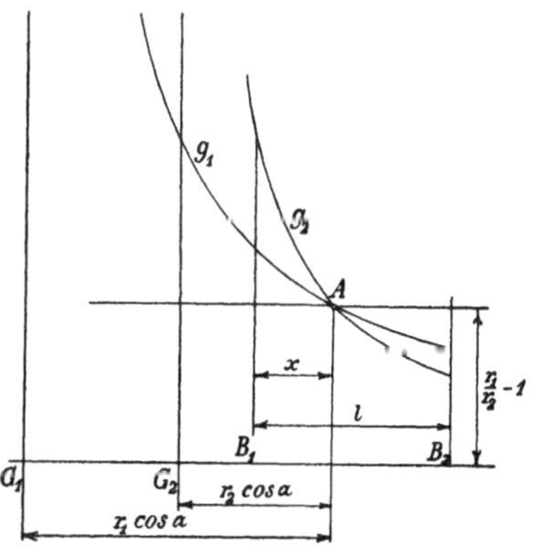

Fig. 193.

[131]) Lindner, Z. d. V. d. I. 1900.
[132]) Nach Angaben von Lasche, Z. d. V. d. I. 1899; Stribeck, ebenda 1894.

Damit das spezifische Gleiten nicht zu groß wird, muß der Eingriff bereits vor G_2 beendet sein. Ein so einfacher Zusammenhang wie die Formeln (166) läßt sich hier nicht geben.

Beispiel 109.. Anzugeben ist die Kopfhöhe des Rades mit Innenverzahnung wenn der Größtwert des spezifischen Gleitens 1 sein soll, bei den Zähnezahlen $z_1 = 100$, $z_2 = 30$.

Ausschlaggebend ist nach Fig. 193 g_2 mit negativem x. Mit dem vorgeschriebenen Wert geht also die zweite Gleichung (165c) über in

$$r_2 \cdot \cos\alpha - x = +x\left(\frac{r_1}{r_2} - 1\right).$$

Hieraus folgt die Länge der Eingriffstrecke zu

$$-x = r_2 \cdot \cos\alpha \cdot \frac{r_2}{r_1}. \tag{167a}$$

Behandelt man die für die Außenverzahnung maßgebende Gleichung (165a) ebenso, so folgt aus

$$r_1 \cdot \cos\alpha - x = x \cdot \left(1 + \frac{r_1}{r_2}\right)$$

die Strecke

$$+x = \frac{r_2 \cdot \cos\alpha \cdot \dfrac{r_1}{r_2}}{2 + \dfrac{r_1}{r_2}}, \tag{167b}$$

Bei kleinen Übersetzungsverhältnissen $\dfrac{r_2}{r_1}$ ist die Innenverzahnung ungünstiger, insofern als bei der Außenverzahnung eine größere Strecke x der Eingrifflinie benutzt werden kann; bei großen Werten von $\dfrac{r_2}{r_1}$ ist sie dagegen günstiger. In beiden Fällen das gleiche Ergebnis liefert $\dfrac{r_2}{r_1} = \dfrac{1}{2}$.

Die Fig. 194 ergibt die Gleichung

$$(x \cdot \sin\alpha)^2 = (x \cdot \cos\alpha - h_{K1})$$
$$\cdot (2r_1 - x \cdot \cos\alpha + h_{K1}),$$

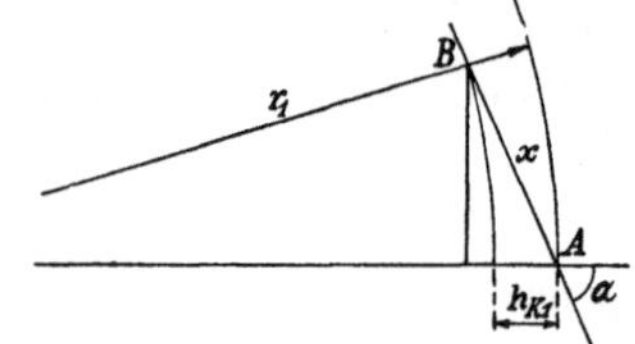

Fig. 194.

woraus man mit Formel (167a) leicht erhält

$$\frac{h_{K1}}{m} = \frac{z_1}{2} \cdot \left[\sqrt{1 - \left(\frac{z_2^2}{z_1^2} \cdot \frac{\sin 2\alpha}{2}\right)^2} - \left(1 - \frac{z_2^2}{z_1^2} \cdot \cos^2\alpha\right)\right]$$

oder, wenn bei den gebräuchlichen Werten der Übersetzung die Wurzel näherungsweise bestimmt wird,

$$\frac{h_{K1}}{m} = \frac{z_1}{2} \cdot \left(\frac{z_2}{z_1} \cdot \cos\alpha\right)^2 \cdot \left[1 - \frac{1}{2} \cdot \left(\frac{z_2}{z_1} \cdot \sin\alpha\right)^2\right]. \tag{168}$$

Die gegebenen Zahlenwerte liefern hiermit

$\alpha =$	$75°$	$70°$	$65°$
$\cos\alpha =$	0,2588	0,3420	0,4226
$\sin\alpha =$	0,9659	0,9397	0,9063
$\dfrac{h_{K1}}{m} =$	0,286	0,506	0,766

Auch bei der Innenverzahnung muß man die Evolvente mit verhältnismäßig kleiner Neigung gegen die Zentrale entwerfen, um günstige Betriebsverhältnisse zu erzielen.

Da die Anzahl der Eingriffe und damit die Abnutzung der Zähne, besonders wenn g unzweckmäßig hoch ist, von der Umfangsgeschwindigkeit v der Räder abhängt, so pflegt man mit steigender Geschwindigkeit die **spezifische Belastung** des Zahnes herabzusetzen. Man rechnet gewöhnlich mit der Gleichung

$$N = c \cdot b \cdot \tau = c \cdot b \cdot m \cdot \pi \qquad (169)$$

für den Höchstwert des Zahndruckes N kg und eine gegebene oder angenommene Zahnbreite b cm und entnimmt für gefräste Gußeisenzähne den Wert c kg/cm² der Fig. 195, indem man sich bei bester Herstellung und Unterhaltung mehr der oberen Kurve a[133]) nähert und bei durchschnittlicher Bearbeitung und Instandhaltung etwa der unteren b[134]). Bei guten Werkzeugmaschinen wird oft nur die Hälfte des Mittelwertes

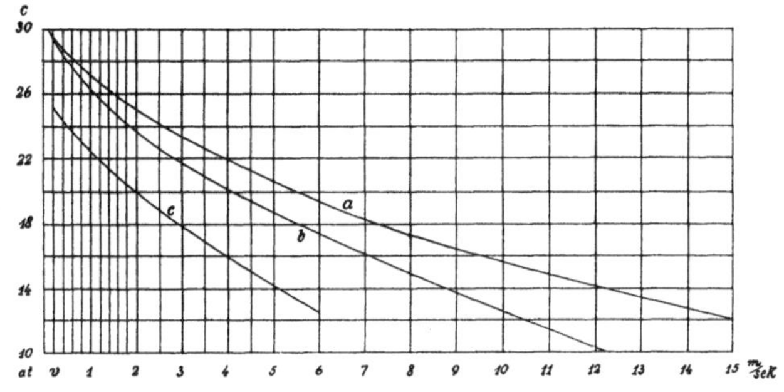

Fig. 195.

beider Kurven gewählt[135]). Für roh gegossene Gußeisenräder gilt etwa die Kurve c[134]).

Bei anderen Materialien nimmt man gewöhnlich die folgenden Vielfachen davon[134]):

Stahlformguß je nach Güte	2,0÷2,5
geschmiedeter Flußstahl	3,0
Stahlbronze	2,33
Phosphorbronze	2,4
Rotguß	1,33
Rohhaut, Musselin[136])	1,0
Weißbuchenholz	0,5

Richtiger wäre es, die durchschnittliche Betriebsdauer und die durchschnittliche Größe des Zahndruckes zu berücksichtigen. Das Ergebnis der Schätzung von c auf dieser Grundlage[137]) schließt sich jedoch den obigen Kurven ziemlich gut an.

Beispiel 110. Für das in Beispiel 95 angegebene Getriebe sind die Moduln der Verzahnung anzugeben, wenn in das Getriebe $M_4 = 45$ cmkg eingeleitet werden.

[133]) Friedrich Stolzenberg & Co., Berlin.
[134]) Friedr. Krupp, Grusonwerk, Magdeburg.
[135]) Ludw. Loewe & Co., Berlin.
[136]) Reymann, Werkstatts-Technik 1913.
[137]) Schaefer, D. p. J. 1910.

Wird der Wirkungsgrad des Gesamtgetriebes vorläufig bei mittlerer Schmierung zu $\eta = 0{,}80$ geschätzt, so steht das Rad 1 unter der Einwirkung des Drehmomentes

$$M_1 = M_4 \cdot \frac{1}{\ddot{u}} \cdot \eta = 45 \cdot 100 \cdot 0{,}80 = 3600 \text{ cmkg}.$$

Man entnimmt nun der Fig. 187 den Zusammenhang zwischen Drehmoment M und Zahndruck N

$$M = N \cdot R = N \cdot r \cdot \sin\alpha\,,$$

ferner der Gleichung (169)

$$N = c \cdot b \cdot m \cdot \pi$$

und der Gleichung (120)

$$2\,r = m \cdot z\,.$$

Hiermit ergibt sich

$$M = c \cdot b \cdot m \cdot \pi \cdot \tfrac{1}{2} \cdot m \cdot z \cdot \sin\alpha\,,$$

also

$$m = \sqrt{\frac{2 \cdot M}{z \cdot c \cdot b \cdot \pi \cdot \sin\alpha}}\,. \tag{170}$$

Es wird vorläufig geschätzt $v \sim 0{,}5$ m/sk; damit liefert die Kurve b der Fig. 195 für Gußeisen $c = 28$ at. Wählt man ferner $\alpha = 70°$, also $\sin\alpha \sim 0{,}940$, so wird bei $z_1 = 125$ Zähnen und der Zahnbreite $b = 7{,}5$ cm

$$m_1 = \sqrt{\frac{2 \cdot 45 \cdot 100 \cdot 0{,}80}{125 \cdot 28 \cdot 7{,}5 \cdot \pi \cdot 0{,}940}} = 0{,}305 \text{ cm}.$$

Genommen wurde mit Rücksicht auf die Achsenabstände in diesem Fall die nicht normale Teilung $\tau = 0{,}3078 \cdot \pi$ cm.

Damit folgt der Raddurchmesser

$$d_1 = z_1 \cdot m_1 = 125 \cdot 0{,}3078 = 38{,}46 \text{ cm},$$

also die Umfangsgeschwindigkeit

$$v_1 = \frac{d_1 \cdot \pi \cdot n_1}{60} = \frac{0{,}3846 \cdot \pi \cdot 24}{60} = 0{,}485 \text{ m/sk},$$

der Annahme genau genug entsprechend.

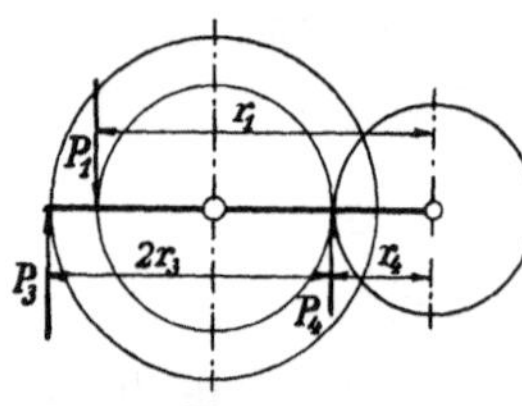
Fig. 196.

Bei den anderen Rädern tritt der größte Zahndruck zwischen den Rädern 0 und 3 auf. An dem Steg greifen nun die in Fig. 196 eingetragenen Kräfte an, und es gilt demnach

$$P_3 \cdot (r_4 + 2\,r_3) - P_1 \cdot r_1 + P_4 \cdot r_4 = 0$$

oder

$$M_3 = M_1 - M_4\,.$$

Somit erhält man mit $z_3 = 40$ und $b_3 = 5{,}5$ cm, wenn ferner noch geschätzt wird für guten Stahlformguß $c = 21 \cdot 2{,}5$ at

$$m_3 = \sqrt{\frac{2 \cdot 45 \cdot (100 \cdot 0{,}80 - 1)}{40 \cdot 21 \cdot 2{,}5 \cdot 5{,}5 \cdot \pi \cdot 0{,}940}} = 0{,}405 \sim 0{,}40 \text{ cm}.$$

Hieraus folgt

$$d_3 = m_3 \cdot z_3 = 0{,}40 \cdot 40 = 16 \text{ cm}$$

und die Radgeschwindigkeit

$$v_3 = \frac{16 \cdot \pi \cdot (400 - 24)}{60 \cdot 100} = 3{,}16 \text{ m/sk},$$

der nach Kurve b der Fig. 195 $c = 21{,}4$ at entspricht, so daß die obige Schätzung zutreffend war.

Der **Wirkungsgrad** der Verzahnung ergibt sich aus Formel (45 b), die sich im vorliegenden Fall umformt zu

$$\frac{1}{\eta} = 1 + \frac{M_{r1}}{M_1} + \frac{M_{r2}}{M_2},$$

worin M_1 und M_2 die Drehmomente des Zahndruckes N an den beiden zusammenarbeitenden Rädern 1 und 2 und M_{r1} bzw. M_{r2} die Mittelwerte der Drehmomente der Reibungskraft $\mu \cdot N$ an beiden Rädern angeben.

Aus den Fig. 187 und 191 erhält man sofort für die Außenverzahnung

$$M_1 = N \cdot r_1 \cdot \sin\alpha, \qquad M_2 = N \cdot r_2 \cdot \sin\alpha,$$

$$M_{r1} = \frac{\int_0^{l_1} \mu \cdot N \cdot (r_1 \cdot \cos\alpha - x) \cdot dx}{l_1} + \frac{\int_0^{l_2} \mu \cdot N \cdot (r_1 \cdot \cos\alpha + x) \cdot dx}{l_2}$$

$$= \mu \cdot N \cdot (2\,r_1 \cdot \cos\alpha - \tfrac{1}{2} l_1 + \tfrac{1}{2} l_2),$$

$$M_{r2} = \frac{\int_0^{l_1} \mu \cdot N \cdot (r_2 \cdot \cos\alpha + x) \cdot dx}{l_1} + \frac{\int_0^{l_2} \mu \cdot N \cdot (r_2 \cdot \cos\alpha - x) \cdot dx}{l_2}$$

$$= \mu \cdot N \cdot (2\,r_2 \cdot \cos\alpha - \tfrac{1}{2} l_2 + \tfrac{1}{2} l_1)$$

oder, wenn die Werte von l gemäß der Ableitung der Formel (164) eingesetzt werden,

$$M_{r2} = \mu \cdot N \cdot \cos\alpha \cdot (2\,r_2 - \tfrac{1}{2} \cdot r_1 \cdot u_2 + \tfrac{1}{2} \cdot r_2 \cdot u_1).$$

Damit wird schließlich[126c]

$$\frac{1}{\eta} = 1 + \frac{\mu \cdot \operatorname{cotg}\alpha}{2} \cdot \left[8 + u_1 \cdot \left(1 - \frac{z_2}{z_1}\right) + u_2 \cdot \left(1 - \frac{z_1}{z_2}\right) \right]. \quad (171)$$

Hierzu tritt noch der Einfluß der Zapfenreibung, der sich entsprechend berechnet.

$$\frac{M'_{r1}}{M_1} + \frac{M'_{r1}}{M_2} = \frac{\mu_1 \cdot N \cdot r_{z1}}{N \cdot r_1 \cdot \sin\alpha} + \frac{\mu_1 \cdot N \cdot r_{z2}}{N \cdot r_2 \cdot \sin\alpha}$$

$$= \frac{\mu_1}{\sin\alpha} \cdot \left(\frac{r_{z1}}{r_1} + \frac{r_{z2}}{r_2} \right), \quad (172)$$

worin r_z den Halbmesser des Zapfens bezeichnet und μ_1 die Zapfenreibungsziffer.

Beispiel 111. Anzugeben ist der Wirkungsgrad eines gut geschmierten, gefrästen Zahnräderpaares von $z_1 = 30$, $z_2 = 100$ Zähnen bei der Zahnkopfhöhe $h_K = m$ für die Neigungswinkel $\alpha = 75°$, $70°$, $65°$.

Bei eingelaufenen Rädern kann in dem Fall $\mu = 0{,}04$ angesetzt werden. Auf dem Versuchsstand gemessene Werte des Wirkungsgrades[138] ergeben sogar $\mu = 0{,}03$ und $0{,}02$ bei ganz in Öl laufenden Rädern. Für die Zapfenreibungsziffer kann reichlich hoch angesetzt werden $\mu_1 = 0{,}02$, ferner sei überschlägig $\dfrac{r_{z1}}{r_1} = \dfrac{1}{4}$ und $\dfrac{r_{z2}}{r_2} = \dfrac{1}{8}$.

---

[138] Rikli, Z. d. V. d. I. 1911.

Dann erhält man aus Fig. 188 bzw. Formel (162) gemäß den Gleichungen (171) und (172) für

$$\alpha = 75°: \frac{1}{\eta} = 1 + \frac{0,04 \cdot 0,268}{2} \cdot \left(8 - 0,266 \cdot \frac{7}{3} + 0,748 \cdot \frac{7}{10}\right) + \frac{0,02}{0,966} \cdot \frac{3}{8}$$
$$= 1 + 0,0424 + 0,0078 = 1,050 ,$$

$$\alpha = 70°: \frac{1}{\eta} = 1 + \frac{0,04 \cdot 0,364}{2} \cdot \left(8 - 0,160 \cdot \frac{7}{3} + 0,476 \cdot \frac{7}{10}\right) + \frac{0,02}{0,940} \cdot \frac{3}{8}$$
$$= 1 + 0,0579 + 0,0080 = 1,064 ,$$

$$\alpha = 65°: \frac{1}{\eta} = 1 + \frac{0,04 \cdot 0,466}{2} \cdot \left(8 - 0,108 \cdot \frac{7}{3} + 0,332 \cdot \frac{7}{10}\right) + \frac{0,02}{0,906} \cdot \frac{3}{8}$$
$$= 1 + 0,0744 + 0,0083 = 1,083 .$$

Damit wird
$$\eta = 0,952 \quad \text{bzw.} \quad 0,940 \quad \text{bzw.} \quad 0,924 .$$

Um den Wirkungsgrad nicht zu sehr zu verringern und das spezifische Gleiten möglichst klein zu halten, dürfte demnach etwa der günstigste Neigungswinkel sein

$$\alpha = 70° \ 42,6' \quad \text{mit} \quad \operatorname{cotg}\alpha = \frac{3,5}{10} .$$

Kürzt man die Zahnkopfhöhe noch auf $h_K = 0,8 \cdot m$, so bleibt das spezifische Gleiten sicher unter 1.

Die Forderungen geringsten spezifischen Gleitens und des günstigsten Wirkungsgrades schließen sich gegenseitig aus [139]).

Beispiel 112. Anzugeben ist der Wirkungsgrad eines Zahnräderpaares mit Außenverzahnung von $z_2 = 100$ und $z_1 = 20$, 30, 40, 60, 80, 100 Zähnen für den Neigungswinkel $\alpha = 70° \ 42'$ und die Kopfhöhe $h_K = 0,8$ m, wenn im übrigen die Angaben des Beispiels 111 gelten.

Man erhält gemäß den Formeln (171) und (172), sowie der Formel (162) für

$$z_1 = 20: \quad \frac{1}{\eta} = 1 + \frac{0,04 \cdot 0,350}{2} \cdot (8 - 0,114 \cdot 4 + 0,585 \cdot 0,8) + \frac{0,02 \cdot 3}{0,944 \cdot 8}$$
$$= 1 + 0,05609 + 0,00794 = 1,06403; \quad \eta \backsim 0,940 ,$$

$$z_1 = 30: \quad \frac{1}{\eta} = 1 + 0,007 \cdot \left(8 - 0,114 \cdot \frac{7}{3} + 0,413 \cdot 0,7\right) + 0,00794$$
$$= 1,06411; \quad \eta \backsim 0,940 ,$$

$$z_1 = 40: \quad \frac{1}{\eta} = 1 + 0,007 \cdot (8 - 0,114 \cdot 1,5 + 0,320 \cdot 0,6) + 0,00794$$
$$= 1,06409; \quad \eta \backsim 0,940 ,$$

$$z_2 = 60: \quad \frac{1}{\eta} = 1 + 0,007 \cdot \left(8 - 0,114 \cdot \frac{2}{3} + 0,206 \cdot 0,4\right) + 0,00794$$
$$= 1,06399; \quad \eta \backsim 0,940 ,$$

$$z_2 = 80: \quad \frac{1}{\eta} = 1 + 0,007 \cdot \left(8 - 0,114 \cdot \frac{1}{4} + 0,169 \cdot 0,2\right) + 0,00794$$
$$= 1,06398; \quad \eta \backsim 0,940 ,$$

$$z_2 = 100: \quad \frac{1}{\eta} = 1 + 0,007 \cdot (8 - 0 + 0) + 0,00794 = 1,06394; \quad \eta \backsim 0,940 .$$

---

[139]) Gümbel, Z. f. d. ges. Turbwes. 1916.

Das Übersetzungsverhältnis hat auf den Wirkungsgrad keinen praktisch bemerkbaren Einfluß, was auch die Versuche bestätigen[138]). Man kann also im allgemeinen bei richtiger Zahnform rechnen

$$\frac{1}{\eta} = 1 + 4 \cdot \mu \cdot \operatorname{cotg}\alpha + \frac{\mu_1}{\sin\alpha} \cdot \left(\frac{r_{z1}}{r_1} + \frac{r_{z2}}{r_2}\right). \qquad (173)$$

Zu beachten ist, daß die Reibungsziffer bei ungenügender Schmierung den dreifachen, bei ganz trockenen Zähnen den vierfachen Wert annehmen kann. Dem ersteren Fall entspricht dann $\eta' \backsim 0,85$.

Bei roh gegossenen Zahnrädern kann man nach längerem Einlaufen (gegebenenfalls unter Beigabe eines Schleifmittels) und reichlicher Fettung etwa $\mu = 0,055$ ansetzen. Dem würde unter sonst gleichen Verhältnissen nach Formel (173) entsprechen

$$\frac{1}{\eta} = 1 + 4 \cdot 0,055 \cdot 0,35 + 0,008 = 1,085, \quad \text{also} \quad \eta = 0,922.$$

Beispiel 113. Zu bestimmen ist der Wirkungsgrad des Getriebes der Beispiele 95 und 110 für den üblichen Neigungswinkel $\alpha = 75°$.

Auch hier trifft die Formel (173) genau genug zu. Man erhält für die Räder 3 und 4 mit

$$d_3 = 16 \text{ cm}, \quad d_4 = 8 \text{ cm}, \quad d_{z3} = 3,5 \text{ cm}, \quad d_{z4} = 2,5 \text{ cm},$$

$$\frac{1}{\eta_4} = 1 + 4 \cdot 0,04 \cdot 0,268 + \frac{0,02}{0,966} \cdot \left(\frac{2,5}{8} + \frac{3,5}{16}\right) = 1 + 0,0429 + 0,0110 = 1,0539.$$

Für die Räder 0 und 3 gilt entsprechend

$$\frac{1}{\eta_3} = 1 + 0,0429 + \frac{0,02}{0,966} \cdot \frac{3,5}{16} = 1,0474.$$

Für die Räder 1 und 2 ergibt sich mit

$$d_1 = 19,23 \text{ cm}, \quad d_2 = 14,46 \text{ cm}, \quad d_{z1} = 4 \text{ cm}, \quad d_{z2} = 3,5 \text{ cm}$$

$$\frac{1}{\eta_2} = 1 + 0,0429 + \frac{0,02}{0,966} \cdot \left(\frac{3,5}{14,46} + \frac{4}{19,23}\right) = 1,0522.$$

Damit wird der Gesamtwirkungsgrad

$$\eta = \frac{1}{1,0539 \cdot 1,0474 \cdot 1,0522} = 0,860,$$

gute Schmierung vorausgesetzt.

Rechnet man ungünstig mit $\mu = 0,06$ und erhöht auch die Zapfenreibungsziffer μ_1 auf 0,03, so wird

$$\eta = \frac{1}{1,0809 \cdot 1,0711 \cdot 1,0783} = 0,800.$$

d) Die Zykloidenverzahnung[140]). Man zeichnet die Zahnform der Zykloidenverzahnung mit Hilfe zweier Rollkreise mit den Mittelpunkten Ω_1 bzw. Ω_2 und den Halbmessern ϱ_1 bzw. ϱ_2 nach den Angaben zu den Fig. 177 und 178. Der Kopf des Zahnes 1 entsteht durch Rollen von ϱ_2 auf r_1, der Fuß durch Rollen von ϱ_1 auf r_1, entsprechend der Kopf des Zahnes 2 durch Rollen von ϱ_1 auf r_2 und der Fuß durch Rollen von ϱ_2 auf r_2. Jede Zahnflanke setzt sich also aus zwei verschiedenen, entgegengesetzt gekrümmten Kurven zusammen, die im Zentralpunkt A inein-

---

[140]) Desargues (1593—1662), Camus 1733; Eytelwein, Die Statik der festen Körper, 1808.

ander übergehen (Fig. 197). Dieselben Angaben gelten auch für Innenverzahnung und für Zahnstangen.

Bei einem Paar Einzelrädern, die nur miteinander zusammenarbeiten sollen, kann man die Rollkreishalbmesser beliebig wählen, gebräuchlich[141]) ist $\varrho = 0{,}4\,r$. Bei Satzrädern[142]), die mit beliebigen anderen aus demselben Satz zusammenarbeiten sollen, müssen alle Rollkreise gleich sein. Da nun die Hypozykloide von $\varrho = \tfrac{1}{2}r$ eine radial gerichtete Gerade ist, so ist das der größte Wert des Rollkreishalbmessers, der für das kleinste Rad des Satzes zu nehmen ist. Evolventenräder sind ohne weitere Satzräder[125]); allerdings die nach dem Abwälzverfahren hergestellten nicht genau, da die Begrenzung der Zähnezahlen

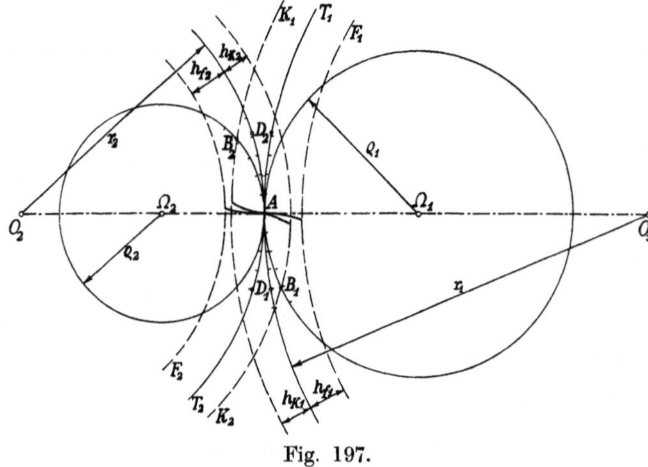

Fig. 197.

bei der Benutzung desselben Fräsers für mehrere verschiedene Zähnezahlen und seine Zahnung für den Schnitt von Einfluß auf die Gestalt der Zahnflanken sind[143]).

Zykloidenräder arbeiten nur dann richtig zusammen, wenn beide Teilkreise durch den Stoßpunkt der beiden je eine Zahnform bildenden Kurven gehen. Sie verlangen also eine genaue Einstellung der Radachsen.

Die Eingriffstrecke $l = B_1 A B_2$ ist gegeben durch die von den Kopfkreisen abgeschnittenen Stücke AB_1 bzw. AB_2 der beiden Rollkreise (Fig. 197) Ihnen entsprechen auf den Teilkreisen die gleichen Längen $\widehat{AD_1'}$ und $\widehat{AD_2''}$ bzw. AD_2' und AD_2''. Als Eingriffdauer gilt wieder

$$e = \frac{l}{\tau}\,,$$ deren Wert gewöhnlich aus der Zeichnung abgegriffen wird.

141) Weisbach, Ingenieur- u. Maschinen-Mechanik 1851/60.
112) Willis, Transact. of the Inst. of Civil Eng. 1837.
143) Barth, Die Grundlagen der Zahnradbearbeitung, 1911; Gerlach, Werkstatts-Technik 1913.

Um das **spezifische Gleiten** zu bestimmen, hat man zuerst für jedes Zahnflankenstück den Wert ds zu bilden. Nun ist für jede beliebige Kurve nach dem Satz des Pythagoras

$$ds^2 = dx^2 + dy^2 \, ,$$

und durch Differentiation der Kurvengleichungen (157) mit $a = r$ erhält man gemäß Bd. I S. 106

$$d x = -(r \pm \varrho) \cdot \sin\left(\frac{\varrho}{r} \cdot \varphi\right) \cdot d\varphi \pm \varrho \cdot \sin\left(\frac{r \pm \varrho}{r} \cdot \varphi\right) \cdot d\varphi \, ,$$

$$d y = +(r \pm \varrho) \cdot \cos\left(\frac{\varrho}{r} \cdot \varphi\right) \cdot d\varphi - \varrho \cdot \cos\left(\frac{r \pm \varrho}{r} \cdot \varphi\right) \cdot d\varphi \, .$$

Beide Gleichungen sind ins Quadrat zu erheben und dann zu addieren. Beachtet man noch die aus den Formeln auf S. 35 leicht zu folgernden Gleichungen

$$2 \cdot \sin\alpha \cdot \sin\beta = \cos(\alpha - \beta) - \cos(\alpha + \beta) \, ,$$

$$2 \cdot \cos\alpha \cdot \cos\beta = \cos(\alpha - \beta) + \cos(\alpha + \beta) \, ,$$

so ergibt sich für die Epizykloide, für die das obere Vorzeichen gilt,

$$ds = 2 \cdot \frac{\varrho}{r} \cdot (r + \varrho) \cdot \sin\frac{\varphi}{2} \cdot d\varphi$$

und für die Hypozykloide, für die das untere Vorzeichen gilt,

$$ds = 2 \cdot \frac{\varrho}{r} (r - \varrho) \cdot \sin\frac{\varphi}{2} \cdot d\varphi \, .$$

Bezeichnet abkürzungsweise $H\dfrac{\varrho_2}{r_2}$ das Bogenelement ds für die durch Rollen des Kreises vom Halbmesser ϱ_2 innerhalb des Teilkreises r_2 entstehende Hypozykloide und $E\dfrac{\varrho_2}{r_2}$ das Bogenelement ds für die entsprechende Epizykloide, so wird gemäß Fig. 197 das spezifische Gleiten am

$$\text{Zahnkopf des Rades 1:}\quad g_{1k} = \frac{H\dfrac{\varrho_2}{r_2} - E\dfrac{\varrho_2}{r_1}}{E\dfrac{\varrho_2}{r_1}} \, ,$$

$$\text{Zahnfuß} \quad ,, \quad ,, \quad 1:\quad g_{1f} = \frac{E\dfrac{\varrho_1}{r_2} - H\dfrac{\varrho_1}{r_1}}{H\dfrac{\varrho_1}{r_1}} \, ,$$

$$\text{Zahnkopf} \quad ,, \quad ,, \quad 2:\quad g_{2k} = \frac{H\dfrac{\varrho_1}{r_1} - E\dfrac{\varrho_1}{r_2}}{E\dfrac{\varrho_1}{r_2}} \, ,$$

$$\text{Zahnfuß des Rades 2:} \quad g_{2f} = \frac{E\dfrac{\varrho_2}{r_1} - H\dfrac{\varrho_2}{r_2}}{E\dfrac{\varrho_2}{r_2}}.$$

Hierin sind die obigen Werte von $d\,s$ einzusetzen, und man bemerkt, daß in demselben Bruch die Rollwinkel φ bei jeder Stellung der Zähne zueinander die gleichen sind. Man erhält [123]) so nach einigen einfachen Umformungen

$$g_{1k} = -\frac{1+\dfrac{r_1}{r_2}}{+1+\dfrac{r_2}{\varrho_2}\cdot\dfrac{r_1}{r_2}}, \qquad g_{2k} = +\frac{1+\dfrac{r_2}{r_1}}{+1+\dfrac{r_1}{\varrho_1}\cdot\dfrac{r_2}{r_1}},$$

$$g_{1f} = +\frac{1+\dfrac{r_1}{r_2}}{-1+\dfrac{r_1}{\varrho_1}}, \qquad g_{2f} = -\frac{1+\dfrac{r_2}{r_1}}{-1+\dfrac{r_2}{\varrho_2}}. \qquad (174)$$

Daß die Vorzeichen des spezifischen Gleitens am Fuß und Kopf verschieden sind, rührt davon her, daß die Richtung des Gleitens zu beiden Seiten des Zentralpunktes A verschieden ist. Es hängt nur von den Verhältnissen der Teil- und Rollkreishalbmesser ab, ist also für jeden Flankenteil unveränderlich.

Beispiel 114. Anzugeben ist das spezifische Gleiten für ein Räderpaar von $z_1 = 30$, $z_2 = 100$ Zähnen, dessen Rollkreishalbmesser das 0,5-, 0,4-, 0,3fache der Teilkreishalbmesser betragen. Die Formeln (174) ergeben sogleich

$$\text{für } \varrho = \qquad 0{,}5 \qquad\qquad 0{,}4 \qquad\qquad 0{,}3$$

$$g_{1K} = -\frac{1+\dfrac{3}{10}}{1+\dfrac{10}{5}\cdot\dfrac{3}{10}} \qquad -\frac{1+\dfrac{3}{10}}{1+\dfrac{10}{4}\cdot\dfrac{3}{10}} \qquad -\frac{1+\dfrac{3}{10}}{1+\dfrac{10}{3}\cdot\dfrac{3}{10}}$$

$$= -0{,}8125 \qquad\qquad -0{,}7433 \qquad\qquad -0{,}650\,,$$

$$g_{1f} = +\frac{1+\dfrac{3}{10}}{-1+\dfrac{10}{5}} \qquad +\frac{1+\dfrac{3}{10}}{-1+\dfrac{10}{4}} \qquad +\frac{1+\dfrac{3}{10}}{-1+\dfrac{10}{3}}$$

$$= +1{,}30 \qquad\qquad +0{,}8667 \qquad\qquad +0{,}5571\,,$$

$$g_{2K} = +\frac{1+\dfrac{10}{3}}{1+\dfrac{10}{5}\cdot\dfrac{10}{3}} \qquad +\frac{1+\dfrac{10}{3}}{1+\dfrac{10}{4}\cdot\dfrac{10}{3}} \qquad +\frac{1+\dfrac{10}{3}}{1+\dfrac{10}{3}\cdot\dfrac{10}{3}}$$

$$= +0{,}5655 \qquad\qquad +0{,}4645 \qquad\qquad +0{,}3578\,,$$

$$g_{2f} = -\frac{1+\dfrac{10}{3}}{-1+\dfrac{10}{5}} \qquad -\frac{1+\dfrac{10}{3}}{-1+\dfrac{10}{4}} \qquad -\frac{1+\dfrac{10}{3}}{-1+\dfrac{10}{3}}$$

$$= -4{,}333 \qquad\qquad -2{,}889 \qquad\qquad -1{,}857\,.$$

Bei größerer Übersetzung ist der Fuß des großen Rades ziemlich ungünstig auf Abnutzung beansprucht, und zwar gleichmäßig während des ganzen Eingriffes. Es kann das dadurch verbessert werden, daß für das große Rad der Rollkreishalbmesser ein gut Teil kleiner gewählt wird, als die gebräuchliche Vorschrift angibt. Nimmt man im vorliegenden Fall $\varrho_2 = 0.2 \cdot r_2$, so wird

$$g_{2f} = -1{,}083 \quad \text{und} \quad g_{1K} = -0{,}520\,,$$

womit praktisch vorteilhafte Verhältnisse erzielt sind.

Für eine beliebige Eingriffstelle C ist das Drehmoment des Zahndruckes N in bezug auf die Achse O_2 gemäß Fig. 198

$$M_2' = N \cdot \overline{O_2 E_2} = N \cdot [(r_2 - \varrho_2) \cdot \cos\varphi + \varrho_2]$$

und das der am Fuß des Rades 2 angreifenden Reibungskraft

$$M_{r2}' = \mu \cdot N \cdot \overline{C E_2} = \mu \cdot N \cdot (r_2 - \varrho_2) \cdot \sin\varphi\,.$$

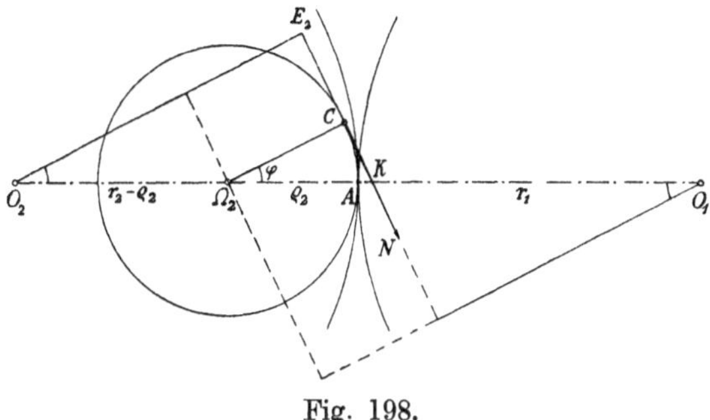

Fig. 198.

Entsprechend ist das Drehmoment des Zahndruckes in bezug auf die Achse O_1

$$M_1' = N \cdot \overline{O_1 E_1} = N \cdot [(r_1 + \varrho_2) \cdot \cos\varphi - \varrho_2]$$

und das der am Kopf des Rades 1 angreifenden Reibungskraft

$$M_{r1}' = \mu \cdot N \cdot \overline{C E_1} = \mu \cdot N \cdot (r_1 + \varrho_2) \cdot \sin\varphi\,.$$

Die mittleren Drehmomente für die gesamte Eingriffstrecke, soweit der Rollkreis 2 in Frage kommt, erhält man durch Bildung des Ausdruckes

$$M_m = \frac{\displaystyle\int_0^{\varphi\mathrm{max}} M' \cdot \varrho_2 \cdot d\varphi}{\varrho_2 \cdot \mathrm{arc}\,\varphi}\,.$$

Es ergeben sich so die folgenden Mittelwerte der Drehmomente, wenn φ_2 den größten Rollwinkel bezeichnet,

$$M_2 = N \cdot \left((r_2 - \varrho_2) \cdot \frac{\sin\varphi_2}{\mathrm{arc}\,\varphi_2} + \varrho_2 \right),$$

$$M_1 = N \cdot \left((r_1 + \varrho_2) \cdot \frac{\sin\varphi_2}{\mathrm{arc}\,\varphi_2} - \varrho_2 \right),$$

$$M_{r2} = \mu \cdot N \cdot (r_2 - \varrho_2) \cdot \frac{1 - \cos\varphi_2}{\operatorname{arc}\varphi_2} \,,$$

$$M_{r1} = \mu \cdot N \cdot (r_1 + \varrho_2) \cdot \frac{1 - \cos\varphi_2}{\operatorname{arc}\varphi_2} \,.$$

Nun ist nach Formel (45 b)

$$\frac{1}{\eta} = 1 + \frac{M_{r1}}{M_1} + \frac{M_{r2}}{M_2}$$

oder

$$\frac{1}{\eta} = 1 + \mu \cdot \left(\frac{1 - \cos\varphi_2}{\sin\varphi_2 - \operatorname{arc}\varphi_2 \cdot \dfrac{\varrho_2}{r_1 + \varrho_2}} + \frac{1 - \cos\varphi_2}{\sin\varphi_2 + \operatorname{arc}\varphi_2 \cdot \dfrac{\varrho_2}{r_2 - \varrho_2}} \right).$$

Das wäre der Wirkungsgrad, wenn nur an einer Stelle Eingriff statt-fände. Nun findet aber an einem zweiten Zahn noch ein entsprechender Eingriff über den Winkel φ_1 statt, und der Zahndruck verteilt sich bei gefrästen oder gut gehobelten Zähnen etwa im Verhältnis 0,6 : 0,4. Damit folgt schließlich

$$\frac{1}{\eta} = 1 + 0,4 \cdot \mu \cdot (1 - \cos\varphi_2) \cdot \left(\frac{1}{\sin\varphi_2 - \dfrac{\varrho_2}{r_1 + \varrho_2} \cdot \operatorname{arc}\varphi_2} + \frac{1}{\sin\varphi_2 + \dfrac{\varrho_2}{r_2 - \varrho_2} \cdot \operatorname{arc}\varphi_2} \right)$$

$$+ 0,6 \cdot \mu \cdot (1 - \cos\varphi_1) \cdot \left(\frac{1}{\sin\varphi_1 - \dfrac{\varrho_1}{r_2 - \varrho_1} \cdot \operatorname{arc}\varphi_1} + \frac{1}{\sin\varphi_1 + \dfrac{\varrho_1}{r_1 - \varrho_1} \cdot \operatorname{arc}\varphi_1} \right)$$

$$+ 0,4 \cdot \mu_1 \cdot \left(\frac{\dfrac{r_{z1}}{r_1 + \varrho_2} \cdot \operatorname{arc}\varphi_2}{\sin\varphi_2 - \dfrac{\varrho_2}{r_1 + \varrho_2} \cdot \operatorname{arc}\varphi_2} + \frac{\dfrac{r_{z2}}{r_2 - \varrho_2} \cdot \operatorname{arc}\varphi_2}{\sin\varphi_2 + \dfrac{\varrho_2}{r_2 - \varrho_2} \cdot \operatorname{arc}\varphi_2} \right)$$

$$+ 0,6 \cdot \mu_1 \cdot \left(\frac{\dfrac{r_{z1}}{r_2 + \varrho_1} \cdot \operatorname{arc}\varphi_1}{\sin\varphi_1 - \dfrac{\varrho_1}{r_2 + \varrho_1} \cdot \operatorname{arc}\varphi_1} + \frac{\dfrac{r_{z2}}{r_1 - \varrho_1} \cdot \operatorname{arc}\varphi_1}{\sin\varphi_1 + \dfrac{\varrho_1}{r_1 - \varrho_1} \cdot \operatorname{arc}\varphi_1} \right), \qquad (175)$$

worin die beiden letzten Glieder noch die Zapfenreibung in gleicher Weise berücksichtigen.

Beispiel 115. Für eine Zykloidenverzahnung von $z_1 = 30$ und $z_2 = 100$ Zähnen ist der Wirkungsgrad zu bestimmen, wenn das Rollkreisverhältnis $\dfrac{\varrho_1}{r_1} = 0,4$ und $\dfrac{\varrho_2}{r_2} = 0,4$ bzw. 0,2 beträgt und das der Zapfen $\dfrac{r_{z1}}{r_1} = \dfrac{1}{4}$ und $\dfrac{r_{z2}}{r_2} = \dfrac{1}{8}$. Einer maßstäblichen Zeichnung für $h_k = m$ entnimmt man

$$\sin\varphi_1 = \frac{13}{24} = 0,542 \,,$$

$$\sin\varphi_2 = \frac{16}{80} = 0,200 \quad \text{bzw.} \quad \frac{13,5}{40} = 0,338 \,,$$

also
$$\varphi_1' = 32° 48' \quad \text{und} \quad \varphi_2 = 11° 32' \quad \text{bzw.} \quad 19° 45'$$
und daraus folgend
$$\operatorname{arc}\varphi_1 = 0{,}573 \quad \text{und} \quad \operatorname{arc}\varphi_2 = 0{,}201 \quad \text{bzw.} \quad 0{,}345\,.$$
$$1 - \cos\varphi_1 = 0{,}159 \quad \text{und} \quad 1 - \cos\varphi_2 = 0{,}0202 \quad \text{bzw.} \quad 0{,}0588\,.$$

Damit ergibt sich mit $\mu = 0{,}04$ und $\mu_1 = 0{,}02$

$$\frac{1}{\eta} = 1 + 0{,}6 \cdot 0{,}02 \cdot \left(\frac{2 \cdot 0{,}159 + \dfrac{0{,}25}{3{,}333 + 0{,}4} \cdot 0{,}573}{0{,}542 - \dfrac{0{,}4}{3{,}333 + 0{,}4} \cdot 0{,}573} + \frac{2 \cdot 0{,}159 + \dfrac{0{,}125}{0{,}3 - 0{,}4 \cdot 0{,}3} \cdot 0{,}573}{0{,}542 + \dfrac{0{,}4}{1 - 0{,}4} \cdot 0{,}573} \right)$$

$$+ 0{,}4 \cdot 0{,}02 \cdot \left(\frac{2 \cdot 0{,}0202 + \dfrac{0{,}25}{1 + 0{,}4 \cdot 3{,}333} \cdot 0{,}201}{0{,}201 - \dfrac{0{,}4}{0{,}3 + 0{,}4} \cdot 0{,}201} + \frac{2 \cdot 0{,}0202 + \dfrac{0{,}125}{1 - 0{,}4} \cdot 0{,}201}{0{,}201 + \dfrac{0{,}4}{1 - 0{,}4} \cdot 0{,}201} \right)$$

bzw. für das letzte Glied

$$+ 0{,}4 \cdot 0{,}02 \cdot \left(\frac{2 \cdot 0{,}0588 + \dfrac{0{,}25}{1 + 0{,}2 \cdot 3{,}333} \cdot 0{,}345}{0{,}338 - \dfrac{0{,}2}{0{,}3 + 0{,}2} \cdot 0{,}345} + \frac{2 \cdot 0{,}0588 + \dfrac{0{,}125}{1 - 0{,}2} \cdot 0{,}345}{0{,}338 - \dfrac{0{,}2}{1 - 0{,}2} \cdot 0{,}345} \right),$$

Die Ausrechnung ergibt

$$\frac{1}{\eta} = 1 + 0{,}012 \cdot \left(\frac{0{,}318 + 0{,}0374}{0{,}542 - 0{,}0614} + \frac{0{,}318 + 0{,}398}{0{,}542 + 0{,}382} \right)$$

$$+ 0{,}008 \cdot \left(\frac{0{,}0404 + 0{,}0215}{0{,}200 - 0{,}115} + \frac{0{,}0404 + 0{,}0419}{0{,}200 + 0{,}134} \right)$$

bzw. für das letzte Glied

$$+ 0{,}008 \cdot \left(\frac{0{,}1176 + 0{,}5177}{0{,}338 - 0{,}138} + \frac{0{,}1176 + 0{,}0539}{0{,}338 - 0{,}0862} \right),$$

also

$$\frac{1}{\eta} = 1 + 0{,}0182 + 0{,}0097 = 1{,}0279$$

bzw.

$$\frac{1}{\eta} = 1 + 0{,}0182 + 0{,}0309 = 1{,}0491\,.$$

Man bemerkt, daß auch hier geringe Abnutzung mit geringerem Wirkungsgrad verbunden ist.

Es folgt schließlich
$$\eta = 0{,}974 \quad \text{bzw.} \quad 0{,}954\,.$$

Der Wirkungsgrad der Zykloidenverzahnung ist unter sonst gleichen Verhältnissen günstiger als der der Evolventenverzahnung.

Wie die Fig. 197 erkennen läßt, legen sich die Zykloidenzähne so ineinander, daß eine ausgebauchte Fläche auf einer ausgehöhlten liegt, und umgekehrt. Die Berührung findet somit in einer größeren Fläche statt als bei der Evolventenverzahnung, und man könnte die spezifische Belastung demnach höher ansetzen. Es wird auch bisweilen mit dem 1,5 fachen der in Fig. 195 angegebenen Werte gerechnet. Meistens behält man jedoch dieselben Werte bei, besonders natürlich bei roh gegossenen Zähnen, aber auch bei den anderen, um den schädlichen Einfluß eines etwas fehlerhaften Achsenabstandes auszugleichen.

Bei der Zykloidenverzahnung zeigt sich am Ausgangspunkt A der Profilbildung ein Sprung in der Größe des spezifischen Gleitens, der sich im Laufe des Betriebes durch die erhöhte Abnutzung jener Stelle etwas ausgleicht. Durch diese Abnutzung wird die aus zwei ineinander übergehenden Kreisbogen von entgegengesetzter Krümmung bestehende Eingriffslinie an der Stelle allmählich zu einer Geraden abgeflacht. Im Gegensatz hierzu ist bei der Evolventenverzahnung das spezifische Gleiten an den Enden des Eingriffs am größten und wirkt somit auf besondere Abnutzung der entsprechenden Stellen der Zähne. Dadurch wird im Laufe des Betriebes die ursprünglich gerade Eingriffslinie an den Enden etwas gekrümmt.

Es liegt nun nahe, eine Eingriffslinie, der sich die beiden üblichen Profilarten allmählich nähern, von vornherein zu wählen, um die Abnutzung nach Möglichkeit zu verringern[144]). Wird die Eingriffslinie zusammengesetzt aus einem mittleren geraden Stück, das gegen die Zentrallinie O_1O_2 um den Winkel $\alpha = 75°$ geneigt ist, und zwei bestimmten, sich daran anschließenden Kreisbögen, so setzt sich das Zahnprofil nach einer nicht eingebürgerten Bezeichnungsweise[145]) zusammen aus einer Orthozykloide und einer Zyklo-Orthoide. Die so entstandene Verzahnung wird abkürzungsweise als Ozoidenverzahnung[133]) bezeichnet. Sie entspricht im allgemeinen einer Evolventenverzahnung, ohne die starke Steigung des spezifischen Gleitens am Zahnfuß, und ist besonders für große Übersetzungen mit kleiner Zähnezahl am kleinen Rad vorteilhaft. Sie liefert außerdem einen kräftigeren Zahnfuß als die gewöhnliche Evolventenverzahnung.

Wird die Zykloidenverzahnung mit nur einseitigem Eingriff benutzt etwa derart, daß ein einziger Rollkreis auf dem Teilkreis des kleineren Rades abrollt und in dem Teilkreis des größeren, so erhält das kleinere Rad auf der ganzen Zahnhöhe ausgebauchte Zähne und das größere ausgehöhlte[139]). Das spezifische Gleiten ist dann auf der ganzen Länge das gleiche. Der Eingriff beginnt natürlich erst im Teilkreis, und der Fußkreis des kleinen Rades liegt nur ein wenig darunter. Die Kopfhöhe kann zu $h_K = \frac{1}{2}\tau = 1{,}57$ m gewählt werden, die Stärke des Zahnes im Teilkreise zu $\frac{5}{8}\tau \sim 1{,}96$ m. Diese Verzahnung dürfte sich sehr gut für große Einzelräder eignen. Sie vereinigt den Vorzug geringer gleichmäßiger Abnutzung mit dem des guten Wirkungsgrades.

e) Die Triebstockverzahnung. Aus der gewöhnlichen Zykloidenverzahnung entsteht die Triebstockverzahnung, indem man den Teilkreis des größeren Rades als Rollkreis verwendet, der auf dem Teilkreis des kleineren Rades abrollt. Für die Zahnstange ergibt sich somit als zugehörige Verzahnung des kleineren Rades die Evolvente.

Das Gegenprofil des kleineren Rades schrumpft zu einem Punkt zusammen und wird bei der üblichen praktischen Ausführung zu einem

---

[144]) Lindner, Z. d. V. d. I. 1900; Franz, Die Ozoidenverzahnung, 1913.
[145]) Reuleaux, Kinematik, 1900.

gleichachsigen Kreis vom Halbmesser r_0 erweitert. An Stelle der in der Fig. 199 vom Punkte A aus gezeichneten Epizykloide tritt so ihre im Abstande r_0 gelegene Äquidistante. Ihre Höhe bestimmt sich dadurch, daß die Eingriffsdauer $e > 1$ sein muß, daß also der Endpunkt B der Eingriffstrecke von A weiter als um die Teilung τ, auf dem Teilkreis gemessen, entfernt sein muß. Der Eingriff selbst findet nur auf der einen Seite der Zentrale $O_1 A O_2$ statt. Der Zahnfuß des kleineren Rades wird als beliebiger Kreisbogen mit einem etwas größeren Halbmesser als r_0 gezeichnet.

Zu beachten ist jedoch, daß die Äquidistante stets eine fehlerhafte Zahnform liefert, was z. B. daraus folgt, daß der Eingriff nicht auf dem Teilkreis beginnt; und kleine Fehler bewirken schon ganz erhebliche Geschwindigkeitsschwankungen, also Stöße im Getriebe und entsprechend Verluste und Abnutzungen[146]). Eine fehlerfreie Anordnung wird

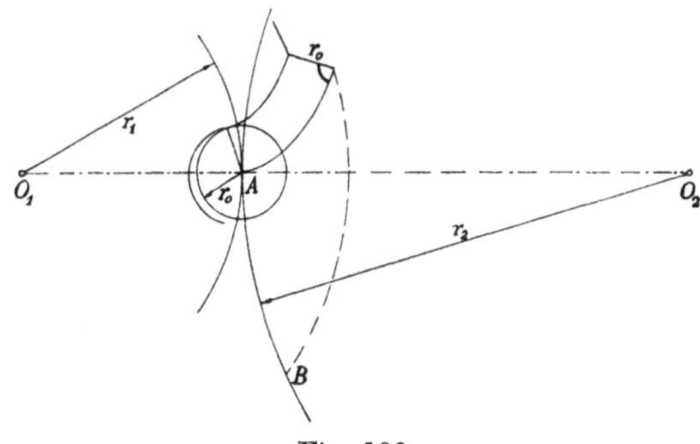

Fig. 199.

erhalten, wenn die Mitten der Triebstöcke auf einem Kreis vom Halbmesser $r' = \sqrt{r_2^2 + r_0^2}$ angeordnet werden und man nun die Eingrifflinie und das Gegenprofil nach den Regeln der allgemeinen Verzahnung (Fig. 182) konstruiert[147]).

Infolge der großen Unterschiede der Krümmung beider zusammenarbeitender Profile sind die Gleit- und Abnutzungsverhältnisse sehr ungünstig, so daß diese Verzahnung mit festen Randeisenstäben in dem einen Rade, meist einer Zahnstange, nur für ganz rohe Getriebe Anwendung findet. In größerem Umfange wird sie benutzt für den Eingriff in Gallsche oder sonstige Treibketten, die zylindrische Zapfen oder Stege besitzen.

Die Verhältnisse werden ganz bedeutend verbessert, wenn die Zylinder des einen Rades sich auf ihren Achsen frei drehen können. Es ergibt sich so das Grissongetriebe, das hauptsächlich für große Übersetzungen angewendet wird. Es besteht aus zwei nebeneinander

---

[146]) Hartmann, Z. d. V. d. I. 1905.
[147]) Gerlach, Z. d. V. d. I. 1908.

arbeitenden, um eine halbe Teilung versetzten Trieben nach Fig. 200, deren eines Rad also nur einzähnig ist. Zahnkurve ist die im Abstande r_0 gezeichnete Äquidistante der verkürzten Epizykloide, die der Mittelpunkt der Triebstockrollen beim Abwälzen des Kreises vom Halbmesser $r_2 + r_0$ auf dem Daumenkreise vom Halbmesser $r_1 = a - r_2 - r_0$ beschreibt.

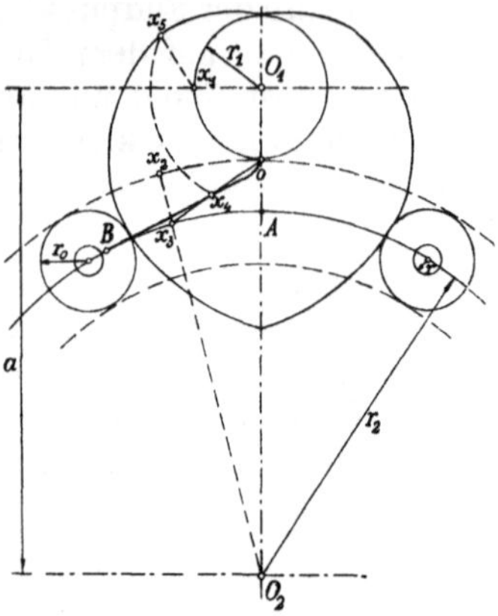

Zeichnet man nach dem in Fig. 182 angegebenen Verfahren die Eingriffslinie auf, so erhält man die Kurve OB, die also mit Ausnahme eines kurzen Endstückes nahezu geradlinig verläuft[148]). Man teilt den Kreisumfang $2\,\pi\,r_1$ in eine Anzahl gleicher Teile und trägt beispielsweise $\overset{\frown}{o\,x_1}$ auf dem Kreis vom Halbmesser $r_2 + r_0$ als $\overset{\frown}{o\,x_2}$ auf, bestimmt durch Ziehen des Halbmessers $x_2 O_2$ den Punkt x_3 auf dem Teilkreis der Rollen, zieht jetzt die Gerade $x_3 o$ und trägt darauf die Strecke $r_0 = x_3 x_4$ ab. Dann ist x_4 ein Punkt der Eingriffslinie. Schlägt man jetzt aus O_1 mit $O_1 x_4$ einen Kreisbogen und aus x_1 einen Kreisbogen mit dem Halbmesser $o\,x_4$, so gibt der Schnittpunkt x_5 beider Kreise den zugehörigen Punkt der Daumenkurve an.

Fig. 200.

Die allgemeine Bestimmung des Wirkungsgrades führt auf recht umständliche Ausdrücke. Gemessen[148]) wurde für ein Getriebe mit der Übersetzung 1 : 18, wenn wie gewöhnlich der Daumen treibt, bei Vollbelastung $\eta = 0{,}946$, bei halber Belastung $\eta = 0{,}890$, dagegen, wenn das Rad treibt, bei Vollbelastung $\eta = 0{,}905$ und bei halber Belastung $\eta = 0{,}823$. Diese Änderung des Wirkungsgrades ist dadurch zu erklären, daß die Reibungsziffer der Rollen auf ihren Zapfen und die an den Daumen denselben Betrag hat, weil das ganze Getriebe gewöhnlich in Öl läuft. Das Gleiten verteilt sich somit auf den Zapfen und den Rollenumfang um so mehr, je geringer der Zahndruck ist und je schneller das Rad läuft, letzteres, weil zu Anfang jedes Eingriffes die Rolle erst auf die Drehgeschwindigkeit zu bringen ist.

Ein Mangel des Grissongetriebes ist, daß es in der angegebenen Form nur für ganzzahlige Übersetzungen, und zwar ziemlich hohe zu verwenden ist. Er läßt sich dadurch beheben, daß man mehrere Daumen in derselben Ebene anordnet, die entsprechend niedriger gemacht werden und sich so der üblichen Zahnform nähern[149]). Wenn dann die Rollen ziemlich groß und breit ausgeführt werden, wird eine Räderübertragung erzielt, die für große Kräfte und die verschiedensten Übersetzungen bei hohem Wirkungsgrad und geringer Abnutzung geeignet ist. Er-

---

[148]) **Roser**, Untersuchung des Grissongetriebes, 1901.
[149]) **Ulmer**, Betriebstechnik 1920.

forderlich ist naturgemäß, daß die Wellen genau parallel zueinander liegen.

f) Die Stirnräder mit Pfeilzähnen. In Fig. 201 stellen die schraffierten Teile den Mittelschnitt zweier zusammenarbeitender Zahnräder mit Evolventenzahnung dar. Die Zähne laufen nun von der Mitte nach den Seiten des Rades nicht senkrecht zur Zeichenebene, sondern um einen Winkel γ dazu geneigt[150]). Sie bilden also den Ausschnitt einer Schraube mit dem Sprung $h = AC_1 = AC_2$, so daß für die Radbreite b gilt

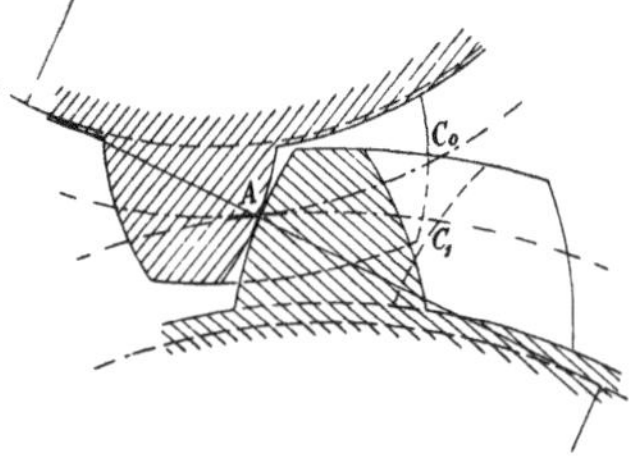

Fig. 201.

$$\operatorname{tg} \gamma = \frac{b}{2h}. \qquad (176)$$

Die aus der Beziehung

$$M = N \cdot r \cdot \sin \alpha,$$

die bei der Herleitung der Formel (165) angegeben wurde, folgende Zahnkraft N zerlegt sich hier gemäß Fig. 202 in die beiden Seitenkräfte $N_1 = \dfrac{N}{2 \cdot \sin \gamma}$. Der spezifische Zahndruck ergibt sich demnach bei der Länge $b_1 = \dfrac{b}{2 \cdot \sin \gamma}$ jeder Zahnhälfte zu

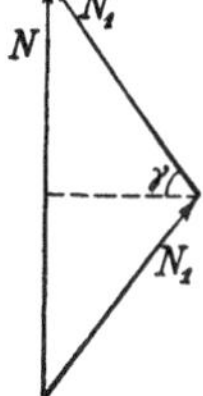

$$c = \frac{N_1}{b_1 \cdot \tau} = \frac{N}{b \cdot \tau} \; \text{kg/cm}^2,$$

ebenso groß wie bei Rädern mit geraden, ungebrochenen Zähnen.

Ein wesentlicher Vorteil der Pfeilräder liegt darin, daß die Eingriffsdauer vergrößert wird auf

Fig. 202.

$$e = \frac{b_0 + h}{b_0} = 1 + \frac{h}{b_0}, \qquad (177)$$

worin b_0 den Eingriffbogen einer gleichen Verzahnung mit parallel zur Achse verlaufenden Zähnen angibt. Die Berührung beider Zähne erfolgt in geraden Linien, die gegeneinander geneigt sind, und zwar derart, daß sie alle Tangenten an dem Grundkreis der Verzahnung sind. Zieht man diese Geraden (Fig. 203), so bemerkt man, daß der Eingriff anfangs nur durch einen Punkt gebildet wird und ebenso wieder am Ende, daß dazwischen die Eingriffstrecken wechselnde Länge haben,

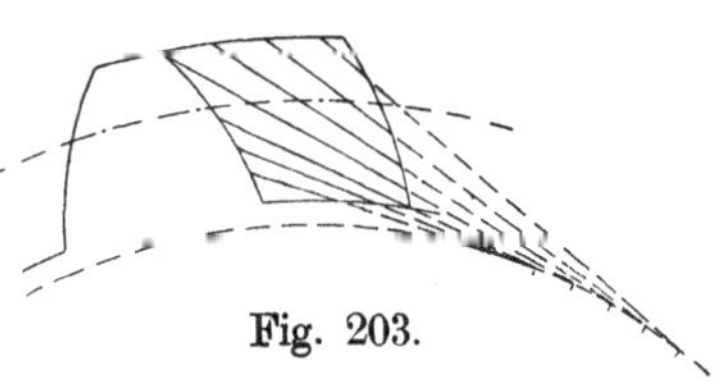

Fig. 203.

die sich in der Mitte über die ganze Zahnlänge b_1 erstreckt, wenn der Sprung gerade gleich der Zahnteilung τ ist[151]). Es bildet sich also

---

[150]) Neumann, Hagener Gußstahlwerke, 1878.
[151]) Bauer, Österr. Zeitschr. f. Berg- u. Hüttenw. 1890.

ein Eingriffsfeld wie bei der Schnecke (S. 207), dessen Gesamtlänge Formel (177) bestimmt. Den längsten Eingriff erhält man, wenn der Sprung h gleich der Eingriffslänge b_0 ist: $e_{max} = 2$. Man kann also in dem Fall bei gefrästen Zähnen unter Annahme einer 1,2 fachen Sicherheit damit rechnen, daß ein Zahn das 0,6 fache des Zahndruckes N aufnimmt.

Zur Bestimmung des Wirkungsgrades ist die Rechnung S. 167 zu wiederholen. Man setzt an:

$$M_1 = N \cdot r_1 \cdot \sin\alpha,$$

$$\tfrac{1}{2} \cdot M_{r1} = \frac{\int_0^{l_1} \mu \cdot N_1 \cdot (r_1 \cdot \cos\alpha - x) \cdot dx}{l_1} + \frac{\int_0^{l_1} \mu \cdot N_1 \cdot (r_1 \cos\alpha + x) \cdot dx}{l_2}$$

$$= \mu \cdot N_1 \cdot (2\,r_1 \cdot \cos\alpha - \tfrac{1}{2} \cdot l_1 + \tfrac{1}{2} \cdot l_2),$$

$$N_1 = \frac{N}{2 \cdot \sin\gamma}.$$

Man erhält so mit der zulässigen Unterdrückung der beiden letzten Klammerglieder in M_{r1}

$$\frac{1}{\eta} = 1 + 2 \cdot \mu \cdot \frac{N}{2 \cdot \sin\gamma} \cdot \frac{2\,r_1 \cdot \cos\alpha}{N \cdot r_1 \cdot \sin\alpha} + 2 \cdot \mu \cdot \frac{N}{2 \cdot \sin\gamma} \cdot \frac{2\,r_2 \cdot \cos\alpha}{N \cdot r_2 \cdot \sin\alpha}$$

oder

$$\frac{1}{\eta} = 1 + 4 \cdot \mu \cdot \frac{\cot\alpha}{\sin\gamma} . \tag{178}$$

An Werkzeugmaschinen findet man bei den Rädern mit Schraubenzähnen nur die eine Hälfte des Pfeilrades ausgeführt. Der Zahndruck N_1 drückt dann (Fig. 202) die Welle mit der Kraft

$$N_2 = N_1 \cdot \cos\gamma = \tfrac{1}{2} \cdot N \cdot \cot\gamma$$

in axialer Richtung gegen ein Spurlager, dessen Reibungsmoment bei Ermittlung des Gesamtwirkungsgrades noch zu berücksichtigen ist.

Beispiel 116. Bei roh gegossenen Stahlformgußrädern ist gewöhnlich[152]

$$\gamma = 60 \div 65°, \qquad \frac{h_K}{m} = 0{,}8 \div 0{,}95,$$
$$h \sim \tau,$$
$$\alpha = 68 \div 72°, \qquad \frac{h_f}{m} = 1{,}1 \div 1{,}35,$$

und zwar sind die kleinen Werte die häufigeren. Anzugeben ist die Radbreite b für

$$\gamma = 60° \qquad 62\tfrac{1}{2}° \qquad 65°$$
$$\frac{h}{\tau} = 0{,}8 \qquad 1 \qquad 1{,}2 .$$

---

[152] Bach, Die Maschinenelemente, 1892.

Man erhält aus Formel (176)

$$b = 2 \cdot h \cdot \mathrm{tg}\,\gamma \,,$$

also die folgende Zusammenstellung:

$\gamma =$ $\mathrm{tg}\,\gamma =$	$60°$ $1{,}732$	$62\tfrac{1}{2}°$ $1{,}921$	$65°$ $2{,}145$	
$\dfrac{h}{\tau} = 0{,}8$	$2{,}77$	$3{,}07$	$3{,}44$	$\dfrac{b}{\tau}$
1	$3{,}46$	$3{,}84$	$4{,}29$	
$1{,}2$	$4{,}16$	$4{,}61$	$5{,}15$	

Am gebräuchlichsten ist $\dfrac{b}{\tau} = 3{,}4 \div 4{,}6$.

Beispiel 117. Gefräste Räder werden mit denselben Fräsern hergestellt wie Räder mit geraden Zähnen. Der richtige Eingriff erfolgt also in Schnitten, die senkrecht zu den Zähnen liegen. Infolgedessen hat die Teilung, die in der senkrecht zur Radachse stehenden Radebene gemessen wird, den Wert $\dfrac{\tau}{\sin\gamma}$. Die Gleichung (120) gilt demnach hier nicht, sondern es ist

$$2r = \frac{m}{\sin\gamma} \cdot z \,. \tag{179}$$

Ein Ritzel von $z = 30$ Zähnen mit dem Modul $m = 0{,}5$ cm hat somit den Durchmesser

bei $\gamma =$	$90°$	$60°$	$45°$	$30°$	$20°$.
$\dfrac{1}{\sin\gamma} =$	1	$1{,}155$	$1{,}414$	$2{,}00$	$2{,}935$
$d =$	$15{,}0$	$17{,}33$	$21{,}2$	$30{,}0$	$43{,}85$ cm.

Pfeilräder gleicher Teilung übertragen also ein größeres Drehmoment als Räder mit geraden Zähnen. Die Gleichung für das Drehmoment $M = N \cdot r \cdot \sin\alpha$ geht bei der hier ausschließlich vorkommenden Eingriffsdauer $e = 2$ gemäß den obigen Angaben und mit Benutzung der Formeln (169) und (179) über in

$$0{,}6 \cdot M = c \cdot b \cdot \frac{m}{\sin\gamma} \cdot \pi \cdot \frac{m}{\sin\gamma} \cdot \frac{z}{2} \cdot \sin\alpha \,.$$

Rechnet man mit $\mathrm{cotg}\,\alpha = 0{,}35$, also

$$\frac{1}{\sin\alpha} = \sqrt{1 + 0{,}35^2} = 1{,}060 \,,$$

so folgt hieraus

$$M = 2{,}47 \cdot c \cdot b \cdot z \cdot \left(\frac{m}{\sin\gamma}\right)^2 \,. \tag{180}$$

Bei Ritzeln aus Nickelstahl und Rädern mit einem Zahnring aus geschmiedetem Flußstahl, die vollständig in Öl laufen, wird oft bei $v = 22{,}5$ m/sk Umfangsgeschwindigkeit im Teilkreis $c = 20$ at gewählt[153]), das ist etwa das 2,5fache des Wertes, den die Kurve u der Fig. 195 bei weiterer Verlängerung ergeben würde, also ziemlich niedrig. In Deutschland und Amerika geht man mit Rücksicht auf die günstige Schmierung und gute Ausführung bis auf 36 kg/cm² und gelegentlich noch etwas höher bei $14{,}5 < v < 36$ m/sk[154]).

---

[153]) Parsons, nach Kutzbach, Z. d. V. d. I. 1916.
[154]) Westinghouse Maschine Co., nach Kutzbach, a. a. O.

Soll also das Getriebe $M = 1000$ mkg übertragen, so ist die Breite der Verzahnung nach Formel (180) bei vorsichtiger Wahl von c

$$b = \frac{1000 \cdot 100}{2{,}47 \cdot 20 \cdot 30 \cdot 0{,}5^2} \cdot \sin^2\gamma = 270 \sin^2\gamma ,$$

mithin bei den oben angegebenen Winkeln γ

$$b = 270 \qquad 202 \qquad 135 \qquad 67{,}5 \qquad 31{,}5 \text{ cm.}$$

Hieraus ergibt sich der Wert der Pfeilräder am klarsten. Man nimmt bei Dampfturbinenrädern der Art, die mit Übersetzungen von $\frac{1}{10} \div \frac{1}{20}$ arbeiten, höchstens $\gamma = 45°$, oft $30°$ und bisweilen sogar $20°$. Die Kopfhöhe der Zähne beträgt gewöhnlich $h_K = 0{,}6 \cdot m$.

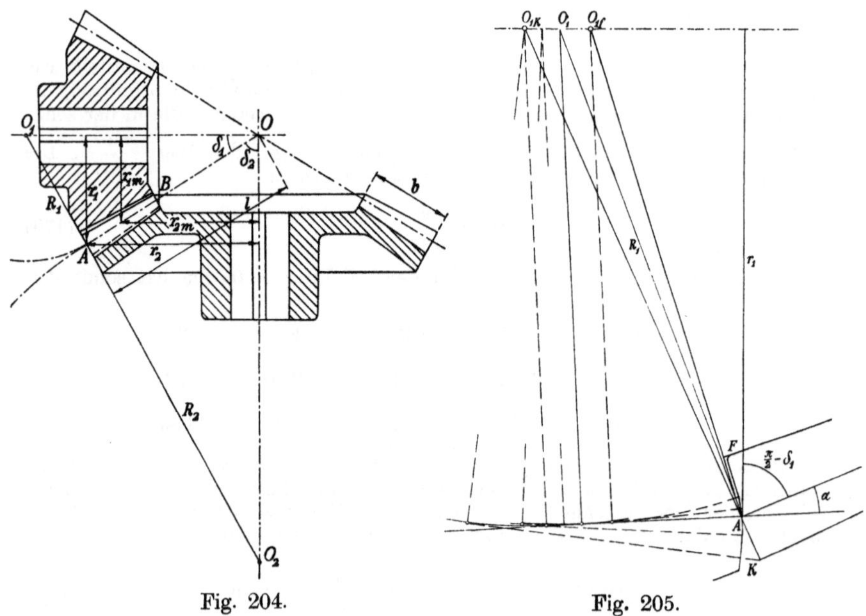

Fig. 204.   Fig. 205.

Der Wirkungsgrad wird nach Formel (178) berechnet mit $\mu = 0{,}03$. Im vorliegenden Fall ergibt sich danach allein für die Verzahnung bei $\gamma = 30°$ und

$$\alpha = 70° \, 42' : \frac{1}{\eta} = 1 + 4 \cdot 0{,}03 \cdot \frac{0{,}35}{0{,}50} , \qquad \text{also} \quad \eta = 0{,}922 ,$$

$$\alpha = 75° : \frac{1}{\eta} = 1 + 4 \cdot 0{,}03 \cdot \frac{0{,}268}{0{,}50} , \qquad \text{also} \quad \eta = 0{,}940 .$$

Gemessen wurde im letzteren Fall einschließlich der Lagerreibung[155]) unter Vollbelastung $\eta = 0{,}936$.

g) Die Kegelräder. In den meisten Anwendungsfällen schneiden sich die beiden Wellen **rechtwinklig** (Fig. 204). Die Zähne werden auf der Länge AB von A aus immer kleiner, da alle Linien nach dem Schnittpunkt O der beiden Achsen zusammenlaufen. Man berechnet sie nach

---

[155]) **Bach**, Z. d. V. d. I. 1908.

den Angaben S. 165 für die mittlere Stärke. Die Verzahnung wird dort bestimmt, wo sie am genausten gemessen werden kann, also an der Stelle A, der Außenseite des Rades.

Die Teilung ist dort im Verhältnis

$$\frac{\overline{AO}}{\overline{CO}} = \frac{r_1}{r_{1m}} = \frac{r_{1m} + \frac{1}{2} \cdot b \cdot \sin\delta_1}{r_{1m}} = 1 + \frac{b}{2 \cdot r_{1m}} \cdot \frac{r_{1m}}{\sqrt{r_{1m}^2 + r_{2m}^2}}$$

$$= 1 + \frac{b}{2 \cdot r_{1m}} \cdot \frac{1}{\sqrt{1 + \left(\frac{z_2}{z_1}\right)^2}} \qquad (181)$$

größer als berechnet. Sie wird gewöhnlich mit Hilfe der Ergänzungskegel[156]) gezeichnet mit den Halbmessern $O_1 A = R_1$ bzw. $O_2 A = R_2$, die senkrecht zu AO stehen Um hinreichend genau zu verfahren, pflegt man die Längen der R rechnerisch zu ermitteln. Es ist nach Fig. 204

$$R_1 = \frac{r_1}{\cos\delta_1}, \qquad R_2 = \frac{r_2}{\cos\delta_2},$$

$$r_1 = l \cdot \cos\delta_2, \qquad r_2 = l \cdot \cos\delta_1,$$

$$r_1^2 + r_2^2 = l^2.$$

Hieraus ergibt sich

$$\frac{R_1}{r_1} = \frac{1}{\cos\delta_1} = \frac{l}{r_2} = \sqrt{\frac{r_1^2 + r_2^2}{r_2^2}}$$

oder

$$R_1 = r_1 \cdot \sqrt{1 + \left(\frac{r_1}{r_2}\right)^2} = r_1 \cdot \sqrt{1 + \left(\frac{z_1}{z_2}\right)^2} \qquad (182\,\mathrm{a})$$

und entsprechend

$$R_2 = r_2 \cdot \sqrt{1 + \left(\frac{z_2}{z_1}\right)^2} = r_2 \cdot \sqrt{1 + \ddot{u}_2^2} \ . \qquad (182\,\mathrm{b})$$

Die Bestimmung hat wenigstens für das kleinere Rad insofern einen Fehler, als die Verzahnung genau auf einer Kugelfläche zu bestimmen wäre, deren Halbmesser $AO = l$ ist. Am einfachsten zerlegt man die Kugelfläche in mehrere tangierende Kegelflächen und erhält so für die Endstellen F und K der Zahnflanke die zugehörigen Mittelpunkte O_f und O_K der Fig. 205. Man fällt von O_f, O_1, O_K und noch je einem Zwischenpunkt Lote auf die durch A gelegte erzeugende Gerade und zeichnet die Zahnflanke aus Evolventenstücken, die durch Abrollen derselben Erzeugenden auf verschiedenen Grundkreisen entstehen. Bei Rädern die mehr als 24 Zähne haben, nimmt man gewöhnlich die einfache Aufzeichnung aus dem einen Mittelpunkt O_1 vor.

Das mittlere spezifische Gleiten der Verzahnung ergibt sich für die mittleren Halbmesser, indem eine Stirnradverzahnung zugrunde gelegt wird vom Halbmesser

$$R_{1m} = r_{1m} \cdot \sqrt{1 + \ddot{u}_1^2} \ .$$

---

[156]) Tredgold.

Es gilt also entsprechend früheren Rechnungen

$$M_1 = N \cdot r_{1m} \cdot \sin \alpha,$$

$$M_{r1} = \mu \cdot N \cdot 2 \cdot R_{1m} \cdot \cos \alpha = \mu \cdot N \cdot 2 \cdot r_{1m} \cdot \sqrt{1 + \ddot{u}_1^2} \cdot \cos \alpha,$$

und man erhält leicht für den **Wirkungsgrad**

$$\frac{1}{\eta} = 1 + 2 \cdot \mu \cdot \operatorname{cotg} \alpha \cdot \left(\sqrt{1 + \ddot{u}_1^2} + \sqrt{1 + \ddot{u}_2^2} \right) + \frac{\mu_1}{\sin \alpha} \cdot \left(\frac{r_{z1}}{r_{1m}} + \frac{r_{z2}}{r_{2m}} \right). \quad (183)$$

Beispiel 118. Anzugeben ist die Verzahnung zweier Winkelräder von der Übersetzung $\ddot{u}_1 = 1 : 2{,}5$, deren kleineres bei $n_1 = 1050$ Umdrehungen in der Minute $M_1 = 200$ cmkg aufnehmen soll.

Gewählt wird bei $\alpha = 70° 42'$, also $\sin \alpha \backsim 0{,}940$, $z_1 = 20$, mithin $z_2 = 50$ Zähne.

Aus der Gleichung $M_1 = N \cdot r_{1m} \cdot \sin \alpha$ folgt, wenn noch die Zahnbreite $b \backsim 3\,\tau$ gewählt wird,

$$M_1 = c \cdot 3\,m\pi \cdot m\pi \cdot z_1 \frac{m}{2} \cdot \sin \alpha.$$

Man schätzt für Gußeisen vorläufig $c \backsim 28$ und erhält so aus

$$M_1 = c \cdot 1{,}393 \cdot m^3 \cdot z_1$$

$$m = \sqrt[3]{\frac{200}{1{,}393 \cdot 28 \cdot 20}} = 0{,}637 \text{ cm}.$$

Dem entspricht $r_1 = 0{,}637 \cdot \dfrac{20}{2} = 6{,}37$ cm und die mittlere Umfangsgeschwindigkeit

$$v_1 = \frac{\pi \cdot 6{,}37}{30} = 0{,}565 \text{ m/sk},$$

woraus Kurve b der Fig. 195 als zulässige Belastung $c = 27{,}8$ at ergibt, so daß die Schätzung sehr gut zutraf. Die Zahnbreite wird ferner

$$b = 3 \cdot 0{,}637 \cdot \pi \backsim 6{,}0 \text{ cm}$$

und damit der äußere Halbmesser nach Formel (181)

$$r_1 = 6{,}37 + 3{,}0 \cdot \frac{1}{\sqrt{1 + 2{,}5^2}} = 6{,}37 + 1{,}12 \backsim 7{,}50 \text{ cm}.$$

Hieraus folgt der Modul der Außenseite des Rades

$$m_1 = m \cdot \frac{r_1}{r_{1m}} = 0{,}637 \cdot \frac{7{,}50}{6{,}37} = 0{,}75 \text{ cm}.$$

Die Aufzeichnung der Verzahnung des kleinen Rades enthält die Fig. 205 in 1,2facher Größe, und zwar der Deutlichkeit halber für $h_k = m$. Vorteilhafter und gebräuchlicher ist bei der ziemlich kleinen Zähnezahl $h_k = 0{,}7\,m$.

Ist $r_{z1} = 2$ cm und $r_{z2} = 3$ cm, so liefert Formel (183) mit $\mu = 0{,}04$ und $\mu_1 = 0{,}02$ den Wirkungsgrad aus

$$\frac{1}{\eta} = 1 + 2 \cdot 0{,}04 \cdot 0{,}35 \cdot (\sqrt{1{,}16} + \sqrt{7{,}25}) + \frac{0{,}02}{0{,}940} \cdot \left(\frac{2}{7{,}5} + \frac{3}{2{,}5 \cdot 7{,}5} \right)$$

$$= 1 + 0{,}028 \cdot 3{,}764 + 0{,}0213 \cdot 0{,}427 = 1{,}1145,$$

mithin $\eta = 0{,}897$.

Der Wirkungsgrad ist von der Übersetzung abhängig und sinkt mit starker Übersetzung nicht unerheblich. Für $\ddot{u}_1 = 1 : 5$ wäre z. B. unter sonst gleichen Verhältnissen

$$\frac{1}{\eta} = 1 + 0,028 \cdot (\sqrt{1,04} + \sqrt{26}) + 0,009 = 1,191 \,,$$

mithin $\eta_5 = 0,839$.

Aber auch bei der Übersetzung $1 : 1$ ist er nicht unbedeutend kleiner als bei Stirnrädern:

$$\frac{1}{\eta_1} = 1 + 0,028 \cdot 2 \cdot 1,414 + 0,009 = 1,087 \,,$$

mithin $\eta_1 = 0,920$.

Schließen die beiden Achsen A und B einen beliebigen Winkel δ ein, so ergibt die Fig. 206

$$\frac{r_1}{R_1} = \cos \delta_1 \,, \qquad r' = \frac{r_2}{\cos \delta} \,,$$

$$a_1 = r_1 \cdot \operatorname{cotg} \delta \,, \qquad r_1 + r' = a_1 \cdot \operatorname{tg} \delta \,.$$

Werden in die letzte Gleichung die beiden vorhergehenden eingesetzt, so geht sie über in

$$r_1 + \frac{r_2}{\cos \delta} = r_1 \cdot \operatorname{cotg} \delta_1 \cdot \operatorname{tg} \delta$$

$$= r_1 \cdot \operatorname{tg} \delta \cdot \frac{\cos \delta_1}{\sqrt{1 - \cos^2 \delta_1}} \,.$$

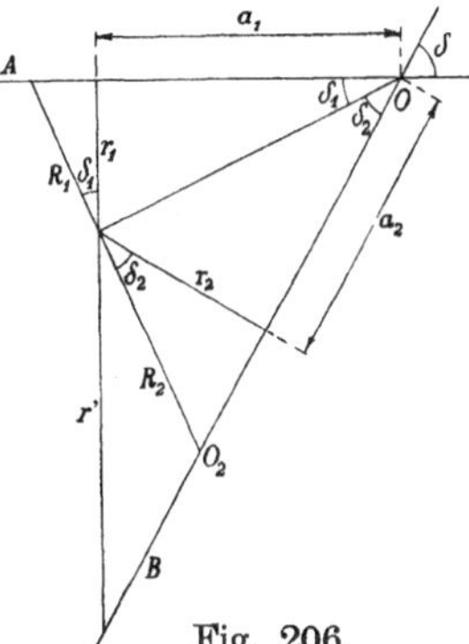
Fig. 206.

Hierin wird die erste Gleichung eingesetzt, und man erhält nach Division durch $r_1 \cdot \operatorname{tg} \delta$

$$\frac{1}{\operatorname{tg} \delta} \cdot \left(1 + \frac{r_1}{r_1} \cdot \frac{1}{\cos \delta} \right) = \frac{\dfrac{r_1}{R_1}}{\sqrt{1 - \left(\dfrac{r_1}{R_1}\right)^2}} \,,$$

woraus sich leicht bestimmt

$$\frac{R_1}{r_1} = \sqrt{1 + \frac{1 - \cos^2 \delta}{(\cos \delta + \ddot{u}_2)^2}} \,. \tag{184}$$

Damit lassen sich die weiteren Rechnungen wie oben durchführen.

Auch Kegelräder können Pfeilzähne erhalten[157]. Ist der Neigungswinkel γ der Winkelverzahnung zur Tangente an irgendeinen beliebigen Radkreis überall der gleiche, so bildet die Projektion des Zahnes auf eine zur Radachse senkrechte Ebene die logarithmische Spirale. Leichter auszuführen ist die archimedische Spirale, bei der die trigonometrische Tangente des Winkels der an die Schraubenlinie gezogenen Tangente im umgekehrten Verhältnis zu der Entfernung von der Rad-

---

[157]) Schiebel, Werkstatts-Technik 1913.

achse steht[30]). Ausgeführt wird meistens auf dem Halbmesser r_m $\gamma_m = 37^1/_2\,°$. Je nach der Breite b der Zähne geht dieser Winkel nach außen auf $30 -\!\!\!: 32\,°$ herunter und steigt nach innen auf $45 \div 50\,°$[158]).

Das gleichschenklige Dreieck der Fig. 202 ändert sich demnach genau genug in das der Fig. 207 mit $\gamma_1 \sim 34\,°$ und $\gamma_2 \sim 43\,°$.

Hieraus ergibt sich

$$N_1 = N \cdot \frac{\cos\gamma_2}{\sin(\gamma_1 + \gamma_2)}, \qquad N_2 = N \cdot \frac{\cos\gamma_1}{\sin(\gamma_1 + \gamma_2)}.$$

Durch die Vereinigung der Herleitung der Wirkungsgradformeln (158) und (183) erhält man aus

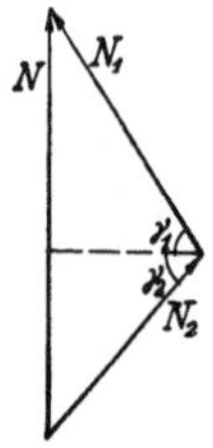

$$M = N \cdot r_m \cdot \sin\alpha,$$
$$M_r' = \mu \cdot N_1 \cdot 2 \cdot R' \cdot \cos\alpha,$$
$$M_r'' = \mu \cdot N_2 \cdot 2 \cdot R'' \cdot \cos\alpha,$$

mit

$$R_1' = R_{1m} \cdot \frac{r_2 + \tfrac{1}{4} \cdot b \cdot \cos\delta_1}{r_2} = R_{1m} + \frac{b}{4} \cdot \ddot{u}_1$$

$$= r_{1m} \cdot \sqrt{1 + \ddot{u}_1^2} + \frac{b}{4} \cdot \ddot{u}_1$$

und

$$R_1'' = r_{1m} \cdot \sqrt{1 + \ddot{u}_1^2} - \frac{b}{4} \cdot \ddot{u}_1$$

Fig. 207.

für den Wirkungsgrad den Ausdruck $\hfill$ (185)

$$\frac{1}{\eta} = 1 + \frac{2 \cdot \mu \cdot \operatorname{cotg}\alpha}{\sin(\gamma_1 + \gamma_2)} \cdot \left(\cos\gamma_2 \cdot \left[\sqrt{1 + \ddot{u}_1^2} + \sqrt{1 + \ddot{u}_2^2} + \frac{b}{4} \cdot \left(\frac{\ddot{u}_1}{r_{1m}} + \frac{\ddot{u}_2}{r_{2m}} \right) \right] \right.$$
$$\left. + \cos\gamma_1 \cdot \left[\sqrt{1 + \ddot{u}_1^2} + \sqrt{1 + \ddot{u}_2^2} - \frac{b}{4} \cdot \left(\frac{\ddot{u}_1}{r_{1m}} + \frac{\ddot{u}_2}{r_{2m}} \right) \right] \right) + \frac{\mu_1}{\sin\alpha} \cdot \left(\frac{r_{z1}}{r_{1m}} + \frac{r_{z2}}{r_{2m}} \right).$$

Beispiel 119. Soll das in Beispiel 118 berechnete Räderpaar mit Pfeilzähnen versehen werden, so ergibt sich unter sonst gleichen Verhältnissen der Wirkungsgrad mit den obigen Werten aus

$$\frac{1}{\eta} = 1 + \frac{2 \cdot 0{,}04 \cdot 0{,}35}{0{,}974} \cdot \left(0{,}731 \cdot \left[\sqrt{1{,}16} + \sqrt{7{,}25} + \frac{6{,}0}{4} \cdot \left(\frac{0{,}4}{6{,}38} + \frac{2{,}5}{6{,}38 \cdot 2{,}5} \right) \right] \right.$$
$$\left. + 0{,}829 \cdot (1{,}077 + 2{,}693 - 0{,}329) \right) + \frac{0{,}02}{0{,}940} \cdot 0{,}427$$
$$= 1 + 0{,}1682 + 0{,}0091 = 1{,}177$$

zu $\eta = 0{,}850$

bei allerdings auch trotz der unveränderten Abmessungen vergrößerter Übertragungsfähigkeit.

Die Zahnkopfhöhe wird hier gewöhnlich zu $h_K = 0{,}6 \cdot m$ gewählt[158]).

Ein besonderes Kegelradgetriebe ist das in Fig. 208 dargestellte Wechselgetriebe, bei dem ein auf der Welle c verschiebbares zylindrisches

---

[158]) A. Citroen & Co., Paris.

Stirnrad a in eins der verschieden großen Kegelräder b auf der unter
dem Winkel δ geneigten Welle d eingreift[159]. Bei einfacher Herstellung
der betreffenden Evolventenverzahnung bietet die Anordnung noch den
Vorteil, daß der Eingriff in Geraden mit wechselnder Neigung erfolgt
wie bei Pfeilrädern, was die Abnutzung verringert.

h) Die Schraubenräder. Die Stirnräder mit schraubenförmigen Zähnen werden auch zur Verbindung zweier im Raum aneinander unter
einem beliebigen, meist aller-
dings einem rechten Winkel
vorbeilaufenden Achsen benutzt. Für die Übersetzung
gilt natürlich auch hier

$$\ddot{u}_1 = \frac{z_1}{z_2} = \frac{n_2}{n_1}.$$

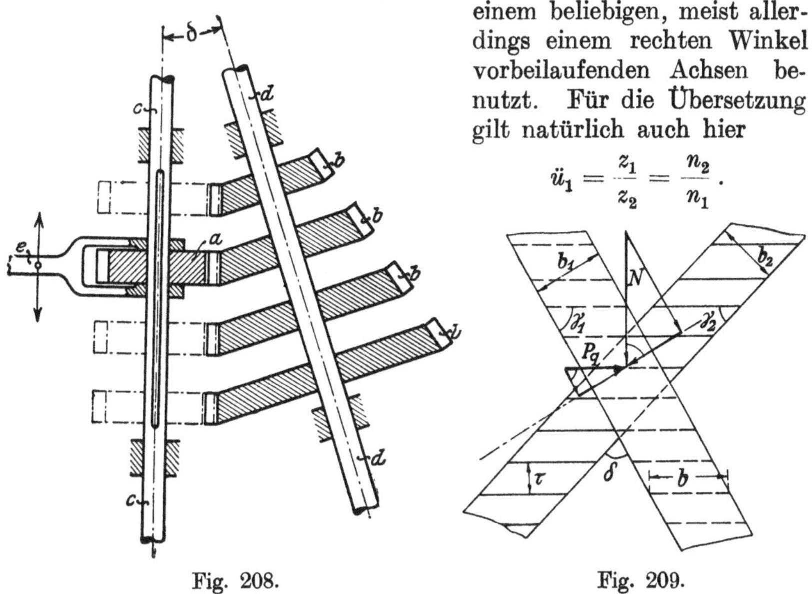

Fig. 208.   Fig. 209.

Die weiteren Verhältnisse lassen sich am leichtesten übersehen, wenn
die Räder wie in Fig. 209 auf die Zeichenebene abgewickelt dargestellt
werden[160]. Man erhält sogleich den Zusammenhang der Winkel

$$\gamma_1 + \gamma_2 + \delta = 2\pi$$

und weiter die Gleichung (179)

$$2r_1 = z_1 \cdot \frac{m}{\sin\gamma_1} \qquad \text{bzw.} \qquad 2r_2 = z_2 \cdot \frac{m}{\sin\gamma_2}.$$

Hieraus folgt durch Division das Verhältnis der Radhalbmesser zu

$$\frac{r_1}{r_2} = \frac{z_1}{z_2} \cdot \frac{\sin\gamma_2}{\sin\gamma_1} = \ddot{u}_1 \cdot \frac{\sin\gamma_2}{\sin\gamma_1}. \tag{186}$$

Nur für $\gamma_1 = \gamma_2$, im Fall $\delta = 90°$ für $\gamma_1 = \gamma_2 = 45°$, entspricht das
Verhältnis der Radhalbmesser der Übersetzung.

---

[159] Hermann, Z. d. V. d. I. 1916.
[160] Philipp, Z. f. gewerbl. Unterr. 1910/16.

Infolge des Zusammenhanges (186) ist es möglich, bei vorgeschriebenem Achsenabstand a und einem von vornherein festgelegten Verzahnungsmodul m jede verlangte Übersetzung, etwa $\ddot{u}_2 = \dfrac{z_2}{z_1}$ zu erzielen. Man kann schreiben

$$a = r_1 + r_2 = \frac{m}{2} \cdot \left(\frac{z_1}{\sin\gamma_1} + \frac{z_2}{\sin\gamma_2}\right) = \frac{m}{2} \cdot z_1 \left(\frac{1}{\sin\gamma_1} + \frac{\ddot{u}_2}{\sin\gamma_2}\right) .$$

oder mit dem obigen Zusammenhang zwischen den Winkeln

$$\frac{2a}{m \cdot z_1} = \frac{1}{\sin\gamma_1} - \frac{\ddot{u}_2}{\sin(\delta + \gamma_1)} , \qquad (187)$$

worin allein γ_1 unbekannt ist. Die Gleichung wird am einfachsten durch Probieren gelöst.

Die Eingriffsdauer ist hier, wie die Fig. 209 ohne weiteres ergibt, durch die Formel (164) gegeben. Auch das spezifische Gleiten in Richtung der Zahnhöhe ist dasselbe wie bei der Evolventenzahnung mit geraden Zähnen (Formel 165). Dazu tritt aber noch eine Verschiebung der Zähne in Richtung der Zahnlänge b. Bei Drehung des Rades 1 um einen kleinen Winkel $d\varphi$ verschiebt sich der Zahn des Rades 1 um $r_1 \cdot d\varphi \cdot \operatorname{cotg}\gamma_1$ nach der einen Seite und der damit zusammenarbeitende des Rades 2 nach der anderen Seite um $r_1 \cdot d\varphi \cdot \operatorname{cotg}\gamma_2$. Man bestimmt das spezifische Gleiten q in der Querrichtung ebenso wie das senkrecht dazu und erhält

$$q_1 = \frac{r_1 \cdot d\varphi \cdot \operatorname{cotg}\gamma_1 + r_1 \cdot d\varphi \cdot \operatorname{cotg}\gamma_2}{r_1 \cdot d\varphi \cdot \operatorname{cotg}\gamma_1} = 1 + \frac{\operatorname{cotg}\gamma_2}{\operatorname{cotg}\gamma_1}$$

und entsprechend

$$q_2 = 1 + \frac{\operatorname{tg}\gamma_2}{\operatorname{tg}\gamma_1} .$$

Nun ist ja

$$\operatorname{tg}\gamma_1 = \operatorname{tg}(2\pi - \gamma_2 - \delta) = -\operatorname{tg}(\gamma_2 + \delta) ,$$

womit eine leichte Umformung liefert

$$q_2 = \frac{\operatorname{cotg}\gamma_2 + \operatorname{tg}\gamma_2}{\operatorname{cotg}\gamma_2 + \operatorname{cotg}\delta} , \qquad q_1 = \frac{\operatorname{cotg}\gamma_1 + \operatorname{tg}\gamma_1}{\operatorname{cotg}\gamma_1 + \operatorname{cotg}\delta} . \qquad (188)$$

Das spezifische Quergleiten ist für ein gegebenes Räderpaar unveränderlich. Es hat für $\delta = 0$ (Abschnitt f) den Wert 0 und für $\delta = 90°$ den Höchstbetrag $q = 1 + \operatorname{tg}^2\gamma$.

Da man zur Verhütung eines stärkeren Verschleißes das spezifische Gleiten sonst kleiner als 1 zu halten sucht, so sind die Schraubenräder nicht für die Übertragung großer Kräfte geeignet. Man berechnet sie gewöhnlich so, daß bei der Höchstbelastung nur der dritte Teil der aus Fig. 195 folgenden spezifischen Beanspruchung zugelassen wird.

Zur Bestimmung des Wirkungsgrades sind einige Zwischenrechnungen nötig. Zuerst ist der Mittelwert des spezifischen Gleitens in Richtung der Zahnhöhe festzustellen. Es gilt ja die Formel (165)

$$g_1 = \frac{x \cdot (1 + \ddot{u}_1)}{r_1 \cdot \cos\alpha - x},$$

und man hat entsprechend früheren Rechnungen anzusetzen

$$2\,g_{1m} = \frac{1}{l_1} \cdot \int\limits_0^{l_1} \frac{x \cdot (1 + \ddot{u}_1)}{r_1 \cdot \cos\alpha - x} \cdot d\,x + \frac{1}{l_2} \cdot \int\limits_0^{l_2} \frac{x \cdot (1 + \ddot{u}_1)}{r_1 \cdot \cos\alpha + x} \cdot d\,x.$$

Der Ausdruck läßt sich schreiben

$$2\,g_{1m} = \frac{1 + \ddot{u}_1}{l_1} \cdot \int\limits_0^{l_1} - x \cdot \frac{d\,(r_1 \cdot \cos\alpha - x)}{r_1 \cdot \cos\alpha - x} + \frac{1 + \ddot{u}_1}{l_2} \cdot \int\limits_0^{l_2} + x \cdot \frac{d\,(r_1 \cdot \cos\alpha + x)}{r_1 \cdot \cos\alpha + x}.$$

Durch zweimalige Anwendung der teilweisen Integration (Bd. I, S. 105) folgt leicht

$$2\,g_{1m} = \frac{1 + \ddot{u}_1}{l_1} \cdot \Big[- x \cdot \ln\,(r_1 \cdot \cos\alpha - x) - (r_1 \cdot \cos\alpha - x) \cdot \ln\,(r_1 \cdot \cos\alpha - x)]$$
$$+ (r_1 \cdot \cos\alpha - x)]$$
$$+ \frac{1 + \ddot{u}_1}{l_2} \cdot \Big[+ x \cdot \ln\,(r_1 \cdot \cos\alpha + x) - (r_1 \cdot \cos\alpha + x) \cdot \ln\,(r_1 \cdot \cos\alpha + x)$$
$$+ (r_1 \cdot \cos\alpha + x)]$$

oder nach Einsetzung der Grenzwerte von x

$$2\,g_{1m} = \frac{1 + \ddot{u}_1}{l_1} \cdot [-l_1 \cdot \ln\,(r_1 \cdot \cos\alpha - l_1) - (r_1 \cdot \cos\alpha - l_1) \cdot (\ln\,(r_1 \cdot \cos\alpha - l_1) - 1)$$
$$+ r_1 \cdot \cos\alpha \cdot (\ln r_1 \cdot \cos\alpha - 1)]$$
$$+ \frac{1 + \ddot{u}_1}{l_2} \cdot [+ l_2 \cdot \ln\,(r_1 \cdot \cos\alpha + l_2) - (r_1 \cdot \cos\alpha + l_2) \cdot (\ln\,(r_1 \cdot \cos\alpha + l_2) - 1)$$
$$+ r_1 \cdot \cos\alpha \cdot (\ln r_1 \cdot \cos\alpha - 1)] \,.$$

Durch Auflösen der kleinen Klammern und Anwenden des Logarithmensatzes

$$\log a - \log b = \log \frac{a}{b}$$

ergibt sich weiter

$$2\,g_{1m} = (1 + \ddot{u}_1) \cdot r_1 \cdot \cos\alpha \cdot \left[\frac{1}{l_2} \cdot \ln\left(1 + \frac{l_2}{r_1 \cdot \cos\alpha}\right) - \frac{1}{l_1} \cdot \ln\left(1 - \frac{l_1}{r_1 \cdot \cos\alpha}\right) \right].$$

Nun ist nach früherem

$$l_2 = r_1 \cdot \cos\alpha \cdot u^2, \qquad l_1 = r_2 \cdot \cos\alpha \cdot u_1,$$

worin u_1 und u_2 die unterste für die betreffende Zähnezahl mögliche Übersetzung ist (Fig. 188), während $\ddot{u}_1$ und $\ddot{u}_2$ die tatsächlich vorhandene Übersetzung darstellen. Damit wird schließlich

$$g_{1m} = \frac{(1 + \ddot{u}_1)}{2} \cdot \left[\frac{\ln\,(1 + u_2)}{u_2} - \frac{\ln\left(1 - \dfrac{r_2}{r_1} \cdot u_1\right)}{\dfrac{r_2}{r_1} \cdot u_1} \right]. \tag{189}$$

Ein entsprechender Ausdruck folgt für g_{2m}.

Die zusammenarbeitenden Zähne bewegen sich in zwei zueinander senkrechten Richtungen, und sinngemäß ergibt die Formel (42) die zur Überwindung der Reibung in Richtung der Zahnhöhe erforderliche Kraft

$$P_g = \frac{\mu \cdot N}{\sqrt{1 + \left(\dfrac{g}{q}\right)^2}}$$

und die zur Überwindung der Reibung in der Breite des Zahnes erforderliche

$$P_q = \frac{\mu \cdot N}{\sqrt{1 + \left(\dfrac{g_m}{q}\right)^2}} \cdot$$

Der um den Winkel $\dfrac{\pi}{2} - \alpha$ gegen die Zeichenebene der Fig. 209 geneigte Zahndruck N zerlegt sich nun am Rade 1 in die Seitenkraft $N \cdot \cos\gamma_1$, die nur Druck in Richtung der Radachse hervorruft, und die Seitenkraft $N \cdot \sin\gamma_1$, die das Drehmoment liefert

$$M_1 = N \cdot \sin\gamma_1 \cdot r_1 \cdot \cos\alpha.$$

Entsprechend zerfällt P_q in eine Seitenkraft $P_q \cdot \sin\gamma_1$, die entgegengesetzt zu dem Achsdruck $N \cdot \cos\gamma_1$ gerichtet ist, und die in der Richtung von $N \cdot \sin\gamma_1$ verlaufende $P_q \cdot \cos\gamma_1$. Ferner liefert die Summe aller P_g nach der bereits mehrfach benutzten Überlegung das Gesamtdrehmoment

$$M_{rg} \sim P_g \cdot 2\,r \cdot \cos\alpha.$$

Bezeichnet wieder r_z den Halbmesser der Radachse im Lager und r_s den mittleren Halbmesser des Spurringes, so ergibt sich der Wirkungsgrad aus

$$\begin{aligned}
\frac{1}{\eta} = 1 + \frac{1}{M_1} \cdot [\,&P_{g1} \cdot 2\,r_1 \cdot \cos\alpha + P_{q1} \cdot \sin\gamma_1 \cdot r_1 \cdot \sin\alpha \\
&+ \mu_1 \cdot (N \cdot \sin\gamma_1 + P_{q1} \cdot \cos\gamma_1) \cdot r_{z1} \\
&+ \mu_1 \cdot (N \cdot \cos\gamma_1 - P_{q1} \cdot \sin\gamma_1) \cdot r_{s1}\,] \\
+ \frac{1}{M_2} \cdot [\,&P_{g2} \cdot 2\,r_2 \cdot \cos\alpha + P_{q2} \cdot \sin\gamma_2 \cdot r_2 \cdot \sin\alpha \\
&+ \mu_1 \cdot (N \cdot \sin\gamma_2 + P_{q2} \cdot \cos\gamma_2) \cdot r_{z2} \\
&+ \mu_1 \cdot (N \cdot \cos\gamma_2 - P_{q2} \cdot \sin\gamma_2) \cdot r_{s2}\,].
\end{aligned}$$

Durch Einsetzen der Werte von M, P_g, P_q folgt dann

$$\frac{1}{\eta} = 1 + 2 \cdot \mu \cdot \cotg\alpha \cdot \left[\frac{1}{\sin\gamma_1 \cdot \sqrt{1 + \left(\dfrac{q_1}{g_{1m}}\right)^2}} + \frac{1}{\sin\gamma_2 \cdot \sqrt{1 + \left(\dfrac{q_2}{g_{2m}}\right)^2}}\right]$$

$$+ \frac{\mu}{\sqrt{1 + \left(\dfrac{g_{1m}}{q_1}\right)^2}} \cdot \left[1 + \frac{\mu_1}{\sin\alpha} \cdot \left(\frac{r_{z1}}{r_1} \cdot \cotg\gamma_1 - \frac{r_{s1}}{r_1}\right)\right]$$

$$+ \frac{\mu}{\sqrt{1 + \left(\dfrac{g_{2m}}{q_2}\right)^2}} \cdot \left[1 + \frac{\mu_1}{\sin\alpha} \cdot \left(\frac{r_{z2}}{r_2} \cdot \operatorname{cotg}\gamma_2 - \frac{r_{s2}}{r_2} \right) \right]$$

$$+ \frac{\mu_1}{\sin\alpha} \cdot \left(\frac{r_{z1}}{r_1} + \frac{r_{z2}}{r_2} + \frac{r_{s1}}{r_1} \cdot \operatorname{cotg}\gamma_1 + \frac{r_{s2}}{r_2} \cdot \operatorname{cotg}\gamma_2 \right). \tag{190}$$

Beispiel 120. Anzugeben ist die Verzahnung und ihr Wirkungsgrad für ein sich rechtwinklig kreuzendes Schraubenrädergetriebe von der Übersetzung $\ddot{u}_1 = 2:1$, in das bei $n_1 = 165$ Umdrehungen in der Minute $M_1 = 350$ cmkg eingeleitet werden.

Es werde gewählt $z_1 = 26$ bzw. 22 Zähne, ferner sei der Halbmesser $r_1 = 12$ cm durch die Verhältnisse gegeben.

Aus der zweiten Gleichung (179) folgt dann

$$\frac{m}{\sin\gamma_1} = \frac{2\,r_1}{z_1} = \frac{2 \cdot 12}{26} = 0,923 \quad \text{bzw.} \quad \frac{2 \cdot 12}{22} = 1,091\,.$$

Man erhält weiter die Umfangsgeschwindigkeit im Teilkreis

$$v = \frac{\pi \cdot 0,12 \cdot 165}{30} = 2,07 \text{ m/sk}$$

und entnimmt nun der Kurve b der Fig. 195 die gewöhnlich für Gußeisen zulässige Belastung $c \sim 23$ kg/cm². Damit wird das Drehmoment

$$M_1 = \left(\frac{c}{3} \cdot b \cdot m \cdot \pi \right) \cdot \sin\gamma_1 \cdot \left(\frac{z_1}{2} \cdot \frac{m}{\sin\gamma_1} \right) \cdot \sin\alpha\,.$$

Wählt man also $b = 5,0$ cm und $\sin\alpha = 0,944$, so wird

$$m = \sqrt{\frac{350 \cdot 3 \cdot 2}{23 \cdot 5,0 \cdot \pi \cdot 26 \cdot 0,944}} = 0,485 \sim 0,5 \text{ cm}.$$

Für die Zähnezahl 22 werde der Einfachheit halber derselbe Wert von m genommen statt 0,528.

Hieraus ergibt sich

$$\sin\gamma_1 = \frac{0,50}{0,923} = 0,542 \quad \text{bzw.} \quad \frac{0,50}{1,091} = 0,449\,,$$

also
$$\gamma_1 = 32°\,50' \quad \text{bzw.} \quad 26°\,40'$$
und
$$\operatorname{tg}\gamma_1 = 0,645 \quad \text{bzw.} \quad 0,502\,.$$

Damit wird
$$\gamma_2 = 90 - \gamma_1 = 57°10' \quad \text{bzw.} \quad 63°\,20'$$
und
$$\sin\gamma_2 = 0,840 \text{ bzw. } 0,894\,,$$
$$\operatorname{tg}\gamma_2 = 1,550 \text{ bzw. } 1,991\,.$$

Die Formel (186) ergibt dann
$$r_2 = 12 \cdot 2 \cdot \frac{0,542}{0,840} = 15,49 \text{ cm}$$

bzw.

$$r_2 = 12 \cdot 2 \cdot \frac{0,449}{0,894} = 12,06 \text{ cm}.$$

Man pflegt die Räder gleich groß zu machen, wählt also die zweite Ausführung mit $z_1 = 22$ Zähnen. Dafür ergeben sich die Radbreiten

$$b_1 = b \cdot \sin\gamma = 5 \cdot 0,442 \sim 2,2 \text{ cm},$$
$$b_2 = 5 \cdot 0,894 \sim 4,5 \text{ cm}.$$

Für $h_K = 0{,}7 \cdot m$ ergibt nun die Formel (162) die untersten zulässigen Übersetzungen

$$u_1 = \sqrt{\frac{1 + \dfrac{0{,}7}{44} + \left(\dfrac{0{,}7}{44}\right)^2}{0{,}25 \cdot 0{,}1095}} - 1 = 0{,}261 \,,$$

$$u_2 = \sqrt{\frac{1 + \dfrac{0{,}7}{22} + \left(\dfrac{0{,}7}{22}\right)^2}{0{,}25 \cdot 0{,}1095}} - 1 = 0{,}484 \,,$$

und es wird

$$\frac{r_2}{r_1} \cdot u_1 = 0{,}2625 \,, \qquad\qquad \frac{r_1}{r_2} \cdot u_2 = 0{,}4815 \,.$$

Damit liefert die Gleichung (189) das mittlere spezifische Gleiten in der Höhenrichtung des Zahnes

$$g_{1m} = \frac{(1 + 2)}{2} \cdot \left(\frac{\log 1{,}484}{0{,}4343 \cdot 0{,}484} - \frac{\log 0{,}7375}{0{,}4343 \cdot 0{,}2625} \right) = 3{,}042 \,,$$

$$g_{2m} = \frac{(1 + 0{,}5)}{2 \cdot 0{,}4343} \cdot \left(\frac{\log 1{,}261}{0{,}261} - \frac{\log 0{,}5185}{0{,}4815} \right) = 1{,}674 \,,$$

also wegen der niedrigen Zähnezahl sehr hoch.

Für das spezifische Gleiten in der Querrichtung erhält man

$$q_1 = 1 + 0{,}502^2 = 1{,}252 \,,$$
$$q_2 = 1 + 1{,}991^2 = 4{,}97 \,.$$

Damit folgt

$$\sqrt{1 + \left(\frac{q_1}{g_{1m}}\right)^2} = 1{,}080 \,, \qquad \sqrt{1 + \left(\frac{q_2}{g_{2m}}\right)^2} = 3{,}133 \,,$$

$$\sqrt{1 + \left(\frac{g_{1m}}{q_1}\right)^2} = 1{,}852 \,, \qquad \sqrt{1 + \left(\frac{g_{2m}}{q_2}\right)^2} = 1{,}055 \,.$$

Mit

$$\mu = 0{,}04 \,, \qquad \mu_1 = 0{,}02$$
$$r_{z1} = 9\ \text{cm} \,, \qquad r_{z2} = 2{,}5\ \text{cm} \,,$$
$$r_{s1} = 10\ \text{cm} \,, \qquad r_{s2} = 3{,}0\ \text{cm}$$

ergibt sich schließlich aus Formel (190) bei ziemlich ungünstigen Verhältnissen

$$\frac{1}{\eta} = 1 + 0{,}04 \cdot 2 \cdot 0{,}35 \cdot \left(\frac{1}{0{,}449 \cdot 1{,}080} + \frac{1}{0{,}894 \cdot 3{,}133} \right)$$

$$+ \frac{0{,}04}{1{,}852} \cdot \left[1 + \frac{0{,}02}{0{,}944} \cdot \left(\frac{9}{12 \cdot 0{,}502} - \frac{10}{12} \right) \right]$$

$$+ \frac{0{,}04}{1{,}055} \cdot \left[1 + \frac{0{,}02}{0{,}944} \cdot \left(\frac{2{,}5}{12{,}06 \cdot 1{,}991} - \frac{3{,}0}{12{,}06} \right) \right]$$

$$+ \frac{0{,}02}{0{,}944} \cdot \left(\frac{9}{12} + \frac{2{,}5}{12{,}06} + \frac{10}{12 \cdot 0{,}502} + \frac{3}{12{,}06 \cdot 1{,}991} \right) ,$$

$$\frac{1}{\eta} = 1 + 0{,}0705 + 0{,}0219 + 0{,}0378 + 0{,}0369 = 1{,}167 \,,$$

also

$$\eta = 0{,}857 \,.$$

Man bemerkt auch hier, wie die Bewegung nach zwei zueinander senkrechten Richtungen die Nachteile der Reibung in bezug auf den Wirkungsgrad, nicht auf die Abnutzung, verringert.

Hyperboloidräder[161]), die denselben Zweck haben wie Schraubenräder, werden in der Maschinentechnik nicht benutzt.

13. Die Schrauben.

Wird eine schmale, als schiefe Ebene mit dem Neigungswinkel α zu
denkende rechteckige Leiste um einen zur Bezugsebene senkrecht
stehenden Kreiszylin-
der herumgelegt, so
entsteht die flach-
gängige Schraube
(Fig. 210), die gewöhn-
lich als Bewegungs-
schraube angewendet
wird.

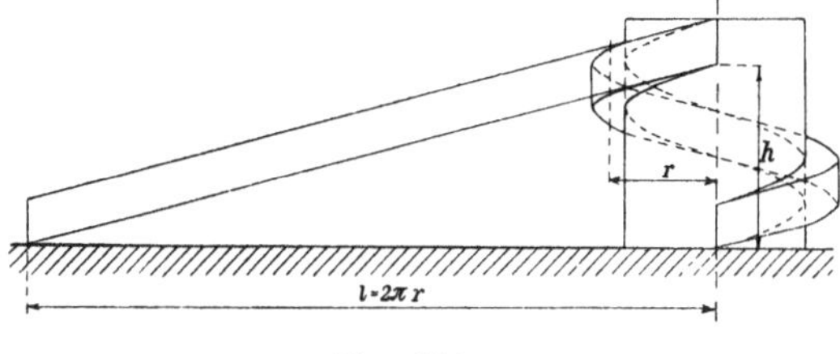

Fig. 210.

Die Entfernung
zweier gleichgelegener
Punkte auf derselben Mantelgeraden ist die Ganghöhe h der Schraube.
Die auf einen Schraubengang kommende Länge der schiefen Ebene ist,
wenn r den mittleren Halbmesser der Schraube bezeichnet, als Projektion auf die zur Schraubenachse senkrechte Ebene $l = 2\pi \cdot r$. Damit
erhält man den Steigungswinkel der Schraube aus

$$\operatorname{tg}\alpha = \frac{h}{2\pi \cdot r} \,. \qquad (191)$$

Wird eine flachgängige Schraube
mit der Kraft Q in Richtung ihrer Achse
belastet, so erfährt bei guter Ausführung jedes kleine Flächenteilchen dF
des Ganges von der Mutter den Gegendruck dN, der um den Steigungswinkel α gegen die durch dF parallel
zur Schraubenachse gezogene Mantel-
gerade geneigt ist. In die Fläche dF
fällt die der Bewegung entgegengerich-
tete Reibungskraft $\mu \cdot dN$ (Fig. 211).
Beide Kräfte setzen sich zu der Mittelkraft dW zusammen, deren Neigung
gegen die Mantellinie beim Heben der
Last $\alpha + \varrho$ ist.

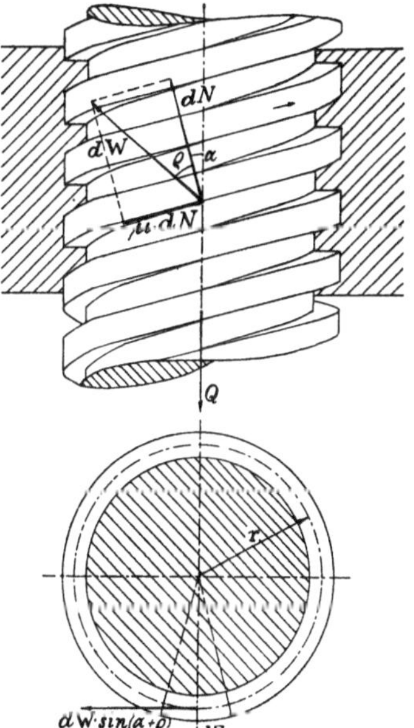

Fig. 211.

Die Gleichgewichtsbedingung für
die in Richtung der Achse wirkenden
Kräfte ergibt

$$Q = \int dW \cdot \cos(\alpha + \varrho) = \cos(\alpha + \varrho) \cdot W,$$

worin W die gesamte Kraft angibt,
die auf alle in der Mutter befindlichen Gänge wirkt.

---

[161]) Tessari, Torino Anati del R. Museo industr. 1871.

Die Gleichgewichtsbedingung für die Drehmomente lautet entsprechend

$$M = \int d\,W \cdot \sin(\alpha + \varrho) \cdot r = r \cdot \sin(\alpha + \varrho) \cdot W .$$

Wird diese Gleichung durch die erste dividiert, so folgt

$$\frac{M}{Q} = r \cdot \mathrm{tg}\,(\alpha + \varrho) . \qquad (192\ \mathrm{a})$$

Man kann nun nach S. 36 auflösen

$$\mathrm{tg}\,(\alpha + \varrho) = \frac{\mathrm{tg}\,\alpha + \mathrm{tg}\,\varrho}{1 - \mathrm{tg}\,\alpha \cdot \mathrm{tg}\,\varrho}$$

und hierin einsetzen $\mathrm{tg}\,\varrho = \mu$ und nach Formel (191) $\mathrm{tg}\,\alpha = \dfrac{h}{2\,\pi \cdot r}$.
Man erhält dann das zum Anziehen der Schraube nötige Drehmoment

$$M = Q \cdot r \cdot \frac{\dfrac{h}{2\,\pi \cdot r} + \mu}{1 - \mu \cdot \dfrac{h}{2\,\pi \cdot r}} . \qquad (192\ \mathrm{b})$$

Erfolgt die Bewegung der Schraube in umgekehrter Richtung, so daß die Last sich senkt, so kehrt sich die Richtung von $\mu \cdot dN$ um und W verschiebt sich um den Reibungswinkel ϱ nach der anderen Seite von N. Es ändert sich also nur das Vorzeichen von ϱ bzw. $\mathrm{tg}\,\varrho$, und das zum Lösen der Schraube erforderliche Drehmoment ist demnach

$$M_1 = Q \cdot r \cdot \mathrm{tg}\,(\alpha - \varrho) = Q \cdot r \cdot \frac{\dfrac{h}{2\,\pi \cdot r} - \mu}{1 + \mu \cdot \dfrac{h}{2\,\pi \cdot r}} . \qquad (193)$$

Da, wie auch die Fig. 211 andeutet, meistens $\varrho > \alpha$ ist, so ist dann das Vorzeichen von M_1 negativ, d. h. es hat die entgegengesetzte Richtung wie das zum Anziehen erforderliche Moment M. Die Schraube ist also selbstsperrend. Die Sicherheit $\mathfrak{S}$ der Selbstsperrung bestimmt sich aus der Forderung, daß bei Anwachsen der Steigung auf das $\mathfrak{S}$ fache $M_1 = 0$ wird. Man erhält so aus Formel (193)

$$\mathfrak{S} = \frac{\varrho}{\alpha} = \frac{\mu \cdot 2\,\pi \cdot r}{h} . \qquad (194)$$

Läßt man die Reibung außer acht, so fällt in Formel (192 b) μ fort und es wird

$$M_0 = Q \cdot r \cdot \frac{h}{2\,\pi \cdot r} . \qquad (195)$$

Damit ergibt sich der Wirkungsgrad des Schraubengewindes

$$\eta_1 = \frac{M_0}{M} = \frac{\operatorname{tg}\alpha}{\operatorname{tg}(\alpha + \varrho)} = \frac{1 - \mu \cdot \dfrac{h}{2\pi r}}{1 + \mu \cdot \dfrac{2\pi r}{h}} \, . \qquad (196)$$

Hierzu tritt noch der Wirkungsgrad des Spurzapfens vom äußeren Halbmesser r_2 und dem der inneren Aussparung r_3 bei der Reibungsziffer μ_1 gemäß Formel (65):

$$\eta_2 = \frac{Q \cdot \dfrac{h}{2\pi}}{Q \cdot \dfrac{h}{2\pi} + \dfrac{1}{2}\mu_1 \cdot Q \cdot r_2 \cdot \left(1 + \dfrac{r_3}{r_2}\right)} = \frac{1}{1 + \pi \cdot \mu_1 \cdot \dfrac{r_2}{h} \cdot \left(1 + \dfrac{r_3}{r_2}\right)} \, . \qquad (197)$$

Beispiel 121. Anzugeben ist der Wirkungsgrad einer flachgängigen Schraube vom äußeren Gewindedurchmesser $d = 10$ cm, dem Kerndurchmesser $d_1 = 8$ cm, der Ganghöhe $h = \frac{3}{4}''$, dem Spurzapfendurchmesser $d_2 = 7,5$ cm, ferner die Sicherheit, mit der noch Selbstsperrung besteht.

Der mittlere Gewindedurchmesser ist

$$2r = \tfrac{1}{2} \cdot (d + d_1) = \tfrac{1}{2} \cdot (10 + 8) = 9 \text{ cm},$$

die Steigung beträgt

$$h = \tfrac{3}{4} \cdot 2,54 = 1,905 \text{ cm}.$$

Damit wird nach Formel (196) mit der Reibungsziffer $\mu = 0,08$ für die gut geschmierte Stahlschraube in einer Bronzemutter

$$\eta_1 = \frac{1 - \dfrac{0,08 \cdot 1,905}{\pi \cdot 9}}{1 + \dfrac{0,08 \cdot \pi \cdot 9}{1,905}} = \frac{0,9946}{2,188} = 0,455$$

und nach Formel (197), wenn man $\mu_1 = 0,05$ bei absatzweisem Betrieb schätzt,

$$\eta_2 = \frac{1}{1 + \pi \cdot 0,05 \cdot \dfrac{7,5}{2 \cdot 1,905}} = \frac{1}{1,309} = 0,764 \, .$$

Somit ergibt sich der Gesamtwirkungsgrad zu

$$\eta = 0,455 \cdot 0,764 = 0,348 \, .$$

Das zum Bewegen der Schraube unter der Last $Q = 1$ t erforderliche Drehmoment ist nach Formel (195)

$$M = \frac{M_0}{\eta} = \frac{1000 \cdot 1,905}{2\pi \cdot 0,348} = 865 \text{ cmkg}.$$

Die Sicherheit der Selbstsperrung beträgt nach Formel (194)

$$\mathfrak{S} = \frac{0,08 \cdot \pi \cdot 9}{1,905} = 1,188.$$

Dabei berücksichtigt man die Vergrößerung der Sicherheit durch die Spurzapfenreibung nicht, um bei besonders guten Schmierungs- und Reibungsverhältnissen, die die Reibungsziffer der Schraube heruntersetzen können, nicht sogleich aus dem Sicherheitsgebiet herauszukommen.

Wird die Schraube zweigängig ausgeführt, also mit $h = 2 \cdot 1{,}905$ cm bei sonst unveränderten Verhältnissen, so wird der Wirkungsgrad

$$\eta_1 = \frac{1 - 2 \cdot 0{,}0054}{1 + \frac{1}{2} \cdot 1{,}188} = \frac{0{,}9892}{1{,}594} = 0{,}621 \,,$$

$$\eta_2 = \frac{1}{1 + \frac{1}{2} \cdot 0{,}309} = 0{,}866 \,,$$

also der Gesamtwirkungsgrad

$$\eta = 0{,}621 \cdot 0{,}866 = 0{,}539 \,.$$

Die Anordnung ist, da $\eta < \frac{1}{2}$, nicht mehr selbstsperrend.

Das zum Bewegen der Schraube unter der Last $Q = 1$ t nötige Drehmoment beträgt jetzt

$$M = \frac{1000 \cdot 2 \cdot 1{,}905}{2\,\pi \cdot 0{,}539} = 1124 \text{ cmkg.}$$

Bei der dreigängigen Schraube von sonst gleichen Abmessungen ergibt sich entsprechend

$$\eta_1 = \frac{0{,}9838}{1{,}396} = 0{,}705 \,, \qquad \eta_2 = \frac{1}{1{,}103} = 0{,}907 \,,$$

also

$$\eta = 0{,}705 \cdot 0{,}907 = 0{,}640$$

und

$$M = \frac{1000 \cdot 3 \cdot 1{,}905}{2\,\pi \cdot 0{,}640} = 1421 \text{ cmkg.}$$

Mit der Verbesserung des Wirkungsgrades durch die Vergrößerung der Steigung erhöht sich auch das zum Antrieb erforderliche Drehmoment, so daß man bei Handantrieb oft den kleineren Wirkungsgrad vorzieht, der noch den Vorteil der Selbstsperrung bietet.

Beispiel 122. Zu untersuchen ist die Weston-Senksperrbremse[162] der Fig. 212 für den Fall, daß die Reibungsziffern sich ändern.

Die Last des Kranes übt auf das Zahnrad A vom Halbmesser r_0 die Umfangskraft P_0 aus und sie bewegt das Zahnrad soweit, daß es auf der Schraube vom mittleren Halbmesser r gegen das lose auf der Welle vom Halbmesser r_1 sitzende Sperrad B mit der Kraft Q gedrückt wird. Dieselbe Gegenkraft übt die auf der Welle festsitzende Gegenscheibe C auf die andere Seite des Sperrades vom Halbmesser r_4 aus, dessen Sperrklinke beim Heben der Last über die Zähne weggleitet.

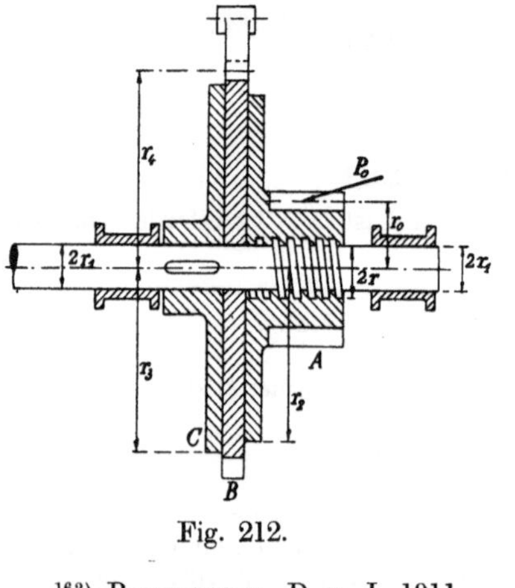

In dem Getriebe wirken also folgende Drehmomente:

der Last

$$M_0 = P_0 \cdot r_0 \,,$$

der Schraubenreibung

$$M_1 = Q \cdot r \cdot \mathrm{tg}(\alpha + \varrho) = Q \cdot k_1 \,,$$

der Mutterreibung, das bei gut eingelaufenen Flächen den Wert hat

$$M_2 = \frac{1}{2} \cdot \mu_2 \cdot Q \cdot r_2 \cdot \left(1 + \frac{r_1}{r_2}\right) = Q \cdot k_2 \,,$$

Fig. 212.

[162] Bergmann, D. p. J. 1911.

der Reibung an der Gegenscheibe

$$M_3 = \frac{1}{2} \cdot \mu_3 \cdot Q \cdot r_3 \cdot \left(1 + \frac{r_1}{r_3}\right) = Q \cdot k_3 \,,$$

der Traglagerreibung

$$M_4 = \mu_1 \cdot P_0 \cdot r_1 = P_0 \cdot k_4 \,,$$

des Antriebsmotors M,

worin die Werte k vorübergehend als Abkürzungen der längeren Ausdrücke gesetzt sind.

Es gilt nun bei der Aufwärtsbewegung der Last für das Zahnrad A:

$$M_0 = M_1 + M_2 = Q \cdot (k_1 + k_2) \,,$$

für das Sperrad B:

$$M_2 = M_3 \,, \quad \text{also} \quad k_2 = k_3 \,,$$

für die Welle:

$$M = M_1 + M_3 + M_4 = Q \cdot (k_1 + k_2) = + M_0 \cdot \frac{k_4}{r_0} \,.$$

Durch Zusammennehmen der drei Gleichungen ergibt sich

$$M = M_0 + M_4 = M_0 \cdot \left(1 + \frac{k_4}{r_0}\right) \,.$$

d. h. die Anordnung schließt sich beim Aufwinden der Last zu einer starren Kupplung zusammen.

Bei gleicher Reibungsziffer $\mu_2 = \mu_3$ und gleichem inneren Halbmesser r_1 müssen nach der zweiten Gleichung die äußeren Halbmesser der beiden Druckscheiben einander gleich sein, $r_2 = r_3$.

Hört das Antriebsmoment M auf zu wirken, so dreht das Lastmoment M_0 die Welle rückwärts, bis sich die Sperrklinke mit der Umfangskraft

$$P = \frac{M_0}{r_4} = P_0 \cdot \frac{r_0}{r_4}$$

gegen das Sperrad B legt. Die Welle wird jetzt belastet durch die beiden Kräfte P_0 und P, die nach Größe und Richtung zusammenzusetzen sind. Der Fehler ist klein, wenn allgemein damit gerechnet wird, daß beide Kräfte entweder dieselbe oder die entgegengesetzte Richtung haben. Die Kraft, mit der das Sperrad von beiden Seiten gefaßt wird, ist nach der ersten der obigen Gleichungen

$$Q = \frac{M_0}{k_1 + k_2} \,;$$

sie ist also wesentlich von den Reibungsziffern der Schraube und der Druckflächen abhängig.

Soll die Last gesenkt werden, so ist ein Drehmoment M', das entgegengesetzt zu M gerichtet ist, vom Antriebsmotor aufzuwenden. Dabei dreht sich die Schraube in dem Rad A zurück mit dem widerstehenden Moment $M_1' = Q \cdot r \cdot (\operatorname{tg} \varrho - \alpha)$, das ebenfalls entgegengesetzt zu M_1 gerichtet ist. Es gilt also für den ersten Augenblick des Andrehens

am Zahnrad A:
$$M_0 = M_1' + M_2 = Q \cdot (k_1' + k_2) \,,$$

am Sperrad B:
$$M_2 + M_3 = P \cdot r_4 = M_0 \,,$$

an der Welle:
$$M' = M_1' + M_3 + M_4' = Q \cdot (k_1' + k_2) + M_0 \cdot k_4 \cdot \left(\frac{1}{r_0} \pm \frac{1}{r_4}\right) \,.$$

Hieraus folgt durch die gleiche Rechnung wie oben für das Drehmoment des Motors bei Beginn des Lastsenkens

$$M' = 2\,M_3 + M_1' = M_0 \cdot \left[\frac{2\,k_3}{k_1 + k_2} + k_4 \cdot \left(\frac{1}{r_0} \pm \frac{1}{r_4}\right)\right]$$

oder, da $k_3 = k_2$ ist, nach Einsetzen der Werte der k

$$M' = M_0 \cdot \left[\frac{2}{\dfrac{2 \cdot r \cdot \mathrm{tg}(\alpha + \varrho)}{\mu_2 \cdot r_2 \cdot \left(1 + \dfrac{r_1}{r_2}\right)} + 1} + \mu_1 \cdot r_1 \cdot \left(\frac{1}{r_0} \pm \frac{1}{r_4}\right)\right].$$

Ist etwa $r_1 = 4$ cm, $r = 4{,}4$ cm, $r_0 = 9{,}6$ cm, $r_2 = r_3 = 15{,}0$ cm, $r_4 = 16{,}2$ cm, $h = 1{,}6$ cm, also

$$\mathrm{tg}\,\alpha = \frac{1{,}6}{8{,}8 \cdot \pi} = 0{,}0579, \qquad \alpha \backsim 3°\,21,$$

$M_0 = 1500$ cmkg, $\mu_1 = 0{,}03 \div 0{,}10$, $\mu = \mu_2 = \mu_3 = 0{,}06 \div 0{,}16$,

also $\varrho \backsim 3°\,25' \div 9°\,5'$, so wird bei den niedrigsten Werten der Reibungsziffern

$$M_1' = 1500 \cdot \left[\frac{2}{\dfrac{2 \cdot 4{,}4 \cdot 0{,}1186}{0{,}06 \cdot 15 \cdot 1{,}267} + 1} + 0{,}03 \cdot 4 \cdot \left(\frac{1}{9{,}6} \pm \frac{1}{16{,}2}\right)\right]$$

$$= 1500 \cdot \left(\begin{matrix}1{,}044 + 0{,}020\\ + 0{,}005\end{matrix}\right)$$

je nach der Richtung des Sperrklinkendruckes. Damit wird mit dem größten Wert des Lagerdruckes

$$M' = 1570 \; \text{cmkg}.$$

Bei den höchsten Werten der Reibungsziffern ergibt sich entsprechend mit $\varrho + \alpha = 12°\,26'$

$$M_1' = 1500 \cdot (1{,}222 + 0{,}067) = 1934 \; \text{cmkg}.$$

Der günstigste Fall wäre hiernach der, daß die Reibungsziffer am Sperrad und in den Lagern klein ist, dagegen an der Schraube groß. Rechnet man mit $\mu_2 = \mu_3 = 0{,}06$, $\mu = 0{,}10$, $\mu_1 = 0{,}03$, was praktisch leicht erreichbar ist, so wird mit $\varrho = 5°\,42'$

$$M_1' = 1500 \cdot \left[\frac{2}{\dfrac{2 \cdot 4{,}4 \cdot 0{,}159}{0{,}06 \cdot 15 \cdot 1{,}267} + 1} + 0{,}03 \cdot 4 \cdot 0{,}166\right]$$

$$= 1500 \cdot (0{,}898 + 0{,}020) = 1376 \; \text{cmkg}.$$

Dieses Drehmoment M_1 löst nun die Verbindung, so daß die Last frei heruntergeht. Dabei eilt sie der augenblicklich entlasteten Welle vor und schraubt so das Zahnrad A wieder gegen das Sperrad. Das Lösen und Wiederauffangen der Last erfolgt nun um so mehr ruckweise, je größer die Widerstandskräfte, also die Reibungsziffern am Sperrad sind und je mehr die Momente an der Schraube bei Hin- und Herdrehung sich unterscheiden. Letztere werden gleich für $\varrho = \alpha$, also im vorliegenden Fall auch bei niedrigster Reibungsziffer, d. h. bester Schmierung der Schraube. Man schmiert deshalb die Vorrichtung so gut wie irgendmöglich und hält die Druck-

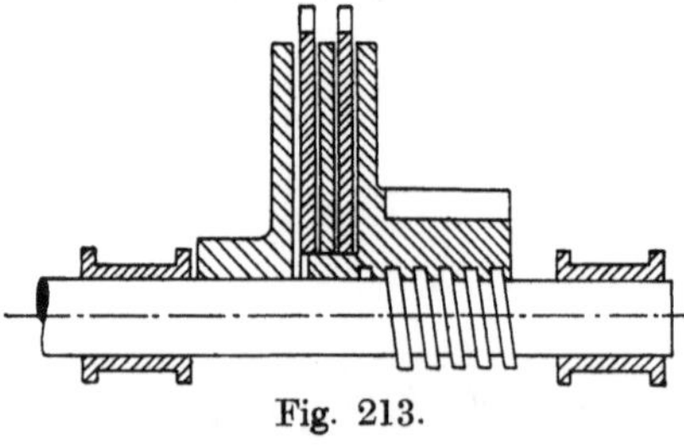

Fig. 213.

kraft Q dadurch klein, daß man das Sperrad B und die Mutterscheibe in mehrere Lamellen zerlegt.

Bei einer Zerlegung in i Lamellen nach Fig. 213 wird $k_2 = (2\,i - 1) \cdot k_3$ und man erhält so

$$M' = M_0 \cdot \left[\frac{2}{\dfrac{k_1}{k_2} + 2\,i - 1} + k_0 \cdot \left(\frac{1}{r_0} \pm \frac{1}{r_4} \right) \right].$$

Unter sonst gleichen Verhältnissen wird mit $i = 2$ bei den niedrigsten Reibungsziffern

$$M' = 1500 \cdot \left(\frac{2}{0{,}916 + 3} + 0{,}020 \right) = 796 \ \text{cmkg}.$$

Der Anpressungsdruck beträgt dann im Fall $i = 1$

$$Q = \frac{M_0}{k_1 + k_2} = \frac{1500}{4{,}4 \cdot 0{,}1186 + \tfrac{1}{2} \cdot 0{,}06 \cdot 15 \cdot 1{,}267} = 903 \ \text{kg}$$

und im Fall $i = 2$, wo k_2 um das $(2\,i - 1)$fache größer ist,

$$Q = \frac{1500}{0{,}522 + 3 \cdot 1{,}140} = 381 \ \text{kg}.$$

Die Wirkung paßt sich in jeder Beziehung dem Lastmoment an.

Die häufigsten Mittelwerte der Reibungsziffern sind etwa $\mu_1 = 0{,}04$, $\mu = 0{,}10$, $\mu_2 = \mu_3 = 0{,}08$, und man wählt auf Grund praktischer Erfahrungen die Druckflächen so groß, daß das Produkt aus dem Flächendruck p kg/cm^2 und der Umfangsgeschwindigkeit v m/sk der Scheiben etwa die Zahl 30 ergibt[163]).

Ist der Querschnitt der um den Zylinder nach Fig. 210 herumgelegten Leiste ein gleichschenkliges Dreieck, so entsteht die s c h a r f - g ä n g i g e Schraube, deren Kantenwinkel β sei. Sie wird gewöhnlich als Befestigungsschraube benutzt.

Die in Richtung der Achse wirkende Belastung Q ruft in jedem in der Mutter anliegenden Flächenteilchen dF den Normaldruck dN hervor, der einerseits um den Kantenwinkel β nach innen geneigt ist und andererseits um den Steigungswinkel α von der zur Achse parallelen Mantelgeraden seitwärts abweicht (Fig. 214). In den Punkten A_1 und A_2 ist dN zerlegt in seine Seitenkräfte $dN' = dN \cdot \cos\beta$ und

$$dN'' = dN \cdot \sin\beta.$$

Im Punkt R ist die zum Schrau bengang senkrechte Kraft dN' in ihre Seitenkräfte $dN' \cdot \cos\alpha$ parallel zur Achse und $dN' \cdot \sin\alpha$ senkrecht dazu zerlegt, ebenso die auf das Flächenteilchen wirkende Reibungskraft $\mu \cdot dN$ in die Seitenkräfte $\mu \cdot dN \cdot \sin\alpha$ parallel zur Achse und $\mu \cdot dN \cdot \cos\alpha$ senkrecht dazu.

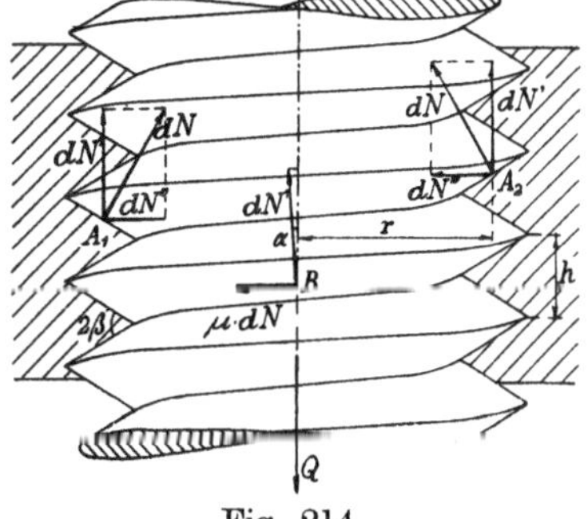

Fig. 214.

---

[163]) Nach K a m m e r e r, B e r g m a n n a. a. O.

Hiernach ergibt die Gleichgewichtsbedingung für die Kräfte in Richtung der Schraubenachse für den ganzen Bereich der Mutter

$$Q = \int (dN' \cdot \cos\alpha - \mu \cdot dN \cdot \sin\alpha)$$
$$= \int (dN \cdot \cos\beta \cdot \cos\alpha - \mu \cdot dN \cdot \sin\alpha),$$
$$= (\cos\beta \cdot \cos\alpha - \mu \cdot \sin\alpha) \cdot N.$$

Die Kräfte dN'' heben sich in der ganzen Mutter gegenseitig auf Es verbleiben noch senkrecht zur Achsenrichtung die bei Punkt B eingetragenen Kräfte $dN' \cdot \sin\alpha$ und $\mu \cdot dN \cdot \cos\alpha$ mit dem Hebelarm r in bezug auf die Achse, so daß ihr Drehmoment beträgt

$$M = \int r \cdot (dN' \cdot \sin\alpha + \mu \cdot dN \cdot \cos\alpha)$$
$$= r \cdot (\cos\beta \cdot \sin\alpha + \mu \cdot \cos\alpha) \cdot N.$$

Durch Division der Gleichungen für M und Q erhält man

$$\frac{M}{Q} = r \cdot \frac{\cos\beta \cdot \sin\alpha + \mu \cdot \cos\alpha}{\cos\beta \cdot \cos\alpha - \mu \cdot \sin\alpha}$$

und daraus nach Division mit $\cos\alpha \cdot \cos\beta$

$$M = Q \cdot r \cdot \frac{\operatorname{tg}\alpha + \dfrac{\mu}{\cos\beta}}{1 - \operatorname{tg}\alpha \cdot \dfrac{\mu}{\cos\beta}} \tag{198}$$

als Drehmoment für das Andrehen der Mutter unter der Belastung Q. Die Formel entspricht der (192), wenn man hier als Reibungsziffer $\mu' = \dfrac{\mu}{\cos\beta}$ einsetzt. Auch die folgenden Formeln erfahren nur die Änderung, daß die Reibungsziffer in der angegebenen Weise vergrößert wird.

Es ist für Whitworthgewinde

$$2\beta = 55°, \qquad \text{also} \qquad \frac{1}{\cos\beta} = 1{,}1274,$$

für das metrische Gewinde

$$2\beta = 60°, \qquad \text{also} \qquad \frac{1}{\cos\beta} = 1{,}1547.$$

An die Stelle der Spurzapfenreibung der Bewegungsschraube tritt hier der Reibungswiderstand der Mutter auf der Unterlage. Sein Drehmoment ist nach Formel (64)

$$M_2 = \frac{2}{3} \cdot \mu_2 \cdot Q \cdot r_2 \cdot \frac{1 - \left(\dfrac{r}{r_2}\right)^3}{1 - \left(\dfrac{r}{r_2}\right)^2}, \tag{199}$$

worin $2\,r_2$ die Schlüsselweite darstellt. Damit ergibt sich

$$\frac{1}{\eta_2} = 1 + \frac{4}{3} \cdot \pi \cdot \mu_2 \cdot \frac{r_2}{h} \cdot \frac{1 - \left(\dfrac{r}{r_2}\right)^3}{1 - \left(\dfrac{r}{r_2}\right)^2}. \tag{200}$$

Beispiel 123. Für das Whitworthgewinde sind die zur Überwindung der Gewinde- und Mutterreibung erforderlichen Drehmomente M_1 und M_2 zu bestimmen.

Anzuwenden sind die Formeln (198) und (199). Die Ausrechnung ergibt mit $\mu = 0{,}16$, also $\dfrac{\mu}{\cos\beta} = 0{,}18$ die folgende Zusammenstellung:

Außendurchmesser d		Kerndurchmesser d_1	Steigung h	Schlüsselweite D	$\dfrac{M_1}{Q}$	$\dfrac{M_2}{Q}$
Zoll	mm	mm	mm	mm	cm	cm
$\frac{1}{4}$	6,35	4,72	1,27	13	0,071	0,078
$\frac{3}{8}$	9,52	7,49	1,59	19	0,103	0,116
$\frac{1}{2}$	12,70	9,99	2,12	23	0,138	0,143
$\frac{5}{8}$	15,87	12,92	2,31	27	0,168	0,164
$\frac{3}{4}$	19,05	15,80	2,54	33	0,200	0,205
$\frac{7}{8}$	22,22	18,61	2,82	36	0,231	0,231
1	25,40	21,33	3,18	40	0,263	0,258
$1\frac{1}{8}$	28,57	23,93	3,63	45	0,297	0,280
$1\frac{1}{4}$	31,75	27,10	3,63	50	0,326	0,323
$1\frac{3}{8}$	34,92	29,50	4,23	54	0,360	0,350
$1\frac{1}{2}$	38,10	32,68	4,23	58	0,389	0,380
$1\frac{5}{8}$	41,27	34,77	5,08	63	0,427	0,411
$1\frac{3}{4}$	44,45	37,94	5,08	67	0,456	0,440
$1\frac{7}{8}$	47,62	40,40	5,65	72	0,490	0,471
2	50,80	43,57	5,65	76	0,519	0,500
$2\frac{1}{4}$	57,15	49,02	6,35	85	0,584	0,560
$2\frac{1}{2}$	63,50	55,37	6,35	94	0,642	0,622
$2\frac{3}{4}$	69,85	60,55	7,26	103	0,708	0,682
3	76,20	66,90	7,26	112	0,765	0,747
$3\frac{1}{4}$	82,55	72,57	7,82	121	0,828	0,801
$3\frac{1}{2}$	88,90	78,92	7,82	130	0,886	0,866
$3\frac{3}{4}$	95,25	84,40	8,47	138	0,950	0,925
4	101,60	90,75	8,47	147	1,011	0,990
$1\frac{1}{4}$	107,05	06,60	0,04	150	1,009	1,048
$4\frac{1}{2}$	114,30	102,98	8,84	165	1,109	1,095
$4\frac{3}{4}$	120,65	108,82	9,24	174	1,187	1,170
5	127,00	115,17	9,24	183	1,245	1,234

Wenn man berücksichtigt, daß die genaue Berechnung der beiden Drehmomente wenig Bedeutung hat, weil die gebräuchlichen Schrauben im allgemeinen Abweichungen von 5 Einheiten der zweiten Dezimalstelle von den angegebenen genauen Werten haben, die nur bei bester Herstellung auf 2 Einheiten der zweiten Dezimalstelle zurückgehen, und weil der Wert der Reibungsziffer ebenfalls schwankt, so kann man sagen, daß die Hebelarme beider Drehmomente einander gleich und zwar gleich $\dfrac{1}{10}$ des äußeren Gewindedurchmessers sind.

Für das in Deutschland normale Gasgewinde nach Whitworth erhält man bei gleicher Reibungsziffer die folgende Zusammenstellung:

Innerer Rohrdurchmesser	Äußerer Gewindedurchmesser d	Kerndurchmesser d_1	Steigung h	$\dfrac{M}{Q}$
Zoll	mm	mm	mm	cm
$\frac{1}{4}$	13	11,3	1,34	0,132
$\frac{3}{8}$	16,5	14,8	1,34	0,163
$\frac{1}{2}$	20,5	18,2	1,82	0,204
$\frac{5}{8}$	23	20,7	1,82	0,227
$\frac{3}{4}$	26,5	23,2	1,82	0,254
1	33	30	2,31	0,322
$1\frac{1}{4}$	42	39	2,31	0,404
$1\frac{1}{2}$	48	45	2,31	0,458
$1\frac{3}{4}$	52	49	2,31	0,494
2	59	56	2,31	0,558
$2\frac{1}{4}$	70	67	2,31	0,656
$2\frac{1}{2}$	76	73	2,31	0,710
3	89	86	2,31	0,827
$3\frac{1}{2}$	101,5	98,5	2,31	0,940
4	114	111	2,31	1,052

Auch hier kann man den Hebelarm M/Q des Gewindereibungsmomentes bis zum einzölligen Gasrohr gleich dem äußeren Gewindedurchmesser setzen. Für die größeren Nummern bis $2''$ ist der Hebelarm das 0,95fache des äußeren Gewindedurchmessers, für die ganz starken Rohre das 0,93fache.

Beispiel 124. Für das metrische Gewinde von Befestigungsschrauben[164] ist der Hebelarm des Gewindereibungsmomentes zu bestimmen mit der Reibungsziffer $\mu = 0,16$, also $\dfrac{\mu}{\cos\beta} \sim 0,185$.

Man erhält nach Formel (198) die folgende Zusammenstellung:

Äußerer Durchmesser d	Kerndurchmesser d_1	Ganghöhe h	Hebelarm $M : Q$	Bemerkungen
mm	mm	mm	cm	
1	0,65	0,25	0,012	
1,4	0,98	0,3	0,016	
2	1,44	0,4	0,022	Mechanikergewinde
2,6	1,97	0,45	0,028	(geändertes
3	2,31	0,5	0,033	Löwenherzgewinde)
4	3,03	0,7	0,044	
5	3,89	0,8	0,054	
6	4,61	1,0	0,065	

[164] Deutsche Industrienormen 1918.

Äußerer Durchmesser d mm	Kern-Durchmesser d_1 mm	Ganghöhe h mm	Hebelarm $M : Q$ cm	Bemerkungen
8	6,26	1,25	0,086	
10	7,92	1,5	0,107	
12	9,57	1,75	0,128	
14	11,22	2	0,149	
16	13,22	2	0,167	
20	16,53	2,5	0,209	
24	19,83	3	0,251	
30	25,14	3,5	0,311	
36	30,44	4	0,372	Maschinen-
42	35,75	4,5	0,432	baugewinde
48	41,05	5	0,492	(System
56	48,36	5,5	0,571	Inter-
64	55,67	6	0,650	national)
72	62,97	6,5	0,728	
80	70,28	7	0,807	
90	79,58	7,5	0,904	
100	88,89	8	1,010	
110	98,89	8	1,095	
120	107,50	9	1,196	
130	117,50	9	1,289	
140	127,50	9	1,382	
150	136,11	10	1,481	

Für das Maschinenbaugewinde kann der Hebelarm genau genug zu $\frac{1}{10}$ des äußeren Gewindedurchmessers angesetzt werden, für das Mechanikergewinde zu 0,11 des äußeren Durchmessers. Der Hebelarm der Mutterreibung entspricht dem des Whitworthgewindes.

Beispiel 125. Die Wirkung der Gegenmutter ist zu erörtern.

In vielen Fällen spannt die Hauptmutter den Schraubenbolzen mit einer Kraft P an derart, daß die Spannkraft von der Anlagefläche A der Fig. 215 an bis zum Ende der Hauptmutter auf den Wert 0 stetig herabsinkt. Wird jetzt eine Gegenmutter aufgeschraubt, so legt sie sich in der Fläche B mit der Kraft P_1 gegen die Hauptmutter, und die dadurch erzeugte Spannkraft im Bolzen nimmt wieder von B bis C stetig bis auf 0 ab. Der gesamte Spannkraftverlauf ist hiernach in die Fig. 215 eingetragen[165]). Man sieht, daß jetzt erst die Gewindegänge der Hauptmutter zwischen A und D anliegen, während die zwischen D und B befindlichen lose sind.

Die Gegenmutter entspannt also die Hauptmutter derart, daß beide zusammen dieselbe Wirkung haben wie die Hauptmutter allein. Sie ist demnach als Schraubensicherung von recht mangelhafter Wirkung.

Wird sie so fest angezogen, daß $P_1 = P$ wird, so entsteht die Spannkraftdarstellung der Fig. 216. Die Gegenmutter spannt den Bolzen allein mit der

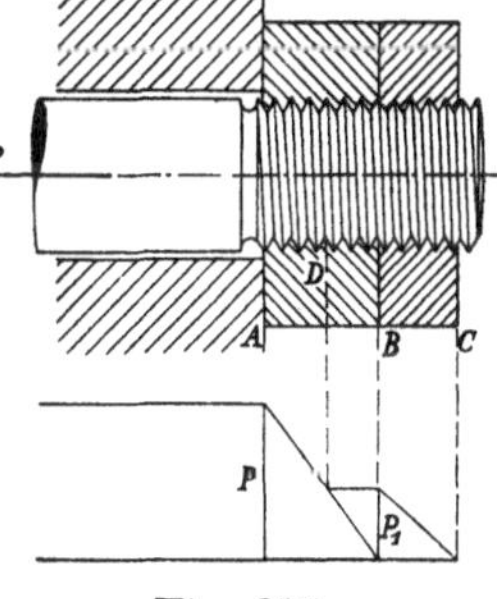

Fig. 215.

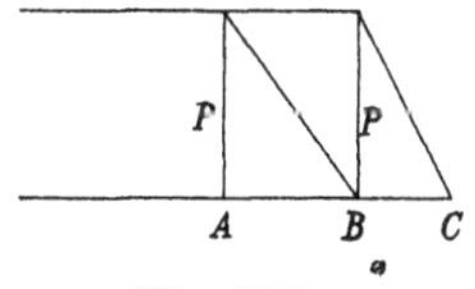

Fig. 216.

---

[165]) Seemann, D. p. J. 1918.

Kraft P an und die untere Mutter liegt jetzt als lose Scheibe darunter. Der Fall wird meistens praktisch angewendet, indem man, etwa bei Lagerdeckeln u. dgl., die niedrigere Mutter zuerst aufschraubt, nur um genau die Stellung festzusetzen, bis zu der das Gewinde angezogen werden soll, und dann das richtige Festziehen durch die höhere Hauptmutter bewirkt.

Je nach dem Verwendungszweck als Schraubensicherung oder als Paßmutter ist die niedrigere Mutter außen bzw. innen anzubringen.

14. Das Schneckenrad.

Denkt man sich aus der genügend lang angenommenen Mutter einer flachgängigen Schraube einen Streifen parallel zur Achse herausgeschnitten und mit den Gewindegängen nach außen um die Stirnseite eines Rades herumgelegt, so erhält man ein Schneckenrad. Der Querschnitt der erzeugenden Leiste der zugehörigen Schraube, der Schnecke, wird als Zahn einer Zahnstange ausgeführt, so daß das bei der Schraube als Ganghöhe h bezeichnete Maß hier in die Teilung τ der Verzahnung übergeht, wenn die Schnecke eingängig ist. Bei zweigängigen Schnecken ist die Ganghöhe $h = 2\tau$. Hat das Rad z Zähne von der Teilung τ und die Schnecke die Ganghöhe $h = y \cdot \tau$, so dreht sich das Rad bei einer Umdrehung der Schnecke um den $\dfrac{y}{z}$ ten Teil seines Umfanges; die Übersetzung beträgt also $ü = \dfrac{y}{z}$.

Die Schneckenwelle ist stets die antreibende und die Radwelle die getriebene. Da das Rad zwischen den Gängen der sich drehenden Schnecke als Zahnrad eingreift, so gelten dafür die Verzahnungsgesetze. Verzahnungskurve ist ausschließlich die Evolvente, da die Zykloide in den parallel zum Mittelschnitt durch den Eingriff geführten Schnitten ungünstige Eingriffsverhältnisse liefert[166]).

Zur Untersuchung des Eingriffes sind durch Schnecke und Rad mehrere derartige Schnitte parallel zur Hauptebene des ganzen Getriebes

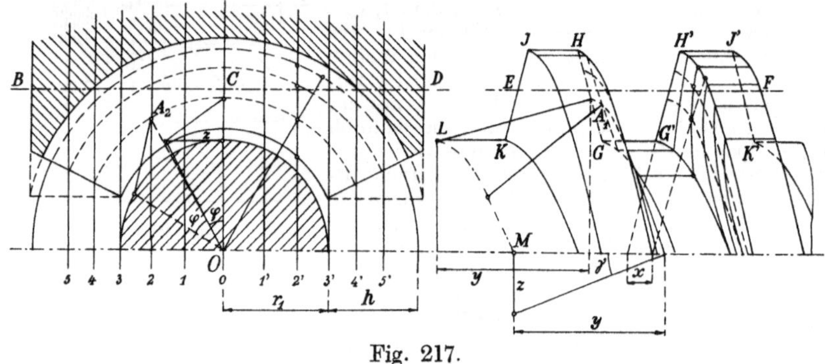

Fig. 217.

zu legen (Fig. 217). Die Schnittkurven im Längsschnitt der Schnecke werden am besten, wie bei Schnitt 2' angegeben, als Kreuzungspunkte

---

[166]) Ernst, Z. d. V. d. I. 1900.

des betreffenden Schnittes mit beliebig auf der Zahnhöhe festgelegten
Schraubenlinien erhalten oder auch, indem·man durch O einen Fahrstrahl legt, sein Ende nach dem Zahnkopf der Schnecke hinüberprojiziert
und auf der Achse von der durch $H'G'$ bzw. HG gezogenen Geraden den
dem Bogen bis zum Fahrstrahl entsprechenden Anteil x der Steigung
aufträgt und den so erhaltenen Punkt mit dem ersten geradlinig ver-
bindet. Für den hinteren Teil der den Radzahn umfassenden Schrauben-
flanken sind die Schnitte in Fig. 217 an ihrem Platz gezeichnet. An
dem vorderen Schraubengang verdecken sie sich gegenseitig zum größeren Teil.

Für jeden dieser Schnitte sind in Fig. 218 die Zahnstangenverzah-
nungen herausgezeichnet[166]). T_r und T_s sind der Teilkreis des Rades
bzw. die Teilungsgerade der Schnecke, die sich in C berühren, KL ist
die Eingriffslinie der vorderen Flanken PS bzw. TO, HJ diejenige der
hinteren Flanken QR bzw. UV. Um das Gleiten der Zähne aufeinander
zu veranschaulichen, sind die Zahnstangenflanken in gleiche Teile geteilt und die zugehörigen Teile der Radzahnflanken konstruiert worden.
Für den Mittelschnitt 0 hat man die Evolventenverzahnung mit gerader
Eingriffslinie nach Fig. 187 zu zeichnen. Bei den anderen Schnitten
ist das Zahnstangenprofil aus Fig. 217 gegeben, und das dazugehörige
des Rades ist nach den allgemeinen Verzahnungsregeln (Fig. 182) zu
bestimmen.

Dazu ist die Richtung der Zahnstangenprofillote mit Genauigkeit
festzulegen, was für einen Punkt in Fig. 217 angegeben ist[167]). Das
Lot zu HG in einem beliebigen Punkt läßt sich ohne weiteres in der
rechten Figur fällen, es trifft die Fußbegrenzungsebene KG im Punkt L.
Es ist jedoch gegen die Zeichenebene um den Steigungswinkel γ der
betreffenden Schraubenlinie geneigt, der an die Achse der Schnecke
wo er sich in wahrer Größe zeigt, angetragen ist, indem dort zu der
Schraubenlinie ein Lot errichtet wird. Dieses Lot ist von der Achse
im Abstande y um $z = y \cdot \operatorname{tg} \gamma$ entfernt, welche Länge in die linke
Figur übertragen wird, wo sie den Zentriwinkel φ bestimmt. Jetzt
wird die durch L gehende Schraubenlinie von der Steigung der Schnecke
gezeichnet, von der die rechte Figur das Stück LM enthält. Um nun
das Lot im Punkt $A_1 A_2$ anzugeben, wird an OA_2 der Winkel φ angetragen.
Dann ist die ihm gegenüberliegende Seite des betreffenden Dreiecks
die Lotlänge in der linken Projektion. Ihr Endpunkt wird nach rechts
auf LM übertragen und damit ist auch dort das Lot im Fußpunkte A_1
bestimmt.

Man ersieht aus den Fig. 218, daß die Zahnprofile sowohl der Schnecke
als auch des Rades in den Seitenschnitten ganz eigentümliche Kurven
bilden, die besonders auf der rechten Seite der Schnecke, die sich aus
dem Rad herausdreht, stark von der Evolventenverzahnung des Mittel-
schnittes abweichen.

---

[167]) v. Glinski, Z. d. V. d. I. 1903.

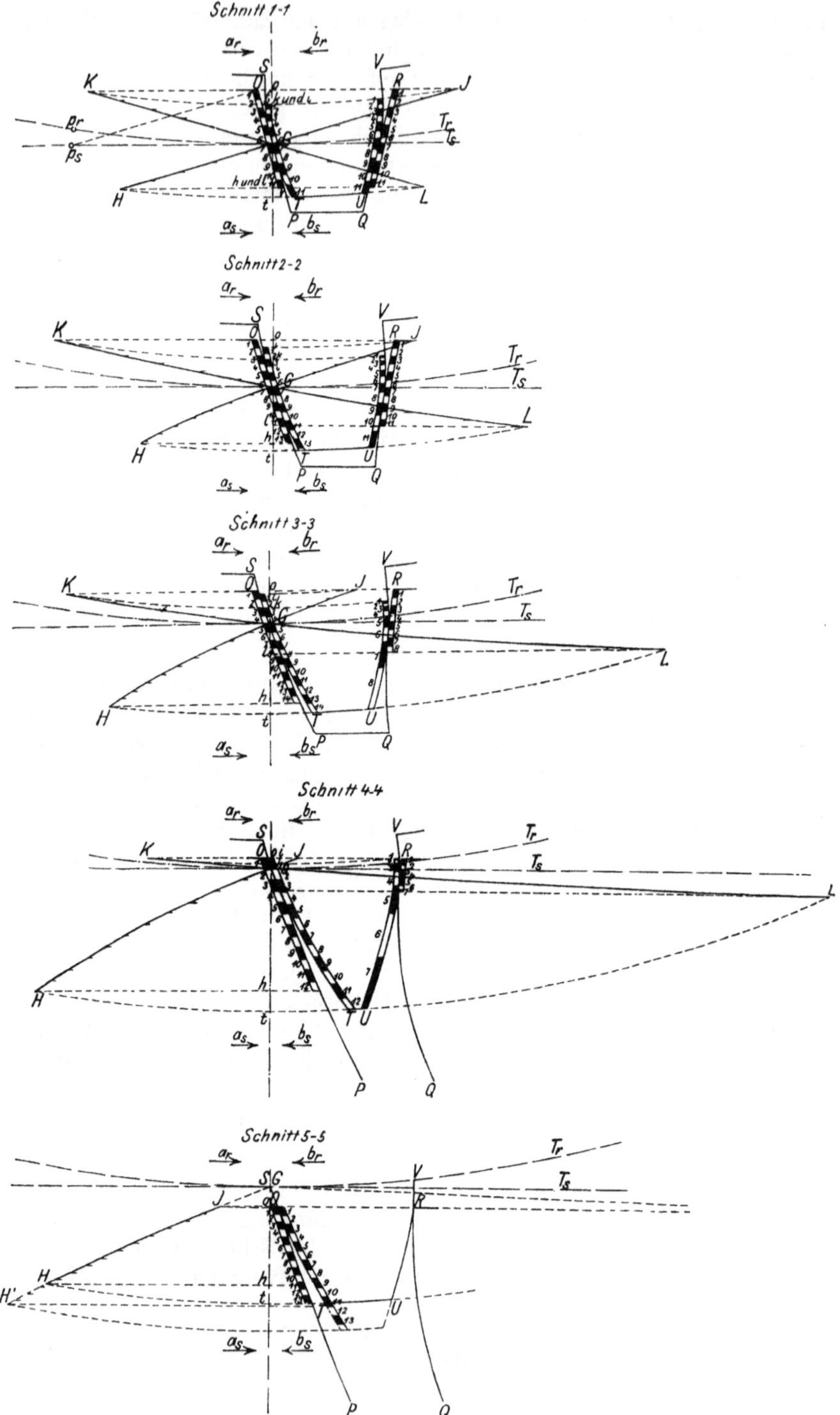

Fig. 218.

Trägt man die wagerechten Projektionen der verschiedenen Eingriffstrecken in die Grundrißprojektion der Schnecke in der durch die
Schneckensteigung vorgeschriebenen Verschiebung gegeneinander ein
und überträgt die betreffenden Endpunkte in den Schneckenquerschnitt,
so ergibt sich das Eingriffsfeld[168]) der Fig. 219. Der Deutlichkeit halber
ist allerdings nur die Eingriffsfläche des mittleren Schneckenzahnes in
die Querschnittprojektion übertragen worden. In Fig. 217 war neben
der gebräuchlichen seitlichen Abschrägung des Schneckenrades punktiert
auch die die Schnecke weiter umfassende zylindrische Begrenzung des
Rades angedeutet worden. Die Fig. 219 zeigt, daß dadurch das Eingriffsfeld nur unwesentlich vergrößert wird, und die beiden letzten
Figuren der Fig. 218 ergeben, daß die Ansätze das spezifische Gleiten
der Flanken ganz bedeutend erhöhen. Um dieses spezifische Gleiten
möglichst zu verringern, führt man die Schnecke so kurz aus, daß der

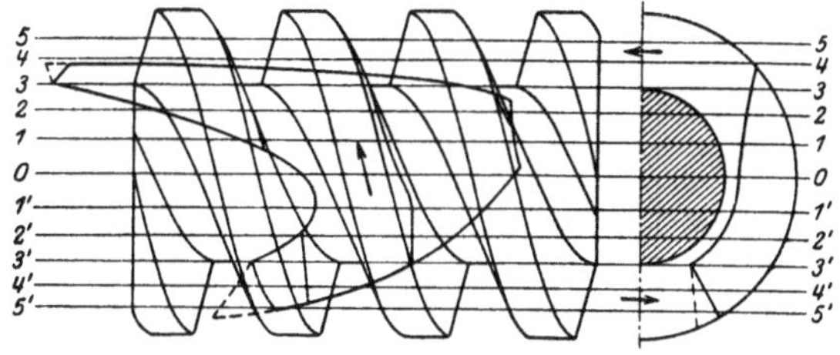

Fig. 219.

letzte Teil des Eingriffsfeldes, wo es am größten ist, nicht mehr benutzt
wird. Außerdem entspricht der Verlängerung des Eingriffes eine Verringerung der Eingriffstiefe und umgekehrt. Die Verhältnisse ver-
schlechtern sich, je größer der Steigungswinkel γ der Schraube ist,
wenn nicht gleichzeitig der Verzahnungswinkel α verkleinert wird. Die
kleinste Zähnezahl des Rades bei $a = 75°$ und $h_K = 0,3 \cdot \tau$ ist $z = 28$.

Zu beachten ist noch bei der Aufzeichnung des Eingriffsfeldes, daß
die Eingriffstrecke der Verzahnung mindestens da aufhören muß, wo
sie von dem aus dem Radmittelpunkt geschlagenen Kreis tangiert
wird[169]). Darüber hinaus ist ja nach den Darlegungen S. 157 ein richtiger Eingriff nicht mehr möglich, und in der Nähe dieses Punktes ist
das spezifische Gleiten bereits unzulässig groß. Man hat, insbesondere
bei mehrgängigen Schnecken, hiernach den vorderen Teil des Eingriffsfeldes entsprechend zu kürzen, wie auch die Fig. 219 angibt, wo die
vordere Abrundung weggeschnitten ist. Es muß dies durch Verringerung der Kopfhöhe der Schnecke geschehen oder besser durch Verkleinerung des Verzahnungswinkels α. Das gewählte Zeichnungsbeispiel
ist also wenig vorteilhaft.

Ist M_2 das Drehmoment des Schneckenrades vom Halbmesser R,
so kann man die um den Schneckenhalbmesser r von der Schnecken-

---

168) Stribeck, Z. d. V. d. I. 1897/98; Ernst, a. a. O.
169) Kull, D. p. J. 1906.

achse nach dem Rad hin verschobene axiale Kraft Q, die also im Punkt C der Fig. 217 angreift, ermitteln aus der Gleichung

$$M_2 = Q \cdot R.$$

Die in C zwischen dem Schnecken- und dem Radprofil wirkende Kraft N ist nun gegen die Mittelachse der Schnecke um den Steigungswinkel γ geneigt und senkrecht dazu um den Zahnstangenwinkel $\dfrac{\pi}{2} - \alpha$ (Fig. 220). Man erhält so gemäß Formel (49) in Bd. I

$$N^2 = Q^2 \cdot (1 + \mathrm{tg}^2\,\gamma + \mathrm{cotg}^2\,\alpha). \qquad (201)$$

Bezeichnet ferner

$$v_1 = \frac{2\,\pi \cdot r \cdot n_1}{60 \cdot \cos\gamma}$$

die Geschwindigkeit des Schneckenpunktes C und

$$v_2 = \frac{2\,\pi \cdot R \cdot n_2}{60} \cdot \sin\alpha \cdot \frac{h}{l}$$

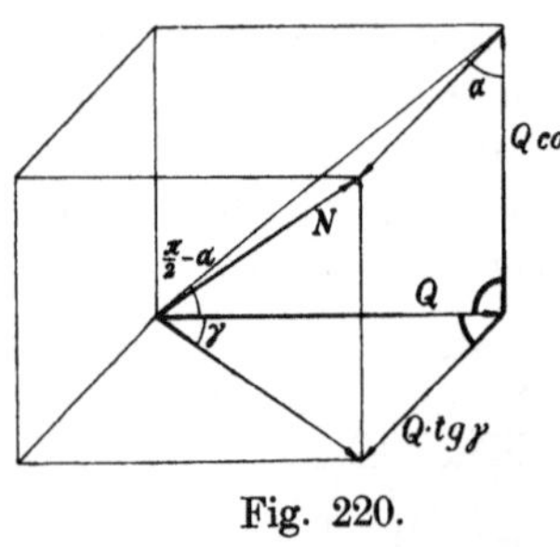

Fig. 220.

diejenige des Radpunktes C, in der Richtung der Zahnhöhe h, wobei l die mittlere Länge der Eingriffstrecke angibt, so gilt nach Formel (42) als widerstehende Kraft in Richtung der Schneckenbewegung

$$P_1 = \frac{\mu \cdot N}{\sqrt{1 + \left(\dfrac{v_2}{v_1}\right)^2}} = \frac{\mu \cdot N}{\sqrt{1 + \left(\dfrac{R}{r} \cdot \ddot{u}_1 \cdot \cos\gamma \cdot \dfrac{h}{l}\sin\alpha\right)^2}}$$

und entsprechend als diejenige in Richtung der Radbewegung

$$P_2 = \frac{\mu \cdot N}{\sqrt{1 + \left(\dfrac{v_1}{v_2}\right)^2}} = \frac{\mu \cdot N}{\sqrt{1 + \left(\dfrac{r}{R} \cdot \ddot{u}_2 \cdot \dfrac{l_1}{h\cos\gamma} \cdot \sin\alpha\right)^2}}.$$

In die Berechnung ist also an Stelle von μ einzusetzen für das Rad

$$\mu_r = \frac{\mu}{\sqrt{1 + \left(\dfrac{r}{R} \cdot \dfrac{h \cdot \ddot{u}_2}{h\cos\gamma \cdot \sin\alpha}\right)^2}}$$

und für die Schnecke

$$\mu_s = \frac{\mu}{\sqrt{1 + \left(\dfrac{R}{r} \cdot \ddot{u}_1 \cdot \dfrac{h}{l}\cos\gamma \cdot \sin\alpha\right)^2}}.$$

Der Einfachheit halber ist hier nicht mit den an jedem Punkt des Eingriffsfeldes anders geneigten Teilkräften $d\,N$ gerechnet worden, sondern bereits mit ihrem Mittelwert N, dessen Lage und Richtung die oben angegebene ist. Der gemachte Fehler ist jedenfalls unbedeutend.

Da nun, wie die Fig. 218 zeigen, die Eingrifflinien im allgemeinen nicht sehr von Geraden abweichen, so kann ohne großen Fehler für die Berechnung der Zahnreibung des Rades die für die Evolventenverzahnung gültige Rechnung benutzt werden. Man erhält als Raddrehmoment

$$M_2 = Q \cdot R = \frac{N \cdot R}{\sqrt{1 + \operatorname{tg}^2 \gamma + \operatorname{cotg} \alpha^2}}$$

und als Reibungsmoment gemäß der Herleitung von Formel (171)

$$M_{2r} = \mu \cdot N \cdot \cos \alpha \, (2\,R - \tfrac{1}{2}\,R_1 \cdot u_2 + \tfrac{1}{2}\,R \cdot u_1),$$

worin u_1 der Fig. 188 zu entnehmen ist. Für die Zahnstange ist $R_1 = \infty$ und $u_2 = 0$, so daß das Produkt in unbestimmter Form auftritt, die hier den Wert $\dfrac{2 \cdot h_{K1}}{(\tfrac{1}{2}\cos\alpha)^2}$ annimmt.

Unbestimmte Formen. Wenn zwei verschiedene Funktionen derselben Veränderlichen x, etwa $f_1(x)$ und $f_2(x)$ für einen bestimmten Wert von x, etwa a ergeben $f_1(a) = 0$ und $f_2(a) = \infty$, so ist ihr Produkt der Betrag, dem sich $f_1(a + \delta) \cdot f_2(a + \delta)$ bei immer kleiner werdendem δ mehr und mehr nähert Da nun $f_1(a) = 0$ ist und ebenso $\dfrac{1}{f_2(a)} = 0$, so kann das Produkt auch geschrieben werden

$$\frac{f_1(a + \delta)}{1 : f_2(a + \delta)} = \frac{f_1(a + \delta) - f_1(a)}{\dfrac{1}{f_2(a + \delta)} - \dfrac{1}{f_2(a)}} \cdot$$

Bei verschwindend kleinem δ ist nun der Zähler das Differential $d\,f_1(x)$ für $x = a$ und ebenso der Nenner das Differential $d\,\dfrac{1}{f_2(x)}$ für $x = a$.

In dem besonderen Fall $x = a$, bei dem die gegebenen beiden Funktionen den Wert 0 bzw. ∞ annehmen, sind somit die sonst verschiedenen Ausdrücke auf beiden Seiten der Gleichung

$$f_1(a) \cdot f_2(a) = \frac{d\,f_1(a)}{d\,\dfrac{1}{f_2(a)}} \tag{202}$$

einander gleich, woraus der wahre Wert bestimmt werden kann. Hat der Quotient der ersten Differentiale wieder einen unbestimmten Wert, so ist noch einmal zu differentiieren.

In entsprechender Weise berechnet man auch Ausdrücke wie $\dfrac{0}{0}$ oder $\dfrac{\infty}{\infty}$.

Im vorliegenden Fall ist nach Formel (162) mit Benutzung der Beziehung $m \cdot z_1 = 2\,R_1$

$$u_2 = \sqrt{1 + \frac{\dfrac{2\,h_{K1}}{R_1} + \left(\dfrac{2\,h_{K1}}{R_1}\right)^2}{(\tfrac{1}{2}\cos\alpha)^2}} - 1,$$

also nach Bd. I, S. 105

$$\frac{d\,u_2}{d\,R_1} = \frac{\dfrac{1}{(\tfrac{1}{2}\cos\alpha)^2} \cdot \left(-\dfrac{2\,h_{K1}}{R_1^2} - 4\,h_{K1}^2 \cdot \dfrac{2}{R_1^3}\right)}{\dfrac{1}{\tfrac{1}{2}\cos\alpha} \cdot \sqrt{(\tfrac{1}{2}\cos\alpha)^2 + \dfrac{2\,h_{K1}}{R_1} + \left(\dfrac{2\,h_{K1}}{R_1^2}\right)^2}} \cdot$$

Ferner ist ebenso zu bestimmen (Bd. I, S. 105)

$$d\,\frac{\dfrac{1}{R_1}}{d\,R_1} = -\frac{1}{R_1^2}.$$

Die Division beider Ausdrücke ergibt für $R_1 = \infty$

$$u_2 \cdot R_1 = \frac{\dfrac{1}{\frac{1}{2}\cos\alpha}\cdot(+2\,h_{K1}+0)}{\sqrt{(\frac{1}{2}\cos\alpha)^2 + 0 + 0}} = \frac{2\,h_{K1}}{(\frac{1}{2}\cos\alpha)^2}.$$

Man erhält so

$$\frac{M_{2r}}{M_2} = \mu_r \cdot \cos\alpha \cdot \left[2 - \frac{h_{K1}}{R} : (\tfrac{1}{2}\cos\alpha)^2 + \frac{u_1}{2}\right] \cdot \sqrt{1 + \operatorname{tg}^2\gamma + \operatorname{cotg}^2\alpha}$$

$$= \mu_r \cdot \operatorname{cotg}\alpha \cdot \left[2 - \frac{h_{K1}}{R} : (\tfrac{1}{2}\cos\alpha)^2 + \frac{u_1}{2}\right] \cdot \sqrt{1 + \frac{\operatorname{tg}^2\gamma}{1 + \operatorname{cotg}^2\alpha}}. \quad (203\,\mathrm{a})$$

Die Seitenkraft $Q \cdot \operatorname{tg}\gamma$ drückt den Bund der Radwelle an das Lager und ruft dort Spurkranzreibung hervor vom Drehmoment (Formel 65)

$$M_2' = \frac{1}{2}\,\mu_2' \cdot Q \cdot \operatorname{tg}\gamma \cdot r_2 \cdot \left(1 + \frac{r_1}{r_2}\right).$$

Damit wird

$$\frac{M_2'}{M_2} = \frac{1}{2} \cdot \mu_2' \cdot \frac{r_2}{R} \cdot \left(1 + \frac{r_1}{r_2}\right) \cdot \frac{\operatorname{tg}\gamma}{\sqrt{1 + \operatorname{tg}^2\gamma + \operatorname{cotg}^2\alpha}}, \quad (203\,\mathrm{b})$$

worin r_1 den Wellenhalbmesser und r_2 den Außenhalbmesser des Spurringes bedeutet.

Entsprechend belastet die Seitenkraft $Q \cdot \sin\alpha$ die Traglager, und das Drehmoment der dort entstehenden Reibung ist nach Formel (57)

$$M_2'' = \mu_2'' \cdot \frac{Q}{\sin\alpha} \cdot r_1,$$

also

$$\frac{M_2''}{M_2} = \frac{\mu_2''}{\sin\alpha} \cdot \frac{r_1}{R}. \quad (203\,\mathrm{c})$$

Für die mit der Kraft Q belastete Schnecke ergibt Formel 198 das Drehmoment einschließlich der Schneckenreibung zu

$$\mathbf{M}_{1r} = Q \cdot r \cdot \frac{\operatorname{tg}\gamma + \dfrac{\mu_s}{\sin\alpha}}{1 - \dfrac{\mu_s}{\sin\alpha} \cdot \operatorname{tg}\gamma},$$

also, wenn durch $M_1 = Q \cdot r \cdot \operatorname{tg}\gamma$ dividiert wird

$$\frac{1}{\eta_1} = \frac{M_{1r}}{M_1} = \frac{1 + \dfrac{\mu_s}{\sin\alpha} \cdot \operatorname{cotg}\gamma}{1 - \dfrac{\mu_s}{\sin\alpha} \cdot \operatorname{tg}\gamma}. \quad (204\,\mathrm{a})$$

Die in Richtung der Schneckenachse wirkende Kraft Q belastet das Drucklager, das bei neueren Ausführungen stets ein Kugellager ist. Zu dem Drehmoment M_{1r} tritt somit gemäß Formel (110)

$$M_1' = 0{,}00067 \cdot Q \cdot \frac{r_3}{r_0},$$

worin r_3 den Halbmesser des Kugellaufringes und r_0 den der einzelnen Kugeln angibt. Zu dem obigen Betrag von $\dfrac{1}{\eta_1}$ addiert sich also noch

$$\frac{M_1'}{M_1} = 0{,}00067 \cdot \frac{r_3}{r_0} \cdot \frac{\cotg \alpha}{r} \cdot \qquad (204\,\mathrm{b})$$

Die beiden Traglager der Schneckenwelle werden belastet durch die senkrecht aufeinander stehenden Seitenkräfte des Raddruckes $N\,Q \cdot \tg \gamma$ und $Q \cdot \cotg \alpha$, ferner muß das noch in die Ebene von $Q \cdot \cotg \alpha$ fallende Drehmoment $Q \cdot r$ aufgenommen werden durch den Lagerdruck P am Hebelarm l, dem Abstand der beiden Traglagermitten (Fig. 221). Die Gesamtbelastung des einen Traglagers ist demnach

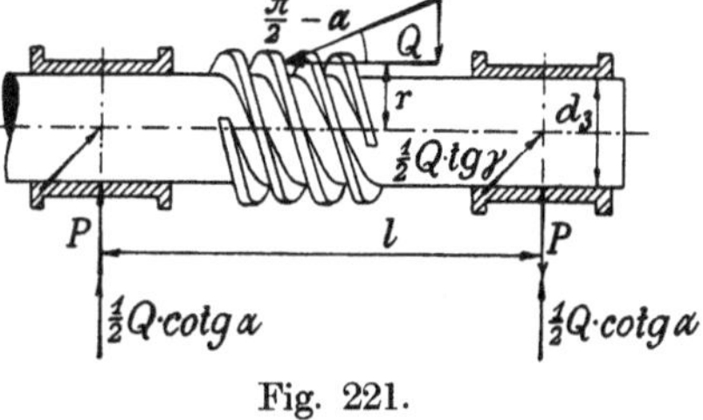

Fig. 221.

$$Q \cdot \sqrt{\left(\frac{1}{2} \cdot \tg \gamma\right)^2 + \left(\frac{1}{2} \cdot \cotg \alpha + \frac{r}{l}\right)^2}$$

und die des anderen

$$Q \cdot \sqrt{\left(\frac{1}{2} \cdot \tg \gamma\right)^2 + \left(\frac{1}{2} \cdot \cotg \alpha - \frac{r}{l}\right)^2}.$$

Damit ergibt sich als dritter Addend

$$\frac{M_1''}{M_1} = \frac{\mu_3 \cdot r_3}{2r \cdot \tg \alpha} \cdot \left[\sqrt{\tg^2 \gamma + \left(\cotg \alpha + \frac{2r}{l}\right)^2} + \sqrt{\tg^2 \gamma + \left(\cotg \alpha - \frac{2r}{l}\right)^2}\right] \cdot \quad (204\,\mathrm{c})$$

Wird die Schneckenwelle, wie es häufig geschieht, mit Tragkugellagern versehen, so ergibt Formel (107)

$$\frac{M_1''}{M_1} = \frac{0{,}000815}{2r \cdot \tg \alpha} \cdot \frac{r_4}{r_0'} \cdot \left[\sqrt{\tg^2 \gamma + \left(\cotg \alpha + \frac{2r}{l}\right)^2} + \sqrt{\tg^2 \gamma + \left(\cotg \alpha - \frac{2r}{l}\right)^2}\right],$$

worin r_4 den Halbmesser des Laufringes der Kugeln vom Halbmesser r_0' bedeutet.

Beispiel 126. Anzugeben ist der Wirkungsgrad eines Schneckengetriebes von der Teilung $\tau = 1''$ bei dem Verzahnungswinkel $\alpha = 75°$ mit $z = 30$ Zähnen am Rade und $y = 1$, 2, 3 Gängen der Schnecke.

Der Teilkreisdurchmesser des Rades ist

$$D = \frac{z \cdot \tau}{\pi} = \frac{30 \cdot 25{,}4}{\pi} = 242{,}6 \text{ mm.}$$

Der Teilrißdurchmesser der Schnecke betrage

$$2\,r = 76{,}6 \text{ mm.}$$

Somit wird

$$\operatorname{tg}\gamma = \frac{h}{2\,\pi \cdot r} = 0{,}1056 \quad \text{bzw.} \quad 0{,}2112 \quad \text{bzw.} \quad 0{,}3167\,,$$

ferner ist

$$\operatorname{cotg}\alpha = 0{,}268 \quad \text{und} \quad \sin\alpha = 0{,}966\,,$$

die Kopfhöhe der Zähne im Mittelschnitt $h_K = \dfrac{\tau}{3}$, der Durchmesser der Radachse $d_1 = 50$ mm, der Durchmesser des Drucklagerringes des Rades $d_2 = 80$ mm,

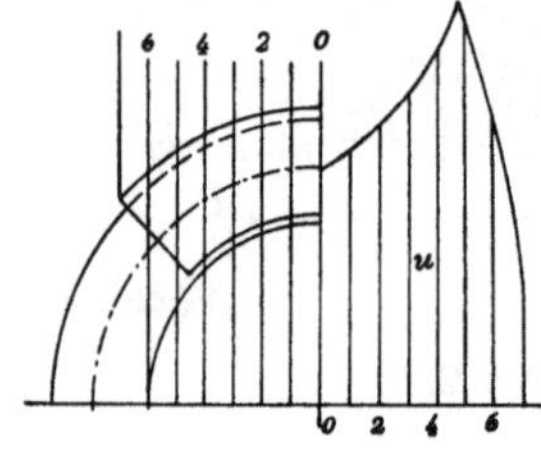

Fig. 222.

der Durchmesser der Schneckenlager $d_3 = 35$ mm, ihr Mittenabstand $l = 230$ mm, der Laufringdurchmesser des Kugeldrucklagers der Schnecke $d_4 = 55$ mm, der Kugeldurchmesser $d_0 = \frac{3}{8}''$.

Für das Rad von $b = 70$ mm Breite, dessen Zähne seitlich unter $45°$ abgeschrägt sind, ist nun an einer Reihe von Schnitten aus Fig. 222 die Kopfhöhe h_{K2} zu bestimmen. Es wird dann $\dfrac{h_{K2}}{m} = \dfrac{\pi}{\tau} \cdot h_{K2}$ ausgerechnet und dafür der Fig. 188 der zugehörige Wert von u_1 entnommen, wie die folgende Zusammenstellung angibt.

Schnitt	0	1	2	3	4	5	6	7	
$h_{K2} =$	0,845	0,890	1,045	1,26	1,60	1,55	1,10	0,62	cm
$\dfrac{h_{K2}}{m} =$	1,045	1,100	1,292	1,559	1,979	1,916	1,360	0,767	,,
$u_1 =$	0,774	0,807	0,918	1,066	1,298	1,253	0,945	0,400	,,
$h_{K1} =$	0,845	0,805	0,725	0,600	0,525	0,125	0	0	,,

Die sich hieraus ergebenden Mittelwerte $u_1 = 0{,}935$ und $h_{K1} = 0{,}45$ cm, $h_{K2} = 1{,}11$ cm sind in die Formel (203) einzusetzen. Als mittlere Eingriffslänge wird $l = 1{,}6 \cdot \tau$ geschätzt.

Die Reibungsziffer zwischen der Stahlschnecke und dem Phosphorbronzerad werde bei Laufen im Ölbade zu $\mu = 0{,}045$ angenommen, die Reibungsziffer der Lager zu $\mu_2' = \mu_2'' = 0{,}02$. Damit ergibt sich für die eingängige Schnecke

$$\mu_s = \frac{0{,}045}{\sqrt{1 + \left(\dfrac{7{,}66}{24{,}26} \cdot \dfrac{1{,}11}{1{,}6 \cdot 2{,}54} \cdot \dfrac{1}{30} \cdot \dfrac{1}{0{,}966}\right)^2 \cdot (1 + 0{,}1056^2)}} \sim 0{,}045\,,$$

$$\mu_r = \frac{0{,}045}{\sqrt{1 + \left(\dfrac{24{,}26}{7{,}66} \cdot \dfrac{1{,}6 \cdot 2{,}54}{1{,}11} \cdot 30 \cdot 0{,}966\right)^2 \cdot \dfrac{1}{1 + 0{,}1056^2}}} \sim 0{,}000133\,,$$

entsprechend für die zweigängige

$$\mu_s \sim 0{,}045 \quad \text{und} \quad \mu_r \sim 0{,}000271\,,$$

für die dreigängige

$$\mu_s \sim 0{,}045 \quad \text{und} \quad \mu_r \sim 0{,}000418\,.$$

Es ergibt sich so für $y = 1$

$$\frac{M_{2r}}{M_2} = 0,000133 \cdot \left(2 - \frac{8 \cdot 0,45}{24,26 \cdot 0,0672} + \frac{0,935}{2}\right) \cdot 0,268 \cdot \sqrt{1 + \frac{0,1056^2}{1 + 0,268^2}} \sim 0,$$

wie nach den Darlegungen S. 50 zu erwarten war; auch für $y = 2$ und 3 bleibt der Betrag verschwindend klein.

Für die Spurkranzreibung des Rades wird bei $y = 1$

$$\frac{M_2'}{M_2} = \frac{0,02 \cdot 8,0}{2 \cdot 24,26} \cdot \left(1 + \frac{5}{8}\right) \cdot \frac{0,1056}{\sqrt{1 + 0,1056^2 + 0,268^2}} = 0,0005$$

und bei $y = 2$ und $3 : 0,0011$ bzw. $0,0016$.

Für die Traglagerreibung des Rades erhält man

$$\frac{M_2''}{M_2} = \frac{0,02}{0,966} \cdot \frac{5,0}{24,26} = 0,0043.$$

Für die Schnecke liefert Formel (204a) bei $y = 1$

$$\frac{M_{1r}}{M_1} = \frac{1 + \dfrac{0,045}{0,966 \cdot 0,1056}}{1 - \dfrac{0,045}{0,966} \cdot 0,1056} = \frac{1,439}{0,995} = 1,445$$

entsprechend bei $y = 2$ den Wert 1,228, bei $y = 3$ den Wert 1,115.

Hierzu kommt der Einfluß des Kugeldrucklagers mit

$$\frac{M_1'}{M_1} = \frac{0,00067 \cdot 5,5}{0,1056 \cdot 0,95 \cdot 3,85} = 0,0096$$

$$\text{bzw.} \quad 0,0048 \quad \text{bzw.} \quad 0,0032$$

und der der Traglagerreibung

$$\frac{M_1''}{M_1} = \frac{0,02 \cdot 3,5}{7,66 \cdot 0,1056} \cdot \left[\sqrt{0,0528^2 + \left(0,134 + \frac{3,83}{23,0}\right)^2} + \sqrt{0,0528^2 + \left(0,134 - \frac{3,83}{23,0}\right)^2}\right]$$

$$= 0,0318 \quad \text{bzw.} \quad 0,0183 \quad \text{bzw.} \quad 0,0144.$$

Wenn nun alle Beträge addiert werden, wird

$$\text{für } y = 1: \quad \frac{1}{\eta} = 1,489, \quad \text{also} \quad \eta = 0,673,$$

$$\text{,, } y = 2: \quad \frac{1}{\eta} = 1,257, \quad \text{,,} \quad \eta = 0,796,$$

$$\text{,, } y = 3: \quad \frac{1}{\eta} = 1,139, \quad \text{,,} \quad \eta = 0,878.$$

Der heute gebräuchliche Ersatz der Schneckengleitlager durch Kugellager verbessert zwar den Wirkungsgrad, aber nicht erheblich.

Die Rechnung setzt günstige Eingriffsverhältnisse voraus, die bei der angenommenen Kopfhöhe nicht überall erfüllt sind (vgl. S. 207).

Gemessen wurde[170] für die dreigängige Schnecke bei Vollbelastung und $v_1 = 2,9$ m/sk $\eta = 0,85$. Hierbei war infolge der Eingriffsmängel im Dauerbetrieb die Öltemperatur in dem Schnecke und Rad umgebenden Gehäuse über die Lufttemperatur um 85° gestiegen. Am günstigsten ist[168] die Öltemperatur $t \sim 60°$.

Sorgfältige Bearbeitung und richtiger Entwurf bewirkt tatsächlich eine Erhöhung des Wirkungsgrades. So wurde für ein anderes Schneckengetriebe mit

---

[170] Bach und Roser, Z. d. V. d. I. 1903.

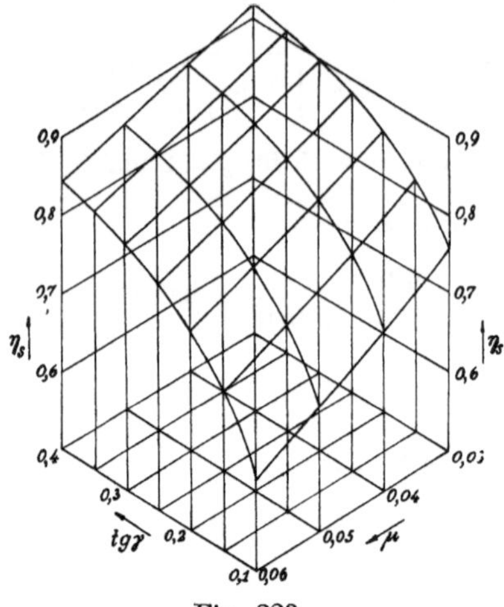

Fig. 223.

dem Übersetzungsverhältnis $\dfrac{y}{z} = \dfrac{3}{70}$
und der Teilung $\tau = 1,3 \cdot \pi$ cm bei
$n_1 = 720$ Umdrehungen in der Minute
$\eta = 0,874$ bestimmt[171]).

Den Haupteinfluß auf den Wirkungsgrad η hat die Schraubenreibung, dagegen verschwindet die Zahnreibung infolge der hohen Schraubengeschwindigkeit vollständig. Wie daran die Werte $\mathrm{tg}\,\alpha$ und μ_s beteiligt sind, zeigt die Auftragung der Fig. 220. Der Wirkungsgrad steigt bei weiterer Erhöhung des Steigungswinkels γ nur noch wenig an.

Beispiel 127. Zu bestimmen ist der Wirkungsgrad des in Fig. 224 skizzierten Schneckenflaschenzuges. Es ist die Belastung $P_0 = 2000$ kg, der Halbmesser der Kettennuß $r_0 = 5$ cm, die Teilung von Rad und Schnecke $\tau = 1''$, die ganze Zahnhöhe $h = 0,7 \cdot \tau$, die Kopfhöhe $h_K = 0,3 \cdot \tau$, die Anzahl der Radzähne $z = 28$, mithin der Raddurchmesser

$$D = \frac{z \cdot \tau}{\pi} = \frac{28 \cdot 2,54}{\pi} \backsim 22,6 \text{ cm},$$

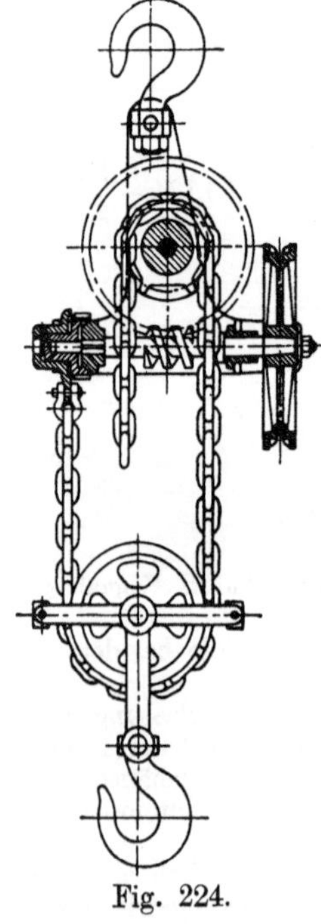

Fig. 224.

die Anzahl der Schneckengänge $y = 2$, der Teilrißhalbmesser der Schnecke $r = 2,2$ cm, mithin die Schneckensteigerung

$$\mathrm{tg}\,\gamma = \frac{h}{2\,\pi \cdot r} = \frac{2 \cdot 2,54}{2 \cdot \pi \cdot 2,2} = 0,367 ,$$

der Zapfendurchmesser der Radwelle $d_1 = 4,0$ cm, der Wellendurchmesser an der Spurkranzstelle $d_2 = 5,0$ cm, der Wellendurchmesser der Schnecke $d_4 = 2,5$ cm bzw. $d_4 = 1,5$ cm, der Spurkranzdurchmesser der Schneckenwelle $d_5 = 3,5$ cm, der Abstand der beiden Lager $l = 22$ cm, der Durchmesser des Handkettenrades $D_1 = 32$ cm, der Zug daran $P_1 \backsim 36$ kg. Als Reibungsziffer werde wegen der Schmierung durch Starrfett und nicht ganz sauberer Bearbeitung durchweg $\mu = 0,08$ eingesetzt.

Mit dem Verzahnungswinkel $\alpha = 70°\ 10'$, also $\mathrm{cotg}\,\alpha = 0,360$, $\sin\alpha = 0,941$ erhält man, wenn noch geschätzt wird, die mittlere Eingriffslänge zu $1,6 \cdot \tau$ und $u_1 \backsim 1$:

$$\mu_s = \frac{0,08}{\sqrt{1 + \left(\dfrac{22,6}{4,4} \cdot \dfrac{2}{28} \cdot \dfrac{0,7}{1,6} \cdot 0,941\right)^2 \cdot \dfrac{1}{1 + 0,367^2}}} = 0,792 ,$$

$$\mu_r = \frac{0,08}{\sqrt{1 + \dfrac{1}{0,0205}}} = 0,0113 .$$

---

[171]) Schömburg, D. p. J. 1913.

Damit wird mit dem Mittelwert von $h_{K1} \backsim 0{,}2 \cdot \tau$

$$\frac{M_{2r}}{M_2} = 0{,}0113 \cdot 0{,}360 \cdot \left(2 - \frac{0{,}2 \cdot 2{,}54 \cdot 4}{11{,}3 \cdot 0{,}112} + 0{,}50\right) \cdot \sqrt{1 + \frac{0{,}367^2}{1 + 3{,}360^2}} = 0{,}004 \,.$$

$$\frac{M_2'}{M_2} = \frac{0{,}08 \cdot 5}{2 \cdot 22{,}6} \cdot \left(1 + \frac{4}{5}\right) \cdot \frac{0{,}367}{\sqrt{1 + 0{,}367^2 + 0{,}360^2}} = 0{,}005 \,.$$

Die Traglager des Rades sind belastet durch die Last $\tfrac{1}{2} P_0$ in lotrechter Richtung und die Kraft

$$\frac{Q}{\sin \alpha} = \frac{M}{R \cdot \sin \alpha} = \frac{\tfrac{1}{2} P_0 \cdot r_0}{R \cdot \sin \alpha}$$

senkrecht dazu. Die Zusammensetzung ergibt die Mittelkraft

$$P_2 = \frac{1}{2} \cdot P_0 \cdot \sqrt{1 + \left(\frac{r_0}{R \cdot \sin \alpha}\right)^2} = 1000 \cdot \sqrt{1 + \left(\frac{5}{22{,}6 \cdot 0{,}941}\right)^2} = 1027 \text{ kg},$$

somit wird

$$\frac{M_2''}{M_2} = \frac{0{,}08 \cdot 1027 \cdot 2}{1000 \cdot 5} = 0{,}033 \,.$$

Für die Schnecke ist

$$\frac{M_{1r}}{M_1} = \frac{1 + \dfrac{0{,}0792}{0{,}941} \cdot 2{,}73}{1 - \dfrac{0{,}0792}{0{,}941} \cdot 0{,}367} = 1{,}269 \,,$$

$$\frac{M_1'}{M_1} = \frac{0{,}08 \cdot 3{,}5 \cdot 2{,}73}{2{,}2 \cdot 4} \cdot \left(1 + \frac{2{,}5}{3{,}5}\right) = 0{,}149 \,.$$

Für das schwächere Traglager gilt

$$\frac{M_1''}{M_1} = \frac{0{,}08 \cdot 1{,}5}{2 \cdot 2{,}2 \cdot 0{,}367} \cdot \sqrt{0{,}1835^2 + \left(0{,}134 - \frac{2{,}2}{2{,}2}\right)^2} = 0{,}014 \,,$$

für das stärkere, das noch durch den Zug P_1 der Handkette belastet wird,

$$\frac{M_1''}{M_1} = \frac{0{,}08 \cdot 2{,}5}{2 \cdot 2{,}2 \cdot 0{,}367} \cdot \sqrt{0{,}1835^2 + \left(0{,}134 + \frac{2{,}2}{22} + \frac{36 \cdot 22{,}6}{1000 \cdot 5}\right)^2} = 0{,}049$$

Die Addition liefert nun

$$\frac{1}{\eta} = 0{,}004 + 0{,}005 + 0{,}033 + 1{,}269 + 0{,}149 + 0{,}014 + 0{,}049 = 1{,}523 \,,$$

also

$$\eta = 0{,}657 \,.$$

Hiermit erhält man aus der Gleichung

$$\frac{1}{2} \cdot P_1 \cdot D_1 = \frac{1}{2} \cdot P_0 \cdot r_0 \cdot \frac{1}{\eta} \cdot \frac{y}{z}$$

$$P_1 = \frac{2000 \cdot 5 \cdot 2 \cdot 1{,}523}{32 \cdot 28} = 34 \text{ kg}.$$

nur unerheblich von der obigen Schätzung abweichend.

Bei dem ermittelten Wirkungsgrad ist die Vorrichtung nicht selbstsperrend. Um nun die notwendige Selbstsperrung hervorzurufen, ist ein kegelförmiger Druckring vom mittleren Durchmesser $d_6 = 6$ cm mit der Neigung $\beta = 45°$ angeordnet, der bei der ersten Rückwärtsbewegung der Last von einer Sperrklinke festgehalten wird[172]).

---

[172]) Becker 1880.

In dem Fall fällt der Betrag $\dfrac{M'_1}{M_1} = 0{,}149$ weg und dafür tritt an dem mindestens schlecht, am besten gar nicht geschmierten Reibkegel, für den als geringste Reibungsziffer $\mu_3 = 0{,}14$ angesetzt wird,

$$\frac{M'_1}{M_1} = \frac{0{,}14 \cdot 6 \cdot 2{,}73}{2{,}2 \cdot 2} \cdot 1{,}414 = 0{,}736\,.$$

Außerdem ändert sich die Belastung der Traglager der Schnecke, und es wird mit $P_1 \infty 10$ kg Kettengewicht

$$\frac{M''_1}{M_1} = \frac{0{,}08 \cdot 1{,}5}{2 \cdot 2{,}2 \cdot 0{,}367} \cdot \sqrt{0{,}1835^2 + \left(0{,}134 + \frac{2{,}2}{22}\right)^2} = 0{,}022$$

bzw.

$$\frac{M''_1}{M_1} = \frac{0{,}08 \cdot 2{,}5}{2 \cdot 2{,}2 \cdot 0{,}367} \cdot \sqrt{0{,}1835^2 + \left(0{,}134 - \frac{2{,}2}{22} + \frac{10 \cdot 22{,}6}{1000 \cdot 5}\right)^2} = 0{,}025\,.$$

Somit wird jetzt

$$\frac{1}{\eta} = 0{,}004 + 0{,}005 + 0{,}033 + 1{,}269 + 0{,}736 + 0{,}022 + 0{,}025 = 2{,}094\,.$$

Damit ist also soeben Selbstsperrung erzielt worden, denn man hat jetzt $\eta' = 0{,}478$.

Ehe die Eingriffs- und Abnutzungsverhältnisse der Schnecken genauer untersucht waren, glaubte man die Abnutzung durch eine größere Anlagefläche verbessern zu können, indem man die Schnecke dem Radumfang genauer anpaßte. Man erhielt so die Globoidschnecke[173] nach Fig. 225. Sie entsteht dadurch, daß der die Zahnlücke der Schnecke ausarbeitende Fräser im Kreise aus dem Radmittelpunkt schwingend durch den Schneckenkörper bewegt wird, während er sich mit entsprechender Geschwindigkeit um seine Achse dreht.

In dem Mittelschnitt II liegen sämtliche Radzähne an den Schneckenzähnen auf der ganzen Länge an, aber nicht in den seitlichen Schnitten, von denen nur zwei, I und III, gezeichnet sind. In ihnen findet nur ganz am Angang der Schnecke Berührung statt, während von da ab bis zum Ende der Abstand immer größer wird. Das Eingriffsfeld reicht nur vom vorderen Teil der Schnecke bis zur Mitte, und die durchgehende Berührung im Mittelschnitt besteht nur aus einer ausspringenden Kante in der Mitte der Radzahnflanke[174]. Sie entsteht beim Fräsen des Rades mit einem der Schnecke gleich geformten Fräser, indem die einzelnen Schneidkanten dieses Schneckenfräsers je unter verschiedenen Steigungswinkeln immer durch dieselbe Linie in der Mitte der Radzahnflanke hindurchgehen. Die verschiedenen Steigungswinkel ergeben sich wieder durch den wechselnden Durchmesser der Schnecke; sie sind am kleinsten an den Enden der Schnecke und am größten in der Mitte. Die Radialprojektion auf den Radzahn mit den entsprechenden Schneckenzahnflanken zeigt die rechte untere Figur der Fig. 225.

Eine wesentliche Verbesserung bildet das Lorenz-Getriebe[175], dessen Radzähne mit zwei einfachen Schneidestählen ungefähr in Form

---

[173] Leonardo da Vinci, nach Pekrun, Z. d. V. d. I. 1912.

[174] Lindner, Z. d. V. d. I. 1902.

[175] Maschinenfabrik Lorenz in Ettlingen, 1893; Lindner, a. a. O.

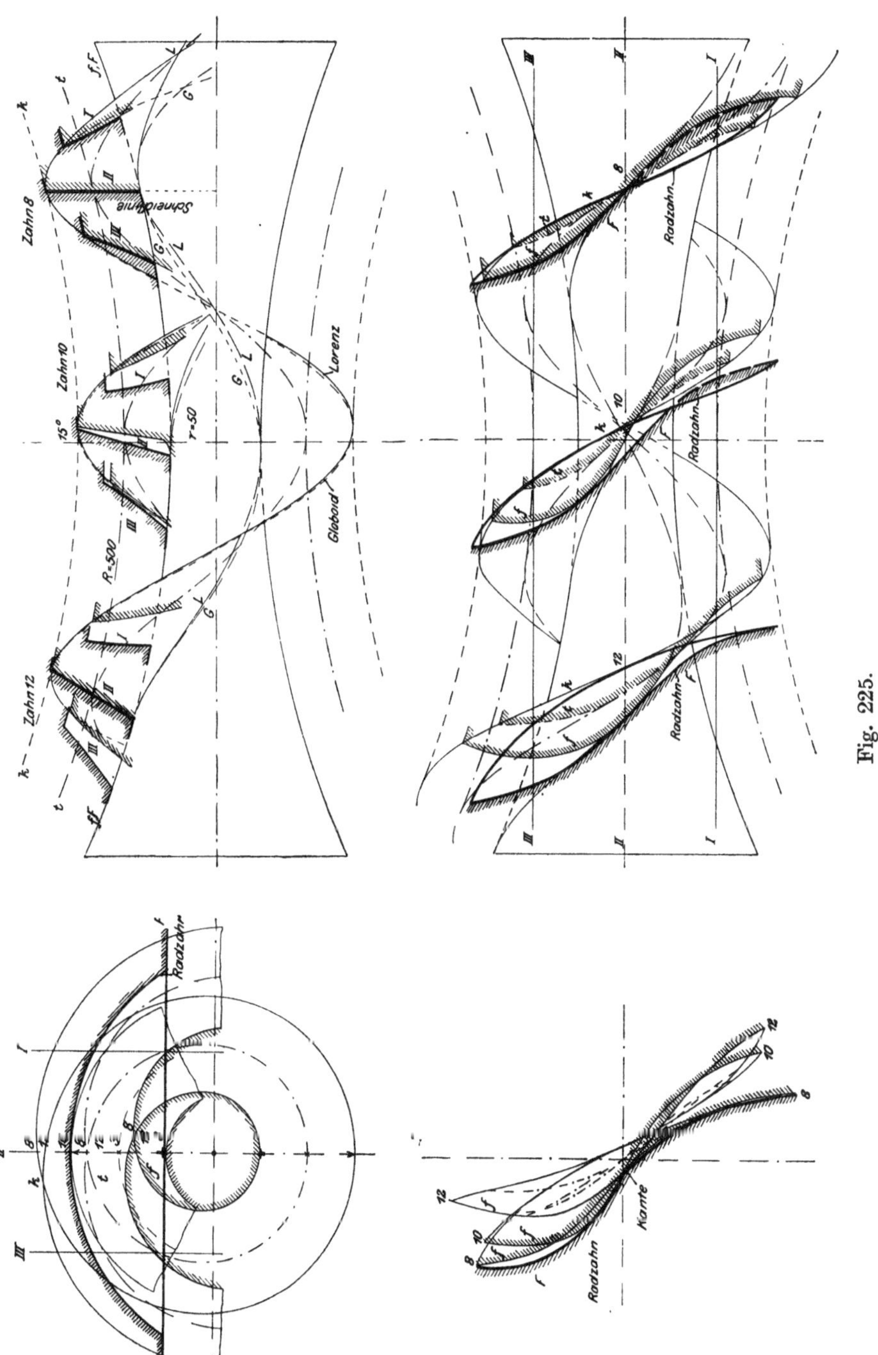

Fig. 225.

der Globoidzähne hergestellt werden. Die Schnecke wird durch ein besonderes Schneideverfahren den Radzähnen angepaßt. Eine Darstellung des Eingriffes der Lorenz-Schnecke gibt die Fig 226 wieder mit den Schnittebenen I, II, III. Zum Vergleich sind die entsprechenden Steigungslinien der Globoidschnecke ebenfalls eingetragen. Als erzeugende Schneidlinie wird der Schneckenhalbmesser bei Zahn 8 gewählt,

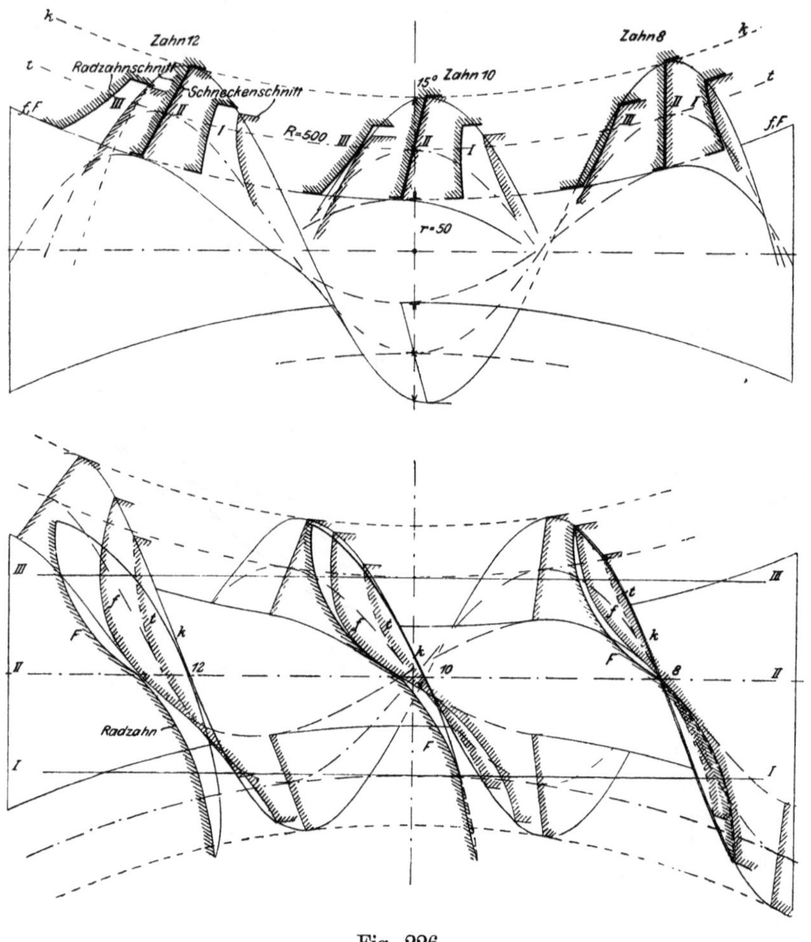

Fig. 226.

der nach der Mitte übertragen, dort den üblichen Winkel von 15° (bisweilen auch 20°) mit der Achse bildet.

Es zeigt sich nun bei der Übertragung nach der Mitte eine gewisse Überschneidung mit der Globoidfläche, und die Schraubenfläche ist um das Maß dieser Überschneidung zurückzusetzen, wie die Fig. 226 erkennen läßt. Im Mittelschnitt II berühren sich nur noch die beiden äußersten Zähne 8 und 12. Der rechte Endzahn 8, der in seiner Flanke

die Schneidlinie enthält, gleitet naturgemäß mit ihr über die Radzahnflanke der ganzen Breite nach hinweg. Zugleich legt sich der Radzahn
mit seinen Randstreifen vorn und hinten berührend an den Schnecken-
zahn an, und dazwischen weichen die Zahnflanken nur unmerklich voneinander ab, so daß praktisch — mit Rücksicht auf die eingeschlossene
Schmierschicht — fast volle Flächenberührung besteht. Der Eingriff
verläuft von dort aus weiter hinter der Mittelebene des Rades, und zwar
in Linienberührung, jedoch mit ziemlich sanfter Anschmiegung der
Flächen. Er geht bis ans Ende der Schnecke, wo er in der Mittelebene
aufhört.

Der Wirkungsgrad einer dreigängigen Lorenzschnecke mit einem
33 zähnigen Rade ist bei Vollbelastung zu $\eta = 0{,}88$ bestimmt worden [174]),
wobei die Schneckenwelle mit etwa 920 Um-
drehungen in der Minute lief und die Temperatur des im Kasten befindlichen Öles 67°
betrug.

Eine Übertragung des Grissonschen Grund-
gedankens auf die Schnecke bildet das Pe-
krungetriebe [176]). Auf radialen Zapfen
vom Halbmesser r_5 sitzen auf dem Radumfang gehärtete Rollen vom Halbmesser r_6,
die nur mit einer Mantellinie am Mittelschnitt der Schnecke anliegen (Fig. 227).

Für den Wirkungsgrad gelten die Formeln (203) und (204). Die ersteren mit der
Abänderung, daß an Stelle des kleinen μ_r
der volle Betrag von μ einzusetzen ist, da

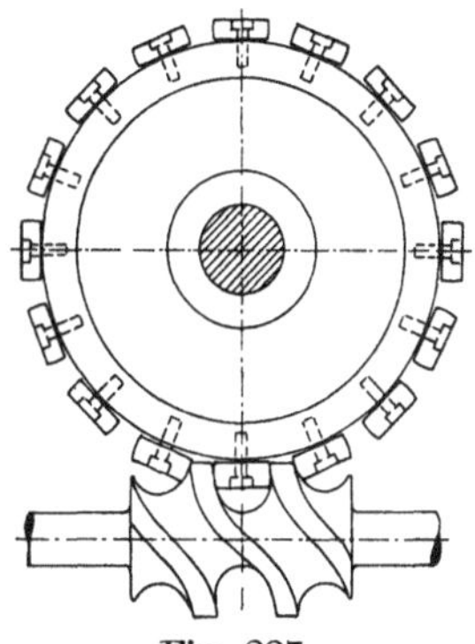

Fig. 227.

die Rollen senkrecht zur Radbewegung nicht gleiten. Ferner ist darin
für u das kleinstmögliche Übersetzungsverhältnis der Verzahnung im
Mittelschnitt zu nehmen, wobei h_{K2} jetzt die halbe Höhe der Rolle angibt. Für die auf der Schnecke laufenden Rollen gilt nach Fig. 228

$$Q \cdot \cos\gamma \cdot f + \mu_2 \cdot Q \cdot r_5 = Q \cdot \sin\gamma \cdot r_6$$

und für die Schnecke

$$M_1 = Q \cdot r \cdot \frac{\sin\gamma}{\cos\gamma}.$$

Man erhält hieraus als Ersatz der Formel (204 a)

$$\frac{M_{r1}}{M_1} = \frac{1}{r_6} \cdot \left(f \cdot \operatorname{cotg}\gamma + \frac{\mu_2 \cdot r_5}{\sin\gamma} \right).$$

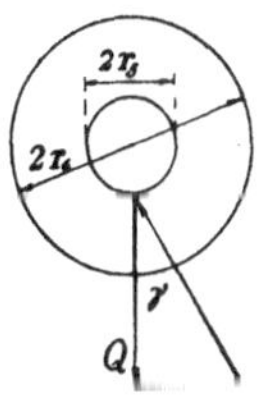

Fig. 228.

Hierin ist γ der mittlere Steigungswinkel der Globoidschnecke.

---

[176]) Coswiger Maschinenfabrik in Coswig; Pekrun, Z. d. V. d. I. 1912.

15. Die Rolle, Seilsteifigkeit.

Wird ein über eine festgelagerte Rolle geschlagenes Seil an dem einen Ende mit der Last Q belastet und am anderen Ende mit der beliebig gerichteten Kraft P gezogen, so gilt, wenn vorläufig von allen Widerständen abgesehen wird, die Momentengleichung in bezug auf die Rollenachse (Fig. 229)

$$P \cdot r = Q \cdot r, \qquad \text{also} \qquad P = Q.$$

Bei der festen Rolle ist die Zugkraft gleich der Last.

Der Lagerdruck N muß den beiden Kräften P und Q das Gleichgewicht halten. Seine Wirkungslinie geht demnach durch den Schnittpunkt der Wirkungslinien der beiden Seilkräfte, und seine Größe wird

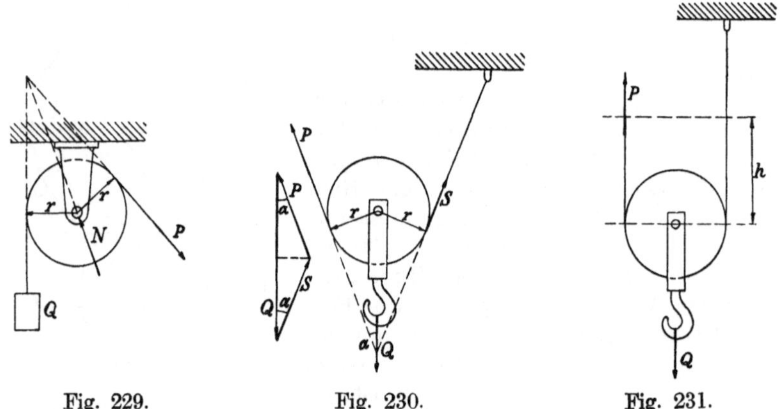

Fig. 229.   Fig. 230.   Fig. 231.

durch das parallel zu den drei Wirkungslinien gezeichnete Kräftedreieck bestimmt. Nur, wenn P und Q parallel laufen, wird $N = 2\,Q$, und seine Wirkungslinie ist dann natürlich ebenfalls parallel zu den der beiden anderen Kräfte.

Die feste Rolle ändert also an den Kraftverhältnissen nichts. Sie dient dazu, die Richtung der Zugkraft in zweckentsprechender Weise zu ändern.

Wird die Anordnung so getroffen, daß die Last Q an der Rolle angreift, während das eine Ende des Seiles festgemacht ist und am anderen die Zugkraft P wirkt (Fig. 230), so besteht ebenfalls nur dann Gleichgewicht, wenn die Wirkungslinien der beiden Seilspannkräfte P und S und die der Last Q sich in einem Punkt schneiden. Das ist nur in dem Fall möglich, daß beide Spannkräfte mit Q denselben Winkel α bilden. Aus der Momentengleichung in bezug auf die Achse der Rolle folgt wieder wie oben $P = S$. Damit ergibt das an die Fig. 230 herangezeichnete Kräftedreieck

$$P = \frac{\tfrac{1}{2}Q}{\cos \alpha}. \tag{205}$$

Erfolgt der Zug P parallel zur Last Q (Fig. 231), so erhält man sofort $P + S = Q$, also

$$P = \tfrac{1}{2} Q\,.$$

Bei der losen Rolle ist die Zugkraft gleich der Hälfte der Last, wenn beide Kräfte parallel sind.

Um die Last Q der Strecke h zu heben, ist einerseits das feste Seiltrum um die Länge h zu kürzen, andererseits auch das lose um dieselbe Strecke anzuziehen. Da die Kürzung des ersteren nur durch Hinwegziehen unter der Rolle stattfinden kann, so ist das lose Trum um $2\,h$ anzuziehen. Man bemerkt, daß das Produkt aus Kraft und Hubhöhe unverändert geblieben ist:

$$Q \cdot h = \tfrac{1}{2} Q \cdot 2\,h\,.$$

Oft werden die feste und die lose Rolle miteinander verbunden (Fig. 232).

Beispiel 128. Anzugeben ist der Weg, den die Mitte der losen Rolle eines Kranes beschreibt.

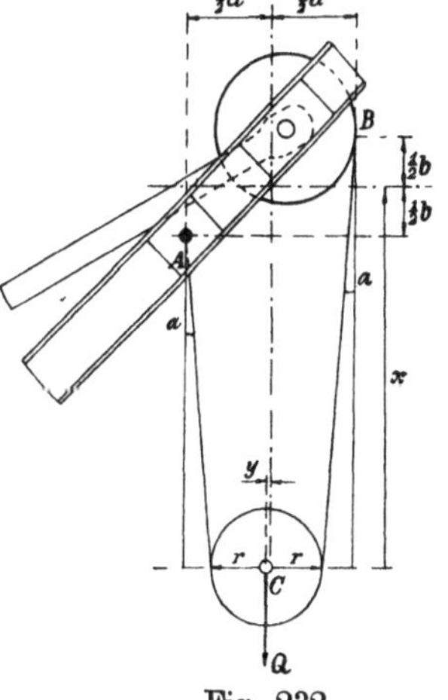

Fig. 232.

In Fig. 232 bezeichnen a und b die senkrechten Abstände des Befestigungspunktes A des Seiles und des Berührungspunktes B an der festen Rolle. Man erhält dann in bezug auf die um $\tfrac{1}{2}\,a$ bzw. $\tfrac{1}{2}\,b$ gegen A und B verschobenen Bezugsachsen aus den ähnlichen Dreiecken mit dem Spitzenwinkel α

$$\frac{x - \tfrac{1}{2} b}{\tfrac{1}{2} a - r - y} = \frac{x + \tfrac{1}{2} b}{\tfrac{1}{2} a - r + y}$$

oder als Produktengleichung geschrieben

$$(x - \tfrac{1}{2} b) \cdot (\tfrac{1}{2} a - r + y) = (x + \tfrac{1}{2} b) \cdot (\tfrac{1}{2} a - r - y)\,,$$

woraus durch Auflösen der Klammern folgt

$$x \cdot y = \tfrac{1}{2} b \cdot (\tfrac{1}{2} a - r)\,.$$

Ein Vergleich mit Formel (86b) lehrt[177], daß der Lastangriffspunkt sich auf einer gleichseitigen Hyperbel bewegt.

Im vorstehenden sind die Seile oder Gurte als vollkommen biegsam angenommen worden. In Wirklichkeit setzen sie jedoch jeder Krümmung einen gewissen Widerstand entgegen, so daß ein auf eine Rolle auflaufendes Seil nicht plötzlich aus der geraden Linie in die Krümmung vom Halbmesser r übergeht. Die Krümmungsänderung verteilt sich vielmehr auf eine gewisse Strecke, und das untere Ende des Seiles bleibt infolgedessen seitlich um den Betrag e von der Berührungsstelle entfernt (Fig. 233). Beim Ablaufen erfolgt der Übergang aus der Krümmung in die gerade Linie ebenfalls wieder allmählich, so daß bei ganz oder nahezu gleichen Seilkräften P und Q das gerade

---

[177] Schaefer, D. p. J. 1909.

Seilende unter dem gleichen Winkel φ und um denselben Betrag e näher an die Rollenmitte heranrückt.

Gemessen wird der Biegewiderstand bei geringer Geschwindigkeit, indem man den Gurt oder das Seil über eine Scheibe legt, deren Achse auf der wagerechten glatten Ebene rollt, sobald das Drehmoment von P das von Q überwiegt[178]). Im Grenzfall des Gleichgewichtes gilt also

$$P \cdot (r \cdot \cos\varphi - e) = Q \cdot (r \cdot \cos\varphi + e),$$

mithin

$$\frac{P}{Q} = \frac{1 + \dfrac{e}{r \cdot \cos\varphi}}{1 - \dfrac{e}{r \cdot \cos\varphi}}$$

und nach Ausführung der Division

$$P = Q \cdot \left(1 + \frac{2\,e}{r \cdot \cos\varphi}\right), \tag{206}$$

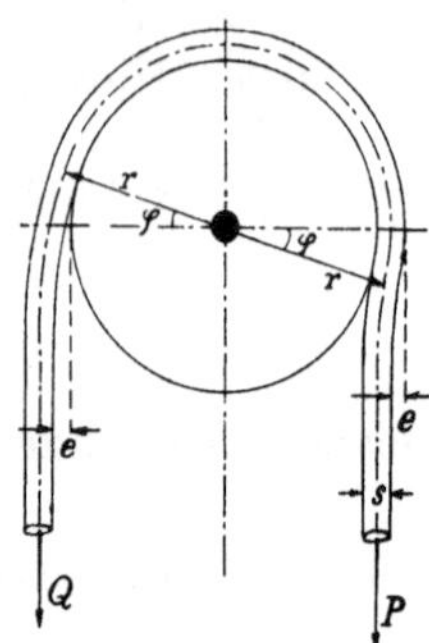

Fig. 233.

da die weiteren Glieder verschwindend klein werden.

Der Betrag $Q \cdot \dfrac{2\,e}{r \cdot \cos\varphi}$ heißt der Biegewiderstand des Seiles oder Gurtes.

Für sechslitzige Drahtseile von der Stärke s cm im Kreuzschlag, wo also die Litzen nach der entgegengesetzten Seite gewunden sind wie die Drähte in den Litzen, ist[179]) auf der Rolle vom Halbmesser r cm bei Belastung durch Q kg

$$\frac{2\,e}{r \cdot \cos\varphi} = \frac{\dfrac{60}{Q} + 0{,}5}{r - 5} \cdot s^2\,, \tag{207}$$

und zwar ist die Schmierung des Seiles ohne Einfluß darauf.

Bei Hanfseilen ist[180]), je nachdem sie lose oder fest[181]) geschlagen sind, i. M.

$$\frac{2\,e}{r \cdot \cos\varphi} \sim \frac{1}{10} \cdot \frac{s^2}{r} \qquad \text{bzw.} \qquad 0{,}13 \cdot \frac{s^2}{r}\,. \tag{208}$$

Bei Gurten ist aus den S. 240 erörterten Gründen eine gewisse Abhängigkeit von der Gurtgeschwindigkeit festgestellt worden[182]). Trägt man die Messungsergebnisse in logarithmischen Koordinaten auf, so ergibt sich mit guter Annäherung für genähte Tuchgurte aus Baumwolle oder Hanf

$$\frac{2\,e}{r \cdot \cos\varphi} = 2{,}68 \cdot \frac{s}{r} \cdot v^{\frac{1}{2}}\,, \tag{209}$$

178) v. Hanffstengel, Z. d. V. d. I. 1913.
179) Hirschland, D. p. J. 1906.
180) Grashof, Theoretische Maschinenlehre, Bd. II, 1877/81.
181) Redtenbacher, Der Maschinenbau, 1862/65.
182) v. Hanffstengel, Mitt. d. V. d. I. über Forschungsarbeiten Heft 145, 1913.

worin die Geschwindigkeit v in m/sk einzusetzen ist. Für aus s Baumwolltuchlagen von je 0,10 cm Stärke zusammengeklebte Balatagurte mit einer Balatadeckschicht auf der einen Seite ist

$$\frac{2\,e}{r \cdot \cos\varphi} = 1{,}61 \cdot \left(\frac{s}{r}\right)^{1,37} \cdot v^{\frac{1}{7}}\,, \tag{210}$$

für aus s Baumwolltuchlagen von je 0,10 cm Stärke zusammengeklebte Gummigurte mit beiderseitiger Deckschicht von Gummi ist

$$\frac{2\,e}{r \cdot \cos\varphi} = 1{,}07 \cdot \left(\frac{s}{r}\right)^{1,09} \cdot v^{\frac{1}{7}}\,. \tag{211}$$

Die Versuche und Formeln decken das Gebiet

$$0{,}015 > \frac{s}{r} > 0{,}050 \qquad \text{und} \qquad 0{,}2 > v > 4 \ \text{m/sk.}$$

Für einfache Ledertreibriemen gewöhnlicher Gerbung könnte man hiernach etwa schätzungsweise setzen

$$\frac{2\,e}{\cos\varphi} = 2{,}6 \left(\frac{s}{r}\right)^{1,3} \cdot v^{\frac{1}{7}}\,,$$

womit ein Einzelversuch des Verfassers ungefähr übereinstimmt.

Bei **Gliederketten** ruft die Reibung der einzelnen Kettenglieder aneinander dieselbe Erscheinung hervor.

Je nachdem die Kette geschmiert ist oder nicht, gilt etwa [180]) bei der Ketteneisenstärke s

$$\frac{2\,e}{r \cdot \cos\varphi} = 0{,}1\,\frac{s}{r} \qquad \text{bzw.} \qquad 0{,}15\,\frac{s}{r}\,. \tag{212}$$

Bei **Gelenkbolzenketten** mit dem Bolzendurchmesser d ist unter der Kettenzugkraft Q das Moment der Zapfenreibung gemäß Formel (57)

$$M = \tfrac{1}{2} \cdot \mu \cdot Q \cdot d\,.$$

Um also die Biegung der Kette beim Auflaufen auf die Scheibe vom Halbmesser r hervorzurufen, ist die Zusatzkraft

$$Q' = \frac{M}{r} = \mu \cdot Q \cdot \frac{d}{2\,r}$$

nötig. Beim Ablaufen von der Scheibe ist die Biegung wieder rückgängig zu machen, also ein gleiches Moment aufzuwenden. Demnach gilt für die Zugkraft P auf der Gegenseite der Scheibe

$$P = Q + 2\,Q' = Q \cdot \left(1 + \mu \cdot \frac{d}{r}\right)\,. \tag{213}$$

Für gut geschmierte Stahlbolzenketten ergeben die Versuche [182])

$$\mu = 0{,}10 \div 0{,}11\,,$$

für gut geschmierte Treibketten, die roher gearbeitet sind,

$$\mu = 0{,}13 \div 0{,}15\,.$$

Die niedrigeren Werte gelten für große Ketten, die höheren für kleine.

Zu beachten ist, daß bei den Stahlbolzenketten das Schmieröl aus den nicht mit Schmiernuten versehenen Auflagerflächen sehr bald herausgedrückt wird.

Die Reibungsziffer steigt gleichmäßig in $1\frac{1}{2}$ Stunden auf das Doppelte, um sich dann einem das 2,4fache des oben angegebenen bildenden Grenzwert zu nähern, der in 3 Stunden erreicht wird. Bei den Treibketten wird der das 1,5fache des angegebenen betragene Endwert erst nach etwa 5 Stunden erreicht, da hier das Schmieröl nicht einfach herausgedrückt werden kann.

Man hat die Seil- und Riemensteifigkeit bisher nur für den Umfassungswinkel $\alpha = 180°$ untersucht. Es liegt kein Grund zu der Annahme vor, daß sich bei kleinerem Winkel α erhebliche Abweichungen einstellen, solange der Winkel so groß bleibt, daß die ausreichende Länge für die Ausbildung der Wölbung sowohl auf der Auflauf- als auch auf der Ablaufseite vorhanden ist. Wie sich die Sache bei der kurzen Berührung von Transportbändern oder Drahtseilbahnzugseilen mit ihren Tragrollen gestaltet, ist unbekannt.

Bei halbumspannter Rolle erfahren die Rollenzapfen vom Halbmesser r_1 den Druck $P + Q \backsim 2\,Q$. Das hierdurch verursachte Zapfenreibungsmoment ist gemäß Formel (57)

$$M = \mu_1 \cdot 2\,Q \cdot r_1,$$

und die zu seiner Überwindung am Rollenhalbmesser r erforderliche Kraft wird

$$P_1 = \frac{M}{r} = 2 \cdot \mu_1 \cdot Q \cdot \frac{r_1}{r}.$$

Um sie ist der oben ermittelte Betrag von P noch zu erhöhen, und man erhält so

$$P = Q \cdot \left(1 + \frac{2\,e}{r \cdot \cos\varphi} + 2\mu_1 \cdot \frac{r_1}{r}\right).$$

Der Wirkungsgrad der Rolle folgt demnach aus

$$\frac{1}{\eta} = 1 + \frac{2\,e}{r \cdot \cos\varphi} + 2\mu_1 \cdot \frac{r_1}{r}. \tag{214}$$

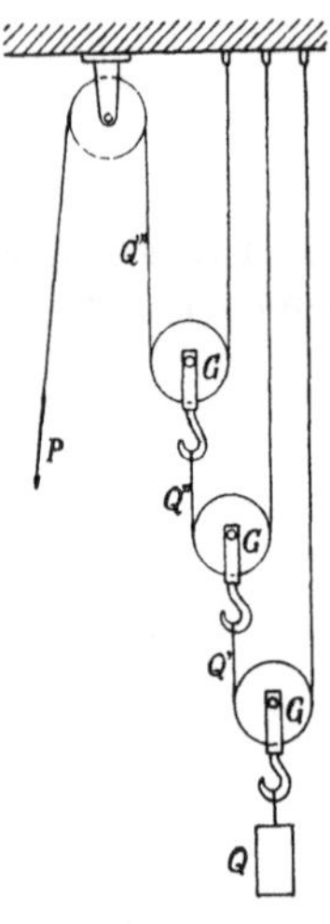

Fig. 234.

Die Vereinigung von mehreren festen und losen Rollen nennt man einen **Flaschenzug**.

Die einfachste Zusammensetzung der Art ist die in Fig. 234 wiedergegebene. Man hat sofort

$$Q' = \frac{1}{2} \cdot (Q + G) \cdot \frac{1}{\eta},$$

$$Q'' = \frac{1}{2} \cdot (Q' + G) \cdot \frac{1}{\eta},$$

$$Q''' = \frac{1}{2} \cdot (Q'' + G) \cdot \frac{1}{\eta},$$

$$P = Q''' \cdot \frac{1}{\eta}.$$

Durch Rückwärtseinsetzen ergibt sich leicht bei i losen Rollen

$$P = \frac{Q}{2^i \cdot \eta^{i+1}} + \frac{G}{\eta} \cdot \left[\left(\frac{1}{2\eta}\right) + \left(\frac{1}{2\eta}\right)^2 + \ldots + \left(\frac{1}{2\eta}\right)^i\right] .$$

Der Klammerausdruck ist eine geometrische Reihe mit dem Anfangsglied $a = \dfrac{1}{2\eta}$ und dem Quotienten $q = \dfrac{1}{2\eta}$. Die Summe einer solchen Reihe von i Gliedern stellt sich dar als

$$\Sigma = a + a \cdot q + a \cdot q^2 + a \cdot q^3 + \ldots + a \cdot q^{i-1} .$$

Ohne weiteres ergibt sich

$$q \cdot \Sigma = \qquad a \cdot q + a \cdot q^2 + a \cdot q^3 + \ldots + a \cdot q^i .$$

Durch Subtraktion beider Reihen folgt

$$(q - 1) \cdot \Sigma = a \cdot (q^i - 1) ,$$

also die Summe

$$\Sigma = a \cdot \frac{q^i - 1}{q - 1} . \tag{215}$$

Damit erhält man schließlich

$$P = 2Q \cdot \left(\frac{1}{2\eta}\right)^{i+1} + 2G \cdot \frac{\left(\dfrac{1}{2\eta}\right)^2 - \left(\dfrac{1}{2\eta}\right)^{i+2}}{1 - \dfrac{1}{2\eta}} . \tag{216}$$

Man entnimmt der Fig. 234, daß wenn die Last Q um eine Strecke h gehoben wird, die Kraft Q' bereits um $2\,h$ wandern muß und Q'' um $4\,h$, Q''' um $8\,h$, also allgemein P um $2^i \cdot h$.

Aus diesem Grunde heißt die Anordnung Potenzflaschenzug. Er ist im allgemeinen praktisch unbrauchbar und wird nur bei einzelnen Aufzügen zur Hubverminderung des die Stellung des Fahrkorbes anzeigenden Seiles benutzt.

Beispiel 129. Der Hubanzeiger eines Lastenaufzuges von $h = 18$ m Hubhöhe soll nur etwa $h_1 = \frac{1}{2}$ m Länge erhalten. Wieviel lose Rollen sind dem Potenzflaschenzug zu geben.

Aus dem Zusammenhang $h = 2^i \cdot h_1$ erhält man

$$2^i = \frac{h}{h_1} = \frac{18}{0,5} = 36 ,$$

also $i \backsim 5$

und damit

$$h_1 = \frac{h}{2^5} = \frac{18}{32} = 0,5625 \text{ m}.$$

Der Wirkungsgrad hat hier kein Interesse.

Der gewöhnliche Flaschenzug besteht aus zwei Flaschen, worin die Rollen meistens auf derselben Achse nebeneinander angeordnet

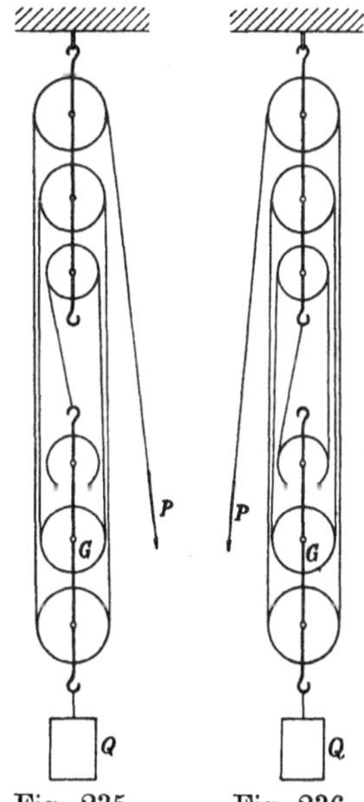

Fig. 235. Fig. 236.

sind, bisweilen aber auch auf verschiedenen Achsen untereinander (Fig. 235 und 236).

Ist die Zugkraft im letzten Seiltrum P, so ist die im vorhergehenden kleiner: $P' = P \cdot \eta$, die im zweiten wieder entsprechend kleiner: $P'' = P' \cdot \eta$ und so fort, wobei η wieder den Wirkungsgrad einer Rolle angibt. Bei insgesamt i Rollen ist die Spannkraft im ersten Seiltrum $P^{(i)} = P \cdot \eta^i$. Sämtliche Seile, abgesehen vom letzten, an dem die Zugkraft P angreift, tragen zusammen die Belastung $Q + G$, worin G das Gewicht der unteren Flasche angibt. Es ist also

$$P' + P'' + P''' + \ldots + P^{(i)} = Q + G$$

oder

$$P \cdot (\eta + \eta^2 + \eta^3 + \ldots + \eta^i) = Q + G.$$

Die Summe der geometrischen Reihe ist nach Formel (215) zu bestimmen, man erhält so

$$P = (Q + G) \cdot \frac{1 - \eta}{\eta\,(1 - \eta^i)} \, . \tag{217}$$

Sieht man vom Rollenwiderstand ab, setzt also $\eta = 1$, so werden alle P' einander gleich. Die Grundgleichung lautet dann

$$i \cdot P_0 = Q + G \, ,$$

woraus sich ergibt

$$P_0 = \frac{Q + G}{i} \tag{218}$$

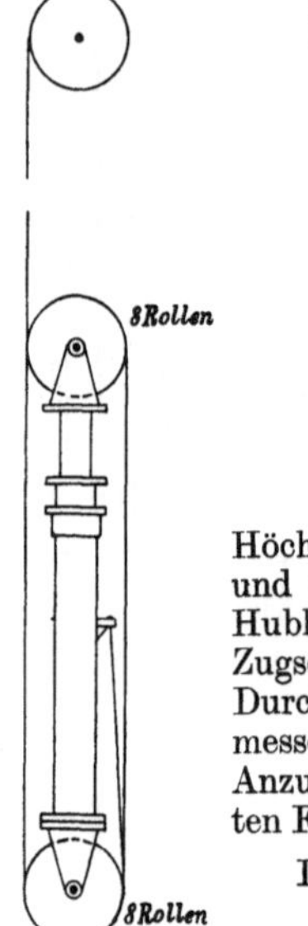

Fig. 237.

Der Gesamtwirkungsgrad des gewöhnlichen Flaschenzuges ist demnach

$$\eta_\Sigma = \frac{P_0}{P} = \frac{\eta}{i} \cdot \frac{1 - \eta^i}{1 - \eta}, \tag{219}$$

worin η derjenige jeder einzelnen Rolle ist.

Man entnimmt den Fig. 235 und 236 ohne weiteres, daß zur Hebung der Last Q um die Strecke h die Kraft P das letzte Seiltrum um die Strecke $i \cdot h$ herausziehen muß.

Beispiel 130. Für einen Speicherkran mit der Höchstbelastung $Q = 800$ kg einschließlich Haken und Gegengewicht und der Hubhöhe $h = 24$ m steht aus örtlichen Gründen nur die Hubhöhe $h_1 = 1{,}5$ m des Wasserdruckkolbens zur Verfügung. Das Zugseil, bestehend aus $6 \cdot 7$ Drähten von 1,5 mm Stärke hat den Durchmesser $s = 1{,}4$ cm, die zugehörigen Rollen haben den Durchmesser $D = 60$ cm, die Nabenbohrung der Rollen ist $d = 7{,}5$ cm. Anzugeben ist die erforderliche Übersetzung des zwischengeschalteten Flaschenzuges und die größte im Lastseil auftretende Spannkraft.

Die Übersetzung folgt sofort aus

$$\frac{h}{h_1} = \frac{24}{1{,}5} = 16 \, .$$

Wenn schätzungsweise vorläufig der Mittelwert der Seilspannkraft zu 1100 kg angesetzt wird und die Reibungsziffer der Nabe zu $\mu = 0{,}06$, so ergibt sich der Wirkungsgrad einer halbumschlungenen Rolle aus den Formeln (214) und (207):

$$\frac{1}{\eta} = 1 + \frac{\dfrac{60}{1100} + 0{,}50}{30 - 5} \cdot 1{,}4^2 + 2 \cdot 0{,}06 \cdot \frac{7{,}5}{60}$$

$$= 1 + 0{,}0435 + 0{,}015 = 1{,}0585 \,,$$

mithin $\eta = 0{,}945$.

Für eine viertelumschlungene Rolle erhält man entsprechend aus

$$\frac{1}{\eta} = 1 + 0{,}0435 + 0{,}015 \cdot \tfrac{1}{2} \cdot \sqrt{2}$$

$$= 1{,}0541$$

$$\eta = 0{,}950 \,.$$

Damit wird für den in Fig. 237 mit den beiden Ablenkungsrollen dargestellten Flaschenzug nach Formel (219)

$$\eta_\Sigma = \frac{0{,}945}{16} \cdot \frac{1 - 0{,}945^{16}}{1 - 0{,}945} \cdot 0{,}950^2$$

$$= 0{,}572 \,,$$

in Übereinstimmung mit den Messungsergebnissen[183]), und die größte Seilspannkraft

$$Q_{\max} = \frac{Q}{\eta_\Sigma} = \frac{800}{0{,}572} = 1400 \text{ kg.}$$

Beispiel 131. Ein amerikanischer Schaufelbagger[184]) nach Fig. 238 von 1,9 m³ Inhalt soll durch den Flaschenzug die Kraft $Q = 30$ t auf die Schaufel ausüben. Die Zugkette hat die Eisenstärke $s = 3{,}2$ cm, den Durchmesser D der Rollen enthält die Skizze, die zugehörigen Achsen haben den Durchmesser $d \backsim \dfrac{D}{6}$.

Anzugeben ist die auf die Windentrommel ausgeübte Zugkraft P.

Für eine ziemlich trockene Kette ist der Wirkungsgrad, wenn die Zapfenreibungsziffer bei dem mit vielen Unterbrechungen arbeitenden Betrieb und mäßiger Schmierung zu $\mu_1 = 0{,}08$ angenommen wird, gemäß den Formeln (212) und (214)

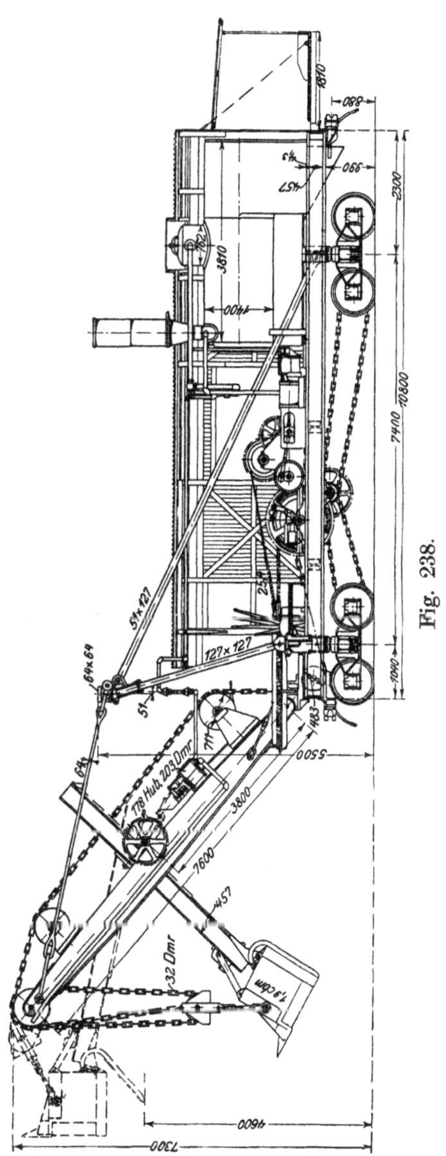

Fig. 238.

---

183) Eilert, Z. d. V. d. I. 1910.
184) Richter, Z. d. V. d. I. 1907.

bei den halbumspannten Rollen

$$\frac{1}{\eta_2} = 1 + 0,15 \cdot \frac{3,2 \cdot 2}{71,1} + 2 \cdot 0,08 \cdot \frac{1}{6} = 1,0162 : \eta_1 = 0,984 \,,$$

bzw. mit $D = 37,5\,\text{cm}\ \dfrac{1}{\eta_1} = 1,0283 : \eta_1 = 0,973 \,,$

bei den viertelumspannten Rollen

$$\frac{1}{\eta_2} = 1 + 0,15 \cdot \frac{3,2 \cdot 2}{71,1} + 2 \cdot 0,08 \cdot \frac{1}{6} \cdot \sqrt{\frac{1}{2}} = 1,0154 : \eta_2 = 0,985 \,,$$

bei den achtelumspannten Rollen mit $\sin 22\tfrac{1}{2}° = 0,383$

$$\frac{1}{\eta_3} = 1 + 0,15 \cdot \frac{3,2 \cdot 2}{71,1} + 2 \cdot 0,08 \cdot \frac{1}{6} \cdot 0,383 = 1,0145 : \eta_3 = 0,987 \,.$$

Es sind nun vorhanden 2 halbumspannte Rollen von 71,1 bzw. 37,5 cm Durchmesser, 2 viertelumspannte von 71,1 cm Durchmesser und 2 gleich große achtelumspannte. Somit ist der Gesamtwirkungsgrad

$$\eta_\Sigma = 0,984 \cdot 0,973 \cdot (0,985 \cdot 0,987)^2 = 0,906 \,.$$

Damit wird

$$P = \frac{Q}{3 \cdot \eta_\Sigma} = \frac{30}{3 \cdot 0,906} = 11,05 \text{ t.}$$

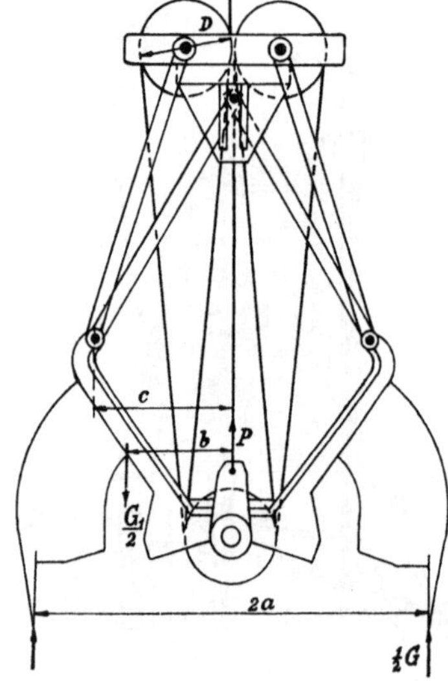

Fig. 239.

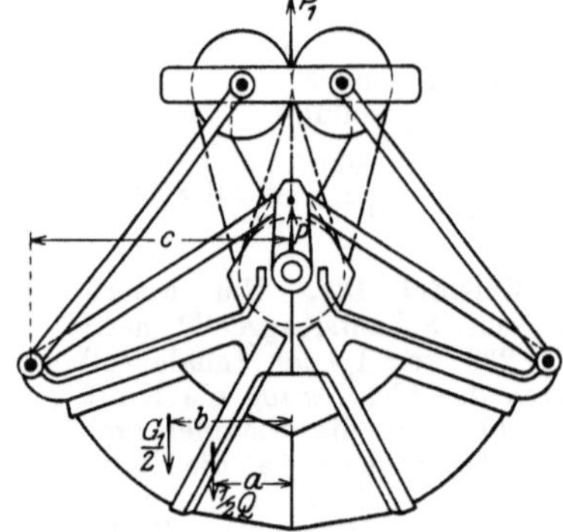

Fig. 240.

Beispiel 132. Auf den in Fig. 239 dargestellten Selbstgreifer[185]) mit einem Paar vierrolliger Flaschenzüge wirken bei Beginn des Greifens sein ganzes Eigengewicht $G = 2200$ kg, das Gewicht des Unterteiles $G_1 = 1600$ kg. Zu berechnen ist der Flaschenzug, dessen Rollen $D = 36$ cm Durchmesser haben, bei einem Drahtseil von $s = 1,8$ cm Durchmesser, bestehend aus $6 \cdot 30$ Drähten von je 0,8 mm Stärke. Gegeben seien noch die Abstände $a = 84$ cm, $b = 55$ cm, $c = 59$ cm, ferner die inneren Nabendurchmesser der Rollen $d = 8$ cm.

Die erforderliche Zugkraft eines Flaschenzuges ist gemäß Fig. 239

$$P = \frac{1}{c} \cdot \left[\frac{G_1}{2} \cdot (c - b) + \frac{G}{2} \cdot (a - c) \right],$$

$$P = \frac{1}{59} \cdot (800 \cdot 4 + 1100 \cdot 25) = \frac{30\,800}{59} = 523 \text{ kg.}$$

[185]) Heinold, Z. d. V. d. I. 1916.

Der Wirkungsgrad einer Rolle bestimmt sich nach den Formeln (214) und (207) mit $\mu_1 = 0,10$ für die oft mangelhaft geschmierten, in Staub arbeitenden Zapfen, wenn noch die mittlere Seilkraft zu 160 kg geschätzt wird, aus

zu

$$\frac{1}{\eta} = 1 + \frac{\dfrac{60}{160} + 0,50}{18 - 5} \cdot 1,8^2 + 2 \cdot 0,10 \cdot \frac{8}{36} = 1,15$$

$$\eta = 0,87 .$$

Damit wird der Gesamtwirkungsgrad des Flaschenzuges nach Formel (219)

$$\eta_\Sigma = \frac{0,87}{4} \cdot \frac{1 - 0,87^2}{0,13} = 0,715 .$$

und die Zugkraft am Seilende

$$P_1 = \frac{P}{i \cdot \eta_\Sigma} = \frac{523}{4 \cdot 0,715} = 183 \text{ kg.}$$

Auf den geschlossenen Greifer, der $Q = 0,6$ m³ Koks $= 300$ kg faßt, wirken die in Fig. 240 eingetragenen Kräfte an den Abständen $a = 38$ cm, $b = 42$ cm, $c = 94,5$ cm. In dem Fall wird

$$P = \frac{1}{94,5} \cdot (150 \cdot 56,5 + 800 \cdot 52,5) = 534 \text{ kg.}$$

Der Greifer ist so gebaut, daß die erforderliche Flaschenzugkraft P während des ganzen Schließweges sich nur zwischen den angegebenen Grenzen ändert, also nahezu unveränderlich bleibt.

Für viele Zwecke ist ein Flaschenzug erwünscht, der selbstsperrend ist, was allerdings am einfachen Flaschenzug durch Anbringung einer selbsttätigen Seilklemme auch erreicht werden kann[186]). Vor der Einführung des Beckerschen Schraubenflaschenzuges (Beispiel 127) benutzte man in solchen Fällen den Ketten-Differential-flaschenzug nach Fig. 241, der bei nur drei Rollen eine sehr große Übersetzung liefert[187]).

Die endlose Kette läuft auf die obere kleine Rolle vom Halbmesser r_1 bei B ungespannt auf, während sie auf der anderen Seite bei C mit etwa $\frac{1}{2} Q$ angezogen wird. Um die Kette auf der Rolle festzuhalten, müssen also die oberen, fest miteinander verbundenen Räder mit zahn-artigen Vorsprüngen versehen sein, die in die Kette eingreifen.

Ist auf der Zugseite der Unterflasche bei F die Kettenspannkraft P', so beträgt sie auf der anderen Seite bei E $P' \cdot \eta$, und es gilt

$$Q = P' + P' \cdot \eta = P' \cdot (1 + \eta).$$

Für die oberen beiden Räder ist zu beachten, daß das Drehmoment des ablaufenden Trums stets das $\dfrac{1}{\eta}$ fache des des auflaufenden Trums

[186]) Heinrich Kessler, Oberlahnstein.
[187]) Weston, 1861.

ist, wie das im vorstehenden auch an der Unterflasche festgestellt wurde. Es gilt demnach gemäß Fig. 241

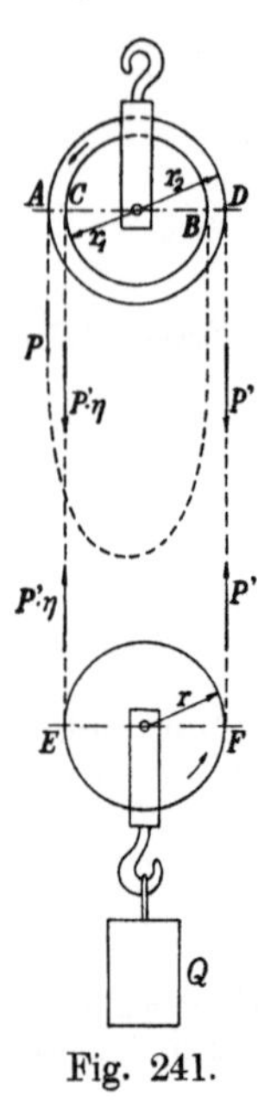

Fig. 241.

$$P \cdot r_2 + P' \eta \cdot r_1 = (0 \cdot r_1 + P' \cdot r_2) \cdot \frac{1}{\eta} .$$

Wird hierin eingesetzt $P' = \dfrac{Q}{1 + \eta}$, so folgt

$$P = Q \cdot \frac{\eta}{1 + \eta} \cdot \left(\frac{1}{\eta^2} - \frac{r_1}{r_2} \right) . \tag{220}$$

Setzt man vorübergehend $\eta = 1$, so wird

$$P_0 = Q \cdot \frac{1}{2} \cdot \left(1 - \frac{r_1}{r_2} \right) ,$$

also der Gesamtwirkungsgrad

$$\eta_\Sigma = \frac{P_0}{P} = \frac{1 + \eta}{2 \cdot \eta} \cdot \frac{1 - \dfrac{r_1}{r_2}}{\dfrac{1}{\eta^2} - \dfrac{r_1}{r_2}} . \tag{221}$$

Der Formel ist zu entnehmen, daß die Zugkraft P recht klein wird, wenn das Verhältnis $\dfrac{r_1}{r_2}$ sich der 1 nähert. Gebräuchlich sind die Werte

$$\frac{r_1}{r_2} = \frac{11}{12} \quad \text{bzw.} \quad \frac{14}{15} .$$

Wird die Kette bei A um die Strecke l abwärts gezogen, so geht sie bei D um denselben Betrag in die Höhe. Damit rollt das andere Lasttrum bei C um $l \cdot \dfrac{r_1}{r_2}$ ab. Die beiden Kettentrümer, an denen die Last hängt, werden also insgesamt um den Betrag $l - l \cdot \dfrac{r_1}{r_2}$ gekürzt und die Last somit um die Hälfte gehoben. Man erhält so bei dem Lastweg h

$$\frac{h}{l} = \frac{1}{2} \cdot \left(1 - \frac{r_1}{r_2} \right) . \tag{222}$$

16. Die Bandreibung.

Wird ein an dem einen Ende mit der Kraft S_1 angespanntes Band oder Seil über eine feststehende Scheibe hinweggezogen, so ist dazu eine erheblich größere Zugkraft S_2 am anderen Ende aufzuwenden (Fig. 242).

Es werde zur Bestimmung des Zusammenhanges innerhalb des umfaßten Winkels α ein Bogenteilchen $d\alpha$ herausgegriffen. Das zugehörige Teilchen des Seiles steht auf der einen Seite unter der Spannkraft S, auf der anderen Seite ist sie auf $S + dS$ gestiegen. Denn es ist zu S noch die Reibungskraft $\mu \cdot N$ hinzugekommen, entgegengesetzt zu der in Fig. 243 angegebenen Richtung.

Da dS gegenüber S verschwindet, so ergibt sich aus dem Kräftedreieck der Fig. 244 ohne weiteres

$$\tfrac{1}{2} N = S \cdot \sin \tfrac{1}{2} d\alpha$$

oder, da bei kleinen Winkeln der Sinus gleich dem Bogen ist,

$$N = S \cdot d\alpha .$$

Somit wird

$$dS = \mu \cdot S \cdot d\alpha .$$

oder nach Trennung der Veränderlichen

$$\frac{dS}{S} = \mu \cdot d\alpha .$$

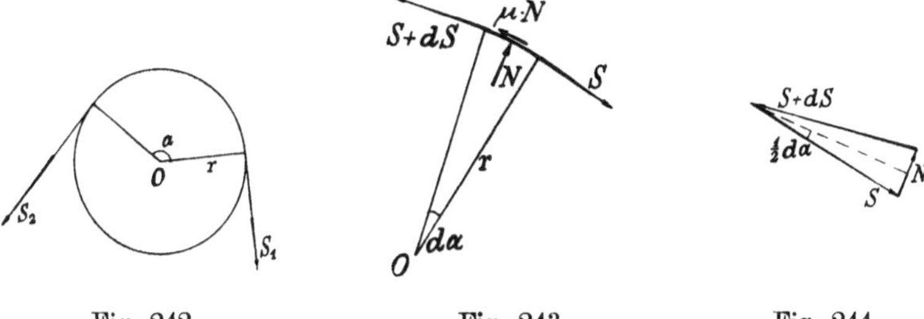

Fig. 242.   Fig. 243.   Fig. 244.

Die Integration dieser Gleichung zwischen den Grenzen S_1 und S_2 ergibt nach Formel (142) in Bd. I

$$\log \mathrm{nat}\, S_2 - \log \mathrm{nat}\, S_1 = \log \mathrm{nat}\, \frac{S_2}{S_1} = \mu \cdot \alpha ,$$

und man erhält, wenn zum Numerus übergegangen wird [188]),

$$\frac{S_2}{S_1} = e^{\mu \cdot \alpha} . \tag{223}$$

Das Verhältnis der beiden Spannkräfte hängt nur von der Größe der Reibungsziffer und des umfaßten, in Bogenmaß gemessenen Winkels ab, und nicht vom Halbmesser der Scheibe, deren Umfang also jede beliebige ausgebauchte Krümmung haben kann.

Die Formel (223) gilt, wenn die Richtung der Bewegung mit der der Kraft S_2 übereinstimmt. Bewegt sich das Band entgegengesetzt nach der Richtung der Kraft S_1 unter dem Gegenzug S_2, so hat $\mu \cdot N$ die in Fig. 243 eingetragene Richtung, und es folgt durch die gleiche Überlegung wie oben

$$\frac{S_2}{S_1} = e^{-\mu \cdot \alpha} = \frac{1}{e^{\mu \cdot \alpha}} . \tag{224}$$

---

[188]) **Euler**, Petersburger Abh. 1765. **Eytelwein**, Handbuch der Mechanik fester Körper, 1842.

Die Größe des Wertes $e^{\mu \cdot \alpha}$ in Abhängigkeit von dem Winkel α und der Reibungsziffer μ gibt die Fig. 245 an.

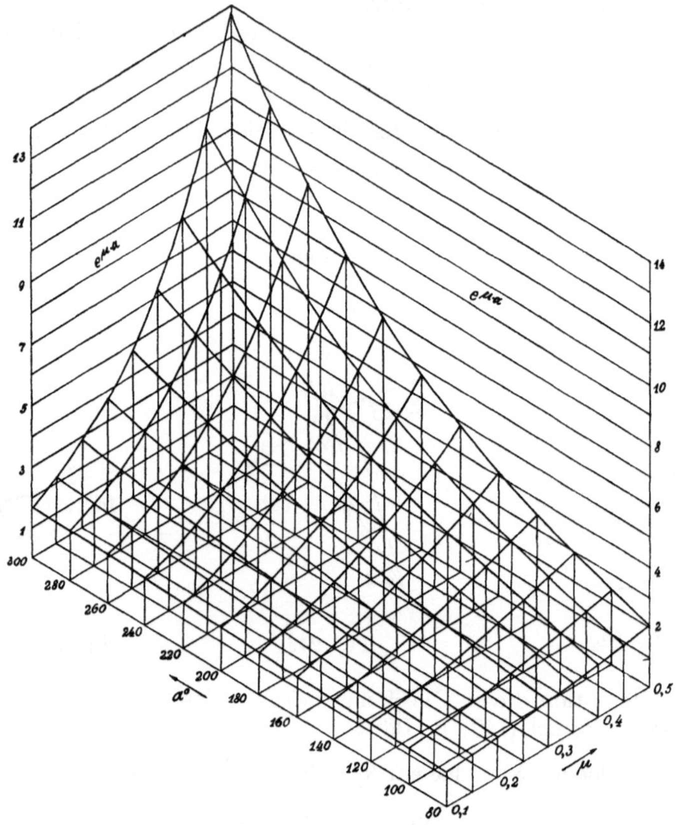

Fig. 245.

Für die Reibungsziffer ist anzusetzen

bei Hanfseilen [30]) auf Eisentrommeln . . . . $\mu \sim 0{,}25$,
,,   ,,   ,, Holztrommeln . . . . $\mu \sim 0{,}40$,
,, runden, gefetteten Drahtseilen [189]) auf Gußeisen . $\mu = 0{,}13$,
,,   ,,   ,,   ,,   ,, Eichenholz $\mu = 0{,}16$,
,,   ,,   ,,   ,,   ,, Leder . . . $\mu = 0{,}16$,
,, flachen Drahtseilen [190]) auf

	trocken	gewöhnlich geschmiert	stark geschmiert
Eichenholz . . .	0,65	0,21	0,15
Pappelholz . . .	0,65	0,32	0,17
Weißbuche . . .	0,65	0,13	0,10
Leder	0,17	0,16	0,12

bei Stahlbremsbändern [30]) auf Gußeisenscheiben . . . $\mu \sim 0{,}18$.

[189]) Baumann, Preuß. Z. f. Berg-, Hütten- u. Salinenwesen, 1883.
[190]) Köttgen, Z. d. V. d. I. 1902.

Beispiel 133. Die Last $Q = 100$ kg soll langsam heruntergelassen werden, indem das Hanfseil über eine festliegende hölzerne Walze gleitet, die es mit dem Winkel $\alpha = 90°$ umspannt (Fig. 246). Anzugeben ist die gegenhaltende Zugkraft P.

Man entnimmt der Zusammenstellung $\mu = 0{,}40$ und der Fig. 245 $e^{\mu \cdot \alpha} = 1{,}88$. Somit liefert Formel (224)

$$P = \frac{Q}{e^{\mu \cdot \alpha}} = \frac{100}{1{,}88} = 53 \text{ kg}.$$

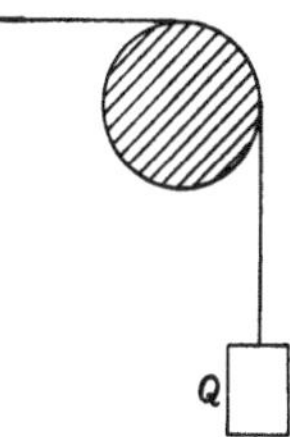

Fig. 246.

Beispiel 134. Über eine gußeiserne Spilltrommel läuft ein Hanfseil. Anzugeben ist der Umspannungswinkel α, der nötig ist, damit die Last $Q = 500$ kg durch eine Kraft $P = 5$ kg angezogen wird.

Es ist anzusetzen $\mu = 0{,}25$. Die Herleitung der Formel (223) ergibt $\mu \cdot \alpha = \log \text{nat} \dfrac{Q}{P}$, also

$$\alpha = 4 \cdot \log \text{nat} \frac{500}{5} = 4 \cdot \frac{\log 100}{\log e} = 4 \cdot \frac{2}{0{,}43429} \, ,$$

$$\alpha = 18{,}46 = 5{,}89 \cdot \pi \, ,$$

d. h. es sind nahezu 3 volle Umschlingungen nötig.

Beispiel 135. Bei kurzen Drahtseilbahnen genügt eine halbe Umschlingung des Zugseiles aus Stahldraht auf der ledergefütterten Antriebsscheibe, für die $\mu = 0{,}16$ ist. Rechnet man noch mit $\tfrac{4}{3}$ facher Sicherheit im Fall besonderer Bewegungswiderstände oder frisch geschmierten Seiles, so daß μ bis auf 0,12 heruntergehen kann, so ist bei $\alpha = \pi$ das zulässige Verhältnis der beiden Seilspannkräfte

$$\frac{S_2}{S_1} = e^{0{,}12 \cdot \pi} = 1{,}458 \, .$$

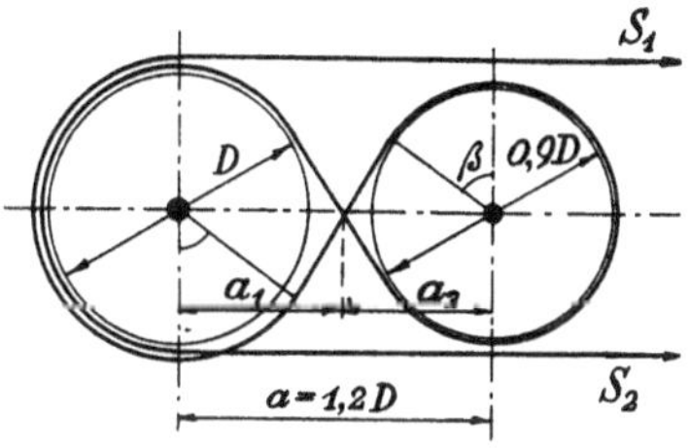

Bei einem größeren Verhältnis der Spannkräfte wird die in Fig. 247 dargestellte Anordnung getroffen, mit einer vorgelegten Scheibe. Aus den beiden Beziehungen, die die Figur angibt,

$$\frac{a_1}{D} = \frac{a_2}{0{,}9 \cdot D} \quad \text{und} \quad a_1 + a_2 = 1{,}2 \cdot D \, ,$$

folgt leicht

$$a_1 = 0{,}632 \cdot D$$

und damit

$$\sin \beta = \frac{0{,}5}{0{,}632} = 0{,}7785 \, ,$$

also $\beta \sim 51°$.

Der umschlossene Winkel ist mithin

$$\alpha = 2 \cdot (\alpha + \beta) = 402° = 8{,}06 \, ,$$

und man erhält so

$$\frac{S_2}{S_1} = e^{0{,}12 \cdot 8{,}06} = 2{,}63 \, .$$

Fig. 247.

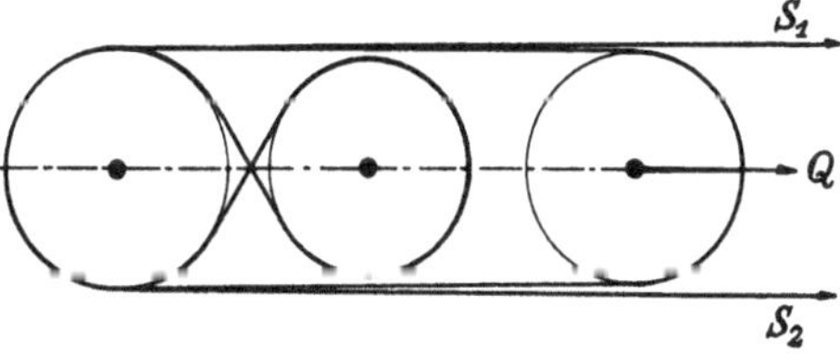

Fig. 248.

Die Gegenscheibe am anderen Ende der Bahn steht unter dem Einfluß eines Spanngewichtes Q, so daß dort nach den Regeln für die lose Rolle die Spannkräfte sind $S_1 = S_2 = \tfrac{1}{2} Q$.

Liegt die Gegenscheibe höher als der Antrieb, so ist sie natürlich festzulegen und die Spannscheibe muß mit dem Antrieb zusammengelegt werden, wie Fig. 248

zeigt, mit einer losen Scheibe auf der Achse der zweirilligen Antriebsscheibe. Es
ist dann $S_1 = \frac{1}{2}Q$, also $S_2 = 1,315\,Q$. Wenn die Stärke des Zugseiles es erlaubt,
kann man hiernach die Übertragung durch Vergrößerung des Spanngewichtes Q
bis zu einem gewissen Grade verbessern. Darüber hinaus ist die Antriebsscheibe
dreirillig auszuführen.

Unter gewöhnlichen Betriebsverhältnissen mit $\mu = 0,16$ erhält man bei halbumspannter Scheibe $\frac{S_2}{S_1} = 1,655$ und bei der zweirilligen Scheibe mit der vorgelegten Hilfsscheibe $\frac{S_2}{S_1} = 3,63$. Man bemerkt, daß eine gar nicht so erhebliche
Erhöhung der Reibungsziffer das Verhältnis $\frac{S_2}{S_1}$ bei größerem Winkel α ganz
bedeutend verbessert.

Wenn das Verhältnis $\frac{S_2}{S_1}$ einen kleineren Wert annimmt, als die
Zahl $e^{\mu \cdot \alpha}$ beträgt, so ändert sich bei im allgemeinen gleichbleibender
Reibungsziffer μ einzig der Winkel derart, daß die Spannkraft S_1 auf
einem Ruhewinkel α_1 unverändert bleibt und erst in dem darauffolgenden
Gleitwinkel α_2 sich stetig von S_1 auf S_2 vergrößert [180]. Naturgemäß ist
$\alpha_1 + \alpha_2 = \alpha$, und α_2 bestimmt sich aus Formel (223) zu

$$\operatorname{arc}\alpha_2 = \frac{1}{\mu} \cdot \log \operatorname{nat} \frac{S_2}{S_1}.$$

Ist an einer Welle das Drehmoment M durch ein die Bremsscheibe
vom Halbmesser r mit dem Winkel α umfassendes Stahlband abzubremsen, so ist die auf den Umfang des Rades bezogene Bremskraft
$Q = M$. Zwischen den beiden Spannkräften S_1 im ablaufenden und S_2
im auflaufenden Trum des Bremsbandes (Fig. 249) herrscht dann die
aus der Momentengleichung in bezug auf die Achse folgende Beziehung

$$S_2 - S_1 = Q.$$

Wird hierin die Gleichung (223) eingesetzt, so wird

$$S_1 = \frac{M}{r} \cdot \frac{1}{e^{\mu \cdot \alpha} - 1},$$

$$S_2 = \frac{M}{r} \cdot \frac{e^{\mu \cdot \alpha}}{e^{\mu \cdot \alpha} - 1}. \tag{225}$$

In bezug auf die feste Drehachse O
des Bremshebels gilt nun

$$+ S_2 \cdot b_2 + S_1 \cdot b_1 + P \cdot a = 0, \tag{226}$$

worin die am Hebel in demselben Sinn wie
das abzubremsende Moment M an der
Scheibe drehenden Momente positiv gerechnet werden. Mit den vorstehenden Gleichungen folgt hieraus

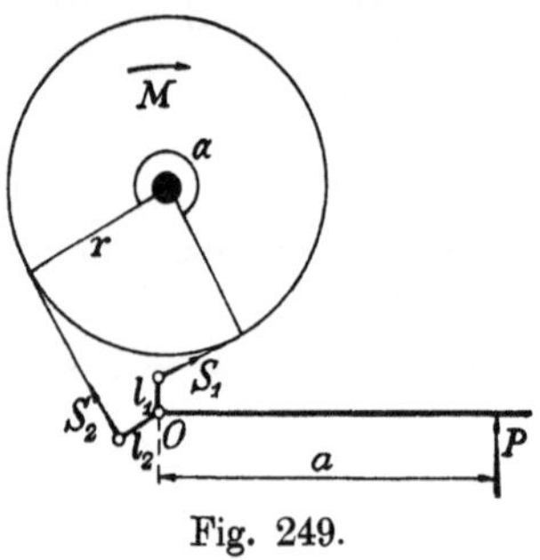

Fig. 249.

$$\frac{P \cdot a}{Q \cdot b_2} = \frac{e^{\mu \cdot \alpha} + \dfrac{b_1}{b_2}}{1 - e^{\mu \cdot \alpha}}. \tag{227}$$

Hierin ist das Verhältnis $\dfrac{b_1}{b_2}$ positiv einzusetzen, wenn die beiden Dreh-momente $S_1 \cdot b_1$ bzw. $S_2 \cdot b_2$ am Hebel in demselben Sinne drehen, anderenfalls negativ.

Beispiel 136. Es seien die verschie-denen Anordnungen der Bandbremsen ge-mäß Formel (227) zu untersuchen[191].

Der einfachste Fall ist $b_1 = 0$, d. h. das Bremsband ist mit dem ablaufenden Ende beliebig am Gestell befestigt. Da immer $e^{\mu \cdot \alpha} > 1$ ist, so wird $\dfrac{P \cdot a}{Q \cdot b_2}$ negativ und es sind die beiden Ausführungen der Fig. 250 und 251 möglich:

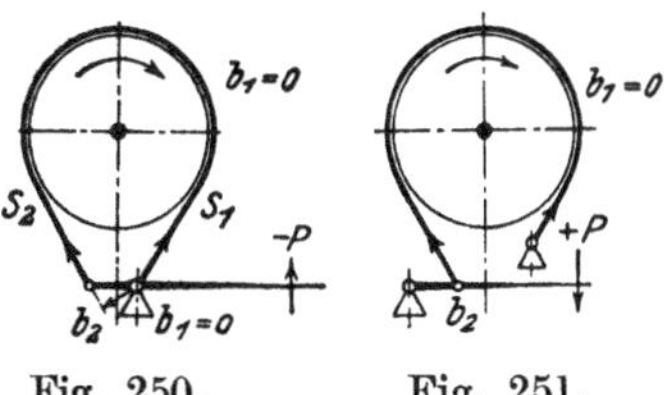

Fig. 250.　　　Fig. 251.

$$
\begin{array}{c|ccc|cc}
e^{\mu \cdot \alpha} = 1 & 1,5 & 2 & 2,5 & 3 & \infty, \\
\dfrac{P \cdot a}{Q \cdot b_2} = -\infty & -3 & -2 & -1,67 & -1,5 & -1 \,.
\end{array}
$$

Die Anordnung ist unzweckmäßig, da der Zahlenwert des Verhältnisses $\dfrac{P \cdot a}{Q \cdot b_2}$ immer sehr groß ausfällt, wie die Zusammenstellung ergibt, die die praktisch vor-kommenden Werte zwischen senkrechten Strichen enthält.

Ist $+1 > \dfrac{b_1}{b_2} > 0$, so ergibt sich für den mittleren Wert $\dfrac{b_1}{b_2} = \dfrac{1}{2}$ die folgende Zusammenstellung:

$$
\begin{array}{c|ccc|cc}
e^{\mu \cdot \alpha} = 1 & 1,5 & 2 & 2,5 & 3 & \infty, \\
\dfrac{P \cdot a}{Q \cdot b_2} = -\infty & -4 & -2,5 & -2 & -1,75 & -1 \,.
\end{array}
$$

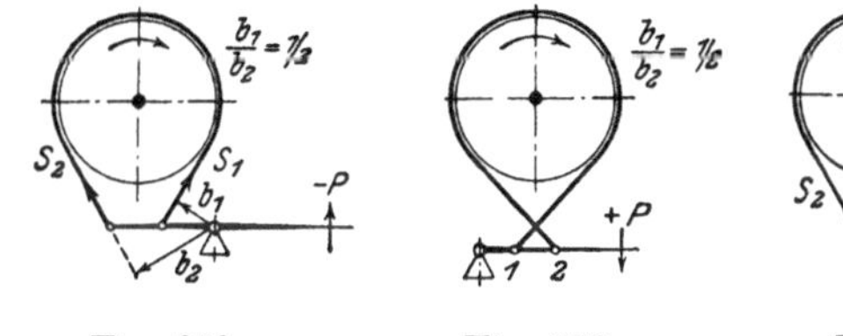

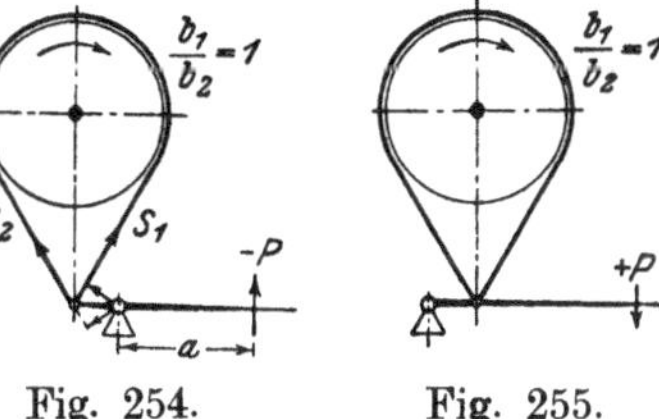

Fig. 252.　　　Fig. 253.　　　Fig. 254.　　　Fig. 255.

Abgesehen davon, daß der Fall der Fig. 253 praktisch nicht gut zu verwirklichen ist, ist die Anordnung nach Fig. 252 noch ungünstiger als die ersten.

Ist $\dfrac{b_1}{b_2} = +1$, so erhält man

$$
\begin{array}{c|ccc|cc}
e^{\mu \cdot \alpha} = 1 & 1,5 & 2 & 2,5 & 3 & \infty, \\
\dfrac{P \cdot a}{Q \cdot b_2} = -\infty & -5 & -3 & -2,33 & -2 & -1 \,.
\end{array}
$$

Es entstehen die Ausführungen nach Fig. 254 und 255, die den Vorteil bieten, für beide Drehrichtungen der Bremsscheibe dieselbe Wirkung zu ergeben. Frei-lich sind die erforderlichen Kräfte P recht bedeutend.

---

[191] Siebeck, Z. d. V. d. I. 1910.

Wird $\dfrac{b_1}{b_2} > +1$, so ergeben sich die Fig. 256 und 257. Für $\dfrac{b_1}{b_2} = 2$ ist beispielsweise

$$
\begin{array}{c|ccc|cc}
e^{\mu \cdot \alpha} = 1 & 1{,}5 & 2 & 2{,}5 & 3 & \infty, \\
\dfrac{P \cdot a}{Q \cdot b_2} = -\infty & -7 & -4 & -3 & -2{,}5 & -1.
\end{array}
$$

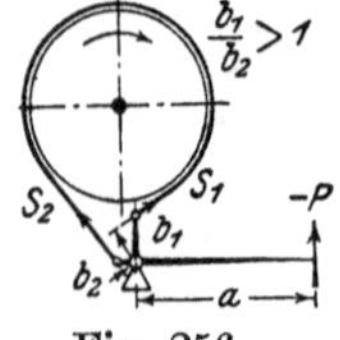

Fig. 256.

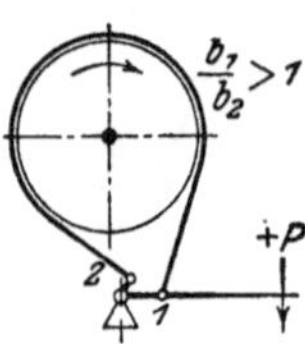

Fig. 257.

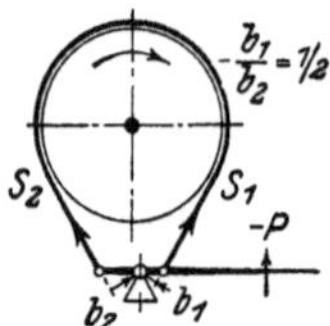

Fig. 258.

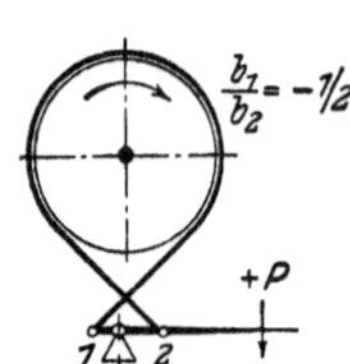

Fig. 259.

Man erkennt, daß die Ausführungen mit positivem Verhältnis $\dfrac{b_1}{b_2}$ um so ungünstiger werden, je größer es ist.

Es sei nun $0 > \dfrac{b_1}{b_2} > -1$, beispielsweise etwa $\dfrac{b_1}{b_2} = -\dfrac{1}{2}$. Dann ergeben sich die Fig. 258 und 259, wovon die letztere wieder praktisch unbrauchbar ist.

$$
\begin{array}{c|ccc|cc}
e^{\mu \cdot \alpha} = 1 & 1{,}5 & 2 & 2{,}5 & 3 & \infty, \\
\dfrac{P \cdot a}{Q \cdot b_2} = -\infty & -2 & -1{,}5 & -1{,}33 & -1{,}25 & -1.
\end{array}
$$

Die Verhältnisse sind gegenüber der ersten Anordnung schon günstiger geworden.

Bei $\dfrac{b_1}{b_2} = -1$ wird für jeden Wert von $e^{\mu \cdot \alpha}$ $\dfrac{P \cdot \alpha}{Q \cdot b_2} = -1$, und die Anordnung wäre die der Fig. 260 (die der Fig. 259 entsprechende wird beiseite gelassen). Bei kleinem Ausschlag des Hebels tritt überhaupt keine Bremsung ein, sondern erst bei ziemlich großem, weil dann die Hebelarme b_1 und b_2 infolge der Drehung

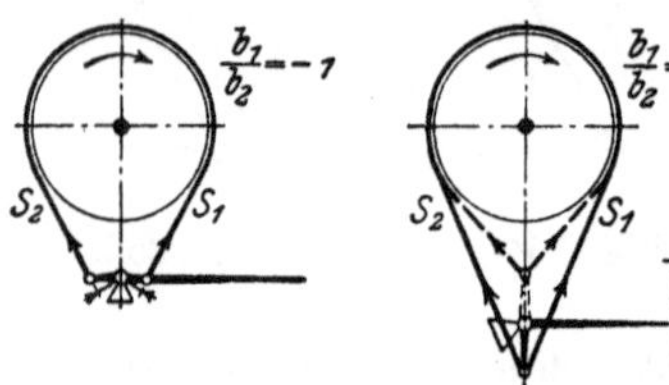

verschieden groß werden. Die Anordnung ist für wechselnde Drehrichtung der Scheibe verwendbar, weil sie kräftiger wirkt als die der Fig. 254, wenn der Bremshebel so bewegt wird, daß dabei $b_2 > b_1$ wird. Für die entgegengesetzte Bewegung des Hebels ist sie unbrauchbar, denn wenn die Bremse unbelastet angespannt wird, wie bei Gewichtsbelastung und elektromagnetischer Auslösung, so wird die Spannkraft im Band überall dieselbe

$$
S = -\frac{P \cdot a}{b_2 \cdot \left(\dfrac{b_1}{b_2} + 1\right)},
$$

also im vorliegenden Fall, wo der Klammerausdruck 0 ist, $S \sim \infty$: die Bremse wird zu Bruch gehen. Eine andere Ausführungsform ist die der Fig. 261.

Es sei jetzt $-1 > \dfrac{b_1}{b_2} > -e^{\mu \cdot \alpha}$ (Fig. 262). Dann gilt die folgende Zusammenstellung für $\dfrac{P \cdot a}{Q \cdot b_2}$:

$e^{u \cdot \alpha} =$	1,5	2	2,5	3
$\dfrac{b_1}{b_2} = -1,5$	0	$-0,5$	$-0,667$	$-0,75$
-2	—	0	$-0,333$	$-0,50$
$-2,5$	—	—	0	$-0,25$

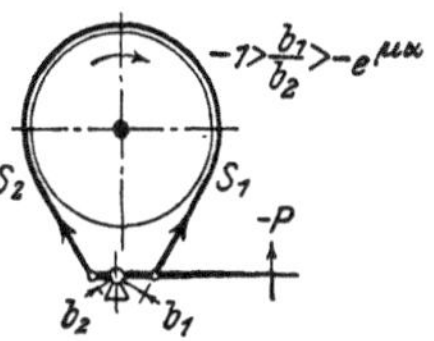

Fig. 262.

Man entnimmt der Fig. 262, daß bei Bewegung des Hebels in Richtung der eingetragenen Kraft P das Band von der Scheibe abgehoben, d. h. die Bremse gelöst wird. Die Anordnung ist also selbstsperrend, und man erhält, wenn in der Hebelgleichung $P \cdot a = 0$ gesetzt wird, mit $S_2 = S_1 + Q$

$$S_1' = -\frac{Q}{1 + \dfrac{b_1}{b_2}}, \qquad S_2' = +\frac{Q \cdot \dfrac{b_1}{b_2}}{1 + \dfrac{b_1}{b_2}}. \qquad (228)$$

Die Werte sind größer als die der Gleichungen (223) für S_1 und S_2. Die Differentialbremsen mit Selbstsperrung gemäß der vorstehenden Darlegungen sind aber im allgemeinen unbrauchbar, weil sie bei hinreichend großer Umfangskraft Q und gegebener Belastung P des Hebels wohl sperren, dagegen bei kleiner werdendem Q die Scheibe gleiten lassen.

Macht man jetzt $\dfrac{b_1}{b_2} = -e^{u \cdot \alpha}$, so wird $\dfrac{P \cdot a}{Q \cdot b_2} = 0$. Damit ist die Grenze des Selbstsperrungsgebietes erreicht.

Wählt man $\dfrac{b_1}{b_2} < -e^{u \cdot \alpha}$, so gilt die folgende Zusammenstellung für $\dfrac{P \cdot a}{Q \cdot b_2}$:

$e^{u \cdot \alpha} =$	1,5	2	2,5
$\dfrac{b_1}{b_2} = -1,5$	0	—	—
-2	$+1$	0	—
$-2,5$	$+2$	$+0,5$	0
-3	$+3$	$+1$	$+0,333$
-4	$+5$	$+2$	$+1$

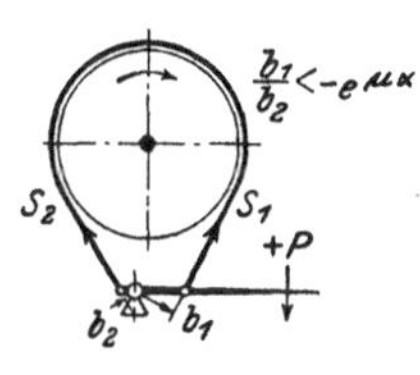

Fig. 263.

Die Anordnung ist die der Fig. 263; es ist das das praktisch benutzte Gebiet der Differentialbremse.

Wird schließlich $b_2 = 0$ gesetzt, also

$$\frac{b_1}{b_2} = -\infty,$$

so wird

$$\frac{P \cdot a}{Q \cdot b_2} = \frac{1}{1 - e^{\mu \cdot \alpha}}.$$

Dem entspricht die häufige Anordnung nach Fig. 264 und 265, und es gilt die Zusammenstellung:

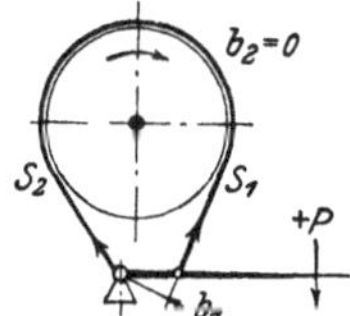

Fig. 264. Fig. 265.

$e^{\mu \cdot \alpha} =$	1	1,5	2	2,5	3	∞,
$\dfrac{P \cdot a}{Q \cdot b_2} =$	$-\infty$	-2	-1	$-0,667$	$-0,50$	0.

Ein Vergleich mit der ersten Zusammenstellung für $b_1 = 0$ lehrt, daß jene Anordnung bei genau gleichen konstruktiven Maßnahmen eine sehr viel größere Bremskraft P erfordert als die vorliegende, also unzweckmäßig ist.

Beispiel 137. Eine Spreizringkupplung nach Fig. 266 habe den Durchmesser $D = 50$ cm, die Ringbreite $b = 9$ cm, der anpressende Schubkeil habe die Neigung 1 : 5 auf beiden Seiten. Zu berechnen ist das übertragene Drehmoment M [192]).

Der Neigung $\operatorname{tg}\alpha = 1 : 5$ entspricht der Winkel $11°\,20'$, so daß der Spreizring auf dem Bogen $\alpha = 337° = 5,882$ anliegt. Mit $\mu = 0,18$ für trockene Flächen wird $e^{\mu\,\cdot\,\alpha} = 2,88$. Da der Schubkeil geölt wird, so muß man damit rechnen, daß die Anlagefläche etwa die Reibungsziffer $\mu = 0,12$ haben kann, der $e^{\mu\,\cdot\,\alpha} = 2,03$ entspricht.

Ruft der Schubkeil auf der einen Seite die Spreizringspannkraft S_1 hervor, so ist sie auf der anderen Seite $S_2 = S_1 \cdot e^{\mu\,\cdot\,\alpha}$. Dazu tritt noch eine Spannkraft $S_0 \sim 30$ kg, die aufzuwenden ist, um den lose in der Trommel sitzenden Ring auf den Trommeldurchmesser aufzubiegen. Man erhält so als Zugkraft am Keil gemäß Beispiel 57

$$P = (S_0 + S_1) \cdot \operatorname{tg}(\alpha + \varrho) + (S_0 + S_2) \cdot \operatorname{tg}(\alpha + \varrho)$$

und als übertragenes Moment

$$M = (S_2 - S_1) \cdot \frac{D}{2}\,.$$

Nun ist die Anpressungskraft N an einer beliebigen Stelle nach Fig. 244 $N = S \cdot d\alpha$, und nach den obigen Angaben gilt

$$N = b \cdot \frac{D}{2} \cdot d\alpha \cdot p\,,$$

also durch Gleichsetzen beider Ausdrücke

$$p = \frac{2 \cdot S}{b \cdot D}\,.$$

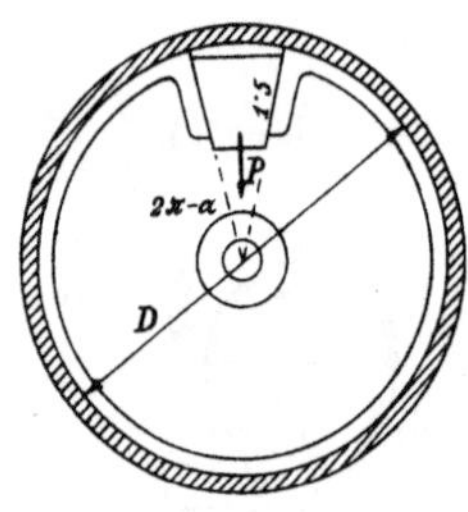

Fig. 266.

Damit die Abnutzung beim Einrücken nicht zu groß wird, ist der größte zugelassene Anpressungsdruck zwischen Gußeisenflächen $p_{\max} = 15$ at. Hieraus folgt

$$S_2 = b \cdot \frac{D}{2} \cdot p_{\max} = 9 \cdot 25 \cdot 15 \sim 3380 \text{ kg},$$

also

$$S_1 = \frac{S_2}{e^{\mu\,\cdot\,\alpha}} = \frac{3380}{2,03} \sim 1660 \text{ kg},$$

im ungünstigen Fall, und bei fehlender Schmierung

$$S_1' = \frac{3380}{2,88} \sim 1170 \text{ kg}.$$

Dem entspricht der kleinste Anpressungsdruck

$$p_1 = \frac{15}{2,03} = 7,4 \text{ at}$$

bzw.

$$p_1' = \frac{15}{2,88} = 5,2 \text{ at}.$$

---

[192]) Eberle, Z. d. V. d. I. 1908.

Das übertragene Drehmoment ist nun

$$M = (3380 - 1660) \cdot 0{,}25 = 430 \text{ cm/kg}$$

bzw.

$$M' = (3380 - 1170) \cdot 0{,}25 = 550 \text{ cm/kg}.$$

Die Wirkung des Getriebes ist ziemlich erheblich von der Innehaltung der der Rechnung zugrunde gelegten Reibungsziffer abhängig.

Beispiel 138. Anzugeben ist der von einer Bandbremse bei der Umfassung $\alpha = 0{,}7 \cdot 2\pi$ auf die Welle ausgeübte Achsdruck, wenn die kleinere Bandspannkraft $S_1 = 100$ kg beträgt.

Mit $\mu = 0{,}18$ und $\alpha = 0{,}7 \cdot 2\pi$ ergibt sich $e^{u \cdot \alpha} = 2{,}21$, also $S_2 = 221$ kg. Beide Kräfte schließen miteinander den Winkel

$$\pi - 0{,}7 \cdot \pi = 0{,}3 \cdot \pi = 0{,}3 \cdot 180 = 54°$$

ein und es ist somit der Achsdruck

$$R = S_1 \cdot \sqrt{1 + 2{,}21^2 + 2 \cdot 2{,}21 \cdot \cos 54°} = 100 \cdot \sqrt{1 + 4{,}884 + 1{,}365} \sim 270 \text{ kg}.$$

Der Achsdruck wird völlig aufgehoben, wenn zwei Differentialbremsbänder in entgegengesetzter Anordnung um die Scheibe gelegt werden, wie bei der Kraftmaschinenkupplung der BAMAG[193]) nach Fig. 267. Freilich ist dann der Spannkraftunterschied wesentlich kleiner, aber damit auch die Abhängigkeit von der etwaigen Änderung der Reibungsziffer. Bei der Ausführung ist $\alpha = 0{,}75 \cdot \pi$ und bei gut geschmierten Gleitflächen $\mu = 0{,}10$, also $e^{u \cdot \alpha} = 1{,}27$.

Es ist ferner absichtlich der Grenzfall der Selbstsperrung mit $\dfrac{b_1}{b_2} = 1{,}27$ gewählt worden, so daß das Einrücken der Kupplung ohne Kraftanstrengung erfolgt. Bei geringer Belastung gleitet sie dann (Beispiel 136) und faßt erst, wenn die Bremsscheibe dieselbe Geschwindigkeit hat wie das auf dem zweiten Wellenstumpf sitzende Gehäuse, in dem die festen Drehzapfen O gelagert sind. Sinkt die Geschwindigkeit der Zusatzmaschine etwa wegen Überbelastung, so rutscht die Kupplung ohne Stoß oder überhaupt Bewegung der Hebel und schließt sich wieder selbsttätig fest, sobald beide Wellen die gleiche Geschwindigkeit haben.

Das gesamte, bei voller Anspannung S_2 der Bänder übertragene Drehmoment wird nach Formel (225)

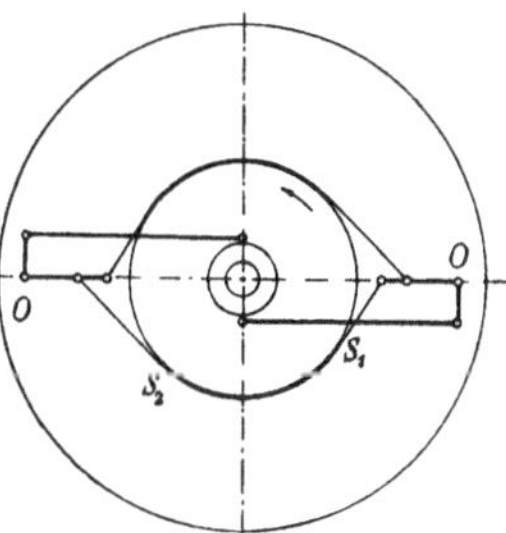

Fig. 267.

$$M = 2 \cdot S_2 \cdot r \cdot \frac{e^{u \cdot \alpha}}{e^{u \cdot \alpha} - 1} = 0{,}213 \, D \cdot S_2,$$

also z. B. mit $S_2 = 2000$ kg und $D = 50$ cm

$$M = 0{,}213 \cdot 2000 \cdot 0{,}50 = 213 \text{ m/kg}.$$

17. Der Riemen- und Seiltrieb.

Die meisten Riemen- und Seiltriebe arbeiten mit Vorspannung, d. h. der Riemen oder das Seil wird so auf die ruhenden Scheiben gelegt, daß in allen Teilen eine gewisse Spannkraft S_0 entsteht. Wird jetzt die eine Scheibe durch ein Drehmoment M_1 bewegt, während auf die andere ein entgegengesetztes Drehmoment M_2 einwirkt, so gilt ja nach den Darlegungen in Abschnitt 10

$$\frac{M_1}{M_2} = \frac{r_2}{r_1} = \frac{n_1}{n_2},$$

[193]) Ohnesorge, Z. d. V. d. I. 1908.

solange der Riemen infolge der Reibung auf den Scheiben festliegt, und die Spannkräfte S_0 steigen in dem ziehenden Trum auf S_2 und sinken in dem losen Trum auf S_1 (Fig. 268). Wenn schließlich Über-

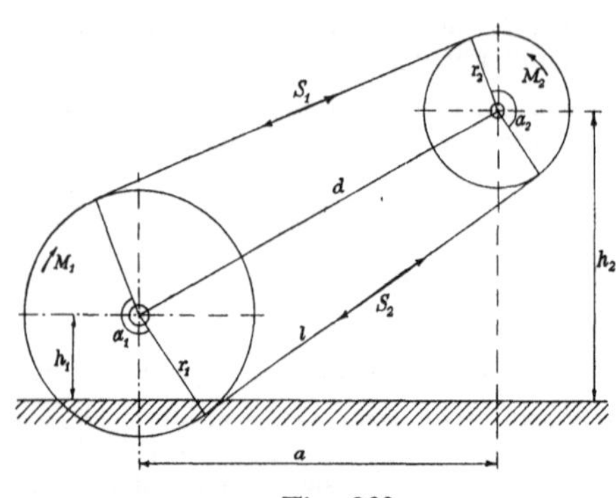

Fig. 268.

lastung eintritt, so beginnt der Riemen auf der einen Scheibe zu gleiten, und in dem Augenblick liegt der Fall der Fig. 242 vor. Es gilt demnach auch hier die Formel (223):

$$S_2 = S_1 \cdot e^{\mu \cdot \alpha}$$

und ebenso die andere

$$S_2 - S_1 = \frac{M_1}{r_1} = S_n,$$

worin S_n die am Umfang der Scheiben wirkende Nutz-spannkraft bezeichnet. Beide zusammen ergeben wieder die Gl. (225), die häufig in folgender Form geschrieben wird:

$$S_2 = S_n \cdot \frac{e^{\mu \cdot \alpha}}{e^{\mu \cdot \alpha} - 1} = \frac{S_n}{1 - e^{-\mu \cdot \alpha}} = \frac{S_n}{k} . \qquad (229)$$

Der Wert k heißt die Ausbeute des Riementriebes[194]). Es gilt dafür die Zusammenstellung:

$e^{\mu \cdot \alpha} =$	1	1,6	1,8	2,0	2,2	2,4	2,6	3,0
$k =$	0	0,3750	0,444	0,50	0,545	0,5833	0,6153	0,6667.

Nun ist zu berücksichtigen, daß der Riemen oder das Seil an den Scheiben nicht als geometrische Tangente anliegt, wie es Fig. 268 dar-stellt, sondern die Band- bzw. Seilsteifigkeit wirkt schon dahin, daß an der Auflaufstelle A der Umfassungswinkel α um den Betrag α'

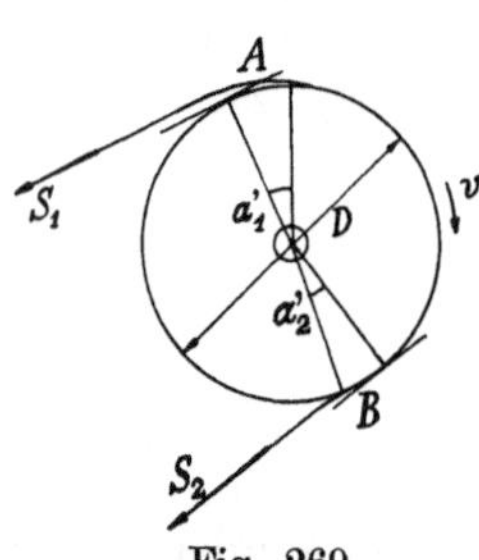

Fig. 269.

verkleinert und an der Ablaufstelle B um einen anderen Betrag α'' vergrößert wird (Fig. 269). Der Unterschied beider Winkel rührt zum Teil davon her, daß die Spannkraft S_2 wesentlich größer ist als S_1 und nicht, wie bei den Dar-legungen über die Bandsteifigkeit in Abschnitt 15, gleich groß. Er wird noch weiter dadurch be-einflußt, daß der bei A auflaufende Riemen die umgebende Luft ebenso wie die umlaufende Scheibe mit sich reißt, die so ein Kissen zwi-schen Riemen und Scheibe bildet, bis sie wirk-lich hinausgedrückt ist[195]), während bei B der äußere Luftdruck den Riemen noch etwas gegen die Scheibe preßt, wenn die reine Gurt-steifigkeit schon überwunden sein sollte.

---

[194]) Boesner, Aus Theorie und Praxis des Riementriebes, 1914.
[195]) Kammerer, Mitt. des V. d. I. über Forschungsarbeiten, Heft 56/57, 1908.

Die Größe des Auspreßweges $r \cdot \alpha'$, der durch die eigentliche Gurtsteifigkeit kaum verändert wird, hängt ab von der Luftmenge, die etwa dem Quadrat der Riemengeschwindigkeit v entspricht, und wird um so größer, je breiter der Riemen ist; überschlägig werde dafür die Abhängigkeit von der Quadratwurzel der Riemenbreite b eingesetzt. Er wird um so kleiner, je größer die auf den cm Riemenbreite entfallende Spannkraft $\dfrac{S'}{b}$ an der Stelle ist, und man kann demnach ansetzen

$$\alpha' = \frac{C \cdot v^2 \cdot b^{\frac{3}{2}}}{S' \cdot r} . \qquad (230)$$

Werden v in m/sk, b und r in cm, S' in kg und α' in Bogenmaß gemessen, so ist nach Versuchen, die mit demselben Riementrieb im lufterfüllten und luftverdünnten Raum angestellt wurden[196]),

$$C = 0{,}118. \qquad (231)$$

Freilich sind zur sicheren Festlegung aller Abhängigkeiten noch weitere Untersuchungen nötig. Bei Seilen und glatten Stahlbändern hat α' nur den durch die Seil- bzw. Bandsteifigkeit bedingten Wert. Den meistens kleineren Winkel α'' vernachlässigt man der Sicherheit halber gewöhnlich.

Der so um den Betrag α' verkleinerte Umfassungswinkel zerfällt nun noch bei geringer Belastung in einen Ruhewinkel α_0, in dem die Spannung des Riemens unverändert bleibt[197]), und den Gleitwinkel $\overline{\alpha}$, in dem sie sich zwischen den Endwerten S_1 und S_2 ändert. Wenn man von den wenig nachgiebigen Stahlbändern absieht, so sind alle Riemen und Seile verhältnismäßig nachgiebig, so daß sie sich bei der Vergrößerung der Spannung auf der getriebenen Scheibe merklich dehnen und bei der Verringerung der Spannung auf der treibenden Scheibe wieder zusammenziehen. Infolgedessen gleitet jeder Riemen in diesem Arbeitswinkel $\overline{\alpha}$ auch bei verhältnismäßig geringer Belastung immer etwas.

Beispiel 139. Ein Riemen von $b = 18$ cm Breite laufe über zwei gußeiserne Riemenscheiben von $D = 61$ cm Durchmesser, die $n = 860$ Umdrehungen in der Minute machen. Anzugeben ist die Größe des Auspreßwinkels, wenn das Leertrum mit $S_1 = 297$ kg angespannt ist und das ziehende mit $S_2 = 430$ kg. Man erhält die Riemengeschwindigkeit

$$v = \frac{\pi \cdot 0{,}61 \cdot 860}{60} \sim 27{,}50 \text{ m/sk.}$$

Damit liefert die Gleichung (230) für die Scheibe 1

$$\alpha_1' = \frac{0{,}118 \cdot 27{,}5^2 \cdot 18^{\frac{3}{2}}}{297 \cdot 30{,}5} = 0{,}752 \sim 43^\circ,$$

und es wird ferner für die Scheibe 2

$$\alpha_2' = 43 \cdot \frac{297}{430} \sim 29 \tfrac{3}{4}{}^\circ .$$

<hr>

[196]) Skutsch, Verh. d. V. f. Gewerbefleiß 1913.
[197]) Grashof, Theorie der Getriebe, 1881; Brauer, Z. d. V. d. J. 1908.

¦Auf der treibenden Scheibe ist also bei Vollbelastung der Gleitwinkel $\tilde{\alpha} \backsim 150°$, auf der getriebenen nur rund 137°. Bei gleich großen Scheiben gleitet der Riemen im Fall der Überlastung hauptsächlich auf der getriebenen Scheibe [198]).

Sind die aus gleichem Material bestehenden Riemenscheiben verschieden groß, so liegt bei offenen Trieben nach Fig. 268 der geometrische Umfassungswinkel α auf der kleineren Scheibe um ebensoviel unter 180° als auf der größeren darüber. Der Riemen gleitet somit bei größerer Übersetzung gewöhnlich auf der kleineren Scheibe, und zwar läuft der Trieb immer wesentlich ungünstiger, wenn die große Scheibe treibt, als umgekehrt, weil dann das schwächer gespannte Trum auf die kleine Scheibe aufläuft, wodurch sich dort der größere Auspreßwinkel einstellt.

Eine erhebliche Verbesserung erzielt man in dem Fall dadurch, daß die kleinere Scheibe aus Holz hergestellt wird, weil dann die Reibungsziffer soweit ansteigt, daß die Verringerung des Gleitwinkels $\tilde{\alpha}$ ausgeglichen wird. Will man den umfaßten Winkel bei großen Laufgeschwindigkeiten nahezu ganz ausnutzen, so muß man gelochte Riemen verwenden, die der mitgerissenen Luft leichten Austritt gestatten.

Die Reibungsziffer μ zwischen dem Treibriemen und der Scheibe hängt nun von einer Reihe von Umständen ab. In erster Linie spielt die Fettung des Riemens eine Rolle. Bei stärkerer Fettung des Leders, für das eingehendere Untersuchungen [199]) nur vorliegen, ist μ unter sonst gleichen Umständen wesentlich höher als in verhältnismäßig trockenem Zustand, weil sich auf der Scheibe ein zwar sehr dünner, aber äußerst zäher Fettüberzug bildet, der um so gleichmäßiger ist, je glatter die Scheiben- und Riemenflächen sind. Nun findet wie bei den Zapfen im Lager eine Verschiebung der Schmierschichten gegeneinander statt, und bei der großen Zähigkeit der hier nicht erwärmten Schmiere stellt sich bei jeder Gleitgeschwindigkeit fast sofort wieder ein Beharrungszustand ein. Auf rauhen Scheiben, wo sich diese gleichmäßige Schmierschicht nicht ausbilden kann, ist die Reibung geringer als auf glatten Scheiben [198]).

Außer der Fettung ist von Einfluß der mittlere Flächendruck p_m at, mit dem sich der Riemen auf die Scheibe legt, und zwar sinkt die Reibungsziffer mit wachsendem p_m; ferner die Gleitgeschwindigkeit c cm/sk zwischen Riemen und Scheibe und schließlich noch die Temperatur, deren Erhöhung die Zähigkeit der Schmierschicht verkleinert.

Bei etwa 20° C ergab sich [200]) an einem wenig gefetteten, lohgaren Lederriemen, wie er im Betrieb meistens vorkommt, mit nur geleimten Verbindungsstellen

$$\mu = -0{,}812 + 0{,}845 \cdot \left(\frac{p_m}{2}\right)^{-\frac{1}{7,5}} + 0{,}07 \cdot c^{\frac{1}{4}}, \qquad (232a)$$

und zwar auf gußeisernen Scheiben. Auf einer besonders glatten schmiedeeisernen Scheibe hatte die erste Ziffer den Wert $-1{,}076$.

---

[198]) Skutsch, Versuche über den Einfluß der Oberflächenbeschaffenheit gußeiserner Riemenscheiben, 1911.

[199]) Sellers, Lewis, Transact. of the American Soc. of Mech. Eng. 1885, übersetzt von Skutsch, Glasers Annalen 1914; Skutsch, D. p. J. 1914; Friederich, Z. d. V. d. I. 1915; Stephan, D. p. J. 1913.

[200]) Stephan, Die Treibriemen und Riementriebe, 1920.

Nachgenähte Leimstellen verringern die Reibung, und es ergab sich als Mittelwert für den ganzen, etwas fetteren Riemen

$$\mu = -0{,}421 + 0{,}22 \cdot \left(\frac{p_m}{2}\right)^{-\frac{1}{7{,}5}} + 0{,}40 \cdot c^{\frac{1}{4}} \qquad (232\,\mathrm{b})$$

auf gußeiserner Scheibe; auf einer schmiedeeisernen hatte die erste Ziffer den Wert $-0{,}444$.

Durch besonders starkes Fetten läßt sich der Faktor von $c^{\frac{1}{4}}$ noch weiter verdoppeln. Freilich geht der Zahlenfaktor des zweiten Gliedes dann so weit zurück, daß es nahezu verschwindet, und das erste steigt bis auf $-1{,}6$. Die Messungen umfaßten den Bereich

$$0{,}06 < \frac{p_m}{2} < 0{,}4 \text{ at}, \quad 0{,}3 \ < c < 18 \text{ cm/sk}.$$

Auf einer hölzernen Scheibe ergab ein gebrauchter lohgarer Riemen bei

$$\frac{p_m}{2} \sim 0{,}1 \text{ at} \qquad \text{und} \qquad 2 < c < 11{,}5 \text{ cm/sk}$$

$$\mu = 0 + 0{,}1 \cdot \left(\frac{p_m}{2}\right)^{-\frac{1}{7{,}5}} + 0{,}23 \cdot c^{\frac{1}{4}}. \qquad (232\,\mathrm{c})$$

Für die anderen Riemenmaterialien muß man vorläufig die gleichen Werte der Reibungsziffer wie bei Lederriemen ansetzen. Die Reibungsziffer des leicht gefetteten Stahlbandes auf dem Korkbelag der Riemenscheibe entspricht etwa der zwischen Leder und glatter Scheibe [201]).

Durch das Gleiten, mit dem sich der Riemen der Belastung anpaßt, sind Riementriebe besonders wertvoll für schnellgehende Maschinen mit schweren bewegten Massen, die beim Ingangsetzen der Bewegung einen hohen Beschleunigungswiderstand (Bd. III) entgegensetzen.

Beispiel 140. Für einen wenig gefetteten Treibriemen (Formel 232a) sind die Reibungs- und Spannungsverhältnisse zahlenmäßig zu untersuchen.

Man entnimmt der Fig. 243 den Flächendruck des Riemens von der Breite b cm zu $p = \dfrac{N}{b \cdot r\, d\alpha}$. Nun liefert die Fig. 244 die Beziehung $N = S \cdot d\alpha$ und damit wird

$$p = \frac{S}{b \cdot r}.$$

Die Spannkraft S kg erzeugt in dem Riemen vom Querschnitt $b \cdot s$ cm² die gleichförmig über den Querschnitt verteilte Spannung

$$\sigma = \frac{S}{b \cdot s} \text{ kg/cm}^2.$$

Setzt man diesen Wert in die vorstehende Gleichung ein, so folgt $\dfrac{p}{2} = \sigma \cdot \dfrac{s}{D}$ und der Mittelwert

$$\frac{p_m}{2} = \sigma_m \cdot \frac{s}{D}.$$

Die mittlere Anspannung beider Riementrümer kann nun keine andere sein [200]) als die Anfangsspannung σ_0 im Ruhezustand vermindert um die durch die Flieh-

---

[201]) Eloesser-Kraftband Ges. m. b. H., Charlottenburg.

kraft (Bd. III) des schnellaufenden Riemens erzeugte Spannung σ_f. Damit wird schließlich

$$\frac{p_m}{2} = (\sigma_0 - \sigma_f) \cdot \frac{s}{D} \, . \tag{233}$$

Für den ziemlich trockenen Riemen, der auf gußeiserner Scheibe die Reibungsziffer der Formel (232a) ergab, gilt nun die folgende Zusammenstellung für μ', die beiden ersten Summanden jener Formel:

$\dfrac{D}{s} =$	20	30	40	50	75	100	150	200
$\sigma_0 - \sigma_f$								
10	0,115	0,166	0,204	0,236	0,293	0,338	0,401	0,449
15	0,066	0,115	0,152	0,180	0,236	0,277	0,338	0,383
20		0,080	0,115	0,143	0,196	0,236	0,293	0,338
25		0,054	0,088	0,115	0,166	0,204	0,261	0,303
30			0,066	0,093	0,143	0,180	0,236	0,273
35			0,052	0,074	0,124	0,160	0,215	0,255
40				0,059	0,107	0,143	0,206	0,236
50					0,080	0,115	0,166	0,204
60					0,059	0,093	0,143	0,180

und für den letzten Summanden:

$c =$	2,5	5	7,5	10	15	20	25 cm/sk
$\mu'' =$	0,088	0,105	0,116	0,125	0,138	0,148	0,157

Nimmt man einschließlich der elastischen Dehnung und Wiederzusammenziehung des Riemens noch ein Gleiten mit der Geschwindigkeit $c = 2,5$ cm/sk an, so ergeben sich z. B. für das Verhältnis $\dfrac{D}{s} = 100$ die Reibungsziffern der nachstehenden Zusammenstellung. Wird ferner mit dem Gleitwinkel $\tilde{\alpha} = 175°$ $= 3,054$ gerechnet, so erhält man die Zahlen der dritten Zeile für das Verhältnis $\dfrac{S_2}{S_1} = e^{\mu \cdot \tilde{\alpha}}$.

Die beiden Spannungen gehen nun ineinander über, wie es die Fig. 270 zeigt. Man erhält daraus die mittlere Spannung σ_m, indem man den Flächeninhalt der Spannungskurve bestimmt und ihn durch die Länge $\tilde{\alpha}$ dividiert.:

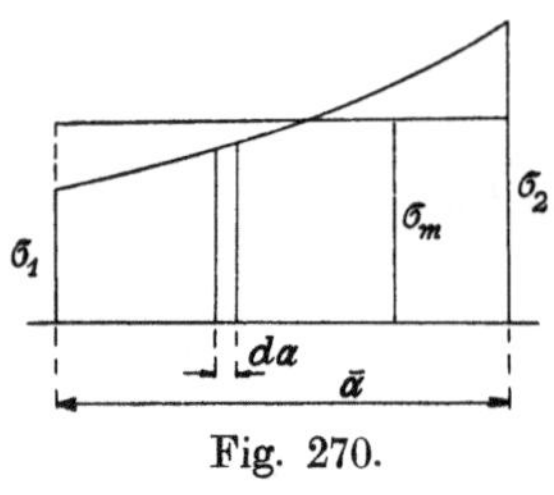

Fig. 270.

$$\sigma_m = \frac{1}{\tilde{\alpha}} \cdot \int_0^{\tilde{\alpha}} \sigma \cdot d\alpha = \frac{1}{\tilde{\alpha}} \cdot \int_0^{\tilde{\alpha}} \sigma_1 \cdot e^{\mu \cdot \alpha} \cdot d\alpha \, .$$

Nun ist nach Formel (140) in Bd. I

$$\int e^{\mu \cdot \alpha} \cdot d\alpha = \frac{1}{\mu} \cdot e^{\mu \cdot \alpha} + C \, ,$$

also

$$\sigma_m = \frac{\sigma_1}{\mu \cdot \tilde{\alpha}} \cdot \left(e^{\mu \cdot \tilde{\alpha}} - e^{0} \right) = \frac{\sigma_1}{\mu \cdot \tilde{\alpha}} \cdot \left(e^{\mu \cdot \tilde{\alpha}} - 1 \right) \, .$$

Hieraus folgt die Spannung im losen Trum

$$\sigma_1 = (\sigma_0 - \sigma_f) \cdot \frac{\mu \cdot \tilde{\alpha}}{e^{\mu \cdot \tilde{\alpha}} - 1} \, , \tag{234}$$

woraus sich für das gewählte Beispiel die vierte Zeile der Zusammenstellung ergibt. Die fünfte liefert nun die Formel (223).

$\sigma_0 - \sigma_f =$	10	15	20	25	30	35	40	50	
$\mu =$	0,426	0,365	0,324	0,292	0,268	0,248	0,231	0,203	
$e^{\mu \cdot \bar{\alpha}} =$	3,67	3,16	2,69	2,44	2,28	2,13	2,02	1,86	
$\sigma_1 =$	4,9	8,0	11,7	15,5	20,8	23,0	27,6	36,1	at
$\sigma_2 =$	19,7	25,3	31,5	37,8	47,4	49,1	56,8	67,2	at.

Man rechnet gewöhnlich bei halbumspannter Scheibe mit dem Spannungsverhältnis $e^{\mu \cdot \bar{\alpha}} = 2$,
also

$$\mu \cdot \tilde{\alpha} = \frac{0,301}{0,4343} = 0,6935,$$

und bei $\tilde{\alpha} = 175° = 3,054$ folgt hieraus die erforderliche Reibungsziffer $\mu = 0,227$.
Nimmt man wieder ein Gesamtgleiten von $c = 2,5$ cm/sk., also $\mu'' = 0,088$ an,
so wird $\mu = 0,139$, und man erhält durch eine zeichnerische Interpolation die
folgende Zusammenstellung von $\sigma_0 - \sigma_f$ und daraus wieder $\sigma_1 = (\sigma_0 - \sigma_f) \cdot \dfrac{0,6935}{1}$.

$\dfrac{D}{s} =$	30	40	50	75	100
$\sigma_0 - \sigma_f =$	13	17	21	26	42
$\sigma_1 =$	9	12	14,5	18	29

Man bemerkt, daß die Vorspannung $\sigma_0 - \sigma_f$ immer etwas kleiner ist als der
Mittelwert $\frac{1}{2} \cdot (\sigma_1 + \sigma_2)$ der beiden Betriebsspannungen.

Wenn die mögliche Reibungsziffer vollständig ausgenutzt werden soll, ist
zur Erzielung eines bestimmten Spannungsverhältnisses auf kleinen Scheiben
eine fast genau im Verhältnis der Scheibendurchmesser kleinere Vorspannung
zu nehmen. Da die Riemen auch eine mit der Verkleinerung der Scheiben wach-
sende Biegungsbeanspruchung erfahren (Bd. IV), so ergibt sich so bei den gebräuchlichen Scheibenverhältnissen ungefähr die gleiche Gesamtanstrengung.
Große Spannkräfte können bei verhältnismäßig geringem Gleiten nur auf hinreichend großen Scheiben übertragen werden.

Beispiel 141. Von einer Welle, die unter dem Drehmoment $M_1 = 4200$ cmkg
$n_1 = 860$ Umdrehungen in der Minute macht und $h_1 = 0,83$ m über dem Maschinenhausfußboden liegt, soll eine zweite Welle, die mit $n_2 = 150$ Umdrehungen in der
Minute umläuft und im wagerechten Abstand $a = 5,52$ m von der ersten entfernt
$h_2 = 3,76$ m über dem Maschinenhausfußboden liegt, durch einen Doppelriemen
von der Stärke $s = 1,0$ cm angetrieben werden. Die Antriebsscheibe habe den
Durchmesser $D_1 = 60$ cm. Anzugeben ist die Riemenlänge, die Spannung in den
beiden Trümern, die erforderliche Riemenbreite und die Größe des Gleitens.
Man erhält den Durchmesser der zweiten Scheibe zu

$$D_2 = D_1 \cdot \frac{n_1}{n_2} = 60 \cdot \frac{860}{150} = 344 \text{ cm.}$$

Ausgeführt wird $D_2 = 350$ cm.
Der unmittelbare Achsenabstand beträgt nach Fig. 268

$$d = a \cdot \sqrt{1 + \left(\frac{h_2 - h_1}{a}\right)^2} = 552 \cdot \sqrt{1 + \left(\frac{376 - 83}{552}\right)^2} = 552 \cdot \sqrt{1,2818} = 624,85 \text{ cm.}$$

Der auf der kleineren Scheibe umfaßte Winkel ermittelt sich aus

$$\cos \frac{\alpha_1}{2} = \frac{r_2 - r_1}{d} = \frac{175 - 30}{624,85} = 0,2319$$

zu $\alpha_1 = 2 \cdot 76° 35' = 153° 10'.$

Zur genauen Bestimmung der Gesamtlänge[200]) schreibt man mit den Bezeichnungen der Fig. 268

$$L = 2 \cdot d \cdot \sqrt{1 - \left(\frac{r_2 - r_1}{d}\right)^2} + r_1 \cdot 2 \cdot \text{arc cos}\,\frac{r_2 - r_1}{d} + r_2 \cdot 2 \cdot \left(\pi - \text{arc cos}\,\frac{r_2 - r_1}{d}\right).$$

Setzt man vorübergehend $\frac{r_2 - r_1}{d} = x$, so gelten die folgenden Reihenentwicklungen

$$\sqrt{1 - x^2} = 1 - \tfrac{1}{2} \cdot x^2 + \tfrac{1}{8} \cdot x^4 - \ldots,$$

$$\text{arc cos}\,x = \frac{\pi}{2} - \left(x + \frac{1}{2} \cdot \frac{x^3}{3} + \frac{1 \cdot 3}{2 \cdot 4} \cdot \frac{x^5}{5} + \ldots\right).$$

Damit folgt nach Wiederherstellung des Wertes von x

$$L = 2 \cdot d + \pi \cdot (r_1 + r_2) + \frac{(r_1 - r_2)^2}{d} + \frac{(r_1 - r_2)^4}{1,714 \cdot d^3} + \ldots, \qquad (235)$$

also im vorliegenden Fall

$$L = 2 \cdot 624,85 + \pi \cdot 205 + \frac{145^2}{624,85} + \frac{145^4}{1,714 \cdot 624,85^3}$$
$$= 1249,70 + 644,03 + 33,64 + 1,06 = 1928,4 \text{ cm}.$$

Die Berechnung ist wesentlich genauer und weniger zeitraubend als der Umweg über die Kosinus- und Bogentafeln. Sie ergibt die Länge des ungespannten, stumpf gestoßenen Riemens.

Die Umlaufgeschwindigkeit des Riemens mit Berücksichtigung seiner Stärke enthält schon das Beispiel 139: $v = 27,5$ m/sk.

Man kann nun je nach dem Grade des Gleitens, das man zulassen will, das Spannungsverhältnis der beiden Riementrümer innerhalb gewisser Grenzen wählen. Am gebräuchlichsten ist $\frac{S_2}{S_1} = e^{\mu \cdot \overline{\alpha}} = 2$, wenn der umfaßte Winkel in der Nähe von 180° liegt. Der Übersicht wegen werde mit den drei Werten 1,8 — 2 — 2,2 gerechnet.

Man erhält dann aus Formel (229) mit

$$S_n = \frac{4200}{30,5} = 135,5 \text{ kg}$$

die in Zeile 3 der Zusammenstellung angegebenen Werte von S_2 und daraus die darunterstehenden von S_1. Die Formel (234) liefert dann die Werte der Zeile 5 von $S_0 - S_f$.

Bei der großen Geschwindigkeit beansprucht die Fliehkraft den Riemen mit der in Zeile 6 stehenden Kraft S_f (Bd. III). Die Vorspannkraft S_0 folgt dann durch Addition der Zeilen 5 und 6 (Zeile 7). Da der Doppelriemen nach einer späteren Rechnung (Bd. IV) bei Herstellung aus Prima eichenlohegegerbtem Leder mit $\sigma_2 = 16,5$ kg/cm² beansprucht werden kann, so ergibt sich seine Breite aus

$$b = \frac{S_2}{s \cdot \sigma_2} \quad \text{(Zeile 8)}.$$

Zu den Spannkräften S_1 und S_2 ist S_f zu addieren, damit werden dann die Auspreßwinkel gemäß Formel (230) berechnet:

$$\alpha_1' = \frac{0,118 \cdot 27,5^2}{30} \cdot \frac{180}{\pi} \cdot \frac{b^{\frac{3}{2}}}{S_2 + S_f}$$

an der treibenden kleineren Scheibe (Zeile 9) und

$$\alpha_2' = \frac{0,118 \cdot 776}{30} \cdot \frac{180}{\pi} \cdot \frac{b^{\frac{3}{2}}}{S_1 + S_f}$$

an der getriebenen größeren Scheibe (Zeile 10).

Nun folgen die erforderlichen Reibungsziffern auf den Scheiben durch Division der Werte in Zeile 3 durch den in Bogenmaß ausgedrückten Gleitwinkel

$$\tilde{\alpha}_1 = (153° - \tilde{\alpha}_1') \cdot \frac{\pi}{180} \qquad \text{bzw.} \qquad \tilde{\alpha}_2 = (207° - \tilde{\alpha}_2') \cdot \frac{\pi}{180}.$$

1.	$e^{u \cdot \alpha} =$	1,8	2,0	2,2	
2.	$\mu \cdot \tilde{\alpha} =$	0,588	0,693	0,788	
3.	$S_2 =$	298	271	247	kg
4.	$S_1 =$	165,5	135,5	112,5	,,
5.	$S_0 - S_f =$	225,5	195,5	171,5	,,
6.	$S_f =$	131,5	120,5	109,5	,,
7.	$S_0 =$	357	316	281	,,
8.	$b =$	18,0	16,5	15,0	cm
9.	$\alpha_1' =$	$29\frac{3}{4}°$	$28\frac{2}{3}°$	$27\frac{1}{3}°$	
10.	$\alpha_2' \sim$	$7\frac{1}{2}°$	$7\frac{1}{2}°$	$7\frac{1}{2}°$	
11.	$\mu_1 =$	0,273	0,319	0,360	
12.	$\mu_2 =$	0,169	0,199	0,226	
13.	$\left(\dfrac{p_m}{2}\right)_1 =$	0,660	0,624	0,603 at	
14.	$\left(\dfrac{p_m}{2}\right)_2 =$	0,113	0,107	0,103 ,,	
15.	$\mu_1' =$	0,081	0,088	0,092	
16.	$\mu_2' =$	0,318	0,327	0,333	
17.	$\mu_1'' =$	0,192	0,231	0,268	
18.	$c =$	56,8	118,6	215	cm/sk
19.	$100 \cdot \dfrac{c}{v} \sim$	2,1	4	7,8	%
20.	$c_e =$	7,1	6,8	6,6	cm/sk
21.	$\mu_I' =$	0,106	0,1065	0,107	
22.	$\mu_{II}' =$	0,163	0,213	0,253	
23.	$c_I =$	0,25	0,73	1,47	cm/sk

Der Unterschied der Gleitwinkel $\tilde{\alpha}$ macht sich in den Zeilen 11 und 12 sehr erheblich bemerkbar. Wird wieder ein ziemlich trockener Riemen angenommen, für den die Formel (232a) gilt, so folgt nach Bestimmung von $\dfrac{p_m}{2} = \dfrac{S_0 - S_f}{b \cdot s} \cdot \dfrac{s}{D}$ (Zeilen 13 und 14) der erste Teil der Reibungsziffer $\mu' = -0,812 + 0,845 \cdot \left(\dfrac{p_m}{2}\right)^{\frac{1}{7,5}}$ (Zeilen 15 und 16). Damit wird also $\mu_1'' = 0,07 \cdot c^{\frac{1}{4}} = \mu_1 - \mu_1'$ (Zeile 17) und die nötige Gleitgeschwindigkeit $c_1 = \left(\dfrac{\mu_1''}{0,07}\right)^4$. Den Wert enthält die Zeile 18 in absoluter Größe und die Zeile 19 in v. H. der Umlaufgeschwindigkeit. Man erkennt sofort, daß nur die erste Spalte soeben noch praktisch mit Vorteil verwendbare Werte liefert. Auf der zweiten Scheibe besteht in allen drei Fällen noch ein beträchtlicher Ruhewinkel, da $\mu_2' > \mu_2$ ist. Durch die elastische Ausdehnung rutscht der Riemen auf der Scheibe mit der mittleren Geschwindigkeit c_e (Bd. IV)., die Zeile 20 enthält. Sie gibt gleichzeitig den Wert des Gleitens auf der zweiten Scheibe an.

Bei großen Übersetzungen und hohen Umlaufgeschwindigkeiten ist auf eisernen Scheiben starkes Gleiten erforderlich, um eine hohe Ausbeute zu erzielen. Damit ist natürlich ein entsprechend hoher Verschleiß und geringer Wirkungsgrad verbunden.

Allerdings ist — wenigstens in den beiden letzten Spalten — der sichere Geltungsbereich der Formeln (232) weit überschritten worden.

Infolge des Gleitens auf der Antriebscheibe um 2,1 v. H. und auf der getriebenen um $\frac{1}{4}$ v. H. beim ersten Spannungsverhältnis ist die Übersetzung tatsächlich

$$\ddot{u} = \frac{350}{0,9975} \cdot \frac{0,979}{60} = 5,728 \,,$$

während verlangt war $\ddot{u} = \dfrac{860}{150} = 5,737$.

Der Unterschied ist völlig belanglos, dagegen nicht mehr bei den anderen Spannungsverhältnissen. Da das Gleiten des Riemens von seiner Fettung abhängt, so kann man eine vorgeschriebene Übersetzung immer nur annähernd erreichen. Im allgemeinen genügt bei einem richtig gewählten Riementrieb die Abrundung auf den nächsthöheren im Handel zu beschaffenden Riemenscheibendurchmesser, um das Gleiten ungefähr auszugleichen.

Ist die kleinere Scheibe die getriebene, so werden die Verhältnisse noch ungünstiger, weil dann infolge der geringeren Spannkraft S_1' an der Auflaufstelle der Auspreßwinkel noch größer, also der Gleitwinkel entsprechend kleiner wird.

Ist die kleinere Scheibe aus Holz, so tritt an Stelle der Zeile 15 aus Formel (232c)

$$\mu_I' = 0{,}1 \cdot \left(\frac{p_m}{2}\right)_1^{\frac{1}{7{,}5}} \text{(Zeile 21)}$$

und es bleibt dann μ_I'' als Unterschied gegen Zeile 11. Hieraus folgt wie oben $c_I = \left(\dfrac{\mu_I'}{0{,}23}\right)^4$ (Zeile 23). Man sieht, daß das elastische Gleiten schon größer ist als das zur Erzielung der Spannungsunterschiede erforderliche. Während man große Übersetzungen bei hoher Umlaufgeschwindigkeit auf eisernen Scheiben höchstens mit dem Spannungsverhältnis 1,8 betreiben sollte, kann man unter gleichen Verhältnissen bis auf 2,5 gehen, wenn die kleinere Scheibe aus Holz ist.

Durch das Abschleudern der Luft beeinflussen sich die beiden Riemenscheiben stark, wenn der Achsenabstand zu gering genommen wird [202]); der Auspreßwinkel wird dadurch auf jeder Scheibe vergrößert und damit wieder das Gleiten des Riemens.

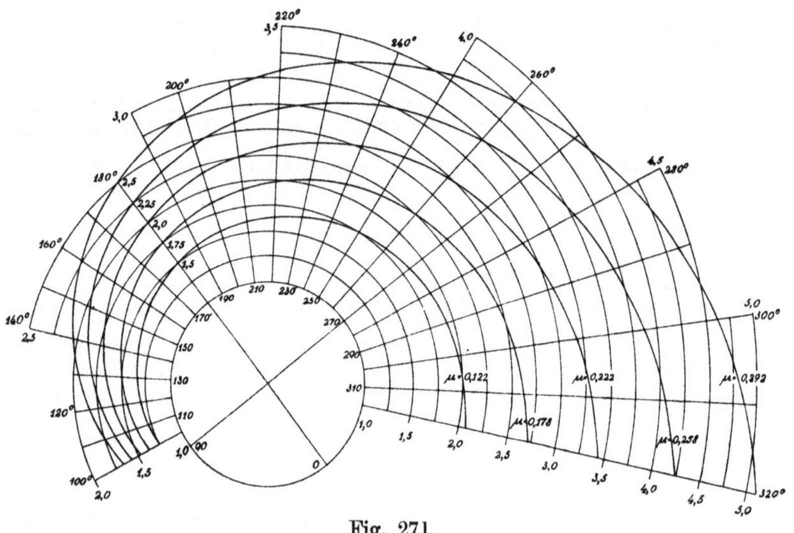

Fig. 271.

In der Fig. 271 sind für verschiedene Werte von μ, die bei $\overline{\alpha} = 180°$ die eingetragenen Spannungsverhältnisse ergeben, die für andere

---

[202]) z. B. Mittermayr, Z. d. V. d. I. 1919.

Winkel zutreffenden Werte von $e^{\mu\cdot\alpha}$ für den Gebrauch zusammengestellt, und zwar des bequemen Überblickes halber in Polarkoordinaten. Die Linien sind sogenannte logarithmische Spiralen.

Die errechnete Vorspannung des Riemens muß beim Auflegen nicht unbedeutend vergrößert werden, weil sich das Riemenmaterial unter einer bestimmten Belastung dauernd streckt Es gibt zuerst ganz bedeutend nach, freilich mit der Zeit immer weniger[199e]); dabei sinkt naturgemäß die Spannung Sie ist bei Leder 2 Minuten nach dem Auflegen i. M. um das 1,5 fache größer als nach 28 Tagen. Von dieser Zeit an fällt sie nur noch langsam, so daß ein Nachspannen erst nach etwa 1 bis $1^1/_2$ Jahren nötig wird. Es gilt[200]) i. M. für Lederriemen

$$\text{reiner Eichenlohe-Grubengerbung} \dots\dots \quad \frac{\sigma_{2\,\mathrm{Min}}}{c_{28\,\mathrm{Tage}}} = 1{,}37$$

gewöhnlicher lohgarer Gerbung   1,50
moderner Gerbung   1,67
hydrodynamischer Gerbung   1,28
Chromgerbung   1,73

Bei Textilriemen fällt die Spannung wesentlich schneller und stärker ab. Man kann den etwa nach 18 Tagen erreichten Betrag als Regelspannung ansetzen und muß dann etwa nach $^3/_4$ Jahren bereits wieder nachspannen. Es gilt i. M. für

$$\text{gewebte Baumwollriemen} \dots\dots\dots \quad \frac{\sigma_{3\,\mathrm{Min.}}}{\sigma_{18\,\mathrm{Tage}}} = 2{,}22$$

„   Kamelhaarriemen   2,22
genähte Baumwolltuchriemen   2,0
Balatariemen   1,67
geflochtene Baumwollgarnriemen   2,13

Stahlbänder, die auf einem ganz dünnen, auf die Eisenscheibe geleimten Korkbelag von oft nur $^1/_2$ mm Stärke oder auf Holzscheiben laufen, bieten den Vorteil, daß sie eine Nachspannung nicht erfordern. Das gleiche gilt für Drahtgliederriemen mit Papiergarnbewicklung[202]), die zum guten Durchziehen in richtiger Weise gewachst werden müssen.

Bei geneigten Werkzeugmaschinen-Antrieben mit obenliegender Antriebsscheibe kann die Gleichmäßigkeit der Riemenspannung durch Einlegen einer leichten Holzrolle mit seitlichen Führungsrändern zwischen die beiden Riementrümer bewirkt werden[203]), die durch ihr Eigengewicht etwas weiter heruntersinkt, wenn der Riemen schlaffer wird.

Der in Richtung der Verbindungsgeraden d in beiden Wellenmitten (Fig. 268) wirkende Achsdruck Q ist aus dem in Fig. 272 dargestellten Kräftedreieck zu bestimmen:

$$Q^2 = S_1^2 + S_2^2 - 2\cdot S_1\cdot S_2\cdot\cos\alpha_2.$$

Man kann nun einsetzen $\cos\alpha_2 = 2\cdot\cos^2\dfrac{\alpha_2}{2} - 1$

und aus Fig. 268 entnehmen $\cos\dfrac{\alpha_2}{2} = \dfrac{r_1 - r_2}{d}.$

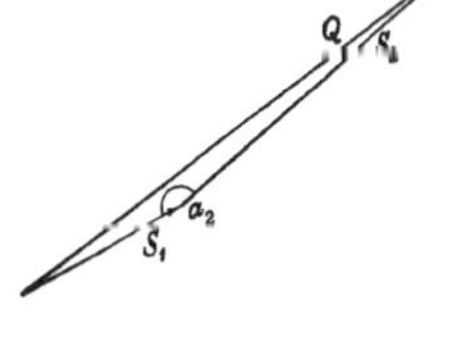

Fig. 272.

<hr>

[203]) Ernst Zimmermann, Remscheid, 1920.

Damit erhält man

$$Q = S_1 \cdot \sqrt{1 + \left(\frac{S_2}{S_1}\right)^2 - 4 \cdot \frac{S_2}{S_1} \cdot \left[\left(\frac{r_1 - r_2}{d}\right)^2 - \frac{1}{2}\right]} . \qquad (236)$$

Bei gleich großen Scheiben ergibt sich einfach

$$Q = S_1 + S_2 = S_1 \cdot \left(1 + \frac{S_2}{S_1}\right) . \qquad (237)$$

Beispiel 142. Anzugeben ist der Achsdruck des in Beispiel 141 berechneten Riementriebes.

Es ist für

$$\begin{array}{cccc} e^{\mu \cdot \alpha} = & 1{,}8 & 2{,}0 & 2{,}2 \\ S_1 = & 165{,}5 & 135{,}5 & 112{,}5 \, , \end{array}$$

ferner

$$\frac{r_2 - r_1}{d} = \frac{175 - 30}{624{,}85} = 0{,}2319 \, .$$

Damit geht das letzte Glied unter der Wurzel in Formel (236) über in

$$+ \frac{S_2}{S_1} \cdot (-2 \cdot 0{,}2319^2 + 1) = + \frac{S_2}{S_1} \cdot 0{,}8925$$

und man erhält

$$Q = 400 \qquad 353 \qquad 315{,}4 \text{ kg.}$$

Die Formel (237) liefert bei gleichen Zahlenwerten

$$Q' = 463{,}5 \qquad 406{,}5 \qquad 359{,}5 \text{ kg,}$$

um

$$16 \qquad 15 \qquad 14 \text{ v. H.}$$

zu groß.

Da man den Lederriemen zu Anfang etwa mit dem 1,5fachen Betrag anzuspannen hat, so steigt der Achsdruck auf

$$Q_0 = 600 \qquad 530 \qquad 470 \text{ kg,}$$

das ist das

$$4{,}44 \qquad 3{,}92 \qquad 3{,}48 \text{ fache}$$

der Nutzspannkraft S_n.

Bei Textilriemen ist i. M.

$$Q_0 = 800 \qquad 705 \qquad 630 \text{ kg,}$$

das

$$5{,}92 \qquad 5{,}21 \qquad 4{,}66 \text{ fache}$$

der Nutzspannkraft S_n.

Hierauf ist bei Bemessung von Lagern, besonders von Kugellagern, zu achten.

Der **Wirkungsgrad** des Riementriebes hängt ab von der Riemensteifigkeit, dem Gleiten auf den Scheiben, der Zapfenreibung und schließlich dem Luftwiderstand.

Zur Untersuchung der Wirkung der Riemensteifigkeit wird auf die Fig. 268 und 233 zurückgegriffen. Die Drehmomente an den beiden Wellen 1 und 2 sind mit den dort eingetragenen Bezeichnungen

$$M_2 = S_2 \cdot (r_2 \cdot \cos\varphi_2'' - e_2'') - S_1 \cdot (r_2 \cdot \cos\varphi_2' + e_2') ,$$
$$M_1 = S_2 \cdot (r_1 \cos\varphi_1'' + e_1'') - S_1 \cdot (r_1 \cos\varphi_1' - e_1') ,$$

worin die unten an r, e, φ gesetzten Ziffern die betreffenden Wellen angeben und die oben angesetzten Striche die Angriffstelle der Kräfte S_1 und S_2.

Wird in beiden Gleichungen $S_2 \cdot r_2 \cdot \cos\varphi''$ herausgezogen und dann dividiert, so folgt

$$\frac{M_2}{M_1} = \frac{r_2 \cdot \cos\varphi_2''}{r_1 \cdot \cos\varphi_1''} \cdot \frac{1 - \dfrac{e_2''}{r_2 \cdot \cos\varphi_2''} - \dfrac{S_1}{S_2} \cdot \dfrac{\cos\varphi_2'}{\cos\varphi_2''} \cdot \left(1 + \dfrac{e_2'}{r_2 \cdot \cos\varphi_2'}\right)}{1 + \dfrac{e_1''}{r_1 \cdot \cos\varphi_1''} - \dfrac{S_1}{S_2} \cdot \dfrac{\cos\varphi_1'}{\cos\varphi_1''} \cdot \left(1 - \dfrac{e_1'}{r_1 \cdot \cos\varphi_1'}\right)} \cdot$$

Wird von den Nebeneinflüssen abgesehen, so gilt ja die zu Anfang des Abschnittes angeführte Gleichung $\dfrac{M_2}{M_1} = \dfrac{r_2}{r_1}$. Die dahinter stehenden Faktoren der rechten Seite stellen also den Wirkungsgrad η_{St} dar.

Da vorläufig nur für den Mittelwert der Riemensteifigkeit einige Angaben vorliegen (S. 223), so wird der Ausdruck durch Gleichsetzen der sicher verschiedenen $\cos\varphi' = \cos\varphi''$ und $e' = e''$ den derzeitigen Kenntnissen angepaßt und vereinfacht in

$$\eta_{\mathrm{St}} = \frac{\left(1 - \dfrac{S_1}{S_2}\right) \cdot \left(1 - \dfrac{e_2}{r_2 \cdot \cos\varphi_2}\right)}{\left(1 - \dfrac{S_1}{S_2}\right) \cdot \left(1 + \dfrac{e_1}{r_1 \cdot \cos\varphi_1}\right)},$$

der sich durch die Ausführung der Division bis zu den kleinen Gliedern erster Ordnung noch weiter vereinfacht:

$$\eta_{\mathrm{St}} = 1 - \left(\frac{e_1}{r_1 \cdot \cos\varphi_1} + \frac{e_2}{r_2 \cdot \cos\varphi_2}\right). \tag{238}$$

Gleitet der Riemen auf der treibenden Scheibe 1 mit der Geschwindigkeit c_1 und auf der getriebenen 2 mit der Geschwindigkeit c_2 bei der ohne Berücksichtigung des Gleitens festgestellten Umlaufgeschwindigkeit v, so gilt für die Welle 1

$$\eta'_{Gl} = \frac{v}{v + c_1}$$

und für die Welle 2

$$\eta''_{Gl} = \frac{v - c_2}{v}.$$

Der Gesamtwirkungsgrad findet sich durch Multiplikation beider Anteile:

$$\eta_{Gl} = \frac{v - c_2}{v + c_1} = \frac{1 - \dfrac{c_2}{v}}{1 + \dfrac{c_2}{v}} = 1 - \frac{c_1 + c_2}{v}, \tag{239}$$

worin die Beträge c sowohl das elastische Gleiten als auch das unelastische enthalten.

Sind die Zapfendurchmesser in den Lagern d_1 bzw. d_2 und die durch das Eigengewicht der Riemenscheiben G_1 bzw. G_2 in Verbindung mit dem Achsdruck des Riemens Q hervorgebrachten Lagerbelastungen P_1 bzw. P_2, so ergibt sich bei Berücksichtigung der Lagerreibung an den beiden Wellen

$$\eta_z' = \frac{M_1}{M_1 + \frac{1}{2} \cdot \mu_1 \cdot P_1 \cdot d_1} \quad \text{bzw.} \quad \eta_z'' = \frac{M_2 - \frac{1}{2} \cdot \mu_2 \cdot P_2 \cdot d_2}{M_2},$$

also durch Multiplikation beider Gleichungen, nachdem vorher durch M_1 bzw. M_2 dividiert ist,

$$\eta_z = \frac{1 - \dfrac{\mu_2}{2} \cdot \dfrac{P_2 \cdot d_2}{M_2}}{1 + \dfrac{\mu_1}{2} \cdot \dfrac{P_1 \cdot d_1}{M_1}} = 1 - \frac{1}{2} \cdot \left(\mu_1 \cdot \frac{P_1 \cdot d_1}{M_1} + \mu_2 \cdot \frac{P_2 \cdot d_2}{M_2} \right). \quad (240)$$

Der Luftwiderstand glatter Riemen ist recht gering[200]; von größerem Einfluß ist bei schnellaufenden Trieben derjenige der Scheiben, der nur schätzungsweise zu $^1/_2$ bis 1 v. H. je nach der Geschwindigkeit angesetzt werden kann.

Den Gesamtwirkungsgrad erhält man durch Multiplikation der Einzelanteile:

$$\eta = \eta_{\mathrm{St}} \cdot \eta_{\mathrm{Gl}} \cdot \eta_z \cdot \eta_L,$$

wovon die beiden ersten und größten Beiträge auch das Übersetzungsverhältnis beeinflussen.

Beispiel 143. Anzugeben ist der Wirkungsgrad des in den Beispielen 141 und 142 berechneten Riementriebes.

Man erhält aus Gleichung (233) mit dem S. 223 für lohgare Ledertreibriemen angegebenen Wert von $\dfrac{e}{r \cdot \cos\varphi}$ bei

$$v = 27,5 \text{ m/sk}, \quad r_1 = 30 \text{ cm}, \quad r_2 = 175 \text{ cm}, \quad s = 1 \text{ cm},$$

$$\eta_{\mathrm{St}} = 1 - \frac{2,6}{2} \cdot 27,5^{\frac{1}{7}} \cdot \left(\frac{1}{30^{1,2}} + \frac{1}{175^{1,2}} \right)$$

$$= 1 - 1,3 \cdot 1,605 \cdot (0,0169 + 0,0020) = 0,961 \,.$$

Eine kleine Riemenscheibe setzt diesen Anteil des Wirkungsgrades stark herunter.

Die Gleichung (239) ergibt dann, wenn bei eisernen Scheiben nur die Werte für das Spannungsverhältnis 1,8 genommen werden, mit $c_1 = 56,8$ cm/sk und $c_2 = 7,1$ cm/sk

$$\eta_{Gl} = 1 - \frac{0,568 + 0,071}{27,5} = 0,977 \,.$$

Dagegen ergibt sich, wenn die kleinere Scheibe aus Holz ist,

$$\eta_{Gl} = 1 - \frac{2 \cdot 0,066}{27,5} = 0,995$$

beim Spannungsverhältnis 2,2.

Da kleine eiserne Scheiben ein hohes Gleiten haben, wenn der Riemen voll ausgenutzt wird, so wirken sie auch aus diesem Grunde auf den Wirkungsgrad sehr ungünstig ein.

Als Wellenstärken werden angenommen $d_1 = 6$ cm, $d_2 = 8$ cm. Beispiel 62 liefert dann für die Ringschmierlager der Welle 2 die Reibungsziffer $\mu_2 = 0,0084$; eine gleiche Rechnung für die Welle 1 ergibt $\mu_1 = 0,035$ im Dauerbetrieb.

Die Neigung des Riemenzuges gegen die Wagerechte folgt aus Fig. 268 zu

$$\operatorname{tg}\gamma = \frac{h_2 - h_1}{a} = \frac{3,76 - 0,83}{5,52} = 0,5231,$$

also $\gamma = 27° 35'$.

Die Größe des Riemenzuges beträgt nach Beispiel 142 unter ungünstigsn Umständen $Q_0 = 600$ kg. Dazu tritt in senkrechter Richtung an Welle 1 das Gewicht der Riemenscheibe mit dem des Motorankers $G_1 \sim 340$ kg und an Welle 2 das Gewicht der gußeisernen Scheibe mit Welle $G_2 \sim 800$ kg.

Die entsprechenden Kräftedreiecke ergeben dann

$$P_1 = 600 \cdot \sqrt{1 + \left(\frac{340}{600}\right)^2 - 2 \cdot \frac{340}{600} \cdot 0,463} = 536 \text{ kg},$$

$$P_2 = 600 \cdot \sqrt{1 + \left(\frac{800}{600}\right)^2 + 2 \cdot \frac{800}{600} \cdot 0,463} = 1187 \text{ kg}.$$

Damit folgt aus Formel (240)

$$\eta_z = 1 - \frac{1}{2} \cdot \left(0,035 \cdot \frac{536 \cdot 6}{4200} + 0,0084 \cdot \frac{536 \cdot 8}{4200} \cdot 5,728\right)$$

$$= 1 - \frac{536}{2 \cdot 4200} \cdot (0,035 \cdot 6 + 0,0084 \cdot 8 \cdot 5,728) = 0,978 .$$

Der Luftwiderstand ist bei der hohen Umfangsgeschwindigkeit der Scheiben zu etwa $\eta_L = 0,990$ anzusetzen.

Damit wird der Gesamtwirkungsgrad bei gußeisernen Riemenscheiben

$$\eta = 0,961 \cdot 0,977 \cdot 0,978 \cdot 0,990 = 0,91 .$$

Der gewählte Trieb ist allerdings ein besonders ungünstiger.

Durch Anbringen einer **Spannrolle** auf dem weniger gespannten Trum gemäß Fig. 273 kann der Trieb wesentlich verbessert werden. Man kann es stets so einrichten, daß der Gleitwinkel $\overline{\alpha}$ auf beiden Scheiben derselbe ist, so daß bei den verschieden großen Auspreßwinkeln α' sich ergibt $\alpha_1 = \overline{\alpha} + \alpha_1'$ und $\alpha_2 = \overline{\alpha} + \alpha_2'$. Jedoch ist damit das Gleiten auf den Scheiben noch immer verschieden, und zwar auf der kleineren wesentlich größer, weil der mittlere Anliegedruck p_m, der in die Formeln (232) für die Reibungsziffern eingeht, auf der kleineren Scheibe größer ist.

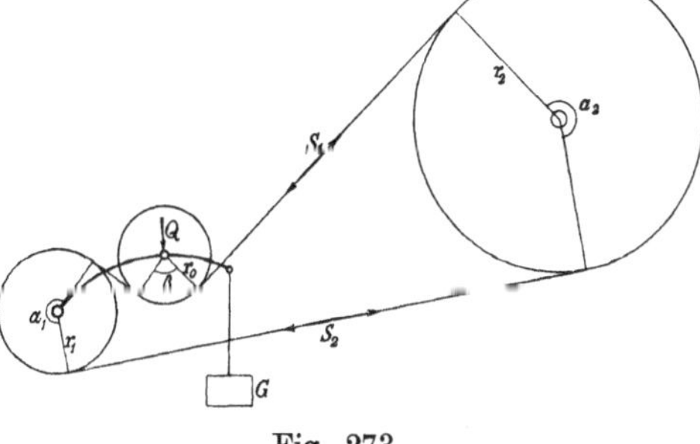

Fig. 273.

Beispiel 144. Der Trieb des Beispiels 140 ist zu untersuchen für den Fall, daß eine Spannrolle angebracht wird, die den umfaßten Winkel auf der kleinen Scheibe auf $\alpha_1 = 240°$ vergrößert.

Die Aufzeichnung ergibt dann den Winkel $\alpha_2 = 215°$. Es kann jetzt unbedenklich auch auf eisernen Scheiben mit dem Spannungsverhältnis $e^{\mu \cdot \overline{\alpha}} = 2{,}2$ gearbeitet werden (vgl. Fig. 271).

Die entsprechenden Zeilen 1 bis 10 der Zusammenstellung S. 247 bleiben unverändert. Mit

$$\tilde{\alpha}_1 = 240 - 27\tfrac{1}{3} = 212\tfrac{2}{3}° \quad \text{und} \quad \alpha_2 = 215 - 7\tfrac{1}{2} = 207\tfrac{1}{2}°$$

folgt jetzt

$$\mu_1 = \frac{\log \text{nat } 2{,}2}{212\tfrac{1}{3} \cdot \dfrac{\pi}{180}} = 0{,}212 \, ,$$

$$\mu_2 = \frac{\log \text{nat } 2{,}2}{207\tfrac{1}{2} \cdot \dfrac{\pi}{180}} = 0{,}219 \, ,$$

also nur wenig voneinander verschieden.

Es bleibt weiter unverändert

$$\frac{p_m}{2} = 0{,}603 \quad \text{bzw.} \quad 0{,}103$$

und damit

$$\mu_1' = 0{,}092 \quad \text{bzw.} \quad \mu_2' = 0{,}333 \, .$$

Auf der Scheibe 2 ist wieder ein ziemlich beträchtlicher Ruhewinkel vorhanden. Auf der Scheibe 1 ergibt sich

$$\mu_1'' = 0{,}212 - 0{,}092 = 0{,}120$$

und damit das Gesamtgleiten zu

$$c_1 = \left(\frac{0{,}120}{0{,}07}\right)^4 \backsim 8{,}1 \text{ cm/sk,}$$

nur wenig größer als das elastische Gleiten $c_0 = 6{,}6$ cm/sk.

Zum Andrücken der Spannrolle vom Halbmesser $r_0 \backsim 0{,}7\, r_1 = 20$ cm ist erforderlich (Fig. 273) die Kraft $Q = 2 \cdot S_1 \cdot \cos \dfrac{\beta}{2}$. Die Aufzeichnung liefert $\beta = 86\tfrac{1}{2}°$. Mit $S_1 = 112{,}5$ kg erhält man hieraus

$$Q = 2 \cdot 112{,}5 \cdot 0{,}7284 = 164 \text{ kg.}$$

Einen Trieb mit **Druckrollen**[204]), der besonders für ganz geringe Wellenabstände geeignet ist oder, wenn beide Riemenscheiben im gleichen Sinne umlaufen sollen, stellt die Fig. 274 dar. Das lose Trum ist völlig schlaff und erhält die Spannkraft S_1 dadurch, daß je eine Druckrolle es mit der Kraft N_1 bzw. N_2 gegen die Scheibe preßt. Man kann so je nach dem umfaßten Winkel α an jeder Scheibe ein anderes Spannungsverhältnis $e^{\mu \cdot \overline{\alpha}}$ erzielen. Es bestehen die Gleichungen

$$S_1' = 2 \cdot \mu_0 \cdot N_1 \quad \text{bzw.} \quad S_1'' = 2 \cdot \mu_0 \cdot N_2,$$

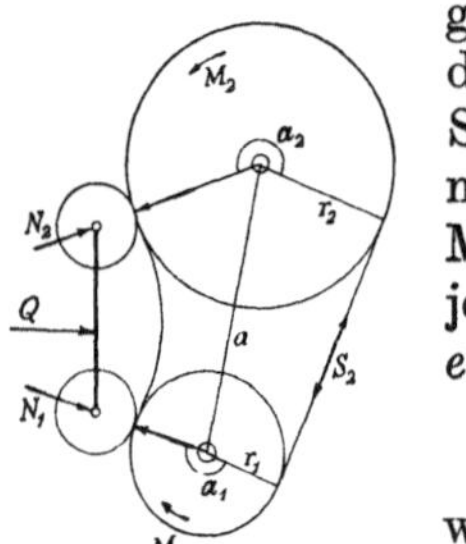

Fig. 274.

worin bei Leder auf eisernen Scheiben $\mu_0 \backsim 0{,}13$ gesetzt werden kann. Freilich ist dieser Wert nur bei den geringen Flächendrücken des gebräuchlichen Riementriebes gefunden worden; vielleicht ist er bei den hier vorkommenden sehr hohen Flächendrücken größer.

204) Koch & Cie., Remscheid, 1919.

Beispiel 145. Die eiserne Riemenscheibe mit dem Halbmesser $r_1 = 13$ cm werde durch das Drehmoment $M_1 = 11$ mkg mit $n_1 = 1050$ Umdrehungen in der Minute gedreht. Der Riemen von $s = 5$ mm Stärke und $b = 8$ cm Breite treibe eine zweite im Abstande $a = 65$ cm befindliche Welle mit dem Übersetzungsverhältnis $1 : 3,5$, also der Umdrehungszahl $n_2 = 300$ an. Anzugeben sind die im Riemen auftretenden Spannkräfte und die Kräfte N der Druckrollen.

Man erhält den Halbmesser der zweiten Scheibe zu

$$r_2 = 13 \cdot \frac{1050}{300} \sim 45 \text{ cm.}$$

Die Umlaufgeschwindigkeit des Riemens ist

$$v = \frac{\pi \cdot 0,26 \cdot 1050}{60} = 14,3 \text{ m/sk.}$$

Die Aufzeichnung liefert die umfaßten Winkel

$$\alpha_1 = 150°, \qquad \alpha_2 = 230°.$$

Infolgedessen nimmt man das Spannungsverhältnis auf der treibenden Scheibe nur zu $e^{\mu_1 \cdot \bar\alpha_1} = 1,6$, auf der getriebenen zu $e^{\mu_2 \cdot \bar\alpha_2} = 2,4$. Dem entspricht nach der Zusammenstellung S. 240 die Ausbeuteziffer

$$k_1 = 0,3750 \qquad \text{bzw.} \qquad k_2 = 0,5833 \,.$$

Die Nutzspannkraft ist nun

$$S_n = \frac{M_1}{r_1} = \frac{1100}{13} = 84,6 \text{ kg,}$$

also die Spannkraft im ziehenden Trum

$$S_2 = \frac{S_n}{k_1} = \frac{84,6}{0,375} = 225,7 \text{ kg}$$

und damit die beim Auf- bzw. Ablauf von der Scheibe erforderliche

$$S_1' = \frac{S_2}{e^{\mu_1 \cdot \bar\alpha_1}} = \frac{225,7}{1,6} = 141 \text{ kg}$$

auf der treibenden Scheibe und

$$S_1'' = \frac{225,7}{2,4} = 94 \text{ kg}$$

auf der getriebenen Scheibe.

Wird für die Schleuderkraft S_f ein Zuschlag von 2 kg gemacht, so ergibt sich der Auspreßwinkel beim Auflaufen auf die treibende Scheibe nach Formel (230)

$$\alpha_1' = \frac{0,118 \cdot 14,3^2 \cdot 8\tfrac{3}{2}}{228 \cdot 13} = 0,1841 \sim 10\tfrac{1}{2}°.$$

Damit wird

$$\bar\alpha_1 = 150 - 10\tfrac{1}{2} = 139\tfrac{1}{2}°,$$

während $\alpha_2 = 230°$ unverändert bleibt.

Man erhält somit die erforderlichen Reibungsziffern

$$\mu_1 = \frac{\log\text{nat } 1,6}{139\tfrac{1}{2} \cdot \dfrac{\pi}{180}} = 0,193 \,, \qquad \mu_2 = \frac{\log\text{nat } 2,4}{230 \cdot \dfrac{\pi}{180}} = 0,218 \,.$$

Durch Vereinigung der Gleichungen (233) und (234) ergibt sich jetzt

$$\left(\frac{p_m}{2}\right)_1 = \frac{S_1'}{b \cdot D_1} = \frac{e^{\mu_1 \cdot \bar{\alpha}_1} - 1}{\mu_1 \cdot \tilde{\alpha}_1} = \frac{141 \cdot 0{,}6}{8 \cdot 26 \cdot \log \mathrm{nat}\, 1{,}6} = 0{,}865 \text{ at,}$$

$$\left(\frac{p_m}{2}\right)_2 = \frac{S_1''}{b \cdot D_2} \cdot \frac{e^{\mu_2 \cdot \bar{\alpha}_2} - 1}{\pi_2 \cdot \tilde{\alpha}_2} = \frac{94 \cdot 1{,}4}{8 \cdot 90 \cdot \log \mathrm{nat}\, 2{,}4} = 0{,}209 \text{ at.}$$

Hiermit folgt der erste Anteil der Reibungsziffer bei einem längere Zeit benutzten Lederriemen

$$\mu_1' = -0{,}812 + 0{,}845 \cdot 0{,}865^{\frac{1}{7{,}5}} = 0{,}050 \,,$$

$$\mu_2' = -0{,}812 + 0{,}845 \cdot 0{,}209^{\frac{1}{7{,}5}} = 0{,}229 \,,$$

also

$$\mu_1'' = 0{,}193 - 0{,}050 = 0{,}143 \,.$$

Auf der getriebenen Scheibe besteht noch ein geringer Ruhewinkel, da $0{,}218 < 0{,}229$ ist.

Auf der treibenden Scheibe ist somit die nötige Gleitgeschwindigkeit

$$c = \left(\frac{0{,}050}{0{,}07}\right)^4 = 0{,}26 \text{ cm/sk.}$$

Die mittlere Gleitgeschwindigkeit des elastischen Gleitens beträgt schon 0,9 cm/sk (Bd. IV).

Die Spannungsverhältnisse sind demnach annähernd richtig gewählt, so daß sogar noch ein geringer Überschuß bei auftretenden Belastungsspitzen besteht. Im allgemeinen nimmt man darauf keine Rücksicht, da die immer nur kurze Zeit dauernden Belastungsspitzen durch erhöhtes Gleiten bei verringertem Wirkungsgrad aufgenommen werden.

Mit der Reibungsziffer $\mu_0 = 0{,}13$ ergeben sich die Andruckkräfte der Rollen:

$$N_1 = \frac{S_1'}{2 \cdot \mu_0} = \frac{141}{2 \cdot 0{,}13} = 542 \text{ kg,}$$

$$N_2 = \frac{94}{2 \cdot 0{,}13} = 362 \text{ kg.}$$

Die Spann- und Druckrollentriebe haben neben der vorteilhafteren Ausnutzung des Riemens den Vorzug, daß der Riemen nicht stärker angespannt werden kann, als der Betrieb es erfordert, und daß mindestens des Nachts die vollständige Entspannung mit Leichtigkeit durchgeführt werden kann, die den Riemen sehr schont.

Bei dem Achsenabstand und der Anspannung, mit denen die Riementriebe gewöhnlich arbeiten, ist der Durchhang der Riementrümer so gering, daß seine Einwirkungen unbeachtet bleiben können. Bei den Seiltrieben, deren Achsenabstände gewöhnlich erheblich größer sind, müssen sie oft wenigstens näherungsweise berücksichtigt werden[205].

Das Seiltrum von der geradlinig gemessenen Länge

$$l = a \cdot \sqrt{1 + \left(\frac{h_2 - h_1}{a}\right)^2} - \left(\frac{r_1 - r_2}{a}\right)^2 = a \cdot \zeta \qquad (241)$$

---

[205] Eine in der Genauigkeit über die Anforderungen der Praxis hinausgehende Berechnung gibt Duffing, Z. d. V. d. I. 1919.

und dem Gewicht q kg/m hängt unter der Wirkung der Spannkraft S durch um den Betrag (Bd. I Formel 125 b)

$$f = \frac{q \cdot l^2}{8 \cdot S}.$$

Die Richtung der End-
tangente wird erhalten,
wenn man den doppel-
ten Durchhang aufträgt
(Fig. 275) und von dort
aus die Geraden nach den
Endpunkten zieht. Man
bemerkt, daß sich das Seil
in dem mit der Kraft S_1
gespannten oberen Trum
um die Winkel δ_1' bzw. δ_2'
weiter an die Scheiben
anlegt und in dem mit
der Kraft S_2 gespannten

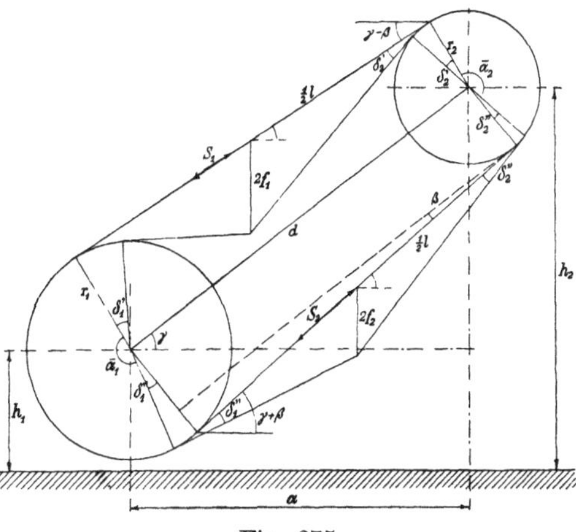

Fig. 275.

unteren um entsprechende Winkel δ_1'' bzw. δ_2'' weniger anlegt, so daß der umfaßte Winkel gegeben ist durch

$$\bar{\alpha}_1 = \alpha_1 + \delta_1' - \delta_1'' \qquad \text{bzw.} \qquad \bar{\alpha}_2 = \alpha_2 + \delta_2' - \delta_2''. \tag{242}$$

Bei der geringen Breite der Seile und ihrer Form besteht kein Auspreßwinkel.

Der Sinussatz ergibt nun

$$\sin\delta_1' = \frac{2 f_1}{\tfrac{1}{2} l} \cdot \sin\left(\frac{\pi}{2} + \gamma - \beta - \delta_1'\right) = \frac{4 f_1}{l} \cdot \cos(\gamma - \beta - \delta_1'),$$

$$\sin\delta_2' = \frac{2 f_1}{\tfrac{1}{2} l} \cdot \sin\left(\pi - \frac{\pi}{2} - \gamma + \beta - \delta_2'\right) = \frac{4 f_1}{l} \cdot \cos(\gamma - \beta + \delta_2'),$$

$$\sin\delta_1'' = \frac{2 f_2}{\tfrac{1}{2} l} \cdot \sin\left(\frac{\pi}{2} + \gamma + \beta - \delta_1''\right) = \frac{4 f_2}{l} \cdot \cos(\gamma + \beta - \delta_1''),$$

$$\sin\delta_2'' = \frac{2 f_2}{\tfrac{1}{2} l} \cdot \sin\left(\pi - \frac{\pi}{2} - \gamma - \beta - \delta_2''\right) = \frac{4 f_2}{l} \cdot \cos(\gamma + \beta + \delta_2'').$$

Man kann jetzt schreiben

$$\sin\delta_1' = \frac{4 f_1}{l} \cdot [\cos(\gamma - \beta) \cdot \cos\delta_1 + \sin(\gamma - \beta) \cdot \sin\delta_1'].$$

Die Winkel δ sind bei den hier in Frage kommenden Ausführungen noch so klein, daß man, ohne einen wesentlichen Fehler zu begehen, $\cos\delta \sim 1$ setzen kann. Dann folgt ziemlich einfach

$$\sin\delta_1' = \frac{\cos(\gamma - \beta)}{\dfrac{l}{4 f_1} - \sin(\gamma - \beta)} = \frac{\cos\gamma \cdot \cos\beta + \sin\gamma \cdot \sin\beta}{\dfrac{l}{4 f_1} - \sin\gamma \cdot \cos\beta + \cos\gamma \cdot \sin\beta}.$$

Nun ergibt die Fig. 275

$$\cos\gamma = \frac{a}{d}, \qquad \cos\beta = \frac{l}{d},$$

$$\sin\gamma = \frac{h_2 - h_1}{d}, \qquad \sin\beta = \frac{r_1 - r_2}{d};$$

damit wird nach Multiplikation aller Glieder mit d^2

$$\sin\delta_1' = \frac{a \cdot l + (h_2 - h_1) \cdot (r_1 - r_2)}{\dfrac{l \cdot d^2}{4 \cdot f_1} - (h_2 - h_1) \cdot l + a \cdot (r_1 - r_2)}.$$

Setzt man hierin ein

$$d^2 = a^2 \cdot \left[1 + \left(\frac{h_2 - h_1}{a}\right)^2\right], \qquad \frac{l}{4 f_1} = \frac{2\,S_1}{q \cdot a \cdot \zeta},$$

so folgt nach Division aller Glieder durch a^2

$$\sin\delta_1' = \frac{\zeta + h' \cdot r'}{s' \cdot (1 + h'^2) - \zeta \cdot h' + r'}, \tag{243 a}$$

worin abkürzungsweise bezeichnet

$$h' = \frac{h_2 - h_1}{a}, \qquad r' = \frac{r_1 - r_2}{a}, \qquad s' = \frac{2\,S}{q \cdot a \cdot \zeta}. \tag{244}$$

Entsprechend erhält man

$$\sin\delta_1'' = \frac{\zeta - h' \cdot r'}{s_2' \cdot (1 + h'^2) - \zeta \cdot h' - r'}, \tag{243 b}$$

$$\sin\delta_2' = \frac{\zeta + h' \cdot r'}{s_1' \cdot (1 + h'^2) + \zeta \cdot h' - r'}, \tag{243 c}$$

$$\sin\delta_2'' = \frac{\zeta - h' \cdot r'}{s_2' \cdot (1 + h'^2) + \zeta \cdot h' + r'}. \tag{243 d}$$

Da sich bei kleineren Winkeln der Sinus vom Bogen nur wenig unterscheidet, so kann man genau genug die wirklich freihängende Länge der beiden Trümer ansetzen zu

$$l_1 = l - r_1 \cdot \sin\delta_1' - r_2 \cdot \sin\delta_2',$$
$$l_2 = l + r_1 \cdot \sin\delta_1'' + r_2 \cdot \sin\delta_2'',$$

und der wahre Durchhang ist demnach

$$f_1 = \frac{q \cdot l_1^2}{8 \cdot S_1} = \frac{q \cdot a^2 \cdot \zeta^2}{8 \cdot S_1} \cdot \left(1 - \frac{r_1}{l} \cdot \sin\delta_1' - \frac{r_2}{l} \cdot \sin\delta_2'\right)^2$$

$$f_2 = \frac{q \cdot a^2 \cdot \zeta^2}{8 \cdot S_2} \cdot \left(1 + \frac{r_1}{l} \cdot \sin\delta_1'' + \frac{r_2}{l} \cdot \sin\delta_2''\right)^2.$$

Hiermit ist die vorstehende Berechnung zu wiederholen. Es folgt dann, wenn abkürzungsweise geschrieben wird

$$\vartheta_1 = 1 - \frac{r_1}{a \cdot \zeta} \cdot \sin \delta_1' - \frac{r_2}{a \cdot \zeta} \cdot \sin \delta_2',$$

$$\vartheta_2 = 1 + \frac{r_1}{a \cdot \zeta} \cdot \sin \delta_1'' + \frac{r_2}{a \cdot \zeta} \cdot \sin \delta_2'',$$

$$\frac{l}{4f} = \frac{2 \cdot S}{q \cdot a \cdot \zeta \cdot \vartheta}$$

und damit allgemein

$$\sin \delta = \frac{\zeta \pm h' \cdot r'}{\dfrac{s'}{\vartheta} \cdot (1 + h'^2) \pm \zeta \cdot h' \pm r'} \tag{243 e}$$

Seiltriebe läßt man gewöhnlich nicht mit stärkerem Gleiten laufen, als die elastische Dehnung und Zusammenziehung nun einmal hervorbringt, wenn natürlich auch Unterschiede der Fettung geringe Unterschiede im Gleiten bzw. Anliegen verursachen. Die hierfür zutreffenden Reibungsziffern sind bereits S. 232 zusammengestellt. Man rechnet also durchweg bei gefetteten Drahtseilen auf Ledereinlagen mit $\mu = 0{,}16$, bei leicht gefetteten Hanf- und Baumwollseilen auf Gußeisen mit $\mu = 0{,}25$. Nähere Angaben über die Veränderlichkeit der Reibungsziffer mit dem Anlagedruck und der Gleitgeschwindigkeit liegen nicht vor.

Um die Reibung zu erhöhen, laufen festgeschlagene runde Seile in Keilnuten nach Fig. 276, deren Spitzenwinkel gewöhnlich $2\delta = 45°$ beträgt. Lose geschlagene Quadratseile laufen in Rillen mit dem Spitzenwinkel $2\delta = 90°$. Um ein gutes seitliches Anliegen zu erzielen, was bei den Quadratseilen nicht der Fall ist, stellte man die Seile bisweilen mit trapezförmigem Querschnitt her, deren Seitenflächen einen Winkel von $46°$ mit der Achse bilden[206]). Nach den Darlegungen S. 48 ist dann in gewöhnlicher Weise zu rechnen, nur mit der Reibungsziffer $\mu' = \dfrac{\mu}{\sin \delta}$, also

bei $\delta = 22^1/_2°$ mit $\mu' \sim 0{,}65$,
bei $\delta = 45°$ mit $\mu' \sim 0{,}35$.

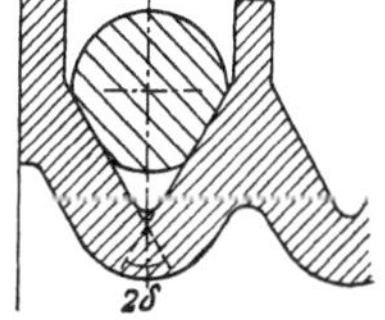

Fig. 276.

Man erhält so die folgende Zusammenstellung, die zugleich die zugehörigen Ausbeuteziffern gibt:

$\bar{\alpha} =$	130	140	150	160	170	180	190	200°
$e^{0{,}16} \cdot \bar{\alpha} =$	1,44	1,48	1,52	1,56	1,61	1,65	1,70	1,75
$e^{0{,}35} \cdot \bar{\alpha} =$	2,21	2,35	2,50	2,66	2,82	3,00	3,19	3,39
$e^{0{,}65} \cdot \bar{\alpha} =$	4,37	4,90	5,48	6,14	6,88	7,71	8,64	9,68
$k_{0{,}16} =$	0,305	0,324	0,342	0,359	0,377	0,394	0,412	0,429
$k_{0{,}35} =$	0,548	0,575	0,600	0,624	0,646	0,667	0,687	0,705
$k_{0{,}65} =$	0,772	0,796	0,818	0,838	0,855	0,871	0,884	0,897

[206]) Keller, Z. d. V. d. I. 1898.

Beispiel 146. Ein Drahtseiltrieb für $M_2 = 110$ mkg an der Seilscheibe vom Durchmesser $D_2 = 1,40$ m, die mit $n_2 = 180$ Umdrehungen in der Minute umläuft, wird bewegt von einer Welle, die $n_1 = 160$ Umdrehungen in der Minute macht. Der wagerechte Achsenabstand beträgt $a = 115,25$ m, die Höhe der ersten Welle über dem Maschinenhausfußboden $h_1 = 4,42$ m, die der zweiten $h_2 = 13,38$ m. Anzugeben sind die auftretenden Seilspannkräfte und der Wirkungsgrad des Triebes.

Man erhält den Durchmesser der Antriebsscheibe zu

$$D_1 = D_2 \cdot \frac{n_2}{n_1} = 1,40 \cdot \frac{180}{160} \backsim 1,60 \text{ m.}$$

und hiermit den auf der kleineren Scheibe umfaßten Winkel, wenn vorläufig von dem Durchhang der Seiltrümer abgesehen wird, aus

$$\cos \frac{\alpha_2}{2} = \frac{r_1 - r_2}{d} = \frac{r_1 - r_2}{a \cdot \sqrt{1 + \left(\dfrac{h_2 - h_1}{a}\right)^2}} \cdot$$

Mit

$$r' = \frac{r_1 - r_2}{a} = \frac{0,10}{115,25} = 0,000868 \, ,$$

$$h' = \frac{h_2 - h_1}{a} = \frac{8,96}{115,25} = 0,0777$$

ergibt sich

$$\cos \frac{\alpha_2}{2} = \frac{r'}{\sqrt{1 + h'^2}} = \frac{0,000868}{1,00302} = 0,000865 \, ,$$

also $\dfrac{\alpha_2}{2} = 89° \, 57'$.

Infolge des Seildurchhanges vergrößert sich der Winkel auf schätzungsweise $\tilde{\alpha}_2 = 185°$.

Dem entspricht nach der Zusammenstellung

$$e^{\mu \cdot \alpha} = 1,675 \quad \text{und} \quad k = 0,403 \, .$$

Es ist nun die Nutzspannkraft

$$S_n = \frac{M_2}{r_2} = \frac{110}{0,70} = 157 \text{ kg,}$$

also die Spannkraft im ziehenden Trum

$$S_2 = \frac{S_n}{k} = \frac{157}{0,403} \backsim 390 \text{ kg}$$

und die im losen Trum

$$S_1 = \frac{S_2}{e^{\mu \cdot \alpha}} = \frac{390}{1,675} = 233 \text{ kg.}$$

Die erstere Kraft verlangt (Bd. IV) ein Seil von 13 mm Durchmesser aus 42 Drähten von je 1,4 mm Stärke, das etwa $q = 0,65$ kg/m wiegt.

Mit

$$\zeta = \sqrt{1 + h'^2 - r'^2} = \sqrt{1 + 0,006045 - 0,00000075} = 1,00302$$

ergibt sich

$$s_1' = \frac{2 \cdot 233}{0,65 \cdot 115,25 \cdot 1,003} = 6,189 \, ,$$

$$s_2' = 6,190 \cdot \frac{390}{233} = 10,368$$

und nun wird nach den Formeln (243), wenn von vornherein $\vartheta = 1$ gesetzt wird,

$$\sin\delta_1' = \frac{1{,}00302 - 0{,}00007}{6{,}189 \cdot 1{,}00605 - 1{,}003 \cdot 0{,}0777 + 0{,}00087} = 0{,}1631 : \ \delta_1' = 9° 23',$$

$$\sin\delta_1'' = \frac{1{,}00295}{10{,}368 \cdot 1{,}00605 - 0{,}0779 + 0{,}0009} = 0{,}09688 : \ \delta_1'' = 5° 33',$$

$$\sin\delta_2' = \frac{1{,}00295}{6{,}226 + 0{,}0770} = 0{,}1591 : \ \delta_2' = 9° 9',$$

$$\sin\delta_2'' = \frac{1{,}00295}{10{,}430 + 0{,}0788} = 0{,}09525 : \ \delta_2'' = 5° 28'.$$

Hiermit folgt schließlich

$$\tilde{\alpha}_1 = 180° 6' + 9° 23' - 5° 33' = 183° 56',$$
$$\tilde{\alpha}_2 = 179° 54' + 9° 9' - 5° 28' = 183° 35'.$$

Die Annahme $\tilde{\alpha} \sim 185°$ war somit noch etwas zu reichlich, ohne daß freilich das praktische Rechnungsergebnis dadurch beeinflußt wird. Bei Drahtseiltrieben der gebräuchlichen Spannweiten kann die Berücksichtigung der Vergrößerung des umfaßten Winkels durch den Seildurchhang für die praktische Berechnung noch immer unterbleiben.

Der Durchhang selbst beträgt

$$f_1 = \frac{a \cdot \zeta}{4 \cdot s_1'} = \frac{115{,}25 \cdot 1{,}0030}{4 \cdot 6{,}189} = 4{,}67 \text{ m},$$

$$f_2 = \frac{28{,}88}{10{,}368} = 2{,}785 \text{ m}.$$

Die geringe Längenänderung durch die elastische Dehnung des Seiles hat darauf nur ganz geringfügigen Einfluß.

Da die geraden Verbindungslinien der Endpunkte beider Seiltrümer in der Mitte nur um 1,50 m voneinander entfernt sind, so ist der Trieb nur mit einer Unterstützungsscheibe von etwa $D_0 = 0{,}8$ m in der Mitte des Leertrums brauchbar, deren Höhenlage so bestimmt werden kann, daß die berechneten Winkel δ' an den Hauptscheiben unverändert bleiben.

Auch bei Drahtseilen der üblichen Litzenkonstruktion ist zu Anfang eine größere Anspannung nötig. Wenn das Seil mit der Ruhespannkraft

$$S_0 = \frac{S_1 \cdot (e^{\mu \cdot \bar{\alpha}} - 1)}{\mu \cdot \tilde{\alpha}} = \frac{233 \cdot 0{,}675}{0{,}518} = 304 \text{ kg}$$

etwa $3 \div 4$ Wochen nach dem Auflegen arbeiten soll, die dann nur noch langsam und wenig abnimmt, so muß 3 Minuten nach dem Anspannen eine um etwa 15 v.H. höhere Spannkraft vorhanden sein[207]).

Der durch die Seilsteifigkeit hervorgerufene Anteil des Wirkungsgrades ist nach den Formeln (238) und (207)

$$\eta_{st} = 1 - \frac{1{,}3^2}{4} \cdot \left(\frac{\frac{60}{233} + 0{,}5}{70 - 5} + \frac{\frac{60}{233} + 0{,}5}{80 - 5} + \frac{\frac{60}{390} + 0{,}5}{70 - 5} + \frac{\frac{60}{390} + 0{,}5}{80 - 5} \right)$$
$$= 1 - 0{,}4225 \cdot (0{,}01165 + 0{,}01010 + 0{,}01005 + 0{,}00872) = 0{,}9820.$$

Das elastische Gleiten auf jeder Scheibe beträgt bei

$$v = \frac{\pi \cdot 1{,}6 \cdot 160}{60} = 13{,}41 \text{ m/sk}$$

Umlaufgeschwindigkeit $c = 0{,}21$ cm/sk. (Bd. IV.) Damit wird der betreffende Anteil des Wirkungsgrades

$$\eta_{Gl} = 1 - \frac{2 \cdot 0{,}21}{1341} = 0{,}9997.$$

---

[207]) Stephan, D. p. J. 1916.

Bei den Wellendurchmessern $d_1 = 7$ cm, $d_2 = 6$ cm, $d_0 = 5$ cm und den Gesamtgewichten von Scheibe, Welle und dem zugehörigen Teil des Seilgewichtes $G_1 = 275$ kg, $G_2 = 245$ kg, $G_0 = 120$ kg wird, wenn der Achsdruck genau genug in wagerechter Richtung zu

$$Q = S_1 + S_2 = 233 + 390 = 623 \text{ kg}$$

angesetzt wird, gemäß Formel (239) mit $\mu_1 = \mu_2 \sim 0{,}04$ und $\mu_0 \sim 0{,}06$

$$\eta_z = 1 - \frac{0{,}04 \cdot 623}{2 \cdot 11\,000} \cdot \left(\frac{\sqrt{1 + \left(\frac{275}{623}\right)^2} \cdot 7}{\frac{180}{160}} + \sqrt{1 + \left(\frac{245}{623}\right)^2} \cdot 6 + 1{,}5 \cdot \frac{120}{623} \right)$$

$$= 1 - 0{,}001133 \cdot (6{,}80 + 6{,}56 + 0{,}289) = 0{,}9845 \,.$$

Als Anteil des Luftwiderstandes des Seiles und der 3 Scheiben werde $\eta = 0{,}9925$ geschätzt.

Damit wird der Gesamtwirkungsgrad

$$\eta = 0{,}9829 \cdot 0{,}9997 \cdot 0{,}9845 \cdot 0{,}9925 = 0{,}960 \,.$$

Beispiel 147. Von dem Seilscheibenschwungrad einer Dampfmaschine von $D_1 = 4{,}50$ m Durchmesser, das mit $n_1 = 115$ Umdrehungen in der Minute umläuft, ist das Drehmoment $M_1 = 4000$ mkg durch Hanfseile von $d = 5{,}0$ cm Durchmesser weiter zu leiten auf eine mit $n_2 = 225$ Umdrehungen in der Minute laufende Welle, die in wagerechter Richtung $a = 12{,}40$ m und in lotrechter $h_2 - h_1 = 4{,}30$ m entfernt liegt. Zu berechnen sind die Seile und der Wirkungsgrad des Triebes.

Der Durchmesser der zweiten Seilscheibe ist

$$D_2 = 4{,}50 \cdot \frac{115}{225} = 2{,}30 \text{ m.}$$

Damit ergibt sich der auf dieser Scheibe umfaßte Winkel aus

$$\cos \frac{\alpha_2}{2} = \frac{4{,}50 - 2{,}30}{2 \cdot 12{,}40} = 0{,}08875$$

zu $\alpha_2 = 169°\,48'$. Geschätzt wird demnach vorläufig $\tilde{\alpha}_2 = 175°$.

Dafür liefert die Zusammenstellung bei festgeschlagenen Rundseilen

$$k = 0{,}863, \quad e^{\mu' \cdot \bar{\alpha}_2} = 7{,}34,$$

bei lose geschlagenen Quadratseilen

$$k = 0{,}661, \quad e^{\mu' \cdot \bar{\alpha}_2} = 2{,}91 \,.$$

Die Nutzspannkraft der Seile beträgt

$$S_n = \frac{M_1}{r_1} = \frac{4000}{2{,}25} \sim 1800 \text{ kg.}$$

und die in den ziehenden Trümern

$$S_2 = \frac{1800}{0{,}863} = 2086 \text{ kg} \quad \text{bzw.} \quad S_2 = \frac{1800}{0{,}661} = 2722 \text{ kg,}$$

die in den Leertrümern

$$S_1 = \frac{2086}{7{,}34} = 280 \text{ kg} \quad \text{bzw.} \quad S_1 = \frac{2722}{2{,}91} = 936 \text{ kg.}$$

Läßt man als Höchstbeanspruchung der Seile auf der geraden Strecke bei mindestens 6jähriger Liegedauer für die lose geschlagenen Quadratseile von $F = 5^2 = 25$ cm² Querschnitt $\sigma = 16$ kg/cm² zu[208]) und für die fest geschlagenen

---

[208]) B o n t e , Z. d. V. d. I. 1919.

Rundseile vom Querschnitt $F = \dfrac{\pi}{4} \cdot 5^2 \backsim 20\,\text{cm}^2$, die etwas weniger Fasern im Querschnitt enthalten, $\sigma = 15\,\text{kg/cm}^2$, so folgt die Anzahl der Seile zu

$$i = \frac{2086}{20 \cdot 15} = 7 \quad \text{bzw.} \quad i = \frac{2722}{25 \cdot 16} = 7 \,,$$

die je $q = 1{,}90$ bzw. $2{,}05$ kg/m wiegen.

Man berechnet jetzt die Hilfswerte

$$r' = \cos \frac{\alpha_2}{2} = 0{,}08875 \,, \qquad h' = \frac{4{,}3}{12{,}4} = 0{,}3469 \,,$$

$$\zeta = \sqrt{1 + h'^2 - r'^2} = \sqrt{1 + 0{,}1096 - 0{,}0079} = 1{,}050 \,,$$

$$s_1' = \frac{2 \cdot 280}{7 \cdot 1{,}90 \cdot 12{,}4 \cdot 1{,}05} = 3{,}238 \quad \text{bzw.} \quad s_1' = \frac{2 \cdot 936}{7 \cdot 2{,}05 \cdot 12{,}4 \cdot 1{,}05} = 10{,}02 \,,$$

$$s_2' = 3{,}238 \cdot 7{,}34 = 23{,}75 \qquad \text{bzw.} \qquad s_2' = 10{,}02 \cdot 2{,}91 = 29{,}15 \,,$$

$$\vartheta_1 = 1 - \frac{2{,}25}{12{,}4 \cdot 1{,}05} \cdot \frac{1{,}050 + 0{,}3469 \cdot 0{,}08875}{3{,}238 \cdot 1{,}1096 - 1{,}050 \cdot 0{,}3469 + 0{,}0888}$$

$$- \frac{1{,}15}{12{,}4 \cdot 1{,}05} \cdot \frac{1{,}050 + 0{,}0308}{3{,}594 + 0{,}3642 - 0{,}0888} = 1 - 0{,}0564 - 0{,}0246 = 0{,}9190$$

bzw. entsprechend

$$\vartheta_1 = 1 - 0{,}0172 - 0{,}0084 = 0{,}9744 \,,$$

$$\vartheta_2 = 1 + \frac{2{,}25}{12{,}4 \cdot 1{,}05} \cdot \frac{1{,}050 - 0{,}0308}{23{,}75 \cdot 1{,}1096 - 0{,}3642 - 0{,}0888}$$

$$+ \frac{1{,}15}{12{,}4 \cdot 1{,}05} \cdot \frac{1{,}0192}{26{,}34 + 0{,}3642 + 0{,}0888} = 1 + 0{,}0215 + 0{,}0106 = 1{,}0321$$

bzw. entsprechend

$$\vartheta_2 = 1 + 0{,}0175 + 0{,}0087 = 1{,}0262 \,.$$

Damit wird schließlich

$$\sin \delta_1' = \frac{1{,}050 + 0{,}0308}{\dfrac{3{,}594}{0{,}9190} - 0{,}3642 + 0{,}0888} = 0{,}2971 \quad \text{bzw.} \quad 0{,}0972 \,,$$

$$\sin \delta_1'' = \frac{1{,}050 + 0{,}0308}{\dfrac{26{,}34}{1{,}0321} - 0{,}3642 - 0{,}0888} = 0{,}04315 \quad \text{bzw.} \quad 0{,}0328 \,,$$

$$\sin \delta_2' = \frac{1{,}050 + 0{,}0308}{3{,}911 + 0{,}3642 - 0{,}0888} = 0{,}2581 \quad \text{bzw.} \quad 0{,}0920 \,,$$

$$\sin \delta_2'' = \frac{1{,}050 + 0{,}0308}{25{,}521 + 0{,}3642 + 0{,}0888} = 0{,}0416 \quad \text{bzw.} \quad 0{,}0319 \,,$$

also

$$\delta_1' - \delta_1'' = 17^\circ\,17' - 2^\circ\,38' = 14^\circ\,29' \qquad \text{bzw.} \qquad 3^\circ\,42' \,,$$

$$\delta_2' - \delta_2'' = 14^\circ\,57' - 2^\circ\,23' = 12^\circ\,34' \qquad \text{bzw.} \qquad 3^\circ\,29' \,.$$

Der auf der kleineren Scheibe umfaßte Winkel beträgt demnach

$$\alpha_2 = 169^\circ\,48' + 12^\circ\,34' = 182^\circ\,22' \qquad \text{bzw.} \qquad 173^\circ\,17' \,.$$

Die obige Schätzung entspricht also annähernd dem Wert für die lose geschlagenen Quadratseile. Für die fest geschlagenen Rundseile ist die Rechnung etwas zu ungünstig.

Der Durchhang der Seile in der Mitte ist mit den vorstehenden Zahlenwerten in den leeren Trümern

$$f_1 = \frac{a \cdot \zeta \cdot \vartheta_1}{4 \cdot s_1'} = \frac{12,40 \cdot 1,050 \cdot 0,9744}{4 \cdot 3,238} = 0,977 \text{ m} \qquad \text{bzw.} \qquad 0,316 \text{ m},$$

in den ziehenden Trümern

$$f_2 = \frac{a \cdot \zeta \cdot \vartheta_2}{4 \cdot s_2'} = \frac{12,40 \cdot 1,050 \cdot 1,0321}{4 \cdot 23,75} = 0,141 \text{ m} \qquad \text{bzw.} \qquad 0,114 \text{ m}.$$

Die lose geschlagenen Seile haben in beiden Trümern den geringeren Durchhang.

Beim Auflegen müssen die Seile wesentlich stärker angezogen werden, als die Rechnung ergibt. Freilich liegen darüber gar keine Versuchsunterlagen vor. Einstweilen dürfte vielleicht die doppelte Anspannung 3 Minuten nach Herstellung der Verbindung anzunehmen sein, wenn die berechnete Anspannung etwa 3 Wochen nach dem Auflegen noch vorhanden sein soll.

Das Gewicht der Seilscheibe von 2,3 m Durchmesser mit der Welle von $d = 12$ cm Stärke beträgt etwa $G = 1800$ kg. Wie eine Aufzeichnung leicht ergibt, wird dann der Achsdruck

$$P = 3350 \qquad \text{bzw.} \qquad 4550 \text{ kg.}$$

Der Wirkungsgrad setzt sich aus folgenden Beträgen zusammen: Anteil der Seilsteifigkeit nach Formel (238) und (208)

$$\eta_{st} = 1 - \frac{1}{2} \cdot 0,13 \cdot 5^2 \cdot \left(\frac{1}{450} + \frac{1}{230}\right) = 0,9893$$

bzw.

$$1 - \frac{1}{2} \cdot 0,10 \cdot 5^2 \cdot \left(\frac{0,222 + 0,435}{100}\right) = 0,9918 \,.$$

Zur genauen Bestimmung des elastischen Gleitens liegen nicht alle Unterlagen vor, so daß nur geschätzt wird

$$\eta_{Gl} = 0,990 \,.$$

Nach Formel (240) ist mit $\mu = 0,02$ allein für die kleinere Scheibe

$$\eta_z = 1 - \frac{1}{2} \cdot 0,02 \cdot \frac{3350 \cdot 12}{4000 \cdot \dfrac{115}{215}} = 0,9714 \quad \text{bzw.} \quad 0,9594 \,.$$

Die Zapfenreibung des großen Schwungrades sowie sein Luftwiderstand wird am richtigsten dem Wirkungsgrad der Dampfmaschine zugerechnet.

Ebenfalls geschätzt wird der Einfluß des Luftwiderstandes der Seile und der kleineren Scheibe zu

$$\eta_L = 0,995 \,.$$

Der Gesamtwirkungsgrad ist hiermit

$$\eta = 0,947 \qquad \text{bzw.} \qquad 0,937 \,.$$

Der Trieb mit den lose geschlagenen Seilen hat infolge des erheblich kleineren Spannungsverhältnisses einen erhöhten Achsdruck, der den Wirkungsgrad heruntersetzt. Der Unterschied in der Steifigkeit der Seile ist von ganz nebensächlicher Bedeutung. Der Unterschied im Wirkungsgrad zugunsten der fest geschlagenen Seile besteht allerdings nur dann, wenn man ihre Leistungsfähigkeit auch voll ausnutzt, sie also mit hohem Spannungsverhältnis und großem Durchhang im Leertrum betreibt, was freilich häufig nicht geschieht [208]).

Sachverzeichnis.

Verbesserungen zum ersten Band:

Seite 11, Zeile 5 v. u.: 1,000028 dm³.

„　20,　„　11　„　:　$\alpha = 35°$.

„　20,　„　3　„　:　$S_1 = 26,6\,\text{mm} = 25 \cdot 26,6 = 665\,\text{kg}$.

„　20,　„　2　„　:　$S_2' = 32,5\,\text{mm} = 25 \cdot 32,5 = 860\,\text{kg}$.

„　69—71, Beispiel 84 u. 85: statt l^2 ist l zu setzen und die Zahlenrechnung entsprechend zu ändern.

„　72, Zeile 11 v. u.:　$M_{\text{max}} = \dfrac{1}{4} \cdot (P_1 + P_2) \cdot l \cdot \left(1 - \dfrac{a}{l} \cdot \dfrac{P_2}{P_1 + P_2}\right)^2$.

„　109, Beispiel 110 erste Zeile: $l = 11,6$ m.

Die technische Mechanik des Maschineningenieurs

mit besonderer Berücksichtigung der Anwendungen

Von

Dipl.-Ing. P. Stephan

Regierungs-Baumeister, Professor

Erster Band

Allgemeine Statik

Mit 300 Textfiguren

Gebunden Preis M. 40.—

Inhaltsverzeichnis.